普通高等教育"十二五"系列教材

普通高等教育"十一五"国家级规划教材

U0657902

自动控制原理
（第二版）

主　编　孙建平
副主编　孙海蓉　刘鑫屏
主　审　于希宁　李元春

中国电力出版社
CHINA ELECTRIC POWER PRESS

内 容 提 要

全书共分为十章，主要内容包括概述、控制系统的数学模型、时域分析法、根轨迹法、频域分析法、线性控制系统的设计与校正、非线性系统分析、线性离散控制系统的分析与综合、自动控制原理实验、自动控制理论的计算机辅助设计。

本书可作为高等院校自动化类、电气类及相关专业的本科教材，也可作为高职高专和函授教材，还可供从事自动化专业工作的工程技术人员阅读和参考。

图书在版编目（CIP）数据

自动控制原理/孙建平主编．—2版．—北京：中国电力出版社，2014.8（2024.6重印）

普通高等教育"十二五"规划教材　普通高等教育"十一五"国家级规划教材

ISBN 978 - 7 - 5123 - 6504 - 9

Ⅰ.①自…　Ⅱ.①孙…　Ⅲ.①自动控制理论—高等学校—教材　Ⅳ.①TP13

中国版本图书馆 CIP 数据核字（2014）第 211193 号

中国电力出版社出版、发行

（北京市东城区北京站西街 19 号　100005　http://www.cepp.sgcc.com.cn）

三河市航远印刷有限公司印刷

各地新华书店经售

*

2008 年 2 月第一版

2014 年 8 月第二版　　2024 年 6 月北京第十六次印刷

787 毫米×1092 毫米　16 开本　21.5 印张　521 千字

定价 **58.00** 元

前　　言

自动控制理论与众多学科联系紧密，其应用已遍及众多技术领域。控制理论已日趋成为一般性的控制科学，虽然它已从第一代经典控制理论发展到第二代现代控制理论，并已开始进入第三代大系统理论和智能控制理论阶段，但经典控制理论仍是学习现代控制和其他高等控制理论的基础，也是工科院校普遍开设的一门重要的专业基础理论课。

本书是在于希宁教授主编、孙建平教授副主编 2008 年出版的《自动控制原理》一书的基础上，总结了近年的使用经验，由对这门课程具有多年教学经验的多名教师联合编写的。本次教材编写的宗旨是：内容精炼，突出重点；注重物理概念，强化理论联系实际；注意深入浅出，循序渐进，符合教学规律；注重启发性，易于自学。另考虑到新知识的不断增加，教学学时的进一步压缩，为了保证基础理论知识的教学，对其中的一些传统教学内容进行了删改，增加了使用 MATLAB 计算仿真工具进行系统分析与设计的内容，使读者在学习理论知识的同时，掌握一种高效便利的工具，减轻繁琐枯燥的计算负担，使其把主要精力集中到思考本质问题、加深对控制理论的理解、掌握控制理论的各种分析方法、并用它研究解决一些实际工程问题上。另外，为方便读者使用，把相关的实验内容也一并列入本书。

本书共分十章。第一～六章主要讲述线性定常连续控制系统的建模，以及分析和设计控制系统的时域法、根轨迹法和频域法；第七章简要介绍非线性控制系统的建模与分析方法；第八章介绍线性定常离散控制系统的建模与分析方法；第九章介绍了五个典型实验的指导；第十章为使用 MATLAB 计算仿真工具进行系统的分析与设计。为了便于理解和巩固所学内容，书中每一章有适当数量的例题讲解，并且提供了不同层次的习题供读者选择，此外还附加了部分习题的参考答案。

本书由华北电力大学孙建平担任主编，孙海蓉、刘鑫屏担任副主编。其中，第一～五章由孙建平负责修订；第六、七章由孙海蓉负责修订；第八～十章由刘鑫屏负责修订。全书由孙建平统稿、定稿。本书由华北电力大学于希宁主审，提出了许多宝贵意见，在此表示感谢。

在本书的编写过程中，参考了很多优秀的教材和习题集。作者向被引用于本书相关信息的各位作者表示诚挚的谢意。

由于作者水平有限，书中难免有疏漏和不足之处，恳请读者批评指正。

编　者
2014 年 8 月

目　　录

第一章　概　　述

第一节　引　　言

从 20 世纪 40 年代起，由于工业的发展和军事技术上的需要，自动控制技术得到了迅速的发展和广泛的应用。如今，自动控制技术不仅广泛应用于工业控制中，在军事、农业、航空、航海、核能利用等领域也发挥着重要的作用。例如，电厂中锅炉的温度或压力能够自动维持恒定不变，机械加工中数控机床按预定程序自动地切削工件，核电站的机器人检测核泄漏，军事上导弹能准确地击中目标，空间技术中人造卫星能按预定轨道运行并能准确地回收等，都是应用了自动控制技术的结果。

所谓自动控制，是指在没有人直接参与的情况下，利用控制装置对机器设备或生产过程进行控制，使之达到预期的状态或性能要求。

自动控制的应用可以追溯到 18 世纪（1784 年）瓦特（Watt）利用离心飞锤式调速器使蒸汽机转速保持恒定的开创性突破，以及 19 世纪（1868 年）麦克斯威尔（Maxwell）对轮船摆动（稳定性）的研究。但在初期，自动控制应用的进展并不快。自动控制的飞速发展是在 20 世纪。例如，1932 年奈奎斯特（Nyquist）对控制系统稳定性的研究（奈氏判据），伯德（Bode）于 1940 年在频域法中引入对数坐标，伊万思（Evans）于 1948 年提出根轨迹，维纳（Weiner）于 1949 年出版了划时代著作《控制论》，都对控制理论做了系统的阐述。他们的研究工作以及前人的努力，奠定了经典控制理论的基础，到 20 世纪 50 年代趋于成熟。经典控制理论的特点是以传递函数为数学工具，主要研究单输入—单输出的线性定常连续和离散系统的建模、分析与设计问题，对非线性系统的性能分析方法也做了初步研究。

20 世纪 50 年代末至 60 年代初期，由于空间技术发展的需要，对自动控制的精确性和经济指标提出了严格的要求，计算机的迅速发展，又在客观上提供了必要的技术手段，从而使自动控制理论有了重大进展。如庞特里亚金（Pontryagin）的极大值原理、贝尔曼的动态规划理论、卡尔曼的最优滤波理论等，这些都标志着控制理论发展到了现代控制理论阶段。现代控制理论的特点是采用状态空间法，研究多输入—多输出、定常和时变、线性和非线性系统进行分析与设计。

20 世纪 70 年代以来，随着技术革命和大规模复杂系统的发展，自动控制理论又向大系统理论和智能控制理论发展。智能控制理论的研究是以人工智能的研究为方向，引导人们去探讨自然界更为深刻的运动机理。当前的研究方向有自适应控制、模糊控制、人工神经元网络以及混沌理论等，并且有许多研究成果产生。智能控制理论的研究和发展，启发且促进了人们的思维方式，标志着信息与控制学科的发展远没有止境。

值得指出的是，现代控制理论、大系统理论和智能控制理论，虽然解决了经典控制理论不能解决的理论和工程问题，但这并不意味着经典控制理论已经过时，相反，在自动控制技术的发展中，由于经典控制理论便于工程应用，今后还将继续发挥其理论指导作用，同时它也是进一步学习现代控制理论和其他高等控制理论的基础。

本书将对经典控制理论的基本内容做系统、详细的介绍。

第二节　自动控制系统的一般概念

自动控制是在人工控制的基础上发展起来的。图 1-1 所示为电站锅炉汽包液位控制系统的原理图。图中，W、D 分别为进入汽包的给水流量和从汽包流出的蒸汽流量（负荷），而蒸汽流量的大小是随机组负荷的变化而变化的。该系统的控制任务就是通过调节给水流量的大小，保持汽包中液位为某一期望（给定）的数值。

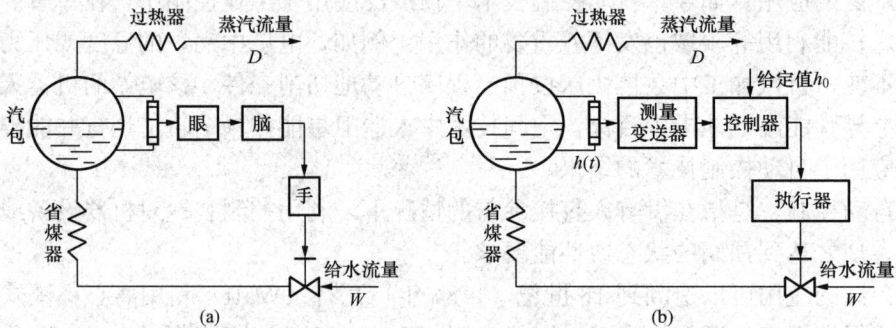

图 1-1　电站锅炉汽包液位控制系统的原理图
（a）人工控制；（b）自动控制

在人工控制中，人是通过眼、脑、手三个器官来进行汽包液位 $h(t)$ 控制的。首先用眼睛观察液位的高低变化，然后用大脑分析比较实际水位是否偏离期望值，若偏离了，则经过思考（运算）按操作经验，手动调节给水阀的开度，从而把液位控制在所期望的数值上。而在自动控制中，汽包液位 $h(t)$ 经测量变送器（代替人的眼睛）自动测量出来并按一定函数关系（通常为比例关系）转换成统一信号（电流或电压），与液位给定值进行比较，二者之差送入控制器（代替人的大脑）。控制器根据偏差的正负及大小，发出一定规律的输出信号，指挥执行器（代替人的手）去操作给水控制阀的开度，改变给水流量，从而改变汽包液位。液位的变化由测量变送器测出，并反馈回来与给定值比较，控制器根据偏差的正负及大小不断校正执行器的动作，直到最后液位等于给定值为止。

为便于理论联系实际地研究工程控制问题，下面介绍几个描述控制系统的常用术语。

1. 控制系统信号名称

（1）被控（被调）量——表征设备或生产过程运行情况或状态并需要加以控制的物理量，如图 1-1 中的汽包水位 $h(t)$。

（2）给定（期望）值——按生产和管理的要求，被控量必须维持的期望值。该值又叫参考输入或设定值。

（3）扰动——引起被控量变化的各种原因，如图 1-1 中的蒸汽流量 $D(t)$ 的变化。

（4）控制（调节）量——由控制装置改变的用以控制被控量变化的物理量，如图 1-1 中的给水流量 $W(t)$。

另外应该需要注意的是，控制系统研究的是一个动态过程，因此所有信号均为时间的函数。

2. 控制系统设备名称

（1）被控对象——被控量相应的生产过程或进行生产的设备、机器等，如图 1-1 中的汽包。

（2）测量变送器——将被控量测量出来并按一定线性关系转换成统一信号的一种控制设备。

（3）执行器（机构）——接受控制指令，对被控量产生控制作用的一种控制设备。

（4）控制（调节）器——根据给定值和测量值的偏差正负及大小，发出一定规律的控制信号指挥执行器动作的一种控制设备。

通过上面的内容，可以归纳出自动控制系统的一般概念，即自动控制系统由被控对象和控制装置（包括测量变送器、执行器和控制器）两大部分组成。为了便于分析并直观地表示自动控制系统各组成部分间的相互影响和信号的传递关系，习惯上采用如图 1-2 所示的原理性方框图表示。

在方框图中，控制系统的每一个具有一定功能的组成部分又称为"环节"。环节在图中用一个方框表示，各环节之间的信号传递用带箭头的直线表示。需要注意的是，箭头表示的是信号传递的方向，而不是实际物料流动的方向，两者不能混淆。方框图是信号传递图，而非能量图，电路图是

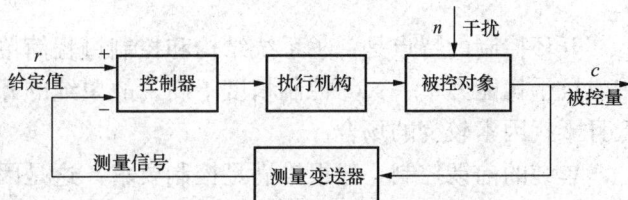

图 1-2　自动控制系统原理性方框图

能量图。进入环节的信号称为输入，离开环节的信号称为输出。就整个控制系统来说，输出量就是被控量，输入量则有两类：给定值输入和干扰输入，在控制系统中干扰一般不止一个，其作用点也各不相同。

第三节　自动控制系统的分类

随着自动控制理论和自动控制技术的日益发展，自动控制系统也日趋复杂和完善，出现了各种各样的控制系统。为系统地研究控制系统的性能，可从不同的角度对其加以分类。本节重点讨论以下几种分类方法。

一、按系统的结构分类

1. 开环（前馈）控制系统

控制装置与被控对象之间只有顺向作用而无反向作用的控制方式，称为开环控制系统，如图 1-3 所示。

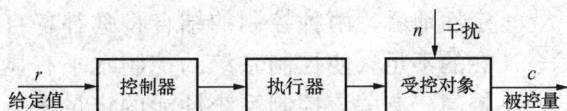

图 1-3　开环控制系统

图 1-4 所示为简单电动机转速控制系统，受控对象为电动机，控制装置为电位器、放大器。当改变给定电压 U_n^* 时，经放大器放大后的电压 U_a 随之变化，作为被控量的电动机转速 $n(t)$ 也随之变化。就是说，系统正常工作时，应由 U_n^* 的大小来确定 $n(t)$。

　　当电网电压波动或负载改变等扰动量的影响使得转速 $n(t)$ 发生变化时，这种开环控制由于被控量不能被反馈至控制装置并影响控制过程，故无法克服由此产生的偏差。

　　如果系统存在破坏系统正常运行的干扰，而干扰又能被测量，则可利用干扰信号产生开环控制作用，以补偿干扰对被控量的影响，如图 1-5 所示。这种按开环补偿原理建立起来的系统又称为"前馈控制"。前馈控制是一种主动控制方式，即它能做到在干扰影响被控量之前，就将干扰削弱或抵消。

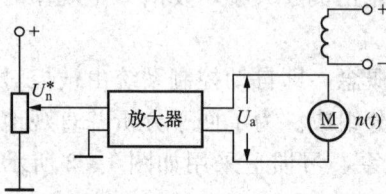

图 1-4　简单电动机转速控制系统　　　　　图 1-5　开环干扰补偿控制系统

　　开环控制的特点是：①系统结构和控制过程简单；②造价低；③调节速度快；④控制作用或抗干扰能力单一；⑤控制精度不高。故单纯的开环控制一般只能用于对控制性能要求较低且干扰因素较少的场合。

　　单纯的前馈控制一般很难满足控制要求，这是因为系统往往存在很多干扰，不能一一补偿，而且有的干扰限于技术条件而无法测量，也就无法实现前馈补偿。因此，其控制精度受到原理上的限制。

　　2. 闭环（负反馈）控制系统

　　控制装置与被控对象之间不仅有顺向作用，而且还有反向联系，即有被控量对控制过程的影响，这种控制称为闭环控制，如图 1-2 所示。这类控制系统的输出经测量变送器又反送至系统的输入端，形成所谓"反馈信号"参与控制系统的调节，从而构成一个闭环回路，且反馈信号与系统给定值极性相反，因此这种控制系统又称负反馈。控制器根据将反馈信号和给定信号相比较后所得到的偏差信号，经运算后输出控制作用去消除或尽可能地减小偏差，使被控量等于或接近给定值。由此可见，闭环控制是按偏差进行的控制。

　　闭环（负反馈）控制系统的一个突出优点就是，不管是由于干扰还是由于系统结构参数变化所引起的被控量偏离给定值，都会产生控制作用去消除或减小此偏差。闭环（负反馈）控制系统的调节机理是：依据偏差调节，消除或尽力减小偏差。

　　这种控制系统也存在一些不足，控制作用只有在偏差出现之后才会产生，因此总是比前馈控制作用慢，当系统在强干扰作用下时，被控量有可能产生较大波动。

　　3. 复合控制系统

　　如图 1-6 所示，将前馈和负反馈控制有机结合在一起的控制方案称为复合控制系统。定性地看，两种控制的结合将弥补各自存在的不足，使控制系统的控制水平有显著提高。有关该控制系统性能的定量分析将在系统性能分析的相关章节中陆续展开。

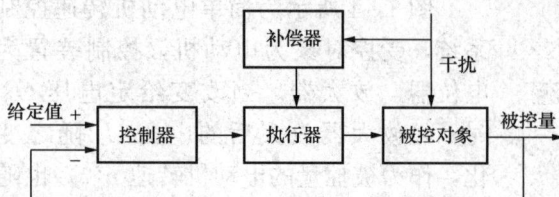

图 1-6　复合控制系统

　　二、按给定值的特征分类

　　（1）定值控制系统。这类控制系统在

运行中被控量的给定值保持不变，为恒定值。多数控制系统均属于此类，图 1 - 1 所示的电厂锅炉汽包液位控制系统就是一例。

（2）随动控制系统。这种控制系统被控量的给定值不是预先设定的，而是受某些外来的随机因素影响而变化，其变化规律是未知的时间函数。此系统要求其输出信号（被控量）以一定精确度跟随给定值而变化，故名随动。如跟踪卫星的雷达天线控制系统、发电机组负荷控制系统、炮位跟踪控制系统等。

（3）程序控制系统。这种控制系统被控量的给定值是预定的时间函数，并要求被控量随之变化。例如，数控伺服系统、发电机组启停控制系统以及一些自动化生产线等均属此类系统。

从控制的难易程度上说，应该是（2）→（1）→（3），控制难度依次下降。

三、按系统的特性分类

（1）线性控制系统。系统中各组成部分或元件特性可以用线性微分方程来描述，这类系统称为线性系统。线性控制系统的特点是满足齐次性和叠加性原理：当系统存在几个输入时，系统的输出等于各个输入分别作用于系统的输出之和；当系统输入幅度增加或缩小时，系统的输出幅度也按同样比例增加或缩小。

（2）非线性控制系统。当系统中存在非线性元件或具有非线性特性，就要用非线性微分方程来描述，这类系统称为非线性系统。非线性系统不满足齐次性和叠加性原理。

四、按系统中参数随时间的变化情况来分类

（1）定常系统。从系统的数学模型来看，若描述系统的全部结构参数不随时间变化，可用定常微分方程来描述，则称这类系统是定常（或时不变）系统。

（2）时变系统。从系统的数学模型来看，若系统中有结构参数是时间的函数，则称这类系统是时变系统。

五、按系统中传输信号对时间的关系来分类

（1）连续控制系统。当系统中各元件的输入量和输出量均是连续量或模拟量时，称此类系统为连续控制系统或模拟控制系统。连续系统的运动规律通常可用微分方程来描述。

（2）离散控制系统。当系统中某处或多处的信号是脉冲序列或数字形式时，就称这种系统为离散系统。通常计算机内部控制部分都是离散控制系统。离散系统的运动规律通常可用差分方程来描述，其分析方法也不同于连续系统。

当然，除了以上的分类方法之外，还可以根据其他特点进行分类。

本书只讨论闭环随动控制系统和闭环定值控制系统的分析、综合设计与校正，且重点放在单变量线性定常连续控制系统上，对于线性定常离散控制系统和本质非线性系统，也用一定篇幅进行分析和讨论。

第四节　自动控制系统的基本要求

自动控制系统的基本要求主要有稳定性、快速性和准确性三个方面。

一、稳定性

稳定性是指系统处于平衡状态下，受到外作用（给定值变化或干扰介入）后具有重新恢复平衡状态的能力。如果系统受到外作用后，经过一段时间，其被控量可以达到某一平衡状

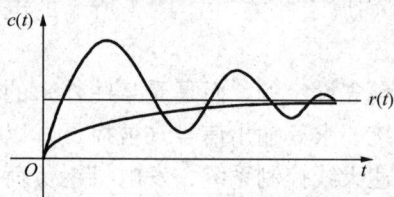

图 1-7 稳定系统的动态过程

态，则称系统稳定。如图 1-7 所示，给定值 $r(t)$ 变化，测量值 $c(t)$ 跟踪给定值且重新达到新的平衡状态，则系统稳定；否则系统不稳定，如图 1-8 所示。图 1-8 (a) 所示为在给定信号作用下，被控量振荡或单调发散的情况；图 1-8 (b) 所示为系统受到扰动作用后被控量不能恢复平衡的情况。另外，若系统出现等幅振荡，即处于临界稳定状态，从生产过程上严格说也属于不稳定状态。

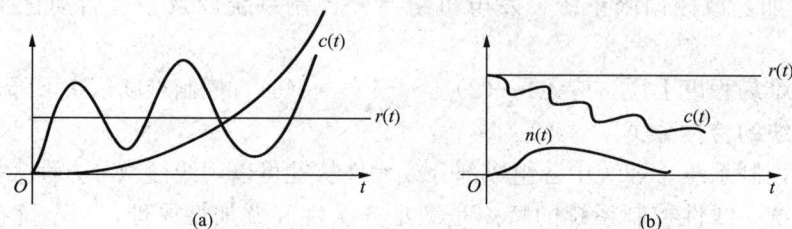

(a)   (b)

图 1-8 不稳定系统的动态过程
(a) 被控量振荡发散的情况；(b) 被控量不能恢复平衡的情况

显然，控制系统的设计首先要确保的是控制系统的稳定性。即便是稳定的系统，仍然存在研究系统稳定程度的评判指标。

二、快速性

对于稳定系统而言，快速性是通过动态过程时间的长短来表征的。动态调节过程时间越短，表明快速性越好。快速性表明了系统输出对输入的响应快慢程度。

三、准确性

对于稳定系统而言，动态过程结束后所处的状态称为稳态。准确性描述的是稳态时系统期望值和被控量的测量值之间的残差大小，它反映了系统的稳态精度。

上述的基本要求只是对控制系统的定性描述。在设计或分析一个控制系统时的有关定量描述将在后续章节陆续展开。另外，对于同一个控制系统，其稳定性、快速性、准确性三方面之间是相互制约的。如果提高了过程的快速性，可能会引起系统强烈的振荡；改善了平稳性，动态过程又可能很缓慢，甚至使最终精度也很差。怎样根据控制系统的工作任务，使其对三方面的性能有所侧重并兼顾其他，以达到设计要求，正是本课程及其后续相关专业课程要解决的问题。

习 题

1-1 试比较开环控制系统和闭环控制系统的优缺点。

1-2 试列举几个日常生活中的开环和闭环控制系统的例子，并说明其工作原理。

1-3 试判断下列微分方程所描述的系统属何种类型（线性、非线性；定常、时变）：

(1) $\dfrac{d^2 c(t)}{dt^2} + 3\dfrac{dc(t)}{dt} + 2c(t) = 5\dfrac{dr(t)}{dt} + r(t)$ (2) $t\dfrac{dc(t)}{dt} + 2c(t) = \dfrac{dr(t)}{dt} + 2r(t)$

(3) $\dfrac{d^2 c(t)}{dt^2} + 2\dfrac{dc(t)}{dt} + 2c^2(t) = r(t)$ (4) $5\dfrac{dc(t)}{dt} + c(t) = 3\dfrac{dr(t)}{dt} + 2r(t) + 3\displaystyle\int r(t)\,dt$

1-4 图 1-9 所示为设计的两个不同的机械式水箱水位控制系统。简单陈述这两个系统的工作原理和各自的优缺点，并按系统结构分类，说明各自属于哪一种？

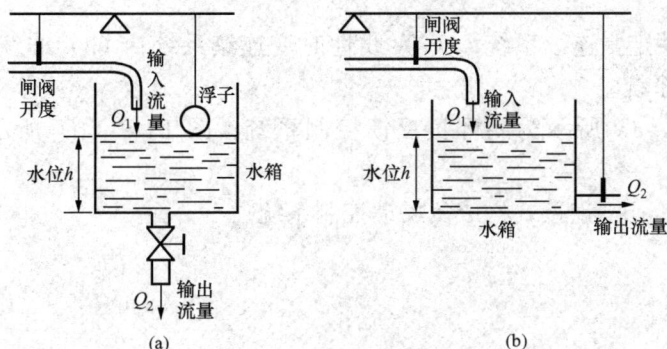

图 1-9 习题 1-4 图

1-5 图 1-10 所示为电动机速度控制系统工作原理图，试完成：

(1) 将 a，b 与 c，d 用线连接成负反馈系统；

(2) 画出系统方框图。

1-6 图 1-11 所示为电动水位控制系统，图中 Q_1，Q_2 分别为进水流量和出水流量。控制的目的是保持水位为一定的高度。试说明该系统的工作原理并画出其方框图。

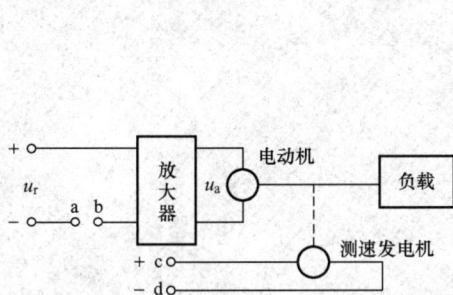

图 1-10 习题 1-5 图

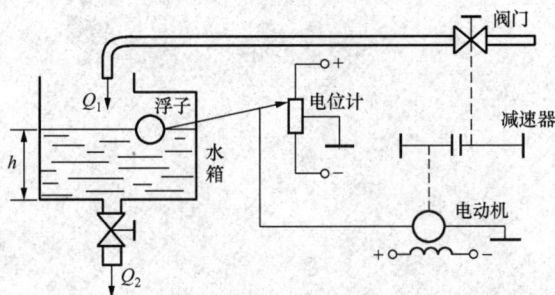

图 1-11 习题 1-6 图

1-7 图 1-12 所示为仓库大门自动控制系统，试分析系统的工作原理，绘制系统的方框图，并指出各实际元件的功能及输入、输出量。

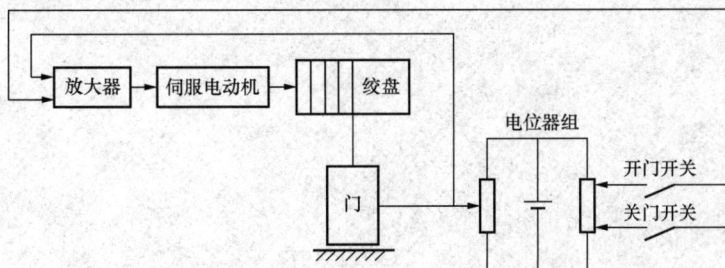

图 1-12 习题 1-7 图

参 考 答 案

1-3　（1）线性定常连续系统；（2）线性时变连续系统；（3）非线性定常连续系统；（4）线性定常连续系统。

1-4　图 1-9（a）所示为闭环负反馈控制系统；图 1-9（b）所示为开环前馈控制系统。

1-5　a-d 连接，b-c 连接，构成负反馈控制系统。

第二章　控制系统的数学模型

　　在控制系统的分析和设计中，定性了解控制系统的工作原理及运动过程非常重要，但要更深入地定量研究系统的动态特性，要做的首要工作就是要建立控制系统的数学模型。数学模型是描述系统输入、输出变量以及内部各变量之间相互关系的数学表达式。控制系统数学模型可以分为静态模型和动态模型、线性模型和非线性模型。其中，静态模型是指在静态条件下（即变量的各阶导数为零），描述变量之间关系的代数方程。静态模型描述各变量之间的关系不随时间变化，在量值上有确定的对应关系。动态模型是指描述变量各阶导数之间关系的微分方程。

　　对于系统性能的全面分析，一般要以动态模型为对象，详细研究各变量的运动特性。

　　从数学模型入手研究自动控制系统是本课程的研究方法。控制系统的种类多种多样，有电气的、机械的、液压的和汽动的等。但若它们运动过程的数学表达式相同，则其分析和计算也就完全一样。因此，利用控制系统的数学模型，可以撇开系统的具体物理属性，探求这些系统运动过程的共同规律，对控制系统从理论上进行具有普遍意义的分析和研究，研究所得的结论就必然会有效地指导各种控制系统的分析与设计。

　　建立控制系统的数学模型有两种基本方法，即分析法和实验法。分析法是对系统各部分的运动机理进行分析，根据它们所遵循的物理或化学规律（如牛顿定律、基尔霍夫定律、热力学第二定律等）分别列写相应的运动方程，并将它们合在一起组成描述整个系统的方程。当然和数学模型有关的因素很多，在建立模型时不可能也没必要把一些非主要因素都囊括进去，而使模型过于复杂，但也不能片面地强调简化，简化得太多，会使分析结果与实际情况出入太大。因此应在模型的准确性和简化性之间进行恰当的考虑，根据实际需要建立关于系统某一方面属性的描述。实验法是人为地给系统施加某种测试信号，然后测量并记录系统的输出，并对这些输出数据进行分析和处理，求出一种数学表示方式，这种建模方法又称为系统辨识。近几年来，系统辨识已发展成一门独立的学科分支。本章不讨论该项内容，重点研究用分析法建立线性定常系统数学模型的方法。

　　作为线性定常系统，其数学模型可用微分方程、传递函数、动态结构图和频率特性几种形式描述。本章将介绍前三种，频率特性模型将在第五章中讨论。

第一节　微　分　方　程

一、系统微分方程的建立

　　一个完整的控制系统通常是由若干个元器件或环节以一定方式连接而成的，对系统中每一个具体的元器件或环节按照其运动规律可以比较容易地列写出其运动方程，然后将这些微分方程联立起来，以求出整个系统的微分方程。

　　下面举例说明控制系统中常用的电气元件、力学元件的微分方程的列写方法。

　　【例 2-1】　图 2-1 所示的 RLC 串联电路中，设输入量为 $u_r(t)$，输出量为 $u_c(t)$，试列

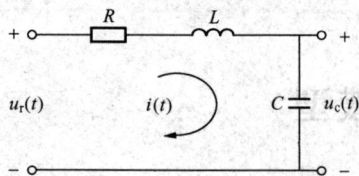

图 2-1　RLC 串联电路

写其微分方程。

解： 为建立系统输出 $u_c(t)$ 和输入 $u_r(t)$ 的动态关系，可设回路电流 $i(t)$ 为中间变量，根据基尔霍夫定律，可以列出

$$\begin{cases} L\dfrac{\mathrm{d}i(t)}{\mathrm{d}t} + Ri(t) + \dfrac{1}{C}\displaystyle\int i(t)\mathrm{d}t = u_r(t) \\[2mm] \dfrac{1}{C}\displaystyle\int i(t)\mathrm{d}t = u_c(t) \end{cases}$$

这是该系统的原始微分方程组，为了便于分析和求解，必须将原始的微分方程组化成标准形式。所谓标准形式就是把原始微分方程组消去中间变量，合并为一个微分方程，在该方程中只包含输入量、输出量以及它们的导数项，并把与输出量有关的项写在方程的左端，与输入量有关的项写在方程的右边，方程两端变量的导数项均按降阶排列。

在本例中，消去中间变量 $i(t)$ 及其导数项可得

$$LC\frac{\mathrm{d}^2 u_c(t)}{\mathrm{d}t^2} + RC\frac{\mathrm{d}u_c(t)}{\mathrm{d}t} + u_c(t) = u_r(t) \tag{2-1}$$

可见，RLC 串联电路的数学模型是一个二阶常系数线性微分方程。

【例 2-2】 设有一个由弹簧、阻尼器和质量为 m 的物体组成的机械系统，如图 2-2 所示，设外作用力 $F(t)$ 为输入量，位移 $y(t)$ 为输出量，试列写该系统的微分方程。

解： 根据牛顿第二定律可得

$$m\frac{\mathrm{d}^2 y(t)}{\mathrm{d}t^2} = F(t) - F_B(t) - F_k(t) \tag{2-2}$$

$$F_B(t) = f\frac{\mathrm{d}y(t)}{\mathrm{d}t}$$

$$F_k(t) = ky(t)$$

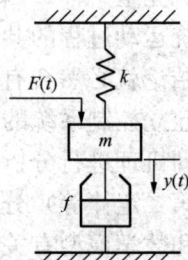

图 2-2　由弹簧、物体和阻尼器组成的机械系统

式中　$F_B(t)$——阻尼器黏性阻力，与物体运动速度成正比；

　　　$F_k(t)$——弹簧的弹性力，与物体的位移成正比；

　　　f——阻尼系数；

　　　k——弹性系数。

将上述关系整理得微分方程为

$$m\frac{\mathrm{d}^2 y(t)}{\mathrm{d}t^2} = F(t) - f\frac{\mathrm{d}y(t)}{\mathrm{d}t} - ky(t)$$

化成标准形式得

$$m\frac{\mathrm{d}^2 y(t)}{\mathrm{d}t^2} + f\frac{\mathrm{d}y(t)}{\mathrm{d}t} + ky(t) = F(t) \tag{2-3}$$

由式 (2-1) 与式 (2-3) 可以看出，以上两例虽然是不同的物理系统，但它们的微分方程却具有相同的形式，这样的系统称为相似系统。相似系统的动态特性也相似，因此可以通过研究电路的动态特性来研究机械系统的动态特性。由于电子电路具有易于实现和变换结构等特点，因此常采用电子电路来模拟其他实际系统，这种方法称为电子模拟技术。还可以通过数字计算机求解系统的微分方程来研究实际系统的动态特性，这就是计算机仿真技术。

【例 2 - 3】 图 2 - 3 所示为由两级 RC 电路串联组成的无源滤波网络，试列写以 $u_r(t)$ 为输入、$u_c(t)$ 为输出的网络的微分方程。

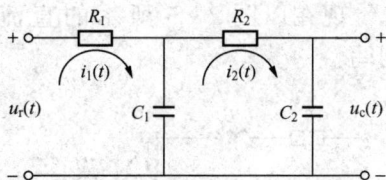

图 2 - 3　两级 RC 电路串联组成的
无源滤波网络

解： 根据回路电流法可列写如下方程

$$\begin{cases} u_r(t) = i_1(t)R_1 + \dfrac{1}{C_1}\int[i_1(t) - i_2(t)]\mathrm{d}t \\ \dfrac{1}{C_1}\int[i_2(t) - i_1(t)]\mathrm{d}t + i_2(t)R_2 + \dfrac{1}{C_2}\int i_2(t)\mathrm{d}t = 0 \\ u_c(t) = \dfrac{1}{C_2}\int i_2(t)\mathrm{d}t \end{cases}$$

综合上述方程组，消去中间变量 $i_1(t)$、$i_2(t)$，化简整理得

$$R_1 R_2 C_1 C_2 \frac{\mathrm{d}^2 u_c(t)}{\mathrm{d}t^2} + (R_1 C_1 + R_2 C_2 + R_1 C_2) \frac{\mathrm{d}u_c(t)}{\mathrm{d}t} + u_c(t) = u_r(t)$$

令 $R_1 C_1 = T_1$，$R_2 C_2 = T_2$，$R_1 C_2 = T_3$，则得

$$T_1 T_2 \frac{\mathrm{d}^2 u_c(t)}{\mathrm{d}t^2} + (T_1 + T_2 + T_3) \frac{\mathrm{d}u_c(t)}{\mathrm{d}t} + u_c(t) = u_r(t) \qquad (2 - 4)$$

可见，该滤波网络的动态数学模型也是一个二阶常系数线性微分方程。

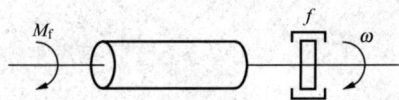

图 2 - 4　机械旋转运动系统

【例 2 - 4】 图 2 - 4 所示为一个圆柱体被轴承支承并在黏性介质中转动。当力矩 M_f 作用于系统时，产生角位移 $\theta(t)$。试列写以 M_f 为输入、$\theta(t)$ 为输出系统的微分方程。

解： 根据牛顿力学第二定律，系统诸力矩之和为

$$\sum M = J \frac{\mathrm{d}^2 \theta}{\mathrm{d}t^2}$$

式中　J——转动惯量；

$\sum M$——和力矩。

$$\sum M = M_f - M_d$$

$$M_d = f \frac{\mathrm{d}\theta}{\mathrm{d}t}$$

式中　M_d——阻尼力矩，其大小与转速成正比，方向与作用力矩方向相反；

f——黏性阻尼系数。

整理，得

$$J \frac{\mathrm{d}^2 \theta(t)}{\mathrm{d}t^2} = M_f - f \frac{\mathrm{d}\theta}{\mathrm{d}t}$$

化为标准式得机械旋转运动系统的微分方程

$$J \frac{\mathrm{d}^2 \theta}{\mathrm{d}t^2} + f \frac{\mathrm{d}\theta}{\mathrm{d}t} = M_f$$

对由多个环节组成的复合控制系统建立微分方程时，一般先列写组成系统各环节的微分方程，然后消去中间变量，便得到描述系统输出量与输入量之间关系的微分方程。

现在以图 2-5 所示的直流电动机系统为例，说明复合控制系统的微分方程的列写。

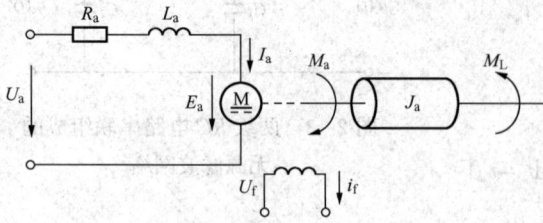

图 2-5 直流电动机系统

【例 2-5】 图 2-5 所示为直流电动机系统，输入为电枢电压 U_a，输出为转轴角速度 ω，试列写其微分方程。

解： 直流电动机是由两个子系统构成的，一个是电网络系统，由电网络得到电能，产生电磁转矩。另一个是机械运动系统，产生机械能带动负载转动。

（1）电网络平衡方程为

$$L_a \frac{\mathrm{d}I_a}{\mathrm{d}t} + R_a I_a + E_a = U_a$$

式中　I_a——电动机的电枢电流；

　　　R_a——电动机的电阻；

　　　L_a——电动机的电感；

　　　E_a——电枢绕组的感应电动势。

（2）电动势平衡方程为

$$E_a = K_e \omega$$

式中　K_e——电动势常数，由电动机的结构参数确定。

（3）机械平衡方程为

$$J_a \frac{\mathrm{d}\omega}{\mathrm{d}t} = M_a - M_L$$

式中　J_a——电动机转子的转动惯量；

　　　M_a——电动机的电磁转矩；

　　　M_L——折合阻力矩。

（4）转矩平衡方程为

$$M_a = K_C I_a$$

式中　K_C——电磁转矩常数，由电动机的结构参数确定。

将上述四个方程联立，因为空载下的阻力矩很小，所以略去 M_L，得方程组为

$$\begin{cases} L_a \dfrac{\mathrm{d}I_a}{\mathrm{d}t} + R_a I_a + E_a = U_a \\ E_a = K_e \omega \\ J_a \dfrac{\mathrm{d}\omega}{\mathrm{d}t} = M_a \\ M_a = K_C I_a \end{cases}$$

消去中间变量 I_a，E_a，M_a，得到关于输入、输出的微分方程式为

$$\frac{J_a L_a}{K_C} \frac{\mathrm{d}^2 \omega}{\mathrm{d}t^2} + \frac{J_a R_a}{K_C} \frac{\mathrm{d}\omega}{\mathrm{d}t} + K_e \omega = U_a$$

这也是一个二阶线性微分方程，因为电枢绕组的电感一般很小，所以，若略去 L_a，则可得到简化的一阶线性微分方程为

$$\frac{J_a R_a}{K_C}\frac{d\omega}{dt}+K_e\omega=U_a$$

总结上面的例子，可以归纳出建立系统微分方程的一般步骤，具体如下：

（1）全面了解系统的工作原理、结构组成和支配系统运动的物理规律，确定系统的输入量和输出量；

（2）一般从系统的输入端开始，根据各元件或环节所遵循的物理规律，依次列写它们的微分方程；

（3）将各元件或环节的微分方程联立起来并消去中间变量，求取一个仅含有系统输入量和输出量的微分方程；

（4）将该方程化成标准形式。一般情况下微分方程的阶次和系统中独立储能元件的个数相等。

二、非线性数学模型的线性化

上面所列举的元件或系统的运动方程式都是常系数线性微分方程式，这类系统具有一个很重要的性质，就是可以应用叠加原理及应用线性理论对系统进行分析和设计。但是严格来说，现实系统中的元件几乎都具有不同程度的非线性。只是在大多数情况下，其非线性因素较弱，可以将它们近似为线性元件，然后列出线性微分方程。但是某些元件的非线性程度较为严重，如果简单地将它们视为线性元件，将会使分析结果严重地偏离实际，甚至会得到错误的结论。由于用解析法求解非线性微分方程非常困难，并且没有通用的解法，因此在研究控制系统时，总是力求将非线性元件在合理的条件下简化为线性元件。这种简化在工程实践中有很大的实际意义。小偏差法就是常用的线性化方法之一。

所谓小偏差法，是指假定控制系统有一个额定工作状态及与其相对应的平衡工作点，在控制系统的整个调节过程中，所有变量离平衡工作点的偏差量都很小。

小偏差线性化这一概念，用数学方法来处理，就是将一个非线性函数 $y=f(x)$ 在其工作点 (x_0, y_0) 展开成泰勒级数，然后忽略二次以上的高阶项，就可得到用来代替原来非线性函数的线性化增量方程。

对于单输入系统，若非线性函数 $y=f(x)$，在其工作点 (x_0, y_0) 连续可微，则可将函数在 (x_0, y_0) 点附近展开成泰勒级数，即

$$y=f(x)=f(x_0)+\frac{dy}{dx}\Big|_{x=x_0}(x-x_0)+\frac{1}{2!}\frac{d^2y}{dx^2}\Big|_{x=x_0}(x-x_0)^2+\cdots \tag{2-5}$$

当变化量 $(x-x_0)$ 很小时，则可将 $(x-x_0)$ 的高阶项略去，可写成

$$y=f(x_0)+\frac{dy}{dx}\Big|_{x=x_0}(x-x_0)\ 或\ y-y_0=\frac{dy}{dx}\Big|_{x=x_0}(x-x_0)$$

若用变化量即增量 Δx、Δy 表示，且 $K=\frac{dy}{dx}\Big|_{x=x_0}$ 是常数，则可得线性化增量方程为

$$\Delta y=K\Delta x \tag{2-6}$$

式（2-6）的几何意义是在平衡工作点的附近，用过工作点的切线近似地代替非线性曲线。在实际应用中，为了书写方便，常常略去式（2-6）中的增量符号，将该式简写为

$$y=Kx \tag{2-7}$$

但是应明确 y、x 均为平衡工作点的增量，式（2-7）是一个增量方程，如果平衡工作点改

变，则式（2-7）中的系数 K 也随之改变。在线性化时，首先应确定元件或系统的平衡工作点。

【例 2 - 6】 图 2-6 所示为一个蓄水箱系统，试以流入量 $q_1(t)$ 为输入量，水位 $h(t)$ 为输出量，写出系统的线性化微分方程。

解： 系统的动态过程由如下两个过程组成。

（1）水箱蓄水或泄水的过程。流入水箱的净流量 $[q_1(t) - q_2(t)]$ 为输入量，它引起水箱中蓄水量的变化，蓄水量变化必然引起水位变化，其动态关系为

$$C \frac{\mathrm{d}h(t)}{\mathrm{d}t} = q_1(t) - q_2(t) \tag{2-8}$$

式中　C——水箱的横截面积。

（2）水位变化引起流出量变化的过程。在一般流动情况（紊流）下可写出

$$q_2(t) = \alpha \sqrt{h(t)} \tag{2-9}$$

式中　α——常数，取决于流出管路的阻力。

式（2-9）不是线性方程式，它所描述的 $q_2(t)$ 与 $h(t)$ 的关系如图 2-7 上的曲线 B 所示。

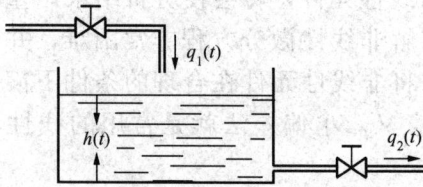

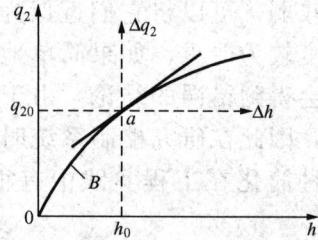

图 2-6　蓄水箱系统　　　　　　图 2-7　$q_2(t)$ 与 $h(t)$ 的非线性关系

将式（2-9）代入式（2-8）中消去中间变量 $q_2(t)$，则得到该系统的微分方程式，即

$$C \frac{\mathrm{d}h(t)}{\mathrm{d}t} + \alpha \sqrt{h(t)} = q_1(t)$$

这是一个非线性微分方程，之所以称为非线性微分方程式是由式（2-9）的非线性关系引起的。假设在正常生产过程中，水位经常保持在 h_0（对应的流出量为 q_{20}）附近较小范围内变化，那么利用小偏差线性化方法写出此过程的增量方程式为

$$\Delta q_2(t) = \frac{1}{R} \Delta h(t) \tag{2-10}$$

$$R = \frac{1}{\left. \dfrac{\mathrm{d}q_2}{\mathrm{d}h} \right|_{h=h_0}}$$

式中　R——在 $q_2(t) = q_{20}$ 时，出水管路的阻力系数，即图 2-7 中曲线在 a 点处斜率的倒数。

若用曲线在 a 点的切线代替 a 点附近的曲线，则 a 点处的斜率可按式（2-9）求出，即

$$\left. \frac{\mathrm{d}q_2(t)}{\mathrm{d}h} \right|_{h=h_0} = \left. \frac{\mathrm{d}(a\sqrt{h})}{\mathrm{d}h} \right|_{h=h_0} = \frac{q_{20}}{\sqrt{h_0}} \frac{1}{2\sqrt{h_0}} = \frac{q_{20}}{2h_0}$$

把式（2-8）写成增量形式，则为

$$C \frac{\mathrm{d}\Delta h(t)}{\mathrm{d}t} = \Delta q_1(t) - \Delta q_2(t) \qquad (2-11)$$

式中 $\Delta q_1(t)$——水位平衡在 h_0 时的流入量，即 $\Delta q_1(t) = q_1(t) - q_{10}$，故 $q_{10} = q_{20}$。

将式（2-10）代入式（2-11），消去中间变量 $\Delta q_2(t)$ 得

$$RC \frac{\mathrm{d}\Delta h(t)}{\mathrm{d}t} + \Delta h(t) = R\Delta q_1(t)$$

省略增量符号 Δ，得线性化后蓄水箱系统的微分方程式为

$$RC \frac{\mathrm{d}h(t)}{\mathrm{d}t} + h(t) = Rq_1(t)$$

同样对于有两个自变量的 x_1，x_2 的非线性函数 $y = f(x_1, x_2)$，也可以在某工作点 (x_{10}, x_{20}) 附近用泰勒级数展开为

$$y = f(x_1, x_2) = f(x_{10}, x_{20}) + \left(\frac{\partial f}{\partial x_1}\right)_{x_{10}, x_{20}} (x_1 - x_{10}) + \left(\frac{\partial f}{\partial x_2}\right)_{x_{10}, x_{20}} (x_2 - x_{20})$$

$$+ \frac{1}{2!}\Big[\left(\frac{\partial^2 f}{\partial x_1^2}\right)_{x_{10}, x_{20}} (x_1 - x_{10})^2 + 2\left(\frac{\partial^2 f}{\partial x_1 \partial x_2}\right)_{x_{10}, x_{20}} (x_1 - x_{10})(x_2 - x_{20})$$

$$+ \left(\frac{\partial^2 f}{\partial x_2^2}\right)_{x_{10}, x_{20}} (x_2 - x_{20})^2\Big] + \cdots$$

略去二阶以上导数项，并设 $\Delta y = y - f(x_{10}, x_{20})$，$\Delta x_1 = (x_1 - x_{10})$，$\Delta x_2 = (x_2 - x_{20})$，可得增量线性化方程为

$$\Delta y = \left(\frac{\partial f}{\partial x_1}\right)_{x_{10}, x_{20}} \Delta x_1 + \left(\frac{\partial f}{\partial x_2}\right)_{x_{10}, x_{20}} \Delta x_2 = K_1 \Delta x_1 + K_2 \Delta x_2$$

其中有

$$K_1 = \left(\frac{\partial f}{\partial x_1}\right)_{x_{10}, x_{20}}$$

$$K_2 = \left(\frac{\partial f}{\partial x_2}\right)_{x_{10}, x_{20}}$$

通过上面的讨论可知，小偏差法假定输入量和输出量围绕平衡工作点做较小范围内变化，这一前提条件对于大多数控制系统，特别是定值控制系统是符合实际的。系统相对于平衡工作点的变化范围越小，使用小偏差法的准确度就越高。若非线性程度较低，则即使变化范围较大，小偏差法仍能在允许的精度范围内使用。

对于某些严重的非线性系统，如图 2-8 所示的继电特性和死区特性，均属于本质非线性。将函数展开为泰勒级数的条件是函数在工作点附近的邻域内连续，且函数的各阶导数存在。本质非线性不满足此条件，所以不能用"小偏差法"对它们进行线性化处理。对于本质非线性特征，将在本书第七章讨论。

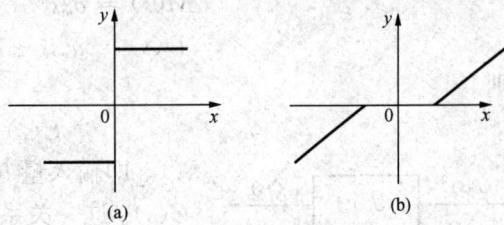

图 2-8 本质非线性特性
(a) 继电特性；(b) 死区特性

第二节 传 递 函 数

前面介绍了控制系统的微分方程，它是一种时域描述，也就是说，是以时间 t 为自变量

的。对控制系统进行分析时，根据所得的微分方程，求得微分方程的时间解，也就获得了控制系统的运动规律。但是，当控制系统的某个参数改变时，便需要重新列写和求解微分方程，这是十分繁杂和费时的。因此用微分方程直接分析和设计控制系统是很不方便的。同时微分方程这种数学表达形式也不太简洁。

工程上一般用拉氏变换法来求解微分方程，拉氏变换法是将时域的微分方程变换为复域的代数方程，求解代数方程就可以得到控制系统输出量的拉氏变换。传递函数就是在此基础上产生的，它是系统复域的数学模型，它不仅可以表征控制系统的动态特性，还可以用它研究控制系统结构和参数的变化对控制系统的影响。在经典控制理论中广泛采用的根轨迹分析法和频率响应分析法，就是建立在传递函数的基础上的。传递函数是经典控制理论中最基本、最重要的概念。

一、传递函数的定义

线性定常系统在零初始条件下，系统输出量的拉氏变换与输入量的拉氏变换之比，称为系统的传递函数，常用 $G(s)$ 表示。

设单输入—单输出线性定常系统的微分方程为

$$a_n c^{(n)}(t) + a_{n-1} c^{(n-1)}(t) + \cdots + a_1 \dot{c}(t) + a_0 c(t)$$
$$= b_m r^{(m)}(t) + b_{m-1} r^{(m-1)}(t) + \cdots + b_1 \dot{r}(t) + b_0 r(t) \quad (n \geqslant m) \quad (2\text{-}12)$$

式中　　$c(t)$—— 系统输出量；

$r(t)$—— 系统输入量；

a_i、b_j——与系统结构和参数有关的常系数 （$i = 0,1,\cdots,n$；$j = 0,1,\cdots,m$）。

假设初始条件为零，即 $r(t)$、$c(t)$ 及其各阶导数的初始值均为零，对式（2-12）进行拉氏变换，得

$$(a_n s^n + a_{n-1} s^{n-1} + \cdots + a_1 s + a_0) C(s) = (b_m s^m + b_{m-1} s^{m-1} + \cdots + b_1 s + b_0) R(s)$$

系统的传递函数为

$$G(s) = \frac{C(s)}{R(s)} = \frac{b_m s^m + b_{m-1} s^{m-1} + \cdots + b_1 s + b_0}{a_n s^n + a_{n-1} s^{n-1} + \cdots + a_1 s + a_0} = \frac{M(s)}{D(s)} \quad (2\text{-}13)$$

其中

$$M(s) = b_m s^m + b_{m-1} s^{m-1} + \cdots + b_1 s + b_0$$
$$D(s) = a_n s^n + a_{n-1} s^{n-1} + \cdots + a_1 s + a_0$$

则

$$C(s) = G(s) R(s)$$

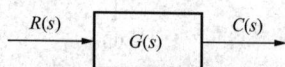

图 2-9　传递函数框图

即输入量 $R(s)$ 经传递函数 $G(s)$ 的传递后，得到了输出量 $C(s)$。这一关系可以用图 2-9 所示的传递函数框图直观地表示。其中框内是传递函数，箭头表示信号的传递方向。

二、传递函数的性质

（1）传递函数表征了系统对输入信号的传递能力，是系统的固有特性，与输入信号类型及大小无关。

（2）传递函数是将线性定常系统的微分方程经拉氏变换后得到的，因此它只适用于线性定常系统。

（3）传递函数只描述系统的输入、输出特性，而不能表征系统的物理结构及内部所有状

况的特性。不同的物理系统可以有相同的传递函数。同一系统中，不同物理量之间对应的传递函数也不相同。

（4）当初始条件为零时，系统单位脉冲响应的拉氏变换为系统的传递函数。

设系统的输入信号 $r(t) = \delta(t)$，$\delta(t)$ 为单位脉冲函数，其拉氏变换为

$$R(s) = L[\delta(t)] = 1$$

所以单位脉冲响应的拉氏变换式为

$$C(s) = G(s)R(s) = G(s)$$

故系统的单位脉冲响应函数为

$$k(t) = c(t) = L^{-1}[C(s)] = L^{-1}[G(s)] \qquad (2 - 14)$$

（5）由于传递函数的分子、分母多项式的各项系数是由系统物理参数组成的，而物理参数总是实数，因此多项式系数均为实数，另外实际系统总有惯性，且系统信号能量总是有限的，所以实际系统中有 $n \geqslant m$，即分母的最高阶次 n 大于分子的最高阶次 m，n 称为系统的阶数。

（6）传递函数还可以表示成如下的零极点形式，即

$$G(s) = \frac{K\prod\limits_{i=1}^{m}(s + z_i)}{\prod\limits_{j=1}^{n}(s + p_j)} = \frac{M(s)}{D(s)} \qquad (2 - 15)$$

式中　K——比例系数，或称为增益，$K = \dfrac{b_m}{a_n}$；

　　$-z_i$——$M(s) = 0$ 的根，称为传递函数的零点；

　　$-p_j$——$D(s) = 0$ 的根，称为传递函数的极点。

另外 $D(s) = 0$ 称为系统的特征方程式，它决定系统响应的基本特点和动态本质。一般零点、极点可以为实数，也可以为共轭复数。

传递函数是研究线性系统动态特性的重要工具，利用这一工具，可以大大简化系统动态性能的分析过程，例如，对于初始条件为零的系统，可以不必先解微分方程，求出系统的输出响应后，再研究系统在输入信号作用下的动态过程。而是可以直接根据系统传递函数的某些特征，例如根据传递函数的零点和极点来研究系统的性能。另一方面，也可以把对系统性能的要求，转换成对传递函数的要求，从而为系统设计提供了简便的方法。

（7）一个传递函数只能表示一个输入对一个输出的关系，至于信号传递通道中的中间变量，则无法用一个传递函数全面反映。如果是多输入—多输出系统，也不可能用一个传递函数来表示该系统各变量的关系，而要用传递函数阵来表示。

三、传递函数的求法

可以对标准微分方程在零初始条件下进行拉氏变换，求出输出量的拉氏变换与输入量的拉氏变换之比，即为传递函数。但这需要对微分方程组进行消元（即消去中间变量）化简，先得到标准微分方程，再进行拉氏变换求传递函数，这样比较麻烦，通常可由实际系统求出其原始微分方程组，然后在零初始条件下，对方程组进行拉氏变换，最后进行代数消元化简，求出输出量与输入量之间的传递函数。

下面举例说明传递函数的求法。

【例 2 - 7】　求如图 2 - 6 所示蓄水箱系统的传递函数 $G(s) = \dfrac{Q_2(s)}{Q_1(s)}$。

解： 由 ［例 2 - 6］ 可得原始方程为

$$\begin{cases} q_1(t) - q_2(t) = C\dfrac{\mathrm{d}h(t)}{\mathrm{d}t} \\[2mm] q_2(t) = \dfrac{h(t)}{R} \end{cases}$$

其中 R、C 为线性化的比例系数，分别称为液阻和液容。

令

$$L[q_1(t)] = Q_1(s)$$
$$L[q_2(t)] = Q_2(s)$$
$$L[h(t)] = H(s)$$

假设初始条件为零，对原始方程两边取拉氏变换，可得

$$\begin{cases} Q_1(s) - Q_2(s) = CsH(s) \\[2mm] Q_2(s) = \dfrac{1}{R}H(s) \end{cases}$$

消去中间变量 $H(s)$，得

$$Q_1(s) - Q_2(s) = RCsQ_2(s) \ \Rightarrow\ G(s) = \frac{Q_2(s)}{Q_1(s)} = \frac{1}{RCs + 1} = \frac{1}{Ts + 1}$$

【例 2 - 8】　图 2 - 10 所示为两个水箱组成的液位系统，求该系统的传递函数 $G(s) = \dfrac{Q_c(s)}{Q_r(s)}$。

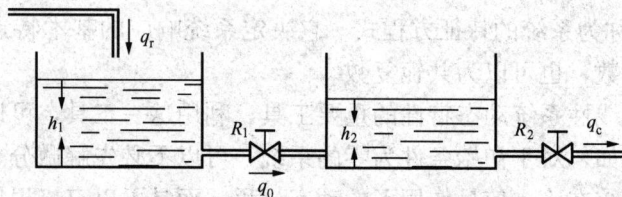

图 2 - 10　由两个水箱组成的液位系统

解： 由 ［例 2 - 7］ 的原理，可列出原始微分方程为

$$\begin{cases} q_r - q_0 = C_1\dfrac{\mathrm{d}h_1}{\mathrm{d}t} \\[2mm] q_0 = \dfrac{(h_1 - h_2)}{R_1} \\[2mm] q_0 - q_c = C_2\dfrac{\mathrm{d}h_2}{\mathrm{d}t} \\[2mm] q_c = \dfrac{h_2}{R_2} \end{cases}$$

令初始条件为零，两边拉氏变换可得

$$\begin{cases} Q_r(s) - Q_0(s) = C_1 s H_1(s) \\ Q_0(s) = \dfrac{H_1(s) - H_2(s)}{R_1} \\ Q_0(s) - Q_c(s) = C_2 s H_2(s) \\ Q_c(s) = \dfrac{H_2(s)}{R_2} \end{cases} \qquad (2-16)$$

消去中间变量 $H_1(s)$，$H_2(s)$ 和 $Q_0(s)$，可得

$$G(s) = \frac{Q_c(s)}{Q_r(s)} = \frac{1}{R_1 R_2 C_1 C_2 s^2 + (R_1 C_1 + R_2 C_2 + R_2 C_1) s + 1}$$

上面的［例 2-7］与［例 2-8］都是由微分方程组经拉氏变换求出传递函数，值得一提的是，对于 RLC 电路，可以不必列写微分方程组，而直接用复阻抗来求传递函数。在电网络中，RLC 对应的复阻抗分别为 R、Ls、$1/Cs$。若电气元件用复阻抗表示，电压、电流用拉氏变换式表示，则克希霍夫定律继续有效。

【例 2-9】 求图 2-11 所示的 RLC 电路中的系统电路的传递函数 $G(s) = \dfrac{U_c(s)}{U_r(s)}$。

解：设 R_1、R_2 和 $\dfrac{1}{Cs}$ 这三个复阻抗串并联后的等效阻抗为 Z_1，且

$$Z_1 = \frac{R_1\left(R_2 + \dfrac{1}{Cs}\right)}{R_1 + R_2 + \dfrac{1}{Cs}} = \frac{R_1(R_2 Cs + 1)}{(R_1 + R_2)Cs + 1} \qquad (2-17)$$

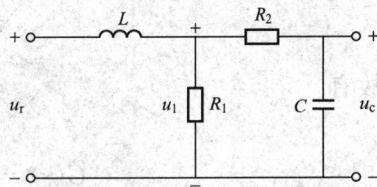

图 2-11　RLC 电路

$$U_1(s) = \frac{U_r(s)}{Ls + Z_1} Z_1 \qquad (2-18)$$

将式（2-17）代入式（2-18），得

$$U_1(s) = \frac{R_1(R_2 Cs + 1)}{(R_1 + R_2)LCs^2 + R_1(R_2 Cs + 1) + Ls} U_r(s) \qquad (2-19)$$

$$U_c(s) = \frac{\dfrac{1}{Cs}}{R_2 + \dfrac{1}{Cs}} U_1(s) = \frac{1}{R_2 Cs + 1} U_1(s) \qquad (2-20)$$

将式（2-19）代入式（2-20），整理得

$$G(s) = \frac{U_c(s)}{U_r(s)} = \frac{R_1}{(R_1 + R_2)LCs^2 + (R_1 R_2 C + L)s + R_1}$$

【例 2-10】 有源网络如图 2-12 (a) 和图 2-12 (b) 所示，试用复阻抗法求网络传递函数，并根据求得的结果，直接用于如图 2-12 (b) 所示的 PI 调节器，写出传递函数。

解：理想运算放大器的特征是输入输出反向、放大倍数无穷大、输入电流为零，两个输入端子等电位。图 2-12 (a) 中 Z_r 和 Z_f 表示运算放大器外部电路中输入支路和反馈支路复阻抗，假设图 2-12 (a) 中 A 点为虚地，即 $U_A \approx 0$，运算放大器输入阻抗很大，因此可略去输入电流（即输入电流为零），于是 $i_1 = i_2$，则有

$$U_r(s) = I_1(s) Z_i(s), U_c(s) = -I_2(s) Z_f(s)$$

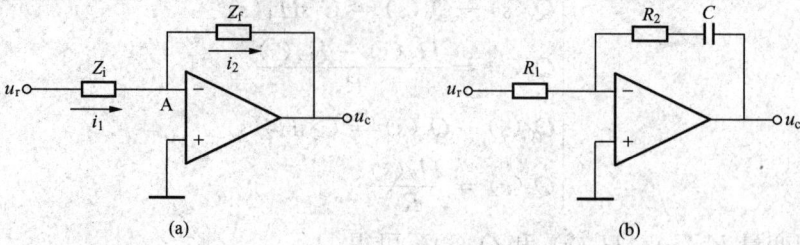

图 2-12　有源网络和 PI 调节器

（a）有源网络；（b）PI 调节器

故传递函数为

$$G(s) = \frac{U_c(s)}{U_r(s)} = -\frac{Z_f(s)}{Z_r(s)}$$

对于由运算放大器构成的调节器，$G(s) = \dfrac{U_c(s)}{U_r(s)} = -\dfrac{Z_f(s)}{Z_r(s)}$ 可看作计算传递函数的一般公式，对于图 2-12（b）所示的 PI 调节器，有

$$Z_r(s) = R_1 \quad Z_f(s) = R_2 + \frac{1}{Cs}$$

故有

$$G(s) = -\frac{Z_f(s)}{Z_r(s)} = -\frac{R_2 + \dfrac{1}{Cs}}{R_1} = -\frac{R_2 Cs + 1}{R_1 Cs}$$

第三节　动 态 结 构 图

由本章第二节分析可知，在求较复杂系统的传递函数时，可以首先列出一组微分方程，将它们取拉氏变换后得到一组 s 域的代数方程，消去中间变量后求出传递函数。当系统比较复杂时，方程的个数较多，消元过程相当麻烦。再有，消元后仅剩下输入量和输出量，系统内部的信号传递关系反映不出来，动态结构图则能较好地解决上述问题，在控制理论中得到了广泛的应用。

动态结构图又称方框图，它由四种基本符号构成，即方框、信号线、引出点和比较点。图 2-13 所示为典型的反馈控制系统结构方框图。

（1）方框。传递环节用方框表示，框中具体标明此环节的传递函数，方框相当于乘法器，信号流经方框被乘以方框内的传递函数，如图 2-13 所示，$C(s) = G(s)E(s)$。

（2）信号线。带箭头的直线，箭头表示信号的传递方向，在直线上可标出信号的时域或复域名称。

（3）引出点（分支点）。表示把一个信号分成几路输出，引出信号并不是取出能量，只是传递信号，所以引出的信号均相同，如图 2-13 中的 B 点。

（4）比较点（相加点）。表示对指向该点的信号进行代数相加，如图 2-13 中的 A 点，$E(s) = R(s) - B(s)$。

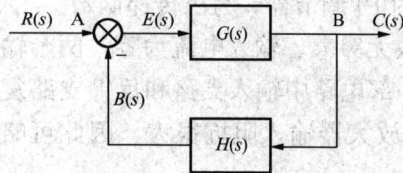

图 2-13　反馈控制系统结构方框图

下面用一个例子来说明动态结构图的基本概念。

【例 2 - 11】 画出图 2 - 14 所示转速控制系统的动态结构图。

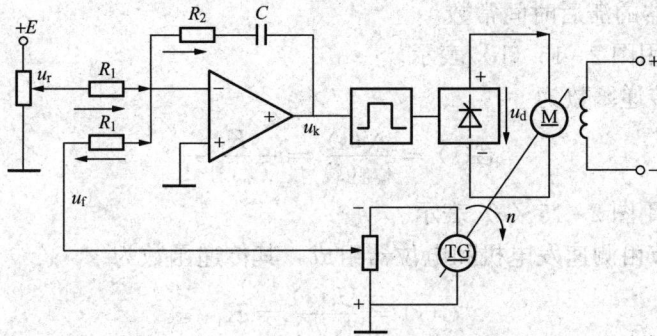

图 2 - 14　转速控制系统的动态结构图

解： 该系统由转速调节器、晶闸管整流器、直流电动机和测速发电机组成，系统的输入量为给定电压 u_r，输出量为电动机的转速 n。

转速调节器的输入量为给定电压 u_r 和反馈电压 u_f 的代数和，由电子技术理论可得

$$\frac{U_r(s)}{R_1} - \frac{U_f(s)}{R_1} = \frac{U_k(s)}{R_2 + \dfrac{1}{Cs}}$$

故

$$U_k(s) = \frac{R_2}{R_1}\Big(1 + \frac{1}{R_2 Cs}\Big)[U_r(s) - U_f(s)]$$
$$= K_p\Big(1 + \frac{1}{T_i s}\Big)[U_r(s) - U_f(s)] \qquad (2 - 21)$$

式中　K_p——调节器放大系数，$K_p = \dfrac{R_2}{R_1}$；

T_i——调节器的积分时间常数，$T_i = R_2 C$。

式（2 - 21）可用图 2 - 15（a）表示，它形象地描述了调节器输入与输出信号间的数学关系。

晶闸管整流器的传递函数为

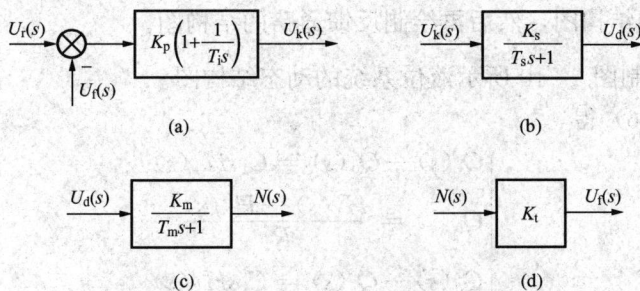

图 2 - 15　速度控制系统各环节的方框图

$$G(s) = \frac{U_d(s)}{U_k(s)} = \frac{K_s}{T_s s + 1} \qquad (2 \text{-} 22)$$

式中　K_s——线性化后整流器的电压放大系数；

　　　　T_s——整流器的滞后时间常数。

式（2 - 22）可用图 2 - 15（b）表示。

直流电动机的传递函数为

$$G(s) = \frac{N(s)}{U_d(s)} = \frac{K_m}{T_m s + 1} \qquad (2 \text{-} 23)$$

式（2 - 23）可用图 2 - 15（c）表示。

速度负反馈环节由测速发电机和电位器组成，其传递函数为

$$G(s) = \frac{U_f(s)}{N(s)} = K_t \qquad (2 \text{-} 24)$$

式（2 - 24）可用图 2 - 15（d）表示。

将系统的给定输入量 $U_r(s)$ 置于最左端，输出量 $N(s)$ 置于最右端，并将图 2 - 15 中四个环节的方框图按信号传递顺序连接起来，便得到图 2 - 16 所示的速度控制系统的动态结构图。

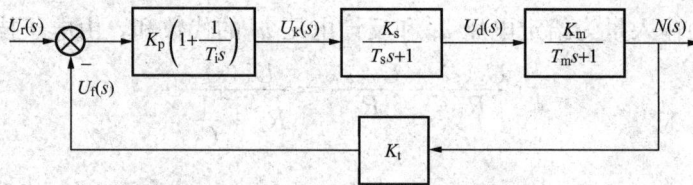

图 2 - 16　速度控制系统的动态结构图

根据［例 2 - 10］可归纳出系统动态结构图的绘制步骤如下：

（1）首先按照系统的结构和工作原理，将系统划分为若干个元件或环节，依次确定各元件或环节的输入量与输出量，并写出它们的传递函数；

（2）给出各元件或环节的动态结构图；

（3）将系统中的输入量放在最左边，输出量放在最右边，按照系统中信号的传递顺序依次连接起来，就构成了系统的动态结构图。

在动态结构图中，从系统的输入端到输出端的信号通路，称为前向通路；从系统的输出端返回到输入端的信号通路，称为反馈通路。在绘制动态结构图时，一般先按从左到右的顺序绘制出前向通路的结构图，然后再绘制反馈通路的结构图。

【例 2 - 12】　绘制图 2 - 10 所示液位系统的动态结构图。

解：由式（2 - 16）得

$$\begin{cases} Q_r(s) - Q_0(s) = C_1 s H_1(s) \\ Q_0(s) = \dfrac{H_1(s) - H_2(s)}{R_1} \\ Q_0(s) - Q_c(s) = C_2 s H_2(s) \\ Q_c(s) = \dfrac{H_2(s)}{R_2} \end{cases} \qquad (2 \text{-} 25)$$

将式（2-25）分别用 $H_1(s)$，$Q_0(s)$，$H_2(s)$，$Q_c(s)$ 作为元件输出绘制局部结构图，最后连成系统结构图，图 2-17 所示为液位系统的动态结构图。

由以上各例可以清楚地看出，以传递函数为基础的方框图，形象地表达了各环节间的相互关系及各参变量和输入量在系统中的作用和地位。因此，系统方框图是分析自动控制系统十分有用的数学模型。

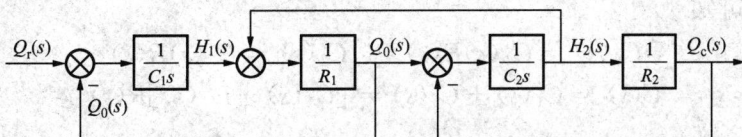

图 2-17　液位系统的动态结构图

第四节　动态结构图的等效变换

绘制出系统的动态结构图以后，为了对系统进行进一步的研究和计算，需将复杂的动态结构图通过等效变换进行化简，求出系统总的传递函数。这种变换相当于对方程组消元，但是比消元要简便得多。等效变换应按照等效的原理进行，即保证变换前后输入与输出总的数学关系保持不变。

一、动态结构图的等效变换法则

动态结构图的基本连接方式有串联、并联和反馈连接三种。

1. 串联连接的等效变换

在动态结构图中，几个方框首尾相连，前一个方框的输出量是后一个方框的输入量，这种连接方式称为串联，如图 2-18 所示。

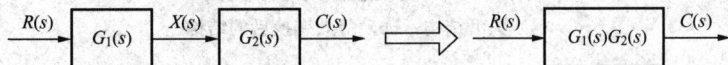

图 2-18　串联连接的等效变换

由图 2-18 可知

$$X(s) = G_1(s)R(s)$$
$$C(s) = G_2(s)X(s) = G_2(s)G_1(s)R(s)$$

由此得

$$G(s) = \frac{C(s)}{R(s)} = G_1(s)G_2(s)$$

上式表明，两个环节串联的等效传递函数，等于这两个环节传递函数的乘积。这一结论可以推广到 n 个方框的串联连接，即 n 个方框依次串联，其等效传递函数为

$$G(s) = \prod_{i=1}^{n} G_i(s) \tag{2-26}$$

2. 并联连接的等效变换

两个或多个方框的输入量相同，且总的输出信号等于各方框输出信号的代数和，这种连接方式称为并联连接，如图 2-19 所示。

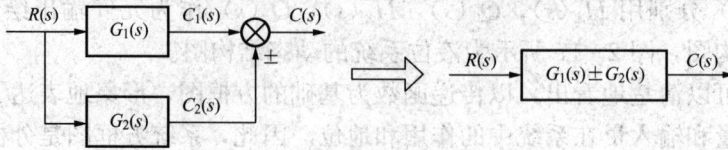

图 2 - 19 并联连接的等效变换

由图 2 - 19 可知

$$C_1(s) = G_1(s)R(s) \qquad C_2(s) = G_2(s)R(s)$$

$$C(s) = C_1(s) \pm C_2(s) = [G_1(s) \pm G_2(s)]R(s)$$

$$G(s) = \frac{C(s)}{R(s)} = G_1(s) \pm G_2(s)$$

同样，上述结论也可以推广到 n 个方框的并联连接，其等效传递函数为

$$G(s) = \sum_{i=1}^{n} G_i(s) \tag{2-27}$$

3. 反馈连接的等效变换

图 2 - 20 （a）所示为反馈连接的典型结构。输出信号经过一个反馈环节 $H(s)$ 与输入信号 $R(s)$ 相加（或相减）再作用于 $G(s)$ 环节，这种连接方式叫反馈连接。图 2 - 20 中，$G(s)$ 称为前向通道的传递函数；$H(s)$ 称为反馈通道的传递函数。

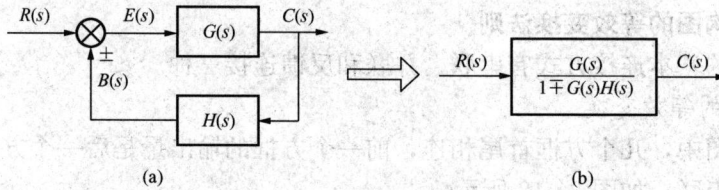

图 2 - 20 反馈连接的等效变换
(a) 典型结构；(b) 等效变换后的结构

由图 2 - 20 所示，按照信号的传递关系可写出

$$C(s) = G(s)E(s), \quad B(s) = H(s)C(s), \quad E(s) = R(s) \pm B(s)$$

消去 $E(s)$、$B(s)$，得

$$[1 \mp G(s)H(s)]C(s) = G(s)R(s)$$

故有

$$\frac{C(s)}{R(s)} = \frac{G(s)}{1 \mp G(s)H(s)} = G_B(s)$$

式中　$G(s)H(s)$——开环传递函数；

$G_B(s)$——闭环传递函数。

分母中的正负号表示反馈的极性，"+"对应于负反馈，"-"对应于正反馈。

若反馈通道的传递函数 $H(s) = 1$，则称为单位反馈系统，此时有

$$G_B(s) = \frac{C(s)}{R(s)} = \frac{G(s)}{1 \mp G(s)} \tag{2-28}$$

上述三种等效连接只限于单纯的串联、并联和反馈情况。在复杂系统的动态结构图中，经常加以分支点和比较点形成交叉连接和交叉反馈（如图 2 - 17 所示），如果单靠上述三种

法则等效变换就无法进行了。因此还必须移动某些分支点或比较点的位置，消除交叉连接后再进行进一步的简化。移动时应注意在移动前后必须保持信号的等效性。

4. 比较点移动

（1）将位于方框输入端的比较点移到方框的输出端，叫做比较点后移。其等效变换示意图如图 2-21（a）所示。

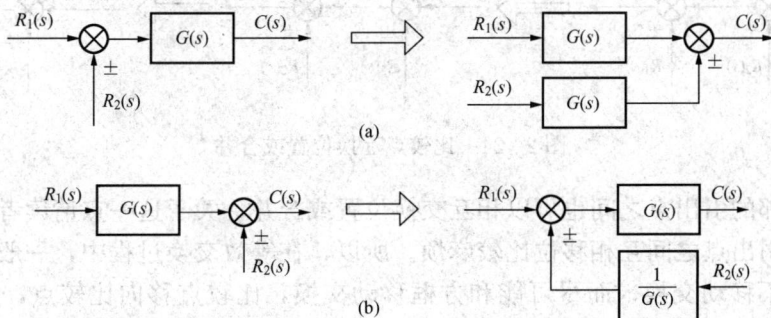

(a)

(b)

图 2-21 比较点移动
(a) 比较点后移；(b) 比较点前移

移动前为

$$C(s) = [R_1(s) \pm R_2(s)]G(s)$$

移动后为

$$C(s) = R_1(s)G(s) \pm R_2(s)G(s)$$

由此可见，移动前后系统的输出量不变，所以这一移动是等效的。

（2）将位于方框输出端的比较点移到方框的输入端，叫做比较点前移。其等效变换示意图如图 2-21（b）所示。为保持输出信号 $C(s)$ 不变，移动后应在被移支路中串入 $1/G(s)$。

5. 分支（引出）点移动

（1）将位于方框输出端的分支点移到方框的输入端，叫做分支点前移。其等效变换示意图如图 2-22 所示。为保持输出信号 $C(s)$ 不变，在被移支路中串入 $G(s)$。

图 2-22 分支点前移

（2）将位于方框输入端的分支点移到方框的输出端，叫做分支点后移。其等效变换示意图如图 2-23 所示。为保持输出信号 $C(s)$ 不变，在被移支路中串入 $1/G(s)$。

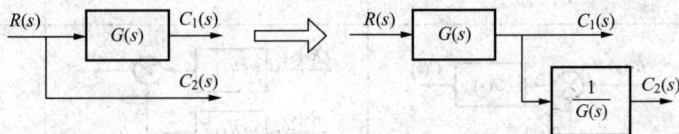

图 2-23 分支点后移

6. 相邻的比较点互换位置或合并

相邻的两个比较点的位置可以互换，也可以合并为一个比较点，不会影响总的输出信号关系，等效变换示意图如图 2-24 所示。

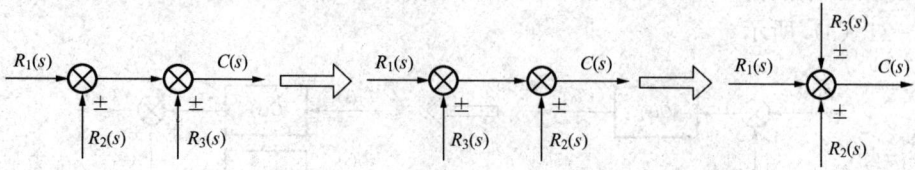

图 2-24　比较点互换位置或合并

同理，相邻的引出点之间也可以相互交换位置或合并，关于这一点请读者自行推证。注意，比较点和引出点之间互相移位比较麻烦。所以，在等效交换过程中，一般比较点和分支点之间尽可能不移动交换，而尽可能和方框移动交换，比较点移向比较点，分支点移向分支点。

表 2-1 汇集了动态结构图等效变换的基本法则，供查用。

表 2-1　　　　　　　　动态结构图等效交换的基本法则

变换类型	原框图	等效框图	等效运算关系
串联	$R(s) \to G_1(s) \to G_2(s) \to C(s)$	$R(s) \to G_1(s)G_2(s) \to C(s)$	$C(s) = G_1 G_2 R = GR$
并联	$R(s) \to G_1(s),\ G_2(s) \to \otimes \pm \to C(s)$	$R(s) \to G_1(s) \pm G_2(s) \to C(s)$	$C(s) = (G_1 \pm G_2)R = GR$
反馈	$R(s) \to \otimes \mp \to G(s) \to C(s),\ H(s)$	$R(s) \to \dfrac{G(s)}{1 \pm G(s)H(s)} \to C(s)$	$\dfrac{C(s)}{R(s)} = \dfrac{G}{1 \pm GH}$
分支点前移	$R(s) \to G(s) \to C(s);\ C(s)$	$R(s) \to G(s) \to C(s);\ G(s) \to C(s)$	$C(s) = GR$
分支点后移	$R(s) \to G(s) \to C(s);\ C_1(s)$	$R(s) \to G(s) \to C(s);\ \dfrac{1}{G(s)} \to C_1(s)$	$C(s) = GR$ $C_1(s) = G\dfrac{1}{G}R = R$
比较点后移	$R_1(s) \to \otimes \pm \to G(s) \to C(s);\ R_2(s)$	$R_1(s) \to G(s) \to \otimes \pm \to C(s);\ R_2(s) \to G(s)$	$C(s) = GR_1 \pm GR_2$

续表

变换类型	原 框 图	等 效 框 图	等效运算关系
比较点前移			$C(s) = G\left(R_1 \pm \dfrac{1}{G}R_2\right)$
变换相邻比较点			$C(s) = R_1 \pm R_3 \pm R_2$

二、动态结构图等效变换举例

【例 2 - 13】 试采用动态结构图等效变换法求图 2 - 17 所示系统的传递函数 $G(s) = \dfrac{Q_c(s)}{Q_r(s)}$。

解： 由图 2 - 17 可见，这是一个多回路的动态结构图，图 2 - 17 所示的回路互相交错，所以首先要移动分支点或比较点，消除交叉连接，使各个回路互相分离开。化简步骤如下：

(1) 首先将 $\dfrac{1}{C_2 s}$ 之后的分支点后移，将 $\dfrac{1}{C_1 s}$ 之后的比较点前移，前移后与原来最左边的比较点交换位置，得到图 2 - 25 （a）。

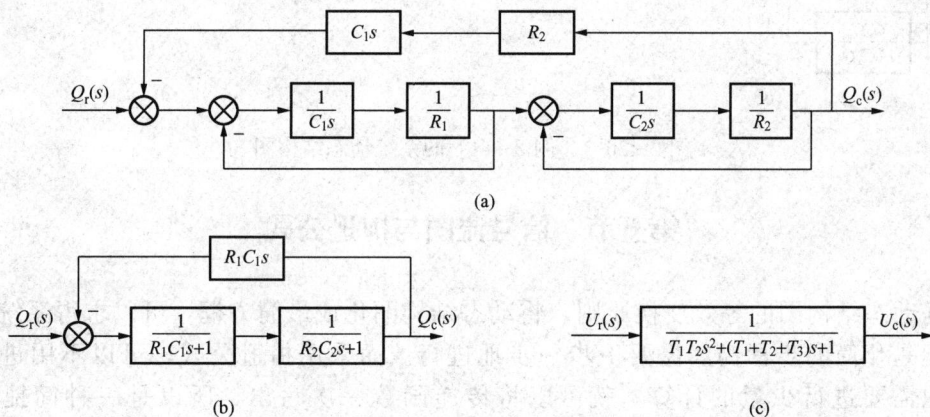

(a)

(b)

(c)

图 2 - 25 ［例 2 - 13］的系统动态结构图

(2) 化简两个内部回路，并合并反馈支路中的串联方框，如图 2 - 25 （b）所示。

(3) 令 $T_1 = R_1 C_1$，$T_2 = R_2 C_2$，$T_3 = R_2 C_1$，进行反馈回路化简，如图 2 - 25 （c）所示。所以，得到该系统的传递函数为

$$G(s) = \frac{Q_c(s)}{Q_r(s)} = \frac{1}{T_1 T_2 s^2 + (T_1 + T_2 + T_3)s + 1}$$

【例 2 - 14】 简化图 2 - 26 （a）所示系统的结构图，并求系统的传递函数 $G(s) = \dfrac{C(s)}{R(s)}$。

解：消除动态结构图中的交叉连接时，不能将相邻的比较点和引出点简单地交换位置，所以可将 G_3 之后的引出点前移。

（1）将方框 G_3 之后的引出点前移，然后通过引出点互换得到图 2-26（b）。

（2）消去图 2-26（b）所示的独立内回路并前移引出点，得到图 2-26（c）。

（3）采用局部并联、反馈的简化过程，得到图 2-26（d）。最终得系统传递函数为

$$G(s) = \frac{C(s)}{R(s)} = \frac{G_1G_2G_3 - G_1G_5 - G_1G_2G_3G_5}{1 + G_1G_2G_4 + G_2G_3}$$

对于一些较复杂的动态结构图，等效变换的方法不是唯一的，此例题还有其他的解答方法，读者可自行研究，但是所得结果是唯一的。

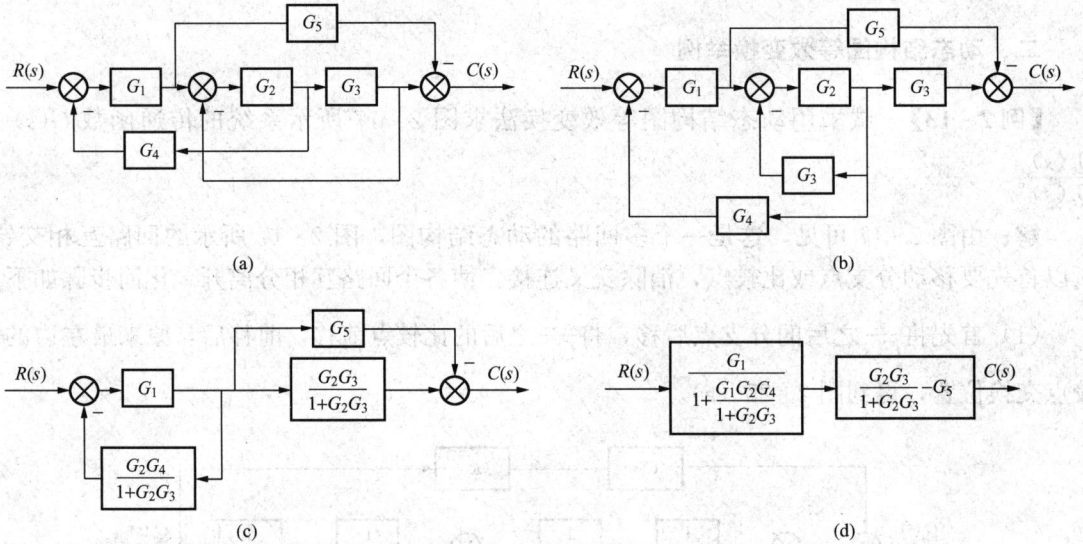

图 2-26　　[例 2-14] 的系统动态结构图

第五节　信号流图与梅逊公式

根据动态结构图的等效变换原则，将动态结构图化成最简方框，可以求得系统的传递函数。但是化简的步骤仍然需要一步一步地进行。而采用梅逊公式，可以不用进行结构变换，只需要进行少量的计算，就可以将传递函数一次写出，所以是一种简捷方便的方法。

梅逊公式是基于信号流图理论得出的一套计算公式，而信号流图和动态结构图之间具有一定的对应关系，可以相互转换，这样在应用梅逊公式时，可以省去信号流图，直接在动态结构图上完成。

一、信号流图的组成

与动态结构图一样，信号流图也是一种描述控制系统中信号或变量之间关系和传递方向的图示方法。图 2-27 所示的信号流图可以描述由五个节点变量组成的一组线性代数方程，即

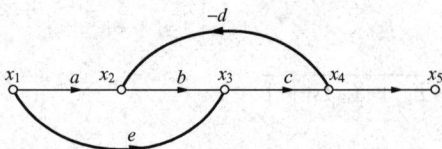

图 2-27　信号流图

$$\begin{cases} x_2 = ax_1 - dx_4 \\ x_3 = ex_1 + bx_2 \\ x_4 = cx_3 \\ x_5 = x_4 \end{cases} \qquad (2-29)$$

信号流图是由节点和支路组成的。节点表示系统中的变量或信号，在图中用小圆圈表示。支路是连接两个节点的有向线段。支路上的箭头表示信号的传递方向，支路的增益（相当于动态结构方框图中的传递函数）标在支路上。支路增益为 1 时不标出。某节点的变量等于流向该节点的输入信号之和，而由该节点流向各输出支路的信号均等于节点变量。

节点分为以下三种：

（1）源节点。只有输出支路的节点称为源节点或输入节点，它用来表示系统的输入变量，如图 2-27 所示的 x_1 节点。

（2）汇节点。只有输入支路的节点称为汇节点或输出节点，它一般表示系统的输出信号，如图 2-27 所示的 x_5 节点。

（3）混合节点。既有输入支路又有输出支路的节点称为混合节点，如图 2-27 所示的 x_2、x_3、x_4 节点。

二、信号流图与方框图

式（2-29）表示的方程组也可以用方框图表示，如图 2-28 所示。

对比图 2-27、图 2-28 可以看出：方框图中用信号线表示变量，信号流图中用节点表示变量；方框图中输入量、输出量以及中间变量分别对应于信号流图中的源节点、汇节点和混合节点；方框图中的传递函数对应于信号流图中的支路增益，信号相减中的负号可用负支路增益表示；方框图中的比较点和引出点分别对应于信号流图中的不同节点。

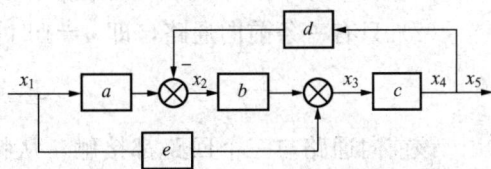

图 2-28 方框图

三、梅逊公式

在介绍梅逊公式之前，首先要了解一些基本概念。

1. 基本概念

（1）前向通路。信号沿支路箭头方向由输入到输出，且每个节点最多只通过一次的路径叫做前向通路。

（2）前向通路增益。前向通路上所有支路增益的乘积为前向通路增益。

（3）回路。起点和终点为同一节点且经过其他任何节点不多于一次的闭合通路，称为独立回路，简称为回路。

（4）回路增益。回路上所有各支路增益的乘积称为回路增益。

（5）互不接触回路。回路与回路没有公共节点，称为互不接触回路。

2. 梅逊公式

输入与输出之间的传递函数为

$$G(s) = \frac{1}{\Delta} \sum_{k=1}^{n} P_k \Delta_k \qquad (2-30)$$

$$\Delta = 1 - \sum l_{\mathrm{a}} + \sum l_{\mathrm{b}} l_{\mathrm{c}} - \sum l_{\mathrm{d}} l_{\mathrm{e}} l_{\mathrm{f}} + \cdots \tag{2-31}$$

式中　Δ——特征式；

　　　$\sum l_{\mathrm{a}}$——所有回路的增益之和；

　　　$\sum l_{\mathrm{b}} l_{\mathrm{c}}$——所有两两互不接触回路增益乘积之和；

　　　$\sum l_{\mathrm{d}} l_{\mathrm{e}} l_{\mathrm{f}}$——所有三个互不接触回路增益乘积之和；

　　　n——从输入到输出前向通路的条数；

　　　P_k——从输入到输出第 k 条前向通路的增益；

　　　Δ_k——第 k 条前向通路的余子式，它等于在特征式 Δ 中把与第 k 条前向通路相接触的
　　　　　回路增益置为零后剩余的部分。

下面以例题说明梅逊公式的应用。

【例 2-15】　试用梅逊公式求取图 2-17 所示液位系统的传递函数。

解：（1）图 2-17 中有三个独立回路，分别为

$$l_1 = -\frac{1}{R_1 C_1 s}, \quad l_2 = -\frac{1}{R_2 C_2 s}, \quad l_3 = -\frac{1}{R_1 C_2 s}$$

其中，l_1 和 l_2 互不接触，所以系统的特征式为

$$\Delta = 1 - (l_1 + l_2 + l_3) + l_1 l_2$$

$$= 1 + \frac{1}{R_1 C_1 s} + \frac{1}{R_2 C_2 s} + \frac{1}{R_1 C_2 s} + \frac{1}{R_1 C_1 R_2 C_2 s^2}$$

（2）只有一条前向通路，即 $n=1$ 时，为

$$P_1 = \frac{1}{R_1 C_1 R_2 C_2 s^2}$$

该前向通路与三个回路都接触，从特征式中把所有回路增益 l_1、l_2、l_3 除去，所以 P_1 对应的余子式 $\Delta_1 = 1$。

（3）传递函数为

$$G(s) = \frac{P_1 \Delta_1}{\Delta} = \frac{\dfrac{1}{R_1 C_1 R_2 C_2 s^2}}{1 + \left(\dfrac{1}{R_1 C_1 s} + \dfrac{1}{R_2 C_2 s} + \dfrac{1}{R_1 C_2 s}\right) + \dfrac{1}{R_1 C_1 R_2 C_2 s^2}}$$

$$= \frac{1}{R_1 C_1 R_2 C_2 s^2 + (R_1 C_1 + R_2 C_2 + R_2 C_1)s + 1}$$

这与［例 2-13］中结构图化简所得结果相同。

【例 2-16】　试求图 2-29 所示系统的传递函数 $G(s) = \dfrac{C(s)}{R(s)}$。

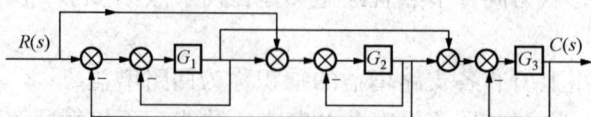

图 2-29　［例 2-16］的系统动态结构图

解：（1）图 2-29 中共有四个前向通路，通路增益分别为

$$P_1 = G_1 G_2 G_3, \quad P_2 = G_1 G_3, \quad P_3 = G_2 G_3, \quad P_4 = -G_2 G_1 G_3$$

（2）图 2-29 中共有四条回路，回路增益分别为

$$l_1 = -G_1, \quad l_2 = -G_2, \quad l_3 = -G_3, \quad l_4 = -G_1G_2$$

其中，两两互不接触回路有 l_1l_2、l_1l_3、l_2l_3 和 l_3l_4，三个互不接触回路有 $l_1l_2l_3$，系统的特征式为

$$\Delta = 1 - (l_1 + l_2 + l_3 + l_4) + l_1l_2 + l_1l_3 + l_2l_3 + l_3l_4 - l_1l_2l_3$$
$$= 1 + G_1 + G_2 + G_3 + 2G_1G_2 + G_1G_3 + G_2G_3 + 2G_1G_2G_3$$

其中，P_1，P_4 与各回路都相接触，$\Delta_1 = \Delta_4 = 1$；P_2 与回路 l_2 不接触，$\Delta_2 = 1 - l_2 = 1 + G_2$，$P_3$ 与回路 l_1 不接触，故 $\Delta_3 = 1 - l_1 = 1 + G_1$。

（3）系统的传递函数为

$$\frac{C(s)}{R(s)} = \frac{1}{\Delta}(P_1\Delta_1 + P_2\Delta_2 + P_3\Delta_3 + P_4\Delta_4)$$
$$= \frac{2G_1G_2G_3 + G_1G_3 + G_2G_3}{1 + G_1 + G_2 + G_3 + 2G_1G_2 + G_1G_3 + G_2G_3 + 2G_1G_2G_3}$$

本题的难点是找到第四个前项通道 P_4，另外也说明梅逊公式在使用时需要注意的事情。

对于有些系统，前向通路和回路数较多，因此可对某些局部先进行简化，或先对某些局部运用梅逊公式求得局部传递函数，再求输入和输出间的传递函数，以避免仅用一次梅逊公式而遗漏某些前向通路和回路。

【例 2-17】 已知系统动态结构图如图 2-30 所示，试求传递函数 $G(s) = \dfrac{C(s)}{R(s)}$。

解：此题若直接求传递函数，则容易造成遗漏，由于图 2-30 中有五个回路和四个前向通路。

若先求 $E(s)$ 与 $C(s)$ 之间的传递函数，则只有一个回路和四个前向通路，则有

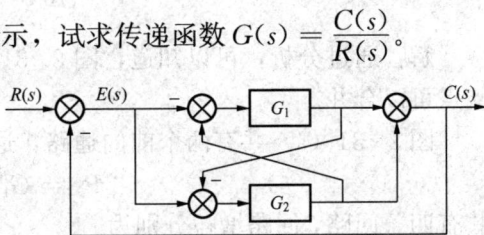

图 2-30　［例 2-17］的系统动态结构图

$$l_1 = -G_1G_2, \quad \Delta = 1 + G_1G_2$$
$$P_1 = -G_1, \quad P_2 = G_2, \quad P_3 = G_1G_2, \quad P_4 = G_2G_1$$

且每条前向通路均与 l_1 相接触，所以有

$$\frac{C(s)}{E(s)} = \frac{G_2 - G_1 + 2G_1G_2}{1 + G_1G_2}$$

然后再求

$$\frac{C(s)}{R(s)} = \frac{\frac{C(s)}{E(s)}}{1 + \frac{C(s)}{E(s)}} = \frac{G_2 - G_1 + 2G_1G_2}{1 + G_2 - G_1 + 3G_1G_2}$$

用梅逊公式求系统的传递函数虽然方便省时，但对于具有多条前向通路、多个反馈回路的复杂的动态结构图，使用梅逊公式时则很容易出错，应仔细找出全部前向通路和反馈回路，并正确区分回路之间、回路和前向通路之间是否相接触，既不要遗漏，也不要重复。

【例 2-18】 如图 2-31（a）所示系统信号流图，从机理上判断方框图图 2-31（b）和图 2-31（c）哪个与图 2-31（a）相同，并求出传递函数 $\dfrac{C(s)}{R(s)}$。

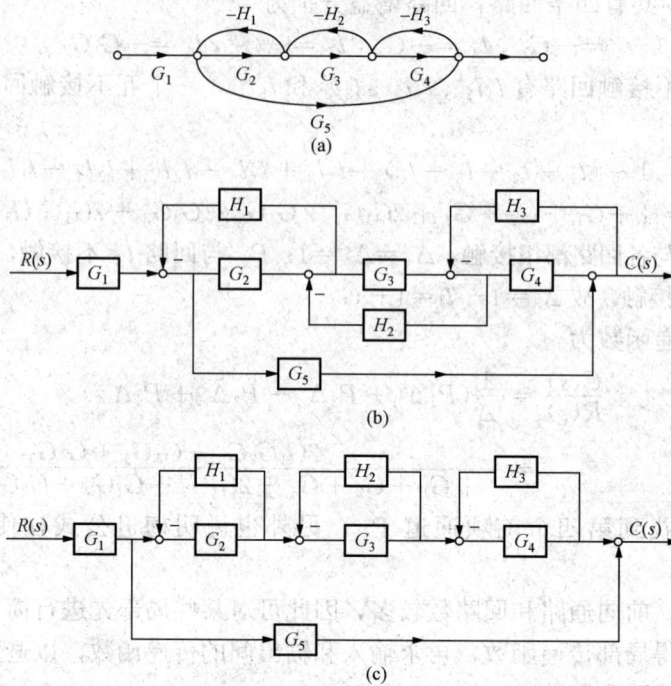

图 2-31　［例 2-18］图

解：通过分析，可以知道，图 2-31（a）和图 2-31（b）机理相同，先有比较点后有分支点可以合并。

图 2-31（a）共有两个前向通路，通路增益分别为

$$P_1 = G_1 G_2 G_3 G_4, P_2 = G_1 G_5$$

共有四条回路，回路增益分别为

$$l_1 = -G_2 H_1, l_2 = -G_3 H_2, l_3 = -G_4 H_3, l_4 = -G_5 H_1 H_2 H_3$$

其中，两两互不接触回路有：$l_1 l_3$，系统的特征式为

$$\Delta = 1 - (l_1 + l_2 + l_3 + l_4) + l_1 l_3$$
$$= 1 + G_2 H_1 + G_3 H_2 + G_4 H_3 + G_5 H_1 H_2 H_3 + G_2 H_1 G_4 H_3$$

其中，P_1 与各回路都相接触，$\Delta_1 = 1$；P_2 与回路 l_2 不接触，$\Delta_2 = 1 - l_2 = 1 + G_3 H_2$

系统的传递函数为

$$\frac{C(s)}{R(s)} = \frac{1}{\Delta}(P_1 \Delta_1 + P_2 \Delta_2)$$

$$= \frac{G_1 G_2 G_3 G_4 + G_1 G_5 (1 + G_3 H_2)}{1 + G_2 H_1 + G_3 H_2 + G_4 H_3 + G_5 H_1 H_2 H_3 + G_2 H_1 G_4 H_3}$$

第六节　典型传递函数与典型环节的传递函数

控制系统一般受到两类输入信号的作用。一类是有用信号 $r(t)$，或称给定输入信号。另一类是干扰信号 $n(t)$。给定输入信号通常加在控制装置的输入端，也就是系统的输入端，干扰信号一般作用在被控对象上，也可能在其他元部件上，甚至可能混杂在指令信号之上，一

个系统往往有多个扰动信号，但是一般只考虑其中
最主要的。一般控制系统的典型结构如图 2-32 所
示。下面首先介绍控制系统中几个典型传递函数的
概念。

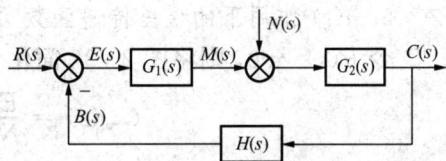

图 2-32　控制系统的典型结构

一、典型传递函数

1. 系统开环传递函数

开环传递函数定义为当主反馈断开时，反馈信号 $B(s)$ 与误差信号 $E(s)$ 之间的传递函
数，用 $G_k(s)$ 表示，即

$$G_k(s) = \frac{B(s)}{E(s)} = G_1(s)G_2(s)H(s)$$

即系统的开环传递函数等于前向通路的传递函数与反馈通路的传递函数的乘积。

2. 给定信号 $r(t)$ 作用下的系统闭环传递函数

令 $N(s) = 0$，这时图 2-32 简化为图 2-33，输出 $C(s)$ 对 $R(s)$ 之间的传递函数为

$$G_{cr}(s) = \frac{C(s)}{R(s)} = \frac{G_1(s)G_2(s)}{1 + G_1(s)G_2(s)H(s)}$$

$G_{cr}(s)$ 就称为 $r(t)$ 作用下系统的闭环传递函数。

3. 干扰信号 $n(t)$ 作用下的系统闭环传递函数

令 $R(s) = 0$，则图 2-32 简化为图 2-34，输出 $C(s)$ 对干扰 $N(s)$ 之间的传递函数为

$$G_{cn}(s) = \frac{C(s)}{N(s)} = \frac{G_2(s)}{1 + G_1(s)G_2(s)H(s)}$$

$G_{cn}(s)$ 就称为扰动 $n(t)$ 作用下的系统闭环传递函数。

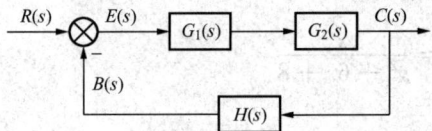

图 2-33　$r(t)$ 作用下的系统动态结构图　　　图 2-34　$n(t)$ 作用下的系统动态结构图

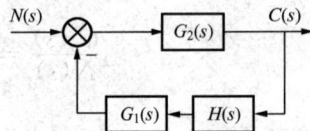

根据线性系统的叠加原理，写出在给定输入信号和干扰信号同时作用下系统的总输出为

$$C(s) = G_{cr}(s)R(s) + G_{cn}(s)N(s)$$
$$= \frac{G_1(s)G_2(s)}{1 + G_1(s)G_2(s)H(s)}R(s) + \frac{G_2(s)}{1 + G_1(s)G_2(s)H(s)}N(s) \tag{2-32}$$

在进行系统分析时，除了要了解输出量的变化外，还要关注控制过程中误差的变化规
律。因为误差的大小，直接反映了系统工作的精度。

闭环控制系统的误差 $e(t)$ 定义为给定输入信号 $r(t)$ 和反馈信号 $b(t)$ 之差，即

$$e(t) = r(t) - b(t) \ \Rightarrow \ E(s) = R(s) - B(s)$$

4. $r(t)$ 作用下的误差传递函数

令 $N(s) = 0$，以 $E(s)$ 为输出量，则图 2-32 简化为图 2-35，此时系统的误差传递函数
为

$$G_{er}(s) = \frac{E(s)}{R(s)} = \frac{1}{1 + G_1(s)G_2(s)H(s)}$$

5. $n(t)$ 作用下的误差传递函数

令 $R(s)=0$，则将图 2-32 简化为图 2-36，此时 $n(t)$ 作用下的误差传递函数为

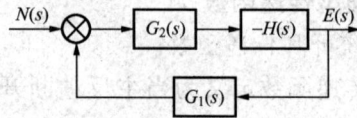

$$G_{\mathrm{en}}(s)=\frac{E(s)}{N(s)}=-\frac{G_2(s)H(s)}{1+G_1(s)G_2(s)H(s)}$$

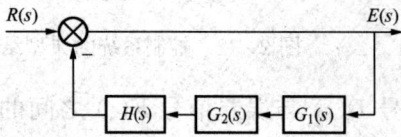

图 2-35　$r(t)$ 作用下的误差传递函数　　　图 2-36　$n(t)$ 作用下的误差传递函数

根据叠加原理可得系统的总误差为

$$E(s)=G_{\mathrm{er}}(s)R(s)+G_{\mathrm{en}}(s)N(s)=\frac{R(s)-G_2(s)H(s)N(s)}{1+G_1(s)G_2(s)H(s)} \qquad (2-33)$$

【例 2-19】　如图 2-37 所示的系统动态结构图，若初始条件为零，则 $r(t)=n(t)=1(t)$，求输出 $c(t)$ 及稳态误差 $e_{\mathrm{ss}}=\lim\limits_{t\to\infty}e(t)$。

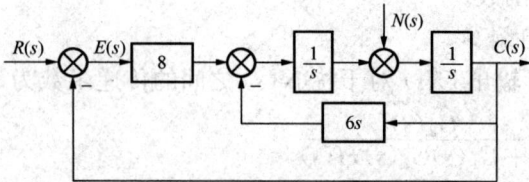

图 2-37　［例 2-19］的系统动态结构图

解： 由式（2-32）可得

$$C(s)=\frac{C_{\mathrm{r}}(s)}{R(s)}R(s)+\frac{C_{\mathrm{n}}(s)}{N(s)}N(s)$$

$$\frac{C_{\mathrm{r}}(s)}{R(s)}=\frac{8\dfrac{1}{s^2}}{1+\dfrac{6}{s}+\dfrac{8}{s^2}}=\frac{8}{s^2+6s+8}$$

$$\frac{C_{\mathrm{n}}(s)}{N(s)}=\frac{\dfrac{1}{s}}{1+\dfrac{6}{s}+\dfrac{8}{s^2}}=\frac{s}{s^2+6s+8}$$

所以有

$$C(s)=\frac{8}{s^2+6s+8}\frac{1}{s}+\frac{s}{s^2+6s+8}\frac{1}{s}=\frac{s+8}{s(s+2)(s+4)}=\frac{1}{s}-\frac{\dfrac{3}{2}}{s+2}+\frac{\dfrac{1}{2}}{s+4}$$

$$c(t)=L^{-1}[C(s)]=1-\frac{3}{2}\mathrm{e}^{-2t}+\frac{1}{2}\mathrm{e}^{-4t} \qquad (t\geqslant 0)$$

由图 2-36 中的信号关系可得

$$e(t)=r(t)-c(t)=\frac{3}{2}\mathrm{e}^{-2t}-\frac{1}{2}\mathrm{e}^{-4t} \Rightarrow \lim\limits_{t\to\infty}e(t)=0$$

或由式（2-33）可得

$$E(s)=\frac{E_{\mathrm{r}}(s)}{R(s)}R(s)+\frac{E_{\mathrm{n}}(s)}{N(s)}N(s)$$

其中有

$$\frac{E_{\mathrm{r}}(s)}{R(s)}=\frac{1\left(1+\dfrac{6}{s}\right)}{1+\dfrac{6}{s}+\dfrac{8}{s^2}}=\frac{s^2+6s}{s^2+6s+8}$$

$$\frac{E_\mathrm{n}(s)}{N(s)} = \frac{-\dfrac{1}{s}}{1 + \dfrac{6}{s} + \dfrac{8}{s^2}} = -\frac{s}{s^2 + 6s + 8}$$

$$E(s) = \frac{s^2 + 6s}{s^2 + 6s + 8}\frac{1}{s} - \frac{s}{s^2 + 6s + 8}\frac{1}{s} = \frac{s + 5}{s^2 + 6s + 8} = \frac{s + 5}{(s + 2)(s + 4)}$$

因为 $sE(s)$ 极点在 s 平面的左半面, 所以有

$$e_\mathrm{ss} = \lim_{t \to \infty} e(t) = \lim_{s \to 0} sE(s) = 0$$

二、典型环节的传递函数

在研究控制系统的性能时, 主要是依据系统和元件的数学模型, 而不是它的功能。一个系统的传递函数总可以分解为为数不多的典型环节的传递函数的乘积。这里所谓的"典型环节"是按数学模型而不是按其作用原理和具体物理结构来分类的。逐个研究和掌握了这些典型环节的特性, 就不难进一步综合研究整个系统的特性。

1. 比例环节

比例环节的微分方程为 $c(t) = Kr(t)$, 式中 K 为常数, 称为放大系数或增益。比例环节的传递函数为 $G(s) = K$, 比例环节的输入量和输出量成比例, 二者在时间上没有延迟。电子比例放大器、齿轮减速器和杠杆均为比例环节。

2. 积分环节

积分环节的输出量等于输入量的积分, 即

$$c(t) = \frac{1}{T}\int r(t)\,\mathrm{d}t$$

其传递函数为

$$G(s) = \frac{1}{Ts}$$

式中　T——积分时间常数。

在单位阶跃信号作用下的响应 $c(t) = \dfrac{t}{T}$, 即积分环节单位阶跃响应曲线如图 2-38 所示。

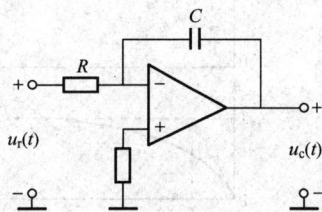

图 2-39 所示为积分调节器的电路原理图, 其传递函数为

$$G(s) = \frac{U_\mathrm{c}(s)}{U_\mathrm{r}(s)} = -\frac{1}{RCs} = -\frac{1}{T_\mathrm{i}s}$$

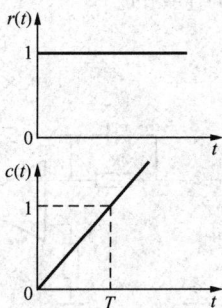

图 2-38　积分环节单位阶跃响应曲线　　　图 2-39　积分调节器的电路原理图

3. 一阶惯性环节

一阶惯性环节的微分方程为

$$T \frac{\mathrm{d}c(t)}{\mathrm{d}t} + c(t) = r(t)$$

式中　T——惯性环节的时间常数。

它的传递函数为

$$G(s) = \frac{1}{Ts+1}$$

一阶惯性环节的单位阶跃响应为 $c(t) = (1 - e^{-\frac{t}{T}})$ 曲线，如图 2-40 所示。电路中的一阶 RC 高频滤波电路及液位控制中单容水箱的动态特性等都是常见的一阶惯性环节。

4. 微分环节

微分环节的输出量是输入量的微分，即

$$c(t) = T_\mathrm{d} \frac{\mathrm{d}r(t)}{\mathrm{d}t}$$

式中　T_d——微分时间常数。

其传递函数为 $G(s) = T_\mathrm{d}s$，常把 $G(s) = T_\mathrm{d}s$ 称为理想微分环节，它只是数学上的假设，物理上很难实现，微分特性总是含有惯性的，实际微分环节的传递函数为 $G(s) = \frac{k_\mathrm{d} T_\mathrm{d}s}{T_\mathrm{d}s+1}$，其中 k_d 为传递系数。

5. 一阶微分环节

一阶微分环节的微分方程为

$$c(t) = \tau \frac{\mathrm{d}r(t)}{\mathrm{d}t} + r(t)$$

其传递函数为

$$G(s) = \tau s + 1$$

式中　τ——微分时间常数。

图 2-41 一阶微分环节中所示的比例—微分调节器的传递函数为

$$G(s) = \frac{U_\mathrm{c}(s)}{U_\mathrm{r}(s)} = -\frac{R_2}{R_1}(R_1 Cs + 1) = -K(\tau s + 1)$$

其中，$\tau = R_1 C$，　$K = \frac{R_2}{R_1}$。

很显然，调节器的传递函数是由比例环节和一阶微分环节组成的。

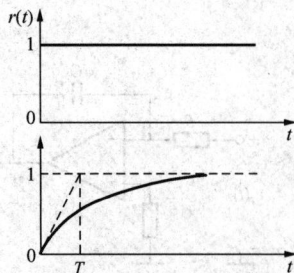

图 2-40　一阶惯性环节的单位阶跃响应曲线

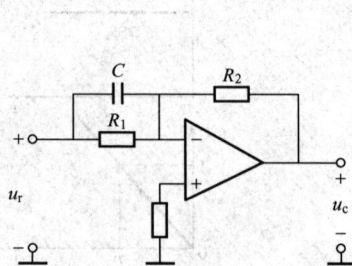

图 2-41　一阶微分环节

6. 二阶振荡环节

描述二阶振荡环节的微分方程为

$$T^2 \frac{\mathrm{d}^2 c(t)}{\mathrm{d}t^2} + 2\xi T \frac{\mathrm{d}c(t)}{\mathrm{d}t} + c(t) = r(t)$$

其传递函数为

$$G(s) = \frac{1}{T^2 s^2 + 2\xi T s + 1}$$

式中：T 称为环节的时间常数；ξ 称为阻尼比。

当 $0 < \xi < 1$ 时，二阶振荡环节的单位阶跃响应曲线具有衰减振荡特性，如图 2-42 所示。二阶 RLC 网络、机械平移系统均为二阶振荡环节。

7. 二阶微分环节

二阶微分环节的微分方程为

$$\tau^2 \frac{\mathrm{d}^2 r(t)}{\mathrm{d}t^2} + 2\xi \tau \frac{\mathrm{d}r(t)}{\mathrm{d}t} + r(t) = c(t)$$

其传递函数为

$$G(s) = \tau^2 s^2 + 2\xi \tau s + 1$$

图 2-42　振荡环节的单位
阶跃响应曲线

8. 延迟环节

延迟环节又称为纯滞后环节。其输出信号与输入信号的波形完全相同，只是输出量相对于输入量滞后一段时间 τ。图 2-43 所示的皮带运输机就是延迟环节的一个例子。用调节机构改变落到皮带上的煤粉的输入量 $r(t)$，输出量 $c(t)$ 不会马上变化。经过一段时间 τ 后，输出量才会发生变化。因此，输出量相对于输入量滞后一段时间 τ，$\tau = \dfrac{l}{v}$，其中，l 为输入点到输出点之间的距离，v 为皮带的速度。

延迟环节输出量与输入量的关系式为

$$c(t) = r(t - \tau)$$

由拉氏变换的延迟定理可得

$$G(s) = \mathrm{e}^{-\tau s}$$

延迟环节的阶跃响应曲线如图 2-44 所示。

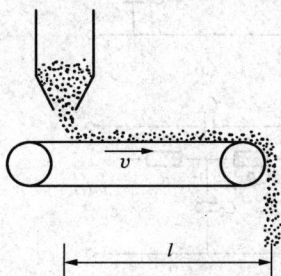

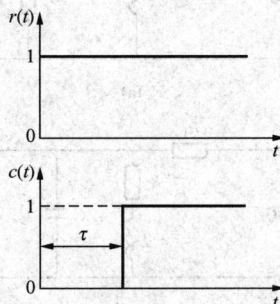

图 2-43　延迟环节　　　　　　　图 2-44　延迟环节的阶跃响应曲线

典型环节中有的环节有明确的物理意义，但是有的环节是人们为了剖析系统性能人为解体出来的，所以一个控制系统的传递函数可以看成是由以上若干个典型环节组成的，即

$$G(s) = \frac{b_m s^m + b_{m-1} s^{m-1} + \cdots + b_1 s + b_0}{a_n s^n + a_{n-1} s^{n-1} + \cdots + a_1 s + a_0}$$

$$= \frac{K \prod\limits_{i=1}^{\mu} (\tau_i s + 1) \prod\limits_{k=1}^{h} (\tau_k^2 s^2 + 2\eta_k \tau_k s + 1)}{s^\nu \prod\limits_{j=1}^{p} (T_j s + 1) \prod\limits_{l=1}^{q} (T_l^2 s^2 + 2\xi_l T_l s + 1)}$$

习　题

2-1　试建立如图 2-45 所示各系统的微分方程并说明这些微分方程有什么特点。其中：电压 $u_r(t)$ 和位移 $x_r(t)$ 为输入量，电压 $u_c(t)$ 和位移 $x_c(t)$ 为输出量；k，k_1 和 k_2 为弹簧弹性系数；f 为阻尼系数。

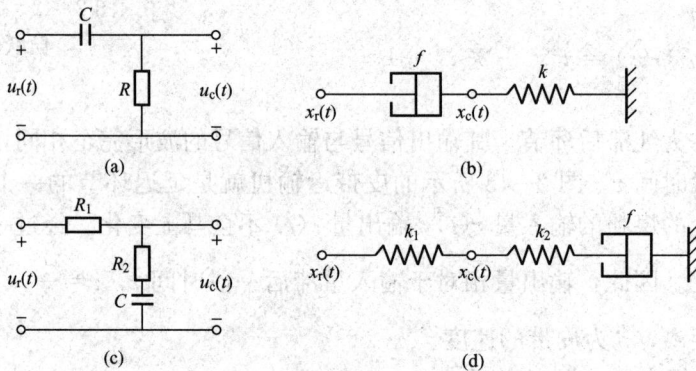

图 2-45　习题 2-1 图

2-2　试求图 2-46 所示各电路的传递函数。

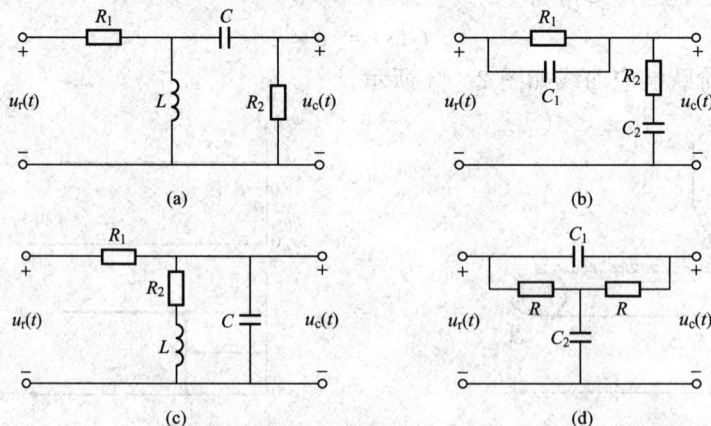

图 2-46　习题 2-2 图

2-3　工业上常用孔板和差压变送器测量流体的流量。通过孔板的流量 Q 与孔板前后的差压 p 的平方根成正比，即 $Q = k\sqrt{p}$，k 为常数，可设系统在流量值 Q_0 附近做微小变化，试将流量方程线性化。

2-4　系统的微分方程组为

$$\begin{cases} x_1(t) = r(t) - c(t) \\ T_1 \dfrac{\mathrm{d}x_2(t)}{\mathrm{d}t} = k_1 x_1(t) - x_2(t) \\ x_3(t) = x_2(t) - k_3 c(t) \\ T_2 \dfrac{\mathrm{d}c(t)}{\mathrm{d}t} + c(t) = k_2 x_3(t) \end{cases}$$

式中，T_1，T_2，k_1，k_2，k_3 均为正常数；系统的输入为 $r(t)$，输出为 $c(t)$。试画出其动态结构图，并求出传递函数。

2-5　由运算放大器组成的有源电网络如图 2-47 所示，试采用复阻抗法写出它们的传递函数。

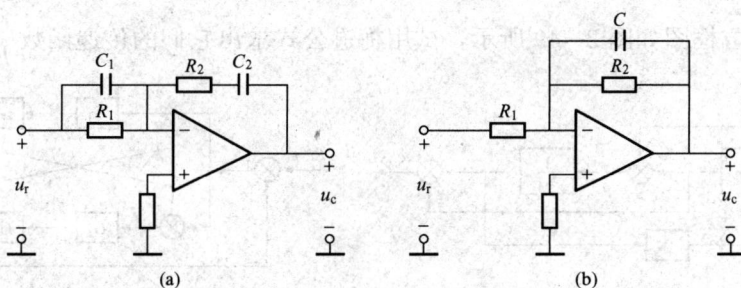

图 2-47　习题 2-5 图

2-6　系统微分方程为

$$\begin{cases} x_1(t) = r(t) - \tau \dot{c}(t) + K_1 n(t) \\ x_2(t) = K_0 x_1(t) \\ x_3(t) = x_2(t) - n(t) - x_5(t) \\ T \dot{x}_4(t) = x_3(t) \\ x_5(t) = x_4(t) - c(t) \\ \dot{c}(t) = x_5(t) - c(t) \end{cases}$$

其中，$r(t)$、$n(t)$ 为输入，$c(t)$ 为输出，K_0、K_1、T 均为常数。试求系统的传递函数 $\dfrac{C(s)}{R(s)}$ 及 $\dfrac{C(s)}{N(s)}$。

2-7　系统方框图如图 2-48 所示，试简化该方框图，并求出它们的传递函数 $\dfrac{C(s)}{R(s)}$。

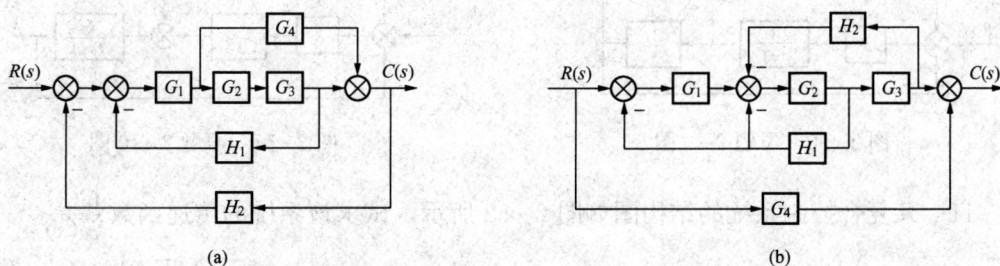

图 2-48　习题 2-7 图（一）

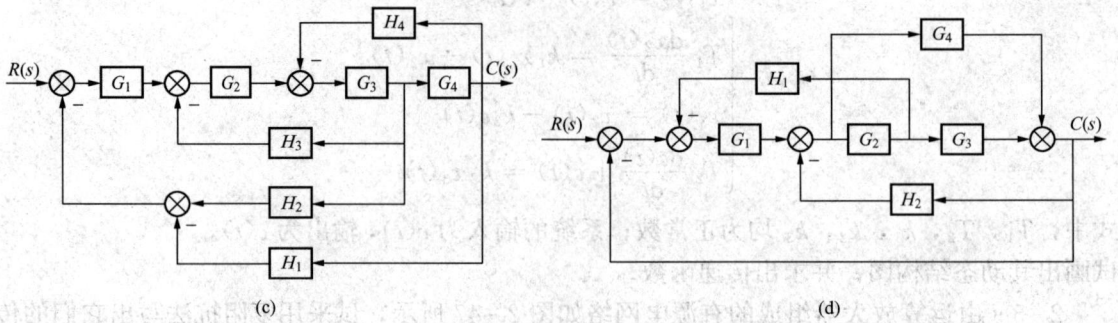

图 2-48　习题 2-7 图 (二)

2-8　系统方框图如图 2-49 所示，试用梅逊公式求出它们的传递函数 $\dfrac{C(s)}{R(s)}$。

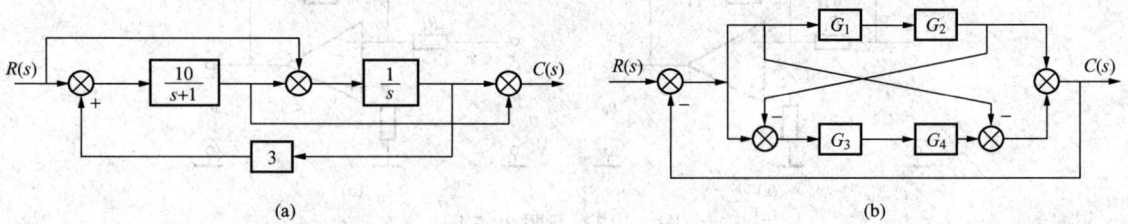

图 2-49　习题 2-8 图

2-9　设线性系统结构图如图 2-50 所示。

(1) 绘制系统的信号流图；

(2) 求传递函数 $\dfrac{C(s)}{R_1(s)}$ 及 $\dfrac{C(s)}{R_2(s)}$。

2-10　假设系统的动态结构图如图 2-51 所示。

(1) 求传递函数 $\dfrac{C(s)}{R(s)}$ 和 $\dfrac{C(s)}{N(s)}$；

(2) 若要求消除干扰对输出的影响，试求 $G_c(s)$。

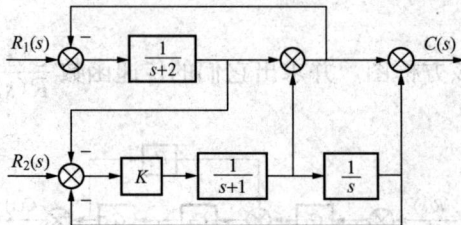

图 2-50　习题 2-9 图

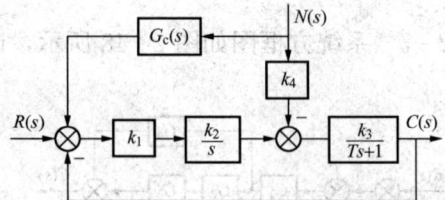

图 2-51　习题 2-10 图

2-11　某复合控制系统的结构图如图 2-52 所示，试求该系统的传递函数 $\dfrac{C(s)}{R(s)}$。

2-12　已知系统方框图如图 2-53 所示。试求各典型传递函数 $\dfrac{C(s)}{R(s)}, \dfrac{E(s)}{R(s)}, \dfrac{C(s)}{N(s)}, \dfrac{E(s)}{N(s)},$ $\dfrac{C(s)}{F(s)}, \dfrac{E(s)}{F(s)}$。

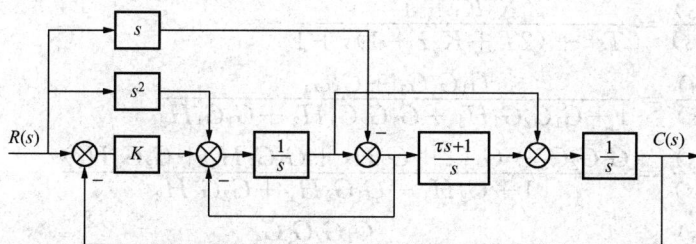

图 2-52　习题 2-11 图

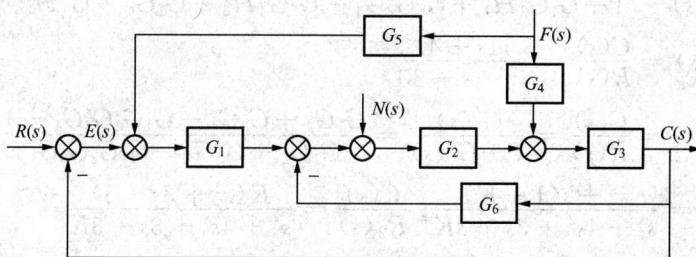

图 2-53　习题 2-12 图

参 考 答 案

2-1　(a) $RC\dfrac{\mathrm{d}u_c}{\mathrm{d}t} + u_c = RC\dfrac{\mathrm{d}u_r}{\mathrm{d}t}$　　　　　(b) $\dfrac{f}{k}\dot{x}_c + x_c = \dfrac{f}{k}\dot{x}_r$

(c) $(R_1 + R_2)C\dot{u}_c + u_c = R_2C\dot{u}_r + u_r$　　(d) $\dfrac{k_1+k_2}{k_1k_2}f\dot{x}_c + x_c = \dfrac{f}{k_2}\dot{x}_r + x_r$

结论：(a)、(b) 互为相似系统，(c)、(d) 互为相似系统。四个系统均为一阶系统。

2-2　(a) $\dfrac{U_c(s)}{U_r(s)} = \dfrac{LCR_2s^2}{(R_1+R_2)LCs^2 + (R_1R_2C+L)s + R_1}$

(b) $\dfrac{U_c(s)}{U_r(s)} = \dfrac{R_1R_2C_1C_2s^2 + (R_1C_1 + R_2C_2)s + 1}{R_1R_2C_1C_2s^2 + (R_1C_1 + R_2C_2 + R_1C_2)s + 1}$

(c) $\dfrac{U_c(s)}{U_r(s)} = \dfrac{R_2 + Ls}{R_1LCs^2 + (R_1R_2C+L)s + R_1 + R_2}$

(d) $\dfrac{U_c(s)}{U_r(s)} = \dfrac{R^2C_1C_2s^2 + 2RC_1s + 1}{R^2C_1C_2s^2 + (2RC_1 + RC_2)s + 1}$

2-4　$\dfrac{C(s)}{R(s)} = \dfrac{k_1k_2}{T_2T_1s^2 + (T_2 + T_1 + k_3k_2T_1)s + (k_1k_2 + k_3k_2 + 1)}$

2-5　(a) $\dfrac{U_c(s)}{U_r(s)} = -\left(\dfrac{R_2}{R_1} + \dfrac{C_1}{C_2} + R_2C_1s + \dfrac{1}{R_1C_2s}\right)$

(b) $\dfrac{U_c(s)}{U_r(s)} = -\dfrac{R_2}{R_1}\dfrac{1}{R_2Cs + 1}$

2-6　(1) $\dfrac{C(s)}{R(s)} = \dfrac{K_0}{Ts^2 + (2T + K_0\tau + 1)s + 1}$

(2) $\dfrac{C(s)}{N(s)} = \dfrac{K_0 K_1 - 1}{Ts^2 + (2T + K_0\tau + 1)s + 1}$

2 - 7　(a) $\dfrac{C(s)}{R(s)} = \dfrac{G_1 G_2 G_3 + G_1 G_4}{1 + G_1 G_2 G_3 H_1 + G_1 G_2 G_3 H_2 + G_1 G_4 H_2}$

　　　(b) $\dfrac{C(s)}{R(s)} = \dfrac{G_1 G_2 G_3 + G_4(1 + G_2 H_1 + G_1 G_2 H_1 + G_2 G_3 H_2)}{1 + G_2 H_1 + G_1 G_2 H_1 + G_2 G_3 H_2}$

　　　(c) $\dfrac{C(s)}{R(s)} = \dfrac{G_1 G_2 G_3 G_4}{1 + G_3 G_4 H_4 + G_2 G_3 H_3 + G_1 G_2 G_3 H_2 - G_1 G_2 G_3 G_4 H_1}$

　　　(d) $\dfrac{C(s)}{R(s)} = \dfrac{G_1 G_2 G_3 + G_1 G_4}{1 + G_1 G_2 H_1 + G_1 G_2 G_3 + G_2 G_3 H_2 + G_1 G_4 + G_4 H_2}$

2 - 8　(a) $G(s) = \dfrac{C(s)}{R(s)} = \dfrac{11s + 41}{s^2 + s - 30}$

　　　(b) $G(s) = \dfrac{C(s)}{R(s)} = \dfrac{G'(s)}{1 + G'(s)} = \dfrac{G_1 G_2 + G_3 G_4 - G_1 G_2 G_3 G_4 - 1}{G_1 G_2 + G_3 G_4 - G_1 G_2 G_3 G_4}$

2 - 9　$\dfrac{C(s)}{R_1(s)} = \dfrac{s^2 + s(1 - K)}{s^3 + 4s^2 + 3s + 3K}$；$\dfrac{C(s)}{R_2(s)} = \dfrac{K(s^2 + 3s + 3)}{s^3 + 4s^2 + 3s + 3K}$

2 - 10　(1) $\dfrac{C(s)}{R(s)} = \dfrac{k_1 k_2 k_3}{Ts^2 + s + k_1 k_2 k_3}$；$\dfrac{C(s)}{N(s)} = \dfrac{k_1 k_2 k_3 G_c(s) - k_3 k_4 s}{Ts^2 + s + k_1 k_2 k_3}$

　　　(2) $\dfrac{C(s)}{N(s)} = 0 \Rightarrow k_1 k_2 k_3 G_c(s) - k_3 k_4 s = 0 \Rightarrow G_c(s) = \dfrac{k_4 s}{k_1 k_2}$

2 - 11　$\dfrac{C(s)}{R(s)} = \dfrac{\dfrac{K(\tau s + 1)}{s^3} + \dfrac{\tau s + 1}{s} - \dfrac{\tau s + 1}{s} + \dfrac{K}{s^2} + 1 + \dfrac{1}{s}}{1 + \dfrac{K(\tau s + 1)}{s^3} + \dfrac{K}{s^2} + \dfrac{1}{s}}$

　　　　　　$= \dfrac{K(\tau s + 1) + Ks + s^3 + s^2}{K(\tau s + 1) + Ks + s^3 + s^2} = 1$

2 - 12　$\dfrac{C(s)}{R(s)} = \dfrac{G_1 G_2 G_3}{1 + G_1 G_2 G_3 + G_2 G_3 G_6}$；$\dfrac{E(s)}{R(s)} = \dfrac{1 + G_2 G_3 G_6}{1 + G_1 G_2 G_3 + G_2 G_3 G_6}$；

　　　$\dfrac{C(s)}{N(s)} = \dfrac{G_2 G_3}{1 + G_1 G_2 G_3 + G_2 G_3 G_6}$；$\dfrac{E(s)}{N(s)} = -\dfrac{G_2 G_3}{1 + G_1 G_2 G_3 + G_2 G_3 G_6}$；

　　　$\dfrac{C(s)}{F(s)} = \dfrac{G_1 G_2 G_3 G_5 + G_3 G_4}{1 + G_1 G_2 G_3 + G_2 G_3 G_6}$；$\dfrac{E(s)}{F(s)} = -\dfrac{G_1 G_2 G_3 G_5 + G_3 G_4}{1 + G_1 G_2 G_3 + G_2 G_3 G_6}$；

第三章　时域分析法

在确立了合理的数学模型后，就可以对系统的性能进行分析了。对控制系统性能的分析，主要是从稳定性、稳态性能、动态性能三个方面着手，即通常所说的"稳、准、快"。分析的方法很多，在经典控制理论中，对于线性定常系统通常采用时域法、根轨迹法和频域法来分析系统的性能。本章介绍时域分析法，就是根据输入、输出微分方程或传递函数数学模型，在时间域中分析控制系统的稳定性、稳态性能、动态性能。在本书的第四、五章中将介绍两种工程分析方法（根轨迹分析法、频率响应分析法）。

第一节　控制系统的稳定性分析

控制系统能够工作的首要条件是其必须稳定，因此，系统的稳定性是非常重要的概念。稳定性的严格数学定义是李亚普诺夫于 1892 年提出的。这里不准备讨论关于稳定性的各种严格定义，而只讨论线性定常系统稳定性的概念、稳定的充分必要条件和代数稳定判据。

一、稳定性的概念

设控制系统处于某一起始的平衡状态，在外作用的影响下，它离开了平衡状态，当外作用消失后，如果经过足够长的时间它能够恢复到原来起始的平衡状态，则称这样的系统为稳定的系统，否则为不稳定的系统。

举例说明如下，如图 3-1 (a) 所示，小球放在一个凹面上，原平衡位置为 A 点，当小球受外力作用后偏离 A 点移至 B 点，当外力消除后，小球经左右滚动，最终回到原平衡位置 A，则这个系统是稳定的。反之，如图 3-1 (b) 所示，把小球放在一个凸面上，原平衡位置为 A'，当给外力稍加推动小球，尽管以后外力消失，但小球却越滚越远，不能返回到原来的平衡位置 A'，这样的系统是不稳定的。当然，这只是一个不严格的、简化的说明，实际的系统要复杂得多。

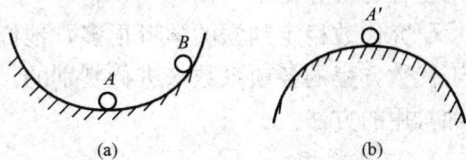

图 3-1　小球系统示意图

二、稳定的条件

由系统的稳定性定义可见，稳定性是系统去掉外作用后，自身的一种恢复能力，所以是系统的一种固有特性。对于线性定常系统，它只取决于系统本身的结构和参数，而与初始条件和外作用无关。因此可以用系统的齐次微分方程来对它进行分析，并由此讨论系统稳定的充要条件。

设系统是 n 阶的，它的齐次微分方程为

$$a_n \frac{\mathrm{d}^n C(t)}{\mathrm{d}t^n} + a_{n-1} \frac{\mathrm{d}^{n-1} C(t)}{\mathrm{d}t^{n-1}} + \cdots + a_1 \frac{\mathrm{d}C(t)}{\mathrm{d}t} + a_0 C(t) = 0 \tag{3-1}$$

系统的特征方程为

$$a_n s^n + a_{n-1} s^{n-1} + \cdots + a_1 s + a_0 = 0 \tag{3-2}$$

　　设特征方程无重根，有 q 个实根 $s_i(i=1,2,\cdots,q)$，r 对共轭复根 $\sigma_k\pm j\omega_k$（$k=1$，$2,\cdots,r$），其中，$q+2r=n$，可以利用解微分方程的方法求得系统的零输入响应为

$$c(t)=\sum_{i=1}^{q}A_ie^{s_it}+\sum_{k=1}^{r}D_ke^{\sigma_kt}(B_k\cos\omega_kt+C_k\sin\omega_kt) \tag{3-3}$$

　　由于系统的输入为零，因此它的平衡位置应为原点。所以，若系统是稳定的，则 $\lim\limits_{t\to\infty}c(t)=0$。而这只有在特征方程的全部实根为负值且全部复根的实部为负时才能成立。如果至少有一个正实根或实部为正的复根，则必有与此根对应的项，即

$$\lim_{t\to\infty}e^{s_it}\to\infty，\text{ 或}\lim_{t\to\infty}e^{\sigma_kt}\to\infty \tag{3-4}$$

　　此时系统不可能回到原来的平衡位置，或者说输出发散并趋于无穷，则系统是不稳定的。

　　由此可得，线性定常系统稳定的充要条件是：闭环系统特征方程式的所有根全部为负实数或具有负实部的共轭复数，也就是所有闭环特征根全部位于复平面的左半面。如果至少有一个闭环特征根分布在右半面上，则系统就是不稳定的；如果没有右半面的根，但在虚轴上有根（即有纯虚根），则系统是临界稳定的。在工程上，线性定常系统处于临界稳定和处于不稳定一样，是不能被采用的。上述结论对于特征方程有重根时仍适用。

三、代数稳定判据

　　上面叙述了线性定常系统稳定的充要条件，根据这一条件，就可以确定一个控制系统是否稳定。但是，应用这一条件来确定系统稳定性时，必须知道所有特征根的值，而这对于高阶系统来说是非常困难的，那么能否不用求解特征方程的根，而是根据某些已知条件来判别系统是否稳定，这样的方法称为稳定性判据。

　　由于线性定常系统的特征方程是代数方程，其各次项的系数全部为常数。代数方程的根与它的系数之间是有密切关系的，因此，通过基于代数方程各次项的系数来判别系统稳定性的判据称为代数稳定判据。

　　研究代数稳定判据的学者很多，他们从不同的角度提出了各种判别方法，这些方法都是基于代数方程的各项系数来进行判别的。因此，这些方法在本质上都是等价的。在这里介绍几种常用的方法。

　　1. 劳斯判据

　　劳斯判据是英国人劳斯（Routh）于1877年提出的。

　　（1）劳斯判据的内容。设线性定常系统的特征方程式为

$$a_ns^n+a_{n-1}s^{n-1}+\cdots+a_1s+a_0=0 \tag{3-5}$$

　　设 $a_n>0$，且 n 个特征根分别为 s_1，s_2，$\cdots$，s_n，由代数方程根与系数的关系有

$$\left.\begin{aligned}\frac{a_{n-1}}{a_n}&=(-1)^n\sum_{i=1}^{n}s_i\\\frac{a_{n-2}}{a_n}&=\sum_{\substack{i,j=1\\i\neq j}}^{n}s_is_j\\\vdots\quad&\quad\vdots\\\frac{a_1}{a_n}&=(-1)^n\prod_{i=1}^{n}s_i\end{aligned}\right\} \tag{3-6}$$

由式（3-6）可知，线性系统特征根 $s_i(i=1,2,\cdots,n)$ 都位于 s 平面左半面的必要条件是，特征方程的所有系数 $a_i(i=1,2,\cdots,n)$ 都大于零。若存在系数小于或等于零，则系统一定是不稳定的。所有系数均大于零，只是稳定的必要条件，但不充分。系统是否稳定还需进一步判定。

首先，制作劳斯表，将特征方程的各系数间隔填入前两行，如下所示。

劳斯表共有 $n+1$ 行，它的前两行各元素是由特征方程的系数直接构成，从第三行开始的各元素，是根据其所在行的前两行元素按照一定的计算方法得到的。其中，有

$$
\begin{array}{llll}
s^n & a_n & a_{n-2} & a_{n-4} & \cdots \\
s^{n-1} & a_{n-1} & a_{n-3} & a_{n-5} & \cdots \\
s^{n-2} & b_1 & b_2 & b_3 & \cdots \\
s^{n-3} & c_1 & c_2 & c_3 & \cdots \\
\vdots \\
s^2 & e_1 & e_2 & \cdots \\
s^1 & f_1 \\
s^0 & g_1
\end{array}
$$

$$b_1=-\frac{\begin{vmatrix} a_n & a_{n-2} \\ a_{n-1} & a_{n-3}\end{vmatrix}}{a_{n-1}},\quad b_2=-\frac{\begin{vmatrix} a_n & a_{n-4} \\ a_{n-1} & a_{n-5}\end{vmatrix}}{a_{n-1}},\quad\cdots$$

$$c_1=-\frac{\begin{vmatrix} a_{n-1} & a_{n-3} \\ b_1 & b_2\end{vmatrix}}{b_1},\quad c_2=-\frac{\begin{vmatrix} a_{n-1} & a_{n-5} \\ b_1 & b_3\end{vmatrix}}{b_1},\quad\cdots$$

$\vdots$

这一计算过程，一直进行到 $n+1$ 行只剩下一个元素为止。计算完毕的劳斯表呈上三角形。由劳斯表得到稳定性的结论如下：

1）若劳斯表中第一列所有元素都大于零，则系统是稳定的。

2）若劳斯表第一列出现负元素，则系统不稳定。第一列元素符号变化的次数就是系统右半平面的根数。

【例 3-1】 已知系统特征方程式为
$$D(s)=3s^4+10s^3+6s^2+40s+9=0$$
试用劳斯判据判断该系统的稳定性，若不稳定，则指出右半平面的根数。

解： 劳斯表为

$$
\begin{array}{lccc}
s^4 & 3 & 6 & 9 \\
s^3 & 10 & 40 \\
s^2 & \frac{10\times6-40\times3}{10}=-6 & \frac{10\times9-0\times3}{10}=9 \\
s^1 & \frac{(-6)\times40-9\times10}{-6}=55 \\
s^0 & 9
\end{array}
$$

注意，为了简化数据运算，可以用一个正数去乘或去除某一行的各项，这时并不改变稳

定性的结论，故上述劳斯表也可为

$$
\begin{array}{llll}
s^4 & 1 & 2 & 3 \\
s^3 & 1 & 4 & \\
s^2 & -2 & 3 & \\
s^1 & 5.5 & & \\
s^0 & 3 & &
\end{array}
$$

由于劳斯表第一列元素不全为正，符号改变了两次，故右半面有两个根，系统不稳定。

（2）劳斯表的特殊情况。在应用劳斯判据时，可能会遇到以下两种特殊的情况。

第一种：劳斯表某行第一列的元素为零，而该行其余元素不全为零。出现这种情况，可用一个很小的正数 ε 来代替为零的那一项，然后按照通常方法继续完成计算。如果零（ε）上面的元素符号与零（ε）下面的元素符号相反，则表明这里有一个符号变化。

【例 3 - 2】 已知下列特征方程 $s^3-3s+2=0$，判断该系统的稳定性。

解： 需要注意的是给出的特征方程式出现少项情况，其特征方程式应为

$$s^3+0s^2-3s+2=0$$

劳斯表为

$$
\begin{array}{lll}
s^3 & 1 & -3 \\
s^2 & 0(\varepsilon) & 2 \\
s^1 & -3-\dfrac{2}{\varepsilon} & \\
s^0 & 2 &
\end{array}
$$

现观察第一列中的各项数值。当 ε 趋近于零时，$-3-\dfrac{2}{\varepsilon}$ 的值是一个很大的负值，因此可以认为第一列中的各项数值的符号改变了两次。由此得出结论，该系统特征方程有两个根在右半平面，系统是不稳定的。

第二种：某行所有元素全为零（全零行）。如 s^k 对应行的元素均为零，说明此时系统存在（$k+1$）个对称于原点的根。例如，大小相等，符号相反的实根或（和）一些共轭虚根。这时可将全零行上一行的各项组成一个辅助方程式 $A(s)=0$，由该方程式对 s 求一阶导数，用求导得到的各项系数来代替为零的各项，然后继续计算劳斯表的以下各行。第一列正、负号变换的次数代表闭环右半平面根的个数；虚轴根的个数可以通过辅助方程式的阶数减去 $2l$ 得出，这里 l 是辅助方程式及以下第一列正、负号变换的次数；左边根的个数就等于特征方程的阶数减去右边根的个数再减去虚轴根的个数。

【例 3 - 3】 已知单位负反馈开环传递函数为 $GH(s)=\dfrac{46}{s\,(s^4+2s^3+24s^2+48s+23)}$，判断该系统的稳定性及特征根的分布情况。

解： 系统特征方程式为

$$D(s)=1+GH(s)=s^5+2s^4+24s^3+48s^2+23s+46=0$$

劳斯表为

s^5	1	24	23
s^4	2(1)	48(24)	46(23) （各元素乘以 $\frac{1}{2}$）
s^3	0	0	0

由上表可以看出，s^3 对应行的各项全部为零，说明有 4 个对称于原点的根。为了求出 $s^3 \sim s^0$ 对应行各项，将 s^4 行的各项组成辅助方程为 $A(s) = s^4 + 24s^2 + 23 = 0$。

将辅助方程 $A(s)$ 对 s 求导数得

$$\frac{dA(s)}{ds} = 4s^3 + 48s$$

用上式中的各项系数作为 s^3 行的各项系数，并计算以下各行的各项系数，得完整的劳斯表为

s^5	1	24	23
s^4	2(1)	48(24)	46(23)
s^3	0(4)	0(48)	
s^2	12	23	
s^1	121/12		
s^0	23		

从上表的第一列可以看出，各项符号没有改变，因此可以确定在右半平面没有特征方程式的根。所以该系统临界稳定，左半面 1 个根，虚轴上虚根的个数＝$4-2l=4$ 个根，右半面没有根。

【例 3-4】 已知下列特征方程式① $s^2+1=0$，② $s^3+s=0$，③ $s^2-1=0$，分别判断各自系统的稳定性。

解： ① $s^2+1=0$，劳斯表为

s^2	1	1
s^1	0(2)	
s^0	2	

可以看出，系统临界稳定。s^1 行全为零，出现对称于原点的根，又因为第一列符号都是正，无右半平面根，辅助方程阶数为 2，虚根的个数＝$2-2l=2$。

② $s^3+s=0$，劳斯表为

s^3	1	1
s^2	0(3)	0(1)
s^1	$\frac{2}{3}$	0
s^0	1	

可以看出，系统临界稳定。辅助方程阶数不一定都是偶数，本题有三个对称于原点的根，又因为第一列无符号变化，可以知道，三个根，有两个在虚轴上，一个在坐标原点上。

③ $s^2-1=0$，劳斯表为

s^2	1	-1
s^1	0(2)	
s^0	-1	

可以看出，系统不稳定。s^1 行全为零，出现对称于原点的根，又因为第一列符号有变化，右半平面根的个数为 1，辅助方程阶数为 2，虚根的个数 $= 2-2l = 0$，左半平面根的个数为 1。

上题非常简单，从给出的特征方程式直接可以看出结果，但是题目所包含的信息却是非常多的，应该认真搞懂。在学习劳斯判据时，可以自己给自己出题，如特征方程式为 $(s+a) \cdots (s+f) = 0$，我们可以知道根的分布，然后按降幂展开，用劳斯判据判断结果与已知结果进行对照，发现问题，解决问题。

【例 3-5】 系统特征方程式为

$$s^6 + 2s^5 + 8s^4 + 12s^3 + 20s^2 + 16s + 16 = 0$$

试用劳斯判据判断该系统的稳定性及根的分布情况。

解： 劳斯表为

s^6	1	8	20	16
s^5	2	12	16	
s^4	2	12	16	
s^3	0	0	0	

辅助方程为

$$A(s) = 2s^4 + 12s^2 + 16 = 0$$

将辅助方程 $A(s)$ 对 s 求导数得

$$\frac{\mathrm{d}A(s)}{\mathrm{d}s} = 8s^3 + 24s$$

用上式中的各项系数作为 s^3 行的各项系数，并计算以下各行的元素，得完整的劳斯表为

s^6	1	8	20	16
s^5	2	12	16	0
s^4	2	12	16	
s^3	8	24	0	
s^2	6	16		
s^1	8/3			
s^0	16			

可以看出，系统临界稳定，右半面 0 个根，有 4 个对称于原点的根，虚轴上有 $4-2l = 4$ 个根，左半面 2 个根。本题可以用长除法把根具体求解出来

$$\frac{s^6 + 2s^5 + 8s^4 + 12s^3 + 20s^2 + 16s + 16}{2s^4 + 12s^2 + 16} = 0.5s^2 + s + 1$$

分别解出六个根

$$s_{1,2} = \pm\sqrt{2}\mathrm{j}, s_{3,4} = \pm 2\mathrm{j}, s_{5,6} = -1 \pm \mathrm{j}$$

（3）劳斯判据的应用。以上讨论了利用劳斯判据判定系统稳定性及根的分布情况的方法。此外劳斯判据还可以有其他方面的用途。

1）分析参数变化对稳定性的影响，或求使系统稳定时参数的取值范围。这些参数可以是系统的开环增益，也可以是其他参数。

【例 3 - 6】 已知三阶系统的特征方程为

$$a_3 s^3 + a_2 s^2 + a_1 s + a_0 = 0$$

试确定使系统稳定时各参数满足的条件。

解： 劳斯表为

$$
\begin{array}{ccc}
s^3 & a_3 & a_1 \\
s^2 & a_2 & a_0 \\
s^1 & \dfrac{a_1 a_2 - a_3 a_0}{a_2} & \\
s^0 & a_0 &
\end{array}
$$

为保证系统稳定，则有 $a_0 > 0$，$a_1 > 0$，$a_2 > 0$，$a_3 > 0$，且 $\dfrac{a_1 a_2 - a_3 a_3}{a_2} > 0$，即 $a_1 a_2 > a_3 a_0$。

所以三阶系统稳定的充分必要条件是特征方程的各项系数均为正，且特征方程两个内项系数之积大于两个外项系数之积。对于一阶系统和二阶系统，特征方程的系数都大于零不仅是系统稳定的必要条件，而且也是充分条件。这也可用劳斯判据证实。

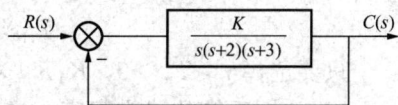

图 3 - 2 系统结构图

【例 3 - 7】 已知系统的动态结构如图 3 - 2 所示，如系统的开环增益可调，试确定在保证系统稳定的条件下，K 的取值范围。

解： 系统的闭环传递函数为

$$G(s) = \frac{K}{s(s+2)(s+3) + K} = \frac{K}{s^3 + 5s^2 + 6s + K}$$

闭环系统特征方程为

$$s^3 + 5s^2 + 6s + K = 0$$

劳斯表为

$$
\begin{array}{ccc}
s^3 & 1 & 6 \\
s^2 & 5 & K \\
s^1 & 6 - \dfrac{K}{5} & \\
s^0 & K &
\end{array}
$$

要保证系统稳定，则劳斯表第一列元素均为正，为此有

$$K > 0, \quad 6 - \frac{K}{5} > 0$$

由此得到 K 的取值范围为 $0 < K < 30$。

此例说明，要使系统稳定，开环增益 K 不能无限地大，一般它有一个最大值，此值为 30，通常把 $K_0 = 30$ 称为系统的临界开环增益。只有当 $K < K_0$ 时，系统才稳定。换言之，K 增加，对系统稳定性不利。

当然，待定系数也可以是其他变量或是出现在其他系数项中的变量，也可以是两个以上的待定参数，这都可以仿照上述方法确定其取值或相对取值范围。如果用此法确定参数取值时出现矛盾的结果，则说明所待定的参数不存在使系统稳定的取值范围。这样的系统仅

靠调整参数无法稳定，属于结构不稳定系统。

【例 3-8】 试求图 3-3 所示的控制系统稳定时，参数的取值范围。

解： 系统的闭环传递函数为

$$G_B(s) = \frac{K_1 K_m}{s^2(T_m s + 1) + K_1 K_m} = \frac{K_1 K_m}{T_m s^3 + s^2 + K_1 K_m}$$

其特征方程为

$$T_m s^3 + s^2 + K_1 K_m = 0$$

由此可见，特征方程缺一次项。因此，无论怎样调整 K_1，K_m，T_m 的值，都不能使系统稳定，属于结构不稳定系统。为使系统稳定，可改变调节器的结构，如在系统的主通道串入一阶微分环节 $(\tau s + 1)$，使系统的特征方程为

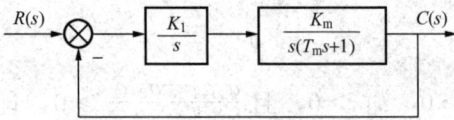

图 3-3 结构不稳定系统

$$T_m s^3 + s^2 + K_1 K_m \tau s + K_1 K_m = 0$$

只要选择 $\tau > T_m > 0$，$K_1 K_m > 0$，系统即可稳定。

2）分析系统的稳定程度。应用代数判据可判断系统稳定与否，即只解决了绝对稳定性的问题。在处理实际问题时，只判断系统是否稳定是不够的。因为，对于实际的系统，所得到参数数值往往是近似的，并且有的参数会随着条件的变化而变化，这样得到的结论就存在误差。所以，在讨论稳定性的时候，要提出稳定程度或相对稳定性的概念。这就是说，系统在稳定性的计算中要留有裕度，以便当系统参数在预计可能的范围内发生变化时，系统仍能稳定。这个概念在代数稳定判据中，可以这样来阐述：为了保证系统的稳定有足够的裕度，不仅要求系统特征根全部位于左半面，而且还必须离虚轴有一定的距离。以便当系统参数变化时，即使特征根向右移动，也不至于到达虚轴上或虚轴的右面，从而保证系统继续稳定。应用劳斯判据可以判断特征根距离虚轴的情况。

设特征根与虚轴的距离至少为 a，把原 s 平面的虚轴左移 a，得到新的平面 s_1，则有

$$s = s_1 - a$$

用 s_1 取代特征方程中的 s，即得 s_1 平面上的特征方程为 $D(s_1) = 0$，则可在 s_1 平面上应用劳斯判据。

【例 3-9】 在［例 3-7］中，若要求系统的特征根全部位于 $s = -0.5$ 的左面，试求 K 的取值范围。

解： 系统的特征方程为

$$s^3 + 5s^2 + 6s + K = 0$$

将 $s = s_1 - 0.5$ 代入上式，得

$$(s_1 - 0.5)^3 + 5(s_1 - 0.5)^2 + 6(s_1 - 0.5) + K = 0$$

整理得

$$s_1^3 + 3.5 s_1^2 + 1.75 s_1 - 1.875 + K = 0$$

若要求特征根都位于 $s = -0.5$ 的左面，只要有

$$\begin{cases} K - 1.875 > 0 \\ 3.5 \times 1.75 > K - 1.875 \end{cases} \Rightarrow \quad 1.875 < K < 8$$

【例 3 - 10】 系统的特征方程为 $s^6+12s^4+48s^2+64=0$，试用劳斯判据判断该系统的稳定性及根的分布情况。

解： 劳斯表为

s^6	1	12	48	64
s^5	0(6)	0(48)	0(96)	
s^4	4	32	64	
s^3	0(16)	0(64)	0	
s^2	16	64		
s^1	0(32)			
s^0	64			

所以系统临界稳定。有 6 个虚轴根。

2. 代数稳定判据应用的局限性

代数稳定判据只有在特征方程是代数方程且其各系数均为实数的情况下才能应用。如当系统存在时滞环节时，特征方程将含有 s 的指数项，除非把它用多项式近似，否则判据就无法应用。其次它只能提供系统绝对稳定性的结论，不易判定其相对稳定性，也无法说明当系统不稳定时如何使其稳定的方法，因此在综合校正系统时，只能将其作为最后的校验手段。

第二节　控制系统的稳态误差

稳态误差是对系统控制精度的一种度量，通常称为稳态性能，是控制系统一项重要的性能指标，它表示系统跟踪输入信号或抑制干扰信号的能力。造成系统稳态误差的原因很多，本节只讨论由系统本身结构、参数以及外作用的形式不同所引起的稳态误差，而不讨论由于元件的非线性（如死区、饱和），以及摩擦、间隙、不灵敏区等引起的稳态误差。很显然，只有稳定的系统，研究稳态误差才有意义。

一、误差、稳态误差

1. 误差的概念

系统的误差是指被控量要求达到的值（希望值）与实际值的差。由于误差本身存在确定的量纲问题，因此对于图 3 - 4 所示的典型结构，误差有两种不同的定义方法。

（1）从输入端定义，把系统的输入信号 $r(t)$ 作为被控量的期望值，把主反馈信号 $b(t)$ 作为被控量的实际值，把两者之间所产生的偏差信号定义为误差 $e(t)$，即

$$e(t) = r(t) - b(t) \qquad (3-7)$$

这种方法定义的误差，在实际系统中是可以测量的，单位一般为弱电压信号，因而具有实际的物理意义。

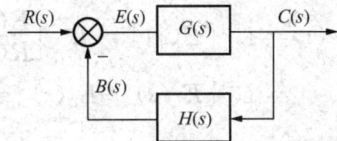

图 3 - 4　非单位反馈控制系统

（2）从输出端定义，把被控量的期望值 $c_r(t)$ 与实际值之差 $c(t)$ 定义为误差 $e'(t)$，即

$$e'(t) = c_r(t) - c(t) \qquad (3-8)$$

这种方法定义的误差，单位一般为检测元件所对应的物理量的量纲，在性能指标中经常用到，但在实际系统中有时无法测量，因而一般只具有数学意义，实际不经常采用。

对于单位反馈系统 $H(s) = 1$，被控量的期望值就是输入信号，被控量的实际值就是主

反馈信号，因而两种误差定义的方法是一致的。

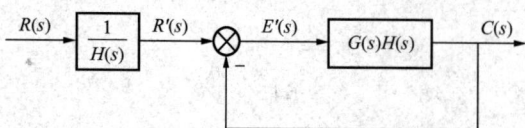

图 3-5 等效单位反馈控制系统

对于图 3-4 所示的非单位反馈控制系统，可以把它变换为如图 3-5 所示的等效单位反馈控制系统，其中，$r'(t)$ 表示等效单位反馈控制系统的输入信号，也就是输出量的期望值 $c_r(t)$。因而，$e'(t)$ 是从输出端定义的非单位反馈控制系统的误差，即

$$C_r(s) = R'(s) = R(s)/H(s)$$

考虑到上式关系，则式（3-8）可写为

$$E'(s) = \frac{R(s)}{H(s)} - C(s) \tag{3-9}$$

因为有

$$E(s) = R(s) - B(s) = R(s) - H(s)C(s)$$

则有

$$\frac{1}{H(s)}E(s) = \frac{R(s)}{H(s)} - C(s) = E'(s)$$

由此得到两种误差之间的关系为

$$E'(s) = \frac{E(s)}{H(s)} \tag{3-10}$$

可见，一旦求出 $E(s)$ 即可确定 $E'(s)$。因此本书在以下的叙述中，均采用从系统输入端定义的误差 $E(s)$ 来进行分析和计算。

2. 稳态误差的概念

误差信号的稳态分量为稳态误差，其公式为

$$e(t) = e_t(t) + e_s(t) \tag{3-11}$$

式中　$e_t(t)$——误差的暂态分量，对于稳定系统，有 $\lim\limits_{t \to \infty} e_t(t) = 0$；

$e_s(t)$——误差的稳态分量，为稳态误差，且 $\lim\limits_{t \to \infty} e(t) = e_s(t)$。当 $e_s(t)$ 不随时间 t 变化，即为常量时，通常用 e_{ss} 表示。

3. 稳态误差的计算

对于一般系统，其方框图如图 3-6 所示。

$$e(t) = L^{-1}[E(s)] = L^{-1}\left[\frac{E(s)}{R(s)}R(s) + \frac{E(s)}{N(s)}N(s)\right]$$
$$= L^{-1}[E_1(s) + E_2(s)] = e_1(t) + e_2(t) \tag{3-12}$$

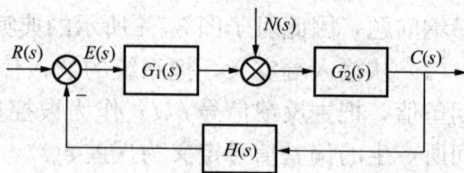

图 3-6 控制系统的典型结构

式中　$e_1(t)$——给定输入 $r(t)$ 引起的误差分量；

$e_2(t)$——扰动输入 $n(t)$ 引起的误差分量。

其中，给定输入的误差传递函数为

$$\frac{E(s)}{R(s)} = \frac{1}{1 + G_1(s)G_2(s)H(s)} \tag{3-13}$$

扰动输入的误差传递函数为

$$\frac{E(s)}{N(s)} = \frac{-G_2(s)H(s)}{1+G_1(s)G_2(s)H(s)} \tag{3-14}$$

若 $sE(s)$ 的极点均在 s 平面的左半面,则可用拉氏变换终值定理求得稳态误差 e_{ss}。

$$e_{ss} = \lim_{t\to\infty} e(t) = \lim_{s\to 0} sE(s)$$

$$= \lim_{s\to 0} s\left[\frac{1}{1+G_1(s)G_2(s)H(s)}R(s) - \frac{G_2(s)H(s)}{1+G_1(s)G_2(s)H(s)}N(s)\right] \tag{3-15}$$

【例 3-11】 在图 3-6 中,$G_1(s)=2$,$G_2(s)=\dfrac{1}{s+1}$,$H(s)=1$。试求:

(1) $r(t)=10\times 1(t)$,$n(t)=1(t)$;(2) $r(t)=1(t)$,$n(t)=\sin 4t$ 时系统的稳态误差。

解:(1)
$$E_1(s) = \frac{1}{1+G_1(s)G_2(s)H(s)}R(s) = \frac{10(s+1)}{s(s+3)}$$

$sE_1(s)$ 的极点在左半面,所以有

$$e_{s1}(t) = e_{ss1} = \lim_{s\to 0} sE_1(s) = \frac{10}{3}$$

$$E_2(s) = -\frac{G_2(s)H(s)}{1+G_1(s)G_2(s)H(s)}N(s) = -\frac{1}{s(s+3)}$$

$sE_2(s)$ 的极点在左半面,所以有

$$e_{s2}(t) = e_{ss2} = \lim_{s\to 0} sE_2(s) = -\frac{1}{3}$$

$$e_s(t) = e_{s1}(t) + e_{s2}(t) = e_{ss1} + e_{ss2} = \frac{10}{3} - \frac{1}{3} = 3$$

(2) 因为有

$$E_1(s) = \frac{s+1}{s(s+3)}$$

所以有

$$e_{s1}(t) = e_{ss1} = \lim_{s\to 0} sE_1(s) = \frac{1}{3}$$

$E_2(s) = -\dfrac{1}{s+3}\dfrac{4}{s^2+16}$,因 $E_2(s)$ 在虚轴上有两个极点 $s=\pm 2j$,所以不能用终值定理求 $E_2(s)$,有

$$E_2(s) = -\frac{1}{s+3}\frac{4}{s^2+16} = -\frac{4}{25}\frac{1}{s+3} + \frac{4}{25}\frac{s-3}{s^2+16}$$

$$e_2(t) = -\frac{4}{25}e^{-3t} + \frac{4}{25}\cos 4t - \frac{3}{25}\sin 4t$$

$$= -\frac{4}{25}e^{-3t} + \frac{1}{5}\sin\left(4t+180°-\arccos\frac{3}{5}\right)$$

$$e_{s2}(t) = \lim_{t\to\infty} e_2(t) = \frac{1}{5}\sin\left(4t+180°-\arccos\frac{3}{5}\right)$$

$$e_s(t) = e_{s1}(t) + e_{s2}(t) = \frac{1}{3} + \frac{1}{5}\sin\left(4t+180°-\arccos\frac{3}{5}\right)$$

由此可见,对于稳定系统,其误差传递函数的极点均在左半平面,当输入函数为典型阶跃、脉冲、斜坡、抛物线等时,则可应用拉氏变换终值定理求稳态误差 $e_s(t)=e_{ss}$〔虽然有

时 $sE(s)$ 的极点在原点处，但仍可套用终值定理 $e_s(t) = \infty$]；而输入函数为典型谐波函数时，因其极点在虚轴上，故不能套用终值定理，只能用拉氏反变换求解 $e(t)$，然后舍去暂态分量 $e_t(t)$，可得稳态误差 $e_s(t)$，对复杂系统求解困难，可以应用本书第五章介绍的频率特性概念容易地求得谐波输入下的稳态误差。

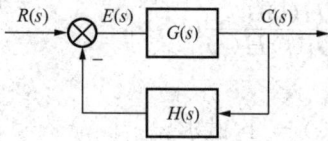

图 3-7　给定作用下的控制系统

二、给定输入作用下的稳态误差

当只有给定输入作用时，系统的结构如图 3-7 所示。

$$E(s) = \frac{1}{1 + G(s)H(s)} R(s) \qquad (3-16)$$

其中，系统的开环传递函数 $G(s)H(s)$ 可写成典型环节串联形式，即

$$G(s)H(s) = \frac{K(\tau_1 s + 1)\cdots(\tau_2^2 s^2 + 2\xi'\tau_2 s + 1)\cdots}{s^\nu(T_1 s + 1)\cdots(T_2^2 s^2 + 2\xi T_2 s + 1)\cdots} = \frac{K}{s^\nu} G_0(s) \qquad (3-17)$$

式中　K——开环增益；

　　　ν——积分环节数目。

$$\lim_{s \to 0} G_0(s) = 1, \quad \lim_{s \to 0} G(s)H(s) = \lim_{s \to 0} \frac{K}{s^\nu}$$

利用终值定理，则有

$$\begin{aligned}
e_{ss} &= \lim_{s \to 0} sE(s) = \lim_{s \to 0} s \frac{R(s)}{1 + G(s)H(s)} \\
&= \lim_{s \to 0} s \frac{1}{1 + \dfrac{K}{s^\nu}} R(s) = \lim_{s \to 0} \frac{s^{\nu+1}}{s^\nu + K} R(s)
\end{aligned} \qquad (3-18)$$

式 (3-18) 表明，系统的稳态误差 e_{ss} 除了与输入信号的形式有关外，还与系统开环增益 K 和积分环节 ν 的数目有关。故系统常按其开环传递函数中所含有的积分环节个数 ν 来分类。如 $\nu=0$ 称为 0 型系统，$\nu=1$ 称为 Ⅰ 型系统，$\nu=2$ 称为 Ⅱ 型系统，以此类推。但 $\nu \geqslant 2$ 时系统很难稳定，可能成为结构不稳定系统，故在实际中很少应用。开环传递函数中的其他零、极点，对系统的型别没有影响。下面分别讨论不同输入信号作用下，稳态误差与系统结构和参数的关系。

1. 阶跃输入时的稳态误差

若有

$$r(t) = a \times 1(t), \quad R(s) = \frac{a}{s}$$

则稳态误差为

$$e_{ss} = \lim_{s \to 0} s \frac{\dfrac{a}{s}}{1 + G(s)H(s)} = \lim_{s \to 0} \frac{a}{1 + G(s)H(s)} = \frac{a}{1 + k_p} \qquad (3-19)$$

其中，$k_p = \lim_{s \to 0} G(s)H(s)$，定义为静态位置误差系数。应该指出，所谓位置不仅限于字面上的含义，输出量可以是位置，也可以是温度、压力、流量等。因为这些输出量的物理名称对于分析问题并不重要，故把它们统称为位置。

不同类型系统的位置误差系数和阶跃输入作用下的稳态误差分别为

0 型系统　　　　$k_p = K$　　　　$e_{ss} = \dfrac{a}{1+K}$

Ⅰ型系统　　　　$k_p=\infty$　　　　$e_{ss}=0$

Ⅱ型系统　　　　$k_p=\infty$　　　　$e_{ss}=0$

可见，0 型系统对由阶跃输入引起的稳态误差为一个常值，其大小与 K 有关。K 越大，e_{ss} 越小，但总有误差，除非 K 为无穷大。所以 0 型系统又常称为有差系统。如果在阶跃输入时，要求系统稳态误差为零，则系统必须是Ⅰ型或高于Ⅰ型的系统。

2. 斜坡输入时的稳态误差

若有

$$r(t)=bt\times1(t),\quad R(s)=\frac{b}{s^2}$$

则稳态误差为

$$e_{ss}=\lim_{s\to0}s\frac{1}{1+G(s)H(s)}\frac{b}{s^2}=\lim_{s\to0}\frac{b}{s+sG(s)H(s)}$$
$$=\frac{b}{\lim\limits_{s\to0}sG(s)H(s)}=\frac{b}{k_v}\tag{3-20}$$

其中，$k_v=\lim\limits_{s\to0}sG(s)H(s)$，定义为静态速度误差系数。应该指出，这里所指的速度也是一种统称，所谓速度是指输出量的变化率。另外 k_v 虽然称为速度误差系数，但它并不是指速度上的误差，而是指系统在跟踪速度信号（即斜坡信号）时，造成在位置上的误差。

不同类型系统的速度误差系数和斜坡输入作用下的稳态误差分别为

0 型系统　　　　$k_v=0$　　　　$e_{ss}=\infty$

Ⅰ型系统　　　　$k_v=K$　　　　$e_{ss}=\dfrac{b}{K}$

Ⅱ型系统　　　　$k_v=\infty$　　　　$e_{ss}=0$

上述分析表明，0 型系统在稳态时，不能跟踪斜坡信号，其稳态误差为无穷。Ⅰ型系统在稳态时，输出与输入在速度上恰好相等，其输出能跟踪斜坡信号，但有一个常值位置误差，其大小与开环增益 K 成反比。对于Ⅱ型或Ⅱ型以上的系统，其稳态误差为零。

3. 抛物线输入时的稳态误差

若有

$$r(t)=\frac{1}{2}ct^2\times1(t)$$
$$R(s)=\frac{c}{s^3}$$

则稳态误差为

$$e_{ss}=\lim_{s\to0}s\frac{1}{1+G(s)H(s)}\frac{c}{s^3}=\lim_{s\to0}\frac{c}{s^2+s^2G(s)H(s)}$$
$$=\frac{c}{\lim\limits_{s\to0}s^2G(s)H(s)}=\frac{c}{k_a}\tag{3-21}$$

其中，$k_a=\lim\limits_{s\to0}s^2G(s)H(s)$，定义为静态加速度误差系数。这里加速度误差系数 k_a 也是表示在加速度输入信号时，输出在位置上的误差。

不同类型系统的加速度误差系数和加速度输入作用下的稳态误差分别为

0 型系统　　　　$k_a=0$　　　　$e_{ss}=\infty$

Ⅰ型系统　　　$k_a = 0$　　　　$e_{ss} = \infty$

Ⅱ型系统　　　$k_a = K$　　　　$e_{ss} = \dfrac{c}{K}$

上述分析表明,Ⅱ型以下系统的输出不能跟踪加速度信号,在跟踪过程中产生的位置误差随时间增加逐渐变大,并在稳态时达到无穷大。Ⅱ型系统能跟踪加速度输入,但有一个常值位置误差,其大小与开环增益 K 成反比。

在表 3-1 中,列出了系统型别、静态误差系数及输入信号与稳态误差之间的关系。利用表 3-1 可以直接得出给定输入作用下系统的稳态误差,而无需利用终值定理逐步计算。但是,这里需要强调以下几点:

表 3-1　　　　　　　　　　　给定输入作用下的稳态误差

型　别	静态误差系数			阶跃输入 $r(t) = a$	斜坡输入 $r(t) = bt$	抛物线输入 $r(t) = 0.5ct^2$
ν	k_p	k_v	k_a	$e_{ss} = \dfrac{a}{1+k_p}$	$e_{ss} = \dfrac{b}{k_v}$	$e_{ss} = \dfrac{c}{k_a}$
0	K	0	0	$\dfrac{a}{1+K}$	∞	∞
1	∞	K	0	0	$\dfrac{b}{K}$	∞
2	∞	∞	K	0	0	$\dfrac{c}{K}$

(1) 系统必须是稳定的,否则计算稳态误差没有意义。

(2) 表 3-1 的结论只适用于如图 3-6 所示典型结构的控制系统,且给定输入信号作用下的稳态误差,不适用于非典型结构或干扰作用下系统的稳态误差。

(3) 表 3-1 中及上述稳态误差计算式中的 K,都必须是系统开环增益,即在开环传递函数中,各典型环节常数项为 1 时的增益。

如果系统的输入是几种典型输入信号的组合,例如

$$r(t) = (a + bt + \frac{1}{2}ct^2)1(t)$$

则根据线性系统的叠加原理,系统总的稳态误差为

$$e_{ss} = \frac{a}{1+k_p} + \frac{b}{k_v} + \frac{c}{k_a} \tag{3-22}$$

三、扰动输入作用下的稳态误差

前面已经研究了系统在给定输入作用下稳态误差的计算问题。但是,控制系统除承受给定输入信号作用外,还经常处于各种扰动作用之下,如:电源电压和频率的波动、负载力矩的变动、环境温度的变化等。干扰信号破坏了系统输出和给定输入的对应关系,控制系统一方面要使输出保持和给定输入一致,另一方面要使干扰对输出的影响应尽可能小。因此,干扰引起的稳态误差反映了系统的抗干扰能力。

计算系统在干扰输入作用下的稳态误差常用终值定理。此时应注意以下两点:

(1) 干扰加于系统的作用点和给定输入不同,因此同一形式的给定输入和干扰输入引起的稳态误差不同;

(2) 干扰引起的全部输出就是误差。

下面仍以输入端定义的误差来分析扰动信号作用下的稳态误差。此时不考虑给定信号的作用,即 $R(s) = 0$。由图 3-6 可得

$$E(s) = R(s) - B(s) = -B(s) = -H(s)C(s)$$

$$=-\frac{G_2(s)H(s)}{1+G_1(s)G_2(s)H(s)}N(s) \tag{3-23}$$

稳态误差为

$$e_{ss}=\lim_{s\to0}sE(s)=-\lim_{s\to0}s\frac{G_2(s)H(s)}{1+G_1(s)G_2(s)H(s)}N(s) \tag{3-24}$$

当 $\lim\limits_{s\to0}G_1(s)G_2(s)H(s)\gg1$ 时, $e_{ss}=\lim\limits_{s\to0}\dfrac{sN(s)}{G_1(s)}$

假设有

$$G_1(s)=\frac{K_1(\tau_1 s+1)\cdots(\tau_m s+1)}{s^N(T_1 s+1)\cdots(T_m s+1)} \qquad \lim_{s\to0}G_1(s)=\frac{K_1}{s^N}$$

则有

$$e_{ss}=-\lim_{s\to0}\frac{s^{N+1}}{K_1}N(s) \tag{3-25}$$

例如，图 3-8 所示的系统，在阶跃扰动输入作用下，即 $N(s)=\dfrac{1}{s}$ 时，由式（3-24）可得扰动输入作用下的稳态误差为

$$e_{ss}=\lim_{s\to0}sE(s)=-\lim_{s\to0}s\frac{\dfrac{K_3}{s(T_2 s+1)}}{1+\dfrac{K_1K_2K_3}{s(T_1 s+1)(T_2 s+1)}}\frac{1}{s}=-\frac{1}{K_1K_2}$$

也可以由式（3-25）直接求出 $e_{ss}=-\dfrac{1}{K_1K_2}$。可见，扰动输入作用下稳态误差的大小除了与扰动信号 $N(s)$ 的形式有关外，还取决于 $E(s)$ 到扰动输入作用点之间的传递函数 $G_1(s)$ 中的积分环节个数 N 和放大系数 K_1，也就是取决于扰动输入作用点的位置。

结果表明，$G_1(s)$ 的积分环节个数为零时，系统有定值稳态误差，$G_1(s)$ 的放大系数越大，e_{ss} 越小。事实上，若考虑该系统的稳定条件，则放大系数并不能随意增大。

假如在 $G_1(s)$ 中增加一个积分环节，用同样的方法可计算出，扰动为阶跃信号的稳态误差为零。但由图 3-8 可以看出，这时系统的稳定性遭到破坏，变成结构不稳定系统。在工程中，经常采用比例—积分控制系统来解决这个

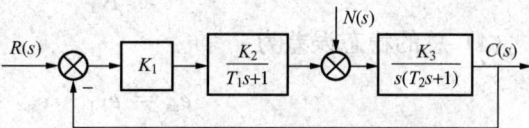

图 3-8 扰动输入作用下的控制系统

问题，即用 $K_1\left(1+\dfrac{1}{\tau s}\right)$ 环节代替 K_1，如图 3-9 所示。在系统稳定的条件下，选择适当的 τ 值，就能使系统在阶跃扰动作用下无稳态误差。

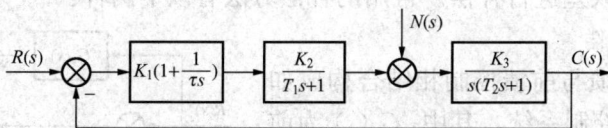

图 3-9 比例—积分控制系统

同理，可分析出系统在其他扰动信号作用时，扰动的稳态误差与 $G_1(s)$ 的关系。不难得出同样的结论：增大 $G_1(s)$ 的放大系数可减小系统的扰动稳态误差；增大 $G_1(s)$ 中积分环节

的个数可消除扰动作用下的稳态误差。

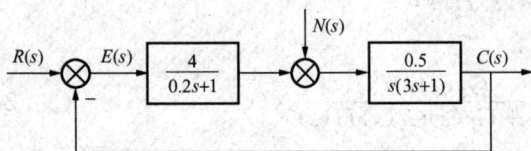

图 3 - 10　　[例 3 - 12] 图

当系统在给定信号和扰动信号同时作用下，可用叠加原理计算系统总的稳态误差。

【**例 3 - 12**】　某单位反馈系统的结构如图 3 - 10 所示，已知输入 $r(t) = t$，干扰 $n(t) = -3$。试计算该系统总的稳态误差。

解：　(1) 判断系统的稳定性。

开环传递函数为

$$G_k(s) = \frac{2}{s(0.2s+1)(3s+1)}$$

闭环特征方程为

$$D(s) = 0.6s^3 + 3.2s^2 + s + 2 = 0$$

三阶系统各系数为正，且 $3.2 \times 1 > 0.6 \times 2$，则系统稳定。

(2) $r(t)$ 作用时的稳态误差为

$$R(s) = \frac{1}{s^2} \quad G_k(s) = \frac{2}{s(0.2s+1)(3s+1)}, \text{系统为 I 型。}$$

$$k_v = \lim_{s \to 0} sG_k(s) = 2 \quad e_{ss1} = \frac{1}{k_v} = 0.5$$

(3) $n(t)$ 作用时的稳态误差为

$$N(s) = -\frac{3}{s} \quad G_1(s) = \frac{4}{0.2s+1} \quad \lim_{s \to 0} G_k(s) \to \infty$$

所以有

$$e_{ss2} = -\lim_{s \to 0} \frac{s^{N+1}}{K_1} N(s) = -\lim_{s \to 0} \frac{s}{4} \left(-\frac{3}{s} \right) = \frac{3}{4}$$

(4) 总的稳态误差为

$$e_{ss} = e_{ss1} + e_{ss2} = \frac{1}{2} + \frac{3}{4} = \frac{5}{4}$$

四、减小或消除稳态误差的措施

通过对控制系统稳态误差的分析和计算可知，为减小稳态误差，可增加积分环节个数或提高开环增益。但系统中积分环节一般不能超过两个，开环增益也不能无限增大，否则会引起动态性能恶化，甚至导致系统不稳定。当这两个措施都不能进一步提高系统的精度时，通常采用复合控制来对误差进行补偿。常用的补偿方法有以下两种：

1. 按给定输入补偿

工程上通常将反馈与前馈控制相结合构成如图 3 - 11 所示的复合控制系统，其中，$G_r(s)$ 为前馈控制器的传递函数。系统输出为

$$C(s) = \frac{G_r(s)G(s) + G(s)}{1 + G(s)} R(s)$$

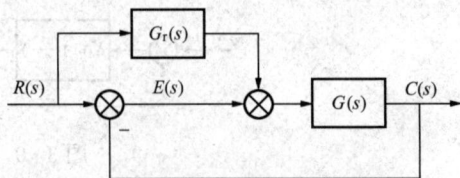

图 3 - 11　按给定输入补偿的复合控制系统

稳态误差为 $E(s) = R(s) - C(s)$，若要求 $E(s) = 0$，则 $R(s) = C(s)$，即实现完全补

偿。有

$$G_r(s)G(s) = 1 \quad \Rightarrow \quad G_r(s) = \frac{1}{G(s)} \tag{3-26}$$

在这种复合控制系统中，前馈控制的作用主要是使系统输出跟随输入，而反馈的作用是来克服系统模型［包括前馈控制器 $G_r(s)$］的误差和扰动的影响。实际上，被控对象 $G(s)$ 是一个严格的有理分式，所以从式（3-26）得到 $G_r(s)$ 的分子多项式比分母多项式的阶次要高。因此前馈控制具有一定的时间超前性。但 $G_r(s) = \frac{1}{G(s)}$ 在物理上是不可能实现的，也就是说，前馈控制不可能完全补偿 $G(s)$。尽管如此，若能对 $G(s)$ 部分地加以补偿，则也能改善系统的性能。

2. 按扰动输入补偿

如果加在系统的干扰是能测量的，同时干扰对系统的影响是明确的，则可按干扰补偿的办法减小稳态误差。

系统的结构图如图 3-12 所示，扰动量 $N(s)$ 一方面被加到被控对象 $G_2(s)$ 上，对系统输出产生不利影响，与此同时，它也通过引入的补偿通道 $G_n(s)G_1(s)$ 加到被控对象 $G_2(s)$ 上，从而抵消扰动对输出产生的不利影响。如果 $N(s)$ 通过两个通道对 $C(s)$ 的影响相互抵消，则 $N(s)$ 对 $C(s)$ 无影响，为达此目的，要求有

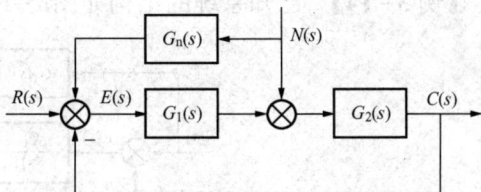

图 3-12　按扰动补偿的复合控制系统

$$G_2(s)G_n(s)G_1(s) + G_2(s) = 0$$

则有

$$G_n(s) = -\frac{1}{G_1(s)} \tag{3-27}$$

同样道理，全补偿也难以实现，但实现稳态补偿是完全可能的。

值得指出的是，无论是按给定输入补偿还是按干扰输入补偿，补偿器 $G_r(s)$、$G_n(s)$ 都在闭环之外，这样，在设计系统时，可按稳定性和动态性能设计闭合回路，然后按稳态精度的要求设计补偿器，于是便很好地解决了稳态精度、稳定性以及动态性能对不同系统要求的矛盾。

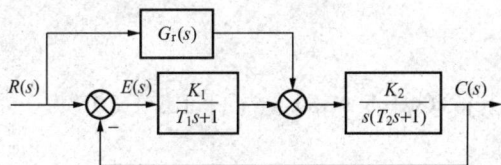

图 3-13　［例 3-13］图

【例 3-13】　复合控制系统的结构如图 3-13所示，图 3-13 中 K_1，K_2，T_1，T_2 是大于零的常数。

（1）当闭环系统稳定时，确定参数 K_1，K_2，T_1，T_2 应满足的条件。

（2）当输入 $r(t) = V_0 t \times 1(t)$ 时，选择校正装置 $G_r(s)$，使得系统无稳态误差。

解：（1）系统误差传递函数为

$$\frac{E(s)}{R(s)} = \frac{1 - \dfrac{K_2}{s(T_2 s + 1)} G_r(s)}{1 + \dfrac{K_1 K_2}{s(T_1 s + 1)(T_2 s + 1)}}$$

$$= \frac{s(T_1 s+1)(T_2 s+1) - K_2 G_r(s)(T_1 s+1)}{s(T_1 s+1)(T_2 s+1) + K_1 K_2}$$

$$D(s) = T_1 T_2 s^3 + (T_1 + T_2)s^2 + s + K_1 K_2$$

此系统为三阶系统，因为 K_1，K_2，T_1，T_2 均大于零，所以只要 $T_1 + T_2 > T_1 T_2 K_1 K_2$，即可满足稳定条件。

（2）系统稳态误差为

$$e_{ss} = \lim_{s \to 0} \frac{E(s)}{R(s)} R(s) = \lim_{s \to 0} \frac{s(T_1 s+1)(T_2 s+1) - K_2 G_r(s)(T_1 s+1)}{s(T_1 s+1)(T_2 s+1) + K_1 K_2} \frac{V_0}{s^2}$$

$$= \lim_{s \to 0} \frac{V_0}{K_1 K_2} \left[1 - K_2 \frac{G_r(s)}{s} \right] = 0$$

故有

$$G_r(s) = \frac{s}{K_2}$$

【例 3 - 14】 已知系统的结构如图3 - 14所示。

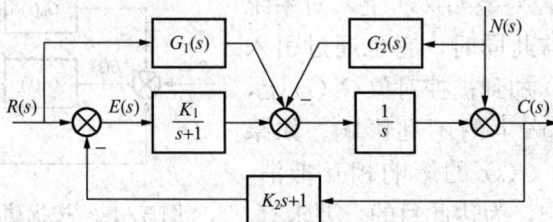

图 3 - 14　　［例 3 - 14］图

（1）要使系统的闭环传递函数极点位于 $-5 \pm j5$ 处，求相应的 K_1，K_2 值；

（2）设计 $G_1(s)$，使之在 $r(t)$ 单独作用下无稳态误差；

（3）设计 $G_2(s)$，使之在 $n(t)$ 单独作用下无稳态误差。

解：（1）$G_{er}(s) = \dfrac{E(s)}{R(s)} = \dfrac{1 - \dfrac{K_2 s+1}{s} G_1(s)}{1 + \dfrac{K_1(K_2 s+1)}{s(s+1)}} = \dfrac{(s+1)[s - (K_2 s+1)G_1(s)]}{s^2 + (K_1 K_2 + 1)s + K_1}$

令

$$D(s) = s^2 + (K_1 K_2 + 1)s + K_1 = (s+5+j5)(s+5-j5) = s^2 + 10s + 50$$

比较系数得

$$K_1 = 50, \ K_2 = 9/50$$

（2）依题意，可令 $G_{er}(s) = 0$，得

$$G_1(s) = \frac{s}{K_2 s+1}$$

（3）$G_{en}(s) = \dfrac{-(K_2 s+1) + \dfrac{K_2 s+1}{s} G_2(s)}{1 + \dfrac{K_1(K_2 s+1)}{s(s+1)}} = \dfrac{(s+1)(K_2 s+1)[-s + G_2(s)]}{s^2 + (K_1 K_2 + 1)s + K_1}$

令 $G_{en}(s) = 0$，得 $G_2(s) = s$。

第三节　控制系统的典型输入信号和时域性能指标

一、典型输入信号

为了分析系统的动态性能与稳态性能，需要求解系统的时间响应。控制系统的输出响应不仅取决于系统本身的结构和参数，而且还与系统的初始状态及输入信号有关。为了便于研究，规定在输入信号作用于系统的瞬时（$t=0$）之前，系统是相对静止的，即为零初始状态。一般情况下，控制系统的输入信号是多种多样的，而且是随时间以随机的方式变化的，甚至事先无法知道。例如：在防空导弹雷达跟踪系统中，被跟踪目标的位置和速度无法预料，也不能用简单的函数进行描述，这样就给分析和设计系统带来了很大的困难。为了便于用统一的方法对系统进行分析和设计，同时也为了比较各种控制系统性能的优劣，常将输入信号规定为一些典型函数形式。

所谓典型输入信号，是指在数学描述上加以理想化的一些基本输入函数。典型输入信号的选取既应能大致反映系统的实际工作情况，输入信号的形式又应力求简单以便于分析。此外，还必须选取使系统处于最不利情况下的输入信号。在控制理论中，常用的典型输入信号函数有以下几种。

1. 阶跃函数

其数学表达式为

$$r(t) = \begin{cases} 0 & t < 0 \\ p & t \geqslant 0 \end{cases}$$

其拉氏变换式为

$$R(s) = \frac{p}{s}$$

$p=1$ 时为单位阶跃函数，记为 $1(t)$，如图 3 - 15（a）所示。幅值为 p 的阶跃函数也可记为 $r(t) = p \cdot 1(t)$。时域分析中，阶跃函数是应用最广的一种典型信号，实际工作中的开关转换、负荷的突变、电源电压的突跳等均可近似为阶跃函数形式。

2. 斜坡函数

其数学表达式为

$$r(t) = \begin{cases} 0 & t < 0 \\ ut & t \geqslant 0 \end{cases}$$

其拉氏变换式为

$$R(s) = \frac{u}{s^2}$$

斜坡函数又叫速度函数，相当于在随动系统中外加一个以恒速变化的信号，其恒定速率为 u。当 $u=1$ 时，称为单位斜坡（速度）函数，如图 3 - 15（b）所示。跟踪通信卫星的天线控制系统以及输入信号随时间逐渐变化的控制系统，斜坡函数是比较合适的典型输入。

3. 抛物线函数

其数学表达式为

$$r(t) = \begin{cases} 0 & t < 0 \\ at^2 & t \geqslant 0 \end{cases}$$

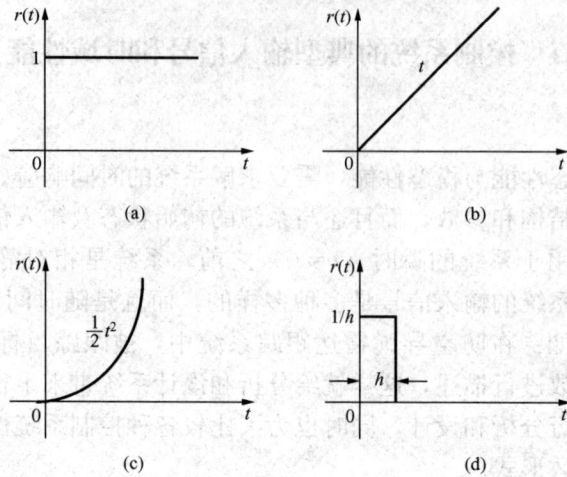

图 3 - 15　典型输入信号

（a）单位阶跃函数；（b）单位斜坡函数；（c）单位抛物线函数；（d）单位脉冲函数

其拉氏变换式为

$$R(s) = \frac{2a}{s^3}$$

抛物线函数又称加速度函数，当 $a = \frac{1}{2}$ 时，称为单位抛物线（加速度）函数，如图 3 - 15（c）所示。加速度函数可用来作为宇宙飞船控制系统的典型输入。

4. 脉冲函数

数学表达式为

$$r(t) = R\delta(t)$$

拉氏变换式为

$$R(s) = R$$

其中，R 为常数，它反映了脉冲的强度，而 $\delta(t)$ 是强度为 1 的脉冲函数，称为单位脉冲函数，它满足

$$\delta(t) = \begin{cases} \infty & t = 0 \\ 0 & t \neq 0 \end{cases}$$

且有

$$\int_{-\infty}^{\infty} \delta(t)\mathrm{d}t = 1$$

单位脉冲函数可看成宽度为 h，高度为 $1/h$，且当宽度 h 趋于零时的脉冲，如图 3 - 15（d）所示。

脉冲函数刻画了持续时间无限小而幅值无限大的冲击特性。它只是数学上的概念，实际系统中不可能产生理想的脉冲函数，但它的引入为系统分析带来了很大方便。在实际系统中，可以采用保持输入强度不变，逐渐缩短其持续时间的逼近方法实现脉冲输入信号。脉宽很窄的脉冲电压信号、瞬间作用的冲击力、阵风扰动等都可近似看作脉冲信号。

5. 正弦函数

数学表达式为

$$r(t) = A\sin\omega t \times 1(t)$$

拉氏变换式为

$$R(s) = \frac{A\omega}{s^2 + \omega^2}$$

其中，A 为振幅，ω 为角频率。现实中如电源电压的波动、机械的振动、海浪对船舰的扰动力都可近似为正弦信号的作用。在频率特性分析中，就是以不同频率的正弦信号作用于系统来讨论其频率特性，并间接分析系统性能的，本书第五章将会详细阐述。

二、系统的时域动态性能指标

控制系统的时间响应，从时间顺序上可以分为动态和稳态两个阶段。前节对系统的稳态性能已经做了详细的探讨。动态过程是指系统在输入信号作用下，输出量从初始状态到接近最终状态的响应过程，而研究系统的时间响应，必须要对动态过程的特点以及有关的性能指标加以探讨。

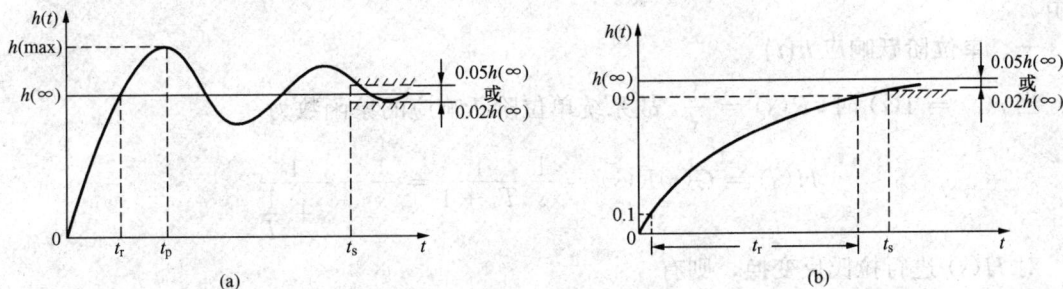

图 3-16 稳定系统的单位阶跃响应曲线
(a) 衰减振荡系统；(b) 单调变化系统

通常在阶跃函数作用下测定或计算系统的动态性能。一般认为，阶跃输入对系统来说是最严峻的工作状态。如果在阶跃函数作用下的动态性能满足要求，那么系统在其他形式的函数作用下，其动态性能也是令人满意的。稳定系统的单位阶跃响应曲线如图 3-16 所示。

(1) 上升时间 t_r：对于具有振荡的系统，指单位阶跃响应从零第一次上升到稳态值所需的时间；对于单调变化的系统，是指单位阶跃响应从稳态值的 10% 上升到 90% 所需的时间。

(2) 峰值时间 t_p：单位阶跃响应超过稳态值，到达第一个峰值所需的时间。

(3) 调节时间 t_s：单位阶跃响应 $h(t)$ 与稳态值 $h(\infty)$ 之间的偏差达到规定的允许范围（$\pm 5\%$ 或 $\pm 2\%$），且以后不再超出此范围的最短时间。调节时间又称为过渡过程时间。

(4) 超调量 $\sigma\%$：单位阶跃响应的最大值 h_{max} 超过稳态值 $h(\infty)$ 的百分比，则有

$$\sigma\% = \frac{h_{max} - h(\infty)}{h(\infty)} \times 100\% \tag{3-28}$$

(5) 延迟时间 t_d：响应曲线第一次达到其终值一半所需的时间。

上述性能指标中，上升时间 t_r，峰值时间 t_p，延迟时间 t_d 反映了系统初始阶段的快慢程

度；调节时间 t_s 表示系统过渡过程持续的时间，它从总体上反映了系统的快速性；超调量 $\sigma\%$ 反映了系统响应过程的平稳性；稳态误差 e_{ss} 反映了系统复现和跟踪输入信号的能力，即控制系统的准确性。以后将侧重以上升时间 t_r、调节时间 t_s、超调量 $\sigma\%$ 和稳态误差 e_{ss} 这四项指标分别评价系统响应的快速性、平稳性和准确性。

第四节　一阶系统的动态分析

用一阶微分方程描述的系统称为一阶系统。一些控制元件及简单系统如 RC 网络、液位控制系统都可用一阶系统来描述。

一阶系统的传递函数为

$$G(s) = \frac{C(s)}{R(s)} = \frac{1}{Ts+1} \tag{3-29}$$

其中，T 称为一阶系统的时间常数，它是唯一表征一阶系统特征的参数，所以一阶系统时间响应的性能指标与 T 密切相关。一阶系统如果作为复杂系统中的一个环节，则称为惯性环节。

一、单位阶跃响应 $h(t)$

当 $r(t) = 1(t)$ 时，$R(s) = \dfrac{1}{s}$，故系统单位阶跃响应的象函数为

$$H(s) = G(s)R(s) = \frac{1}{s}\frac{1}{Ts+1} = \frac{1}{s} - \frac{1}{s+\frac{1}{T}}$$

对 $H(s)$ 进行拉氏反变换，则有

$$h(t) = 1 - e^{-\frac{t}{T}} \quad (t \geqslant 0) \tag{3-30}$$

式（3-30）中 1 为稳态分量，$-e^{-\frac{t}{T}}$ 为暂态分量，它随时间无限减小而最终趋于零。一阶系统的单位阶跃响应曲线如图 3-17 所示，由图 3-17 可见，其响应是一条由零开始按指数规律单调上升、有惯性、无超调的曲线，故有时也称为非周期响应。惯性环节也称为非周期环节。

时间 t 取不同值时，对应的一阶系统单位阶跃响应值也不同，例如，$h(T) = 0.632$；$h(2T) = 0.865$；$h(3T) = 0.95$；$h(4T) = 0.98$。

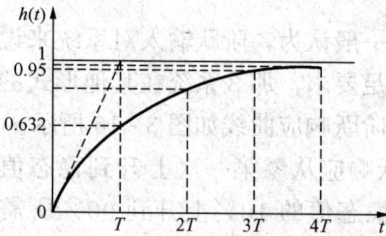

图 3-17　一阶系统的单位阶跃响应曲线

由此可得一阶系统的性能指标为

$$\sigma\% = 0$$

$$t_r = 2.2T \quad \left[c(t_1) = 1 - e^{-\frac{t_1}{T}} = 0.1,\ c(t_2) = 1 - e^{-\frac{t_2}{T}} = 0.9,\ t_2 - t_1 = 2.2T \right]$$

$$t_s = \begin{cases} 3T & (\Delta = \pm 5\%) \\ 4T & (\Delta = \pm 2\%) \end{cases}$$

$$e_{ss} = 0$$

可见，一阶系统的性能指标，主要由时间常数 T 来决定，T 越小，系统的快速性越好。

一阶系统的单位阶跃响应，在 $t=0$ 处切线的斜率为

$$\frac{\mathrm{d}h(t)}{\mathrm{d}t}\bigg|_{t=0} = \frac{1}{T}\mathrm{e}^{-\frac{t}{T}}\bigg|_{t=0} = \frac{1}{T} \qquad (3\text{-}31)$$

式（3-31）表明，对于一阶系统，初始速率不变时的直线和稳态值交点处的时间为 T。若由实验测得响应曲线也符合以上特点，则可确定为一阶系统，并可确定时间常数 T。具体做法是：在示波器荧光屏上先找到输入信号幅值为 0.632 的位置，同时记录系统输出达到这点时所对应的时间，即 T。

二、单位斜坡响应 $c(t)$

当 $r(t) = t \cdot 1(t)$ 时，$R(s) = \dfrac{1}{s^2}$，故系统单位阶跃响应的象函数为

$$C(s) = G(s)R(s) = \frac{1}{s^2}\frac{1}{Ts+1} = \frac{1}{s^2} - \frac{T}{s} + \frac{T}{s+\dfrac{1}{T}}$$

对 $C(s)$ 进行拉氏反变换，则有

$$c(t) = t - T + T\mathrm{e}^{-\frac{t}{T}} \qquad (t \geqslant 0) \qquad (3\text{-}32)$$

其中，$t-T$ 为稳态分量，$T\mathrm{e}^{-\frac{t}{T}}$ 为暂态分量，当 $t \to \infty$ 时，暂态分量趋于零。单位斜坡的响应曲线如图 3-18 所示。

由图 3-18 还可以看出，一阶系统的单位斜坡响应达到稳态时具有和输入相同的斜率，只是在时间上滞后 T。

由式（3-32）可知，一阶系统的单位斜坡响应存在着稳态误差。因为 $r(t) = t$，稳态误差为

$$e_{ss} = t - (t-T) = T$$

所以从提高斜坡响应的稳态精度来看，也要求时间常数越小越好。

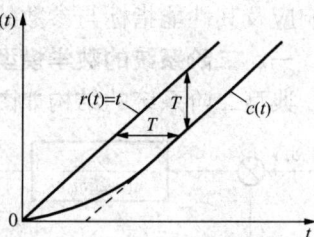

图 3-18 一阶系统单位斜坡
的响应曲线

三、单位脉冲响应 $k(t)$

当 $r(t) = \delta(t)$ 时，$R(s) = 1$，故系统单位脉冲响应的象函数为

$$K(s) = G(s)R(s) = \frac{1}{Ts+1} = \frac{1}{T}\frac{1}{s+\dfrac{1}{T}}$$

对 $K(s)$ 进行拉氏反变换，则有

$$k(t) = \frac{1}{T}\mathrm{e}^{-\frac{t}{T}} \qquad (t \geqslant 0) \qquad (3\text{-}33)$$

其响应曲线如图 3-19 所示。

四、单位阶跃、单位斜坡、单位脉冲响应的关系

三者的关系式为

$$\delta(t) = \frac{\mathrm{d}1(t)}{\mathrm{d}t} = \frac{\mathrm{d}^2[t1(t)]}{\mathrm{d}t}$$

$$K(s) = G(s)R(s) = G(s)$$

$$H(s) = G(s)R(s) = \frac{1}{s}G(s)$$

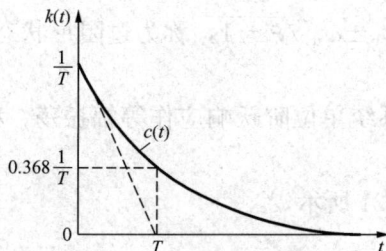

图 3-19 一阶系统的单位脉冲
响应曲线

$$C(s) = G(s)R(s) = \frac{1}{s^2}G(s)$$

当初始条件为零时，三种响应之间具有如下关系，即

$$k(t) = \frac{dh(t)}{dt} = \frac{d^2c(t)}{dt^2} \tag{3-34}$$

式（3-34）表明，对系统的斜坡响应求导即为系统的阶跃响应，对系统的阶跃响应求导即为系统的脉冲响应。对于线性定常系统上述结论均成立，即系统对输入信号导数（或积分）的响应，等于系统对输入信号响应的导数（或积分）。因此分析系统时，选取一种响应作为研究对象即可。

第五节　二阶系统的动态分析

凡以二阶微分方程描述的系统称为二阶系统。在控制工程中，二阶系统比较常见。例如 RLC 网络、忽略电枢电感后的电动机、弹簧—质量—阻尼器系统等。此外，许多高阶系统，在一定条件下忽略一些次要因素，常可降为二阶系统来研究。因此，深入研究二阶系统的时间响应及其性能指标与参数的关系，具有广泛的实际意义。

一、二阶系统的数学模型

典型二阶系统的结构如图 3-20 所示。

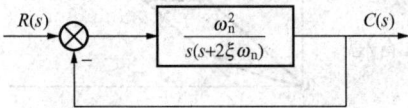

图 3-20　典型二阶系统

系统闭环传递函数为

$$G(s) = \frac{\omega_n^2}{s^2 + 2\xi\omega_n s + \omega_n^2} \tag{3-35}$$

其中，ξ 称为阻尼系数或阻尼比，ω_n 为无阻尼自然角频率，二者为二阶系统的两个特征参数。

二阶系统的特征方程为

$$s^2 + 2\xi\omega_n s + \omega_n^2 = 0$$

其特征根（闭环极点）为

$$s_{1,2} = -\xi\omega_n \pm \omega_n\sqrt{\xi^2 - 1}$$

可见，根据 ξ 的不同取值，二阶系统可分为以下几种工作状态。

（1）当 $0 < \xi < 1$，此时系统有一对左半平面的共轭复根 $s_{1,2} = -\xi\omega_n \pm j\omega_n\sqrt{1-\xi^2}$，系统的单位阶跃响应具有振荡特性，称为欠阻尼状态。

（2）当 $\xi = 1$，二阶系统有两个相等的负实根，称为临界阻尼状态。

（3）当 $\xi > 1$，系统有两个不相等的负实根，$s_{1,2} = -\xi\omega_n \pm \omega_n\sqrt{\xi^2-1}$，称为过阻尼状态。临界阻尼和过阻尼的二阶系统单位阶跃响应无振荡。

（4）当 $\xi = 0$，系统有一对共轭纯虚根，$s_{1,2} = \pm j\omega_n$，系统单位阶跃响应作等幅振荡，称为无阻尼状态。

阻尼比取不同值时，其特征根在 s 平面上分布如图 3-21 所示。

二、二阶系统的单位阶跃响应

当阻尼比取不同值时，二阶系统的特征根在 s 平面上分布位置不同，而且其单位阶跃响应也不同，以下分别进行讨论。

1. 欠阻尼（$0<\xi<1$）

欠阻尼二阶系统是最为常见的，其响应曲线如图 3-22（1）所示。欠阻尼二阶系统的特征根为

$$s_{1,2} = -\xi\omega_n \pm j\omega_n\sqrt{1-\xi^2}$$
$$= -\xi\omega_n \pm j\omega_d \tag{3-36}$$

式中　$\omega_d = \sqrt{1-\xi^2}\,\omega_n$——有阻尼振荡频率。

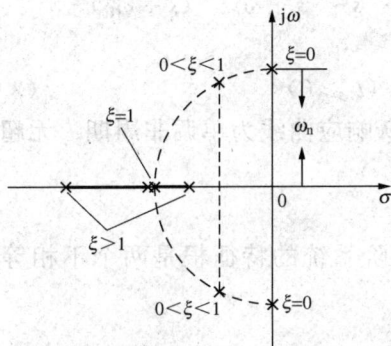

图 3-21　不同 ξ 值二阶系统根的分布

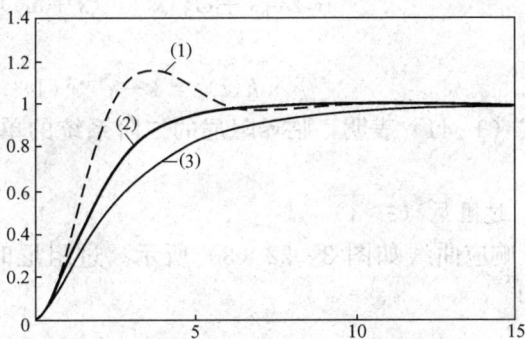

图 3-22　二阶系统单位阶跃响应曲线

（1）—欠阻尼；（2）—临界阻尼；（3）—过阻尼

若特征根矢量与负实轴的夹角为 β，则有

$$\cos\beta = \xi \tag{3-37}$$

$$H(s) = G(s)R(s) = \frac{\omega_n^2}{s^2 + 2\xi\omega_n s + \omega_n^2}\frac{1}{s} \tag{3-38}$$

$$= \frac{1}{s} - \frac{s + 2\xi\omega_n}{(s+\xi\omega_n)^2 + \omega_d^2} = \frac{1}{s} - \frac{s+\xi\omega_n}{(s+\xi\omega_n)^2 + \omega_d^2} - \frac{\xi\omega_n}{(s+\xi\omega_n)^2 + \omega_d^2}$$

故有

$$h(t) = 1 - e^{-\xi\omega_n t}\cos\omega_d t - \frac{\xi}{\sqrt{1-\xi^2}}\sin\omega_d t$$

$$= 1 - \frac{e^{-\xi\omega_n t}}{\sqrt{1-\xi^2}}(\sqrt{1-\xi^2}\cos\omega_d t + \xi\sin\omega_d t) \tag{3-39}$$

$$= 1 - \frac{e^{-\xi\omega_n t}}{\sqrt{1-\xi^2}}\sin(\omega_d t + \beta) \quad (t \geqslant 0)$$

由式（3-39）可见，二阶系统欠阻尼时的单位阶跃响应曲线是衰减振荡型的，其振荡频率为 ω_d，故称 ω_d 为阻尼振荡频率。而且当时间 t 趋于无穷时，系统的稳态值为1，故稳态误差为0。

2. 无阻尼（$\xi=0$）

无阻尼时，二阶系统的特征根为两个共轭纯虚根，$s_{1,2} = \pm j\omega_n$，有

$$H(s) = \frac{\omega_n^2}{s^2+\omega_n^2}\frac{1}{s} = \frac{1}{s} - \frac{s}{s^2+\omega_n^2}$$

故有

$$h(t) = 1 - \cos\omega_n t \quad (t \geqslant 0) \tag{3-40}$$

可见，无阻尼二阶系统的单位阶跃响应曲线是围绕 1 变化的等幅振荡曲线，其振荡频率为 ω_n，系统不能稳定工作。

3. 临界阻尼（$\xi = 1$）

其响应曲线如图 3-22（2）所示。临界阻尼时，二阶系统的特征根是两个相等的负实根，$s_{1,2} = -\omega_n$，有

$$H(s) = \frac{\omega_n^2}{s^2 + 2\omega_n s + \omega_n^2} \frac{1}{s} = \frac{\omega_n^2}{(s+\omega_n)^2} \frac{1}{s} = \frac{1}{s} - \frac{1}{s+\omega_n} - \frac{\omega_n}{(s+\omega_n)^2}$$

故有

$$h(t) = 1 - e^{-\omega_n t}(1 + \omega_n t) \quad (t \geqslant 0) \tag{3-41}$$

式（3-41）表明，临界阻尼的二阶系统的单位阶跃响应曲线为单调非周期、无超调的曲线。

4. 过阻尼（$\xi > 1$）

其响应曲线如图 3-22（3）所示。过阻尼时，二阶系统的特征根是两个不相等的实根，即

$$s_{1,2} = -\xi\omega_n \pm \sqrt{\xi^2 - 1}\,\omega_n$$

$$H(s) = \frac{\omega_n^2}{s^2 + 2\xi\omega_n s + \omega_n^2} \frac{1}{s} = \frac{\omega_n^2}{(s-s_1)(s-s_2)} \frac{1}{s}$$

$$= \frac{1}{s} + \frac{\omega_n^2}{s_1(s_1 - s_2)(s - s_1)} + \frac{\omega_n^2}{s_2(s_2 - s_1)(s - s_2)}$$

故有

$$h(t) = 1 + \frac{\omega_n^2}{s_1(s_1 - s_2)} e^{s_1 t} + \frac{\omega_n^2}{s_2(s_2 - s_1)} e^{s_2 t} \quad (t \geqslant 0)$$

可见，响应的暂态分量是由两个单调衰减的指数项组成的，所以过阻尼二阶系统的单位阶跃响应曲线为单调非周期、无振荡、无超调的曲线。

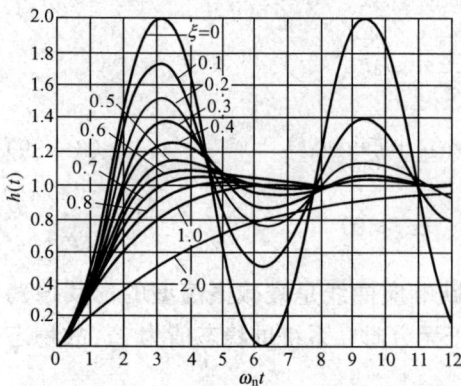

图 3-23　不同阻尼比时系统的二阶阶跃响应

由以上分析可知，阻尼不同时，系统具有不同的响应曲线。图 3-23 所示给出了不同阻尼比时系统的单位阶跃响应曲线。

统观全部曲线可以得出以下结论。

（1）过阻尼（$\xi > 1$）时，其时间响应的调节时间 t_s 最长，进入稳态很慢，但无超调量。

（2）临界阻尼（$\xi = 1$）时，其时间响应也没有超调量，且响应速度比过阻尼要快。

（3）无阻尼（$\xi = 0$）时，其响应是等幅振荡，没有稳态。

（4）欠阻尼（$0 < \xi < 1$）时，上升时间比较快，调节时间也比较短，但有超调量，但如果选择合理的 ξ 值，有可能使超调量比较小，调节时间也比较短。

综上所述，只有二阶欠阻尼系统的阶跃响应，有可能兼顾快速性与平稳性，并表现出较

好的性能。因此，下面主要讨论欠阻尼情况下的性能指标计算。

三、欠阻尼下二阶系统动态性能指标的计算

1. 上升时间

由定义知 $h(t_r) = 1$，故有

$$h(t_r) = 1 - \frac{\mathrm{e}^{-\xi\omega_n t}}{\sqrt{1-\xi^2}}(\sin\omega_d t + \beta) = 1 \qquad (3 - 42)$$

化简整理得

$$\frac{\mathrm{e}^{-\xi\omega_n t}}{\sqrt{1-\xi^2}}\sin(\omega_d t + \beta) = 0$$

因为

$$\mathrm{e}^{-\xi\omega_n t} \neq 0$$
$$\omega_d t + \beta = k\pi$$

所以

$$\sin(\omega_d t + \beta) = 0$$

因 t_r 为满足上式的最小正数，所以有

$$t_r = \frac{\pi - \beta}{\omega_d}, \qquad \beta = \arctan\left(\frac{\sqrt{1-\xi^2}}{\xi}\right) \qquad (3 - 43)$$

2. 峰值时间

由定义知 $\dfrac{\mathrm{d}h(t)}{\mathrm{d}t}\big|_{t=t_p} = 0$，故有

$$\frac{\mathrm{d}h(t)}{\mathrm{d}t}\Big|_{t=t_p} = \left[\frac{\xi\omega_n \mathrm{e}^{-\xi\omega_n t}}{\sqrt{1-\xi^2}}\sin(\omega_d t + \beta) - \frac{\omega_d}{\sqrt{1-\xi^2}}\mathrm{e}^{-\xi\omega_n t}\cos(\omega_d t + \beta)\right]_{t=t_p} = 0$$

由上式得

$$\tan(\omega_d t_p + \beta) = \frac{\sqrt{1-\xi^2}}{\xi} = \tan(k\pi + \beta)$$

所以有

$$\omega_d t_p = k\pi$$

又因 t_p 为对应第一个峰值的时间，故取 $k=1$，则有

$$t_p = \frac{\pi}{\omega_d} = \frac{\pi}{\sqrt{1-\xi^2}\,\omega_n} \qquad (3 - 44)$$

即峰值时间为有阻尼振荡周期的一半。

3. 超调量

因为超调量发生在 t_p 时刻，而且有

$$h(t_p) = 1 - \frac{\mathrm{e}^{-\xi\omega_n t_p}}{\sqrt{1-\xi^2}}\sin(\omega_d t_p + \beta)$$

$$= 1 - \frac{\mathrm{e}^{-\xi\omega_n \cdot \frac{\pi}{\omega_d}}}{\sqrt{1-\xi^2}}\sin(\pi + \beta) = 1 + \frac{1}{\sqrt{1-\xi^2}}\mathrm{e}^{\frac{-\xi\pi}{\sqrt{1-\xi^2}}}\sqrt{1-\xi^2} = 1 + \mathrm{e}^{\frac{-\xi\pi}{\sqrt{1-\xi^2}}}$$

故有

$$\sigma\% = \frac{h(t_p) - h(\infty)}{h(\infty)} \times 100\% = \mathrm{e}^{-\frac{\xi\pi}{\sqrt{1-\xi^2}}} \times 100\% \qquad (3 - 45)$$

式（3-45）表明，超调量仅是阻尼比的函数，与 ω_n 无关。阻尼比越小，超调量越大，反之亦然。

4. 调节时间

根据调节时间的定义，有

$$|h(t)-h(\infty)|\leqslant\Delta h(\infty) \tag{3-46}$$

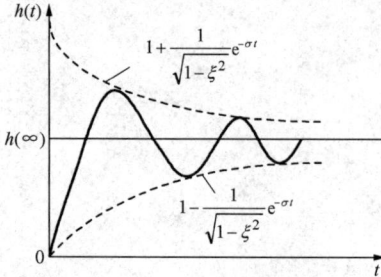

图 3-24　响应曲线的包络线

若直接将式（3-39）代入式（3-46），由于 t_s 既出现在指数上，又出现在正弦函数内，因此给求解带来了困难。考虑到单位阶跃响应曲线都在包络线 $1\pm\dfrac{e^{-\xi\omega_n t}}{\sqrt{1-\xi^2}}$ 内，故若包络线进入误差带，则 $h(t)$ 必进入误差带。因此可以用图 3-24 所示响应曲线的包络线代替 $h(t)$ 来求取 t_s，显然这样求得的 t_s 是保守的。

因为 $h(\infty)=1$，Δ 为允许误差带，代入式（3-46）有

$$\left|\frac{e^{-\xi\omega_n t}}{\sqrt{1-\xi^2}}\right|\leqslant\Delta$$

由此可求得调节时间 t_s 的计算式为

$$\left.\begin{array}{l} t_s(5\%)=\dfrac{1}{\xi\omega_n}\Big[3-\dfrac{1}{2}\ln(1-\xi^2)\Big] \\[3mm] t_s(2\%)=\dfrac{1}{\xi\omega_n}\Big[4-\dfrac{1}{2}\ln(1-\xi^2)\Big] \end{array}\right\} \tag{3-47}$$

式（3-47）在 $0<\xi<0.8$ 时，可按式（3-48）近似计算调节时间，为

$$\left.\begin{array}{l} t_s=\dfrac{3}{\xi\omega_n}\quad(\Delta=5\%) \\[3mm] t_s=\dfrac{4}{\xi\omega_n}\quad(\Delta=2\%) \end{array}\right\} \tag{3-48}$$

由上面得到的计算各动态性能指标的计算式可看出，动态性能指标与系统参数之间的关系如下：

（1）超调量 $\sigma\%$ 的大小，完全由阻尼比 ξ 决定。ξ 越小，超调量 $\sigma\%$ 越大，响应振荡性加强。当 $\xi=0.707$ 时，$\sigma\%<5\%$，系统响应的平稳性令人满意，分析表明，此时系统的调节时间也较短，故常称该阻尼比为最佳阻尼比。

（2）三个时间指标 t_r，t_p，t_s 与两个系统参数 ξ 和 ω_n 均有关系。当 ξ 一定时，增大 ω_n 三个时间指标均能减小，且 $\sigma\%$ 保持不变。

（3）当 ω_n 一定时，要减小 t_r 和 t_p，则要减小 ξ；如若要减小 t_s，则要增大 ξ 的值，但 ξ 取值有一定范围，不能过大，也不能过小。

由以上分析可看出，各动态指标之间是有矛盾的，因此，要全面提高动态性能指标是很困难的。一般确定参数的方法是，根据对 $\sigma\%$ 的要求来确定 ξ，而对时间的要求，则可通过对 ω_n 的适当选取来满足。

【例 3-15】　单位负反馈系统的开环传递函数为 $\dfrac{0.64}{s^2+0.8s}$，试求闭环系统单位阶跃响应的性能指标 t_r，t_p，t_s，$\sigma\%$。

解： 由于有

$$\frac{C(s)}{R(s)} = \frac{0.64}{s^2 + 0.8s + 0.64}$$

可得

$$\begin{cases} \omega_n^2 = 0.64 \\ 2\xi\omega_n = 0.8 \end{cases} \Rightarrow \begin{cases} \xi = 0.5 \\ \omega_n = 0.8 \end{cases} \Rightarrow \beta = \arccos\xi = \frac{\pi}{3}$$

则有

$$t_r = \frac{\pi - \beta}{\sqrt{1 - \xi^2}} \approx 3.02(s) \qquad t_p = \frac{\pi}{\sqrt{1 - \xi^2}\,\omega_n} \approx 4.53(s)$$

$$t_s = \begin{cases} \dfrac{3}{\xi\omega_n} = 7.5(s)(\pm 5\%) \\ \dfrac{4}{\xi\omega_n} = 10(s)(\pm 2\%) \end{cases} \qquad \sigma\% = e^{-\frac{\xi\pi}{\sqrt{1-\xi^2}}} \times 100\% = 16.3\%$$

【例 3 - 16】 某控制系统的动态结构如图 3 - 25 所示，其中，$K = 8$，$T = 0.25$，试完成：

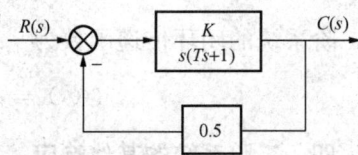

(1) 求系统的单位阶跃响应；

(2) 计算系统的性能指标 t_r，t_p，t_s（5%），$\sigma\%$；

(3) 若要求将系统设计成二阶最佳（$\xi = 0.707$），应如何改变 K 值？

图 3 - 25 ［例 3 - 16］图

解： 系统的闭环传递函数为

$$G(s) = \frac{K}{Ts^2 + s + 0.5K} = \frac{\dfrac{K}{T}}{s^2 + \dfrac{1}{T}s + \dfrac{K}{2T}}$$

所以有

$$\omega_n^2 = \frac{K}{2T}, \qquad \xi = \frac{1}{\sqrt{2KT}}$$

当 $K = 8$，$T = 0.25$ 时，$\xi = 0.5$，$\omega_n = 4$

(1) 该系统相当于典型二阶系统串联了比例环节（$K = 2$），所以有

$$h(t) = 2\left[1 - \frac{e^{-\xi\omega_n t}}{\sqrt{1 - \xi^2}}\sin(\omega_d t + \beta)\right] = 2\left[1 - 1.15e^{-2t}\sin\left(3.46t + \frac{\pi}{3}\right)\right]$$

(2) 系统的性能指标为

$$t_r = \frac{\pi - \beta}{\sqrt{1 - \xi^2}\,\omega_n} \approx 0.61(s), \qquad t_p = \frac{\pi}{\sqrt{1 - \xi^2}\,\omega_n} \approx 0.91(s)$$

$$t_s = \frac{3}{\xi\omega_n} = 1.5(s)(5\%), \qquad \sigma\% = e^{-\frac{\xi\pi}{\sqrt{1-\xi^2}}} \times 100\% = 16.3\%$$

(3) 若设计为

$$\xi = 0.707 = \frac{1}{\sqrt{2KT}} = \frac{1}{\sqrt{2 \times 0.25K}} = 0.707 \Rightarrow K = 4$$

从以上计算看到 K 和 T 对系统动态响应的影响：T 一定时，K 增大，ξ 将减小，超调量增大；K 减小时，ξ 增大，K 过小时，ξ 甚至会超过 1，成为过阻尼情况。如果 K 一定时，

T 增大，不仅使 ξ 减小时，$\sigma\%$ 增大，同时还将引起 ω_n 减小，调节时间将增大。可见 T 的增大对动态性能的影响是不利的。

【例 3 - 17】 设单位负反馈的二阶系统的单位阶跃响应如图 3 - 26 所示，试确定系统的闭环传递函数。

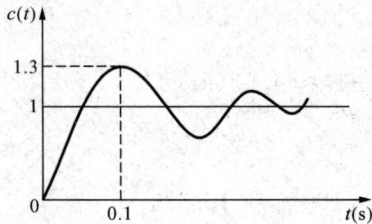

图 3 - 26　　[例 3 - 17] 图

解： 由图 3 - 26 直接得到系统的超调量为

$$\sigma\% = e^{-\frac{\xi\pi}{\sqrt{1-\xi^2}}} \times 100\% = 30\%$$

峰值时间为

$$t_p = \frac{\pi}{\sqrt{1-\xi^2}\,\omega_n} = 0.1(\text{s})$$

根据式（3 - 44）、式（3 - 45）可得

$$\xi = 0.357$$

$$\omega_n = 3.36(\text{rad/s})$$

则二阶系统的闭环传递函数为

$$G(s) = \frac{\omega_n^2}{s^2 + 2\xi\omega_n s + \omega_n^2} = \frac{11.3}{s^2 + 2.4s + 11.3}$$

四、二阶系统的其他响应

二阶系统以其他信号作为输入时，例如单位斜坡信号和单位脉冲信号，产生的响应就称为二阶系统的单位斜坡响应和单位脉冲响应。

1. 单位斜坡响应

若有

$$r(t) = t \cdot 1(t), \qquad R(s) = \frac{1}{s^2}$$

可由 $c(t) = L^{-1}\left[G(s)\dfrac{1}{s^2}\right]$ 或由 $c(t) = \displaystyle\int_0^t h(t)\mathrm{d}t$ 求得 ξ 不同范围内的响应。

（1）欠阻尼（$0 < \xi < 1$）时，有

$$c(t) = \left(t - \frac{2\xi}{\omega_n}\right) + \frac{1}{\omega_d}e^{-\xi\omega_n t}\sin(\omega_d t + 2\beta) \quad (t \geqslant 0) \tag{3-49}$$

（2）临界阻尼（$\xi = 1$）时，有

$$c(t) = t - \frac{2}{\omega_n} + \frac{1}{\omega_n}(\omega_n t + 2)e^{-\omega_n t} \quad (t \geqslant 0) \tag{3-50}$$

（3）过阻尼（$\xi > 1$）时，有

$$c(t) = t - \frac{2\xi}{\omega_n} - \frac{2\xi^2 - 1 - 2\xi\sqrt{\xi^2-1}}{2\omega_n\sqrt{\xi^2-1}}e^{-(\xi+\sqrt{\xi^2-1})\omega_n t}$$

$$+ \frac{2\xi^2 - 1 + 2\xi\sqrt{\xi^2-1}}{2\omega_n\sqrt{\xi^2-1}}e^{-(\xi-\sqrt{\xi^2-1})\omega_n t} \quad (t \geqslant 0) \tag{3-51}$$

这三种阻尼状态，其稳态误差均相同，$e_{ss} = \dfrac{2\xi}{\omega_n}$。稳态误差与 ξ 成正比，而与 ω_n 成反比。要想得到较小的误差，则应尽可能减小 ξ 和增大 ω_n。

2. 单位脉冲响应

若有

$$r(t) = \delta(t), \qquad R(s) = 1$$

可由 $k(t) = L^{-1}[G(s)]$ 或由 $k(t) = \dfrac{\mathrm{d}h(t)}{\mathrm{d}t}$，可求得 ξ 在不同范围内的单位脉冲响应。

（1）欠阻尼（$0 < \xi < 1$）时

$$k(t) = \frac{\omega_\mathrm{n}}{\sqrt{1-\xi^2}} e^{-\xi\omega_\mathrm{n}t} \sin\omega_\mathrm{d}t \quad (t \geq 0) \tag{3-52}$$

（2）临界阻尼（$\xi = 1$）时

$$k(t) = \omega_\mathrm{n}^2 t e^{-\omega_\mathrm{n}t} \quad (t \geq 0) \tag{3-53}$$

（3）过阻尼（$\xi > 1$）时

$$k(t) = \frac{\omega_\mathrm{n}}{2\sqrt{\xi^2-1}} \left[e^{-(\xi-\sqrt{\xi^2-1})\omega_\mathrm{n}t} - e^{-(\xi+\sqrt{\xi^2-1})\omega_\mathrm{n}t} \right] \quad (t \geq 0) \tag{3-54}$$

五、改善二阶系统性能的措施

从改善典型二阶系统的响应特性可以知道，通过调整二阶系统的两个特性参数 ξ 和 ω_n 是很难同时满足各项性能指标的要求的。一个实际的物理系统，由于所使用元件的结构和参数往往都是固定的，很难改变。因此，工程上常在系统中加入一些附加环节，从而通过改变系统的结构来改善系统的性能。这也就是本书第六章要讨论的系统校正。在此仅介绍改善二阶系统性能常用的两种方法。

1. 引入输出量的速度负反馈控制

速度负反馈控制，就是输出量的导数反馈到系统输入端，系统的输出同时受到误差和输出微分的双重控制，如图 3-27 所示。

未加入速度负反馈（$\tau=0$）前，系统的开环传递函数为

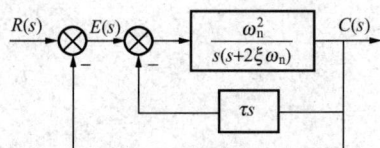

图 3-27 引入速度反馈的二阶系统

$$G_\mathrm{k}(s) = \frac{\omega_\mathrm{n}^2}{s(s+2\xi\omega_\mathrm{n})}$$

闭环传递函数为

$$G_\mathrm{B}(s) = \frac{\omega_\mathrm{n}^2}{s^2+2\xi\omega_\mathrm{n}s+\omega_\mathrm{n}^2}$$

加入速度负反馈（$\tau \neq 0$）后，系统的开环传递函数为

$$G_\mathrm{k}'(s) = \frac{C(s)}{R(s)} = \frac{\omega_\mathrm{n}^2}{s\left[s+2\left(\xi+\dfrac{\tau\omega_\mathrm{n}}{2}\right)\omega_\mathrm{n}\right]}$$

闭环传递函数为

$$G_\mathrm{B}'(s) = \frac{C(s)}{R(s)} = \frac{\omega_\mathrm{n}^2}{s^2+2\left(\xi+\dfrac{\tau\omega_\mathrm{n}}{2}\right)\omega_\mathrm{n}s+\omega_\mathrm{n}^2} \tag{3-55}$$

经比较可得：式（3-55）所示闭环传递函数仍具有典型二阶系统的结构特征。自然振荡角频率不变，但阻尼比增大，选择适当的 τ 值，就能得到满意的阻尼比。使系统的动态性

能得到改善。另由开环传递函数可知，系统的开环增益由未加速度反馈前的 $\frac{\omega_n}{2\xi}$ 降至

$\dfrac{\omega_n}{2\left(\xi + \dfrac{\tau\omega_n}{2}\right)}$ ，故会导致斜坡输入下的稳态误差增大。

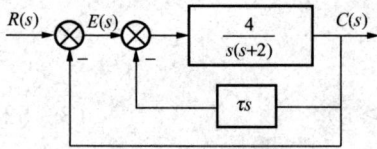

图 3 - 28　[例 3 - 18] 的系统
动态结构图

【例 3 - 18】 设系统如图 3 - 28 所示，试求：

(1) $\tau = 0$ 时，系统的性能指标 t_r，t_p，t_s，$\sigma\%$ 及单位斜坡输入下的稳态误差；

(2) 当 $\xi = 0.707$ 时，确定 τ 值及以上各项性能指标及单位斜坡输入下的稳态误差。

解： (1) $\tau = 0$，闭环传递函数为

$$\frac{C(s)}{R(s)} = \frac{4}{s^2 + 2s + 4}$$

$$\omega_n^2 = 4 \ \Rightarrow \ \omega_n = 2 \ \Rightarrow \ 2\xi\omega_n = 2 \ \Rightarrow \ \xi = 0.5, \ \beta = \frac{\pi}{3}$$

$$t_r = \frac{\pi - \beta}{\sqrt{1-\xi^2}\,\omega_n} \approx 1.21(s), \ t_p = \frac{\pi}{\sqrt{1-\xi^2}\,\omega_n} \approx 1.81(s)$$

$$\sigma\% = e^{-\frac{\xi\pi}{\sqrt{1-\xi^2}}} \times 100\% = 16.3\%$$

$$t_s = \begin{cases} \dfrac{3}{\xi\omega_n} = 3(s) & (\Delta = \pm 5\%) \\[2mm] \dfrac{4}{\xi\omega_n} = 4(s) & (\Delta = \pm 2\%) \end{cases}$$

单位斜坡输入时，有

$$e_{ss} = \frac{2\xi}{\omega_n} = \frac{1}{2}$$

(2) $\tau \neq 0$ 时，闭环传递函数为

$$\frac{C(s)}{R(s)} = \frac{4}{s^2 + 2(1+2\tau)s + 4}$$

$$\omega_n^2 = 4 \ \Rightarrow \ \omega_n = 2; \ \xi\omega_n = 1 + 2\tau \ \Rightarrow \ \xi = \frac{1+2\tau}{2} = 0.707 \ \Rightarrow \ \tau = 0.207$$

$$t_r = \frac{\pi - \beta}{\sqrt{1-\xi^2}\,\omega_n} \approx 1.66(s), \ t_p = \frac{\pi}{\sqrt{1-\xi^2}\,\omega_n} \approx 2.22(s)$$

$$t_s = \begin{cases} \dfrac{3}{\xi\omega_n} = 2.12(s)(\pm 5\%) \\[2mm] \dfrac{4}{\xi\omega_n} = 2.829(s)(\pm 2\%) \end{cases} \qquad \sigma\% = e^{-\frac{\xi\pi}{\sqrt{1-\xi^2}}} \times 100\% = 4.3\%$$

单位斜坡输入时，有

$$e_{ss} = \frac{2\xi}{\omega_n} = \frac{2 \times 0.707}{2} = 0.707$$

从以上计算可以看出，采用速度负反馈后改善了动态性能，超调量下降，但斜坡输入时的稳态精度却有所减小。

2. 引入误差信号的比例—微分控制

在二阶系统的前向通路中，串入比例—微分环节（$1+\tau s$），使系统输出受到误差及误差微分的双重控制，如图 3-29 所示。

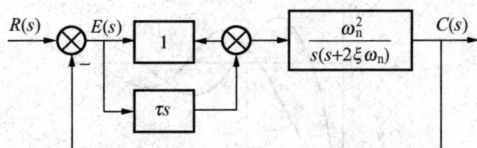

引入比例—微分控制后系统的开环传递函数为

图 3-29 引入比例—微分的二阶系统

$$G_k(s) = \frac{\omega_n^2(\tau s + 1)}{s(s + 2\xi\omega_n)} \tag{3-56}$$

闭环传递函数为

$$\frac{C(s)}{R(s)} = \frac{\omega_n^2(\tau s + 1)}{s^2 + 2\left(\xi + \dfrac{\tau\omega_n}{2}\right)\omega_n s + \omega_n^2} \tag{3-57}$$

与典型二阶系统比较可得：增大了一个零点，坐标为 $-\dfrac{1}{\tau}$，自然振荡角频率不变，但阻尼比增大。

具有零点的二阶系统，其闭环传递函数的典型形式为

$$G_B(s) = \frac{\omega_n^2(\tau s + 1)}{s^2 + 2\xi\omega_n s + \omega_n^2}$$

$$C(s) = G_B(s)R(s) = \frac{\omega_n^2(\tau s + 1)}{s^2 + 2\xi\omega_n s + \omega_n^2} \times \frac{1}{s}$$

$$c(t) = L^{-1}[C(s)] = L^{-1}\left(\frac{\omega_n^2}{s^2 + 2\xi\omega_n s + \omega_n^2} \times \frac{1}{s}\right)$$

$$+ L^{-1}\left(\frac{\omega_n^2 \tau s}{s^2 + 2\xi\omega_n s + \omega_n^2} \times \frac{1}{s}\right)$$

$$= c_{01}(t) + \tau \frac{dc_{01}(t)}{dt}$$

$$c(t) = \left[1 - \frac{1}{\sqrt{1-\xi^2}}e^{-\xi\omega_n t}\sin(\omega_d t + \beta)\right] + \frac{\tau\omega_n}{\sqrt{1-\xi^2}}e^{-\xi\omega_n t}\sin\omega_d t \quad (t \geqslant 0) \tag{3-58}$$

其响应包括两部分，第一部分 $c_1(t)$ 为典型二阶系统的单位阶跃响应，第二部分 $c_2(t)$ 为附加零点引起的微分项，如图 3-30 所示。由图 3-30 可知，附加零点的作用使上升时间缩短，明显地起到了加速作用。另外，还可以看出，微分时间 τ 会影响微分附加项幅值大小，造成超调量可能增加，所以，慎重选择 τ，既可以使系统加速，又不会使超调量变大。

有关具有零点的二阶系统的性能指标的计算，在这里不推导，只给出计算公式。设系统闭环零、极点在 s 平面上的分布如图 3-31 所示，则系统相应的性能指标为

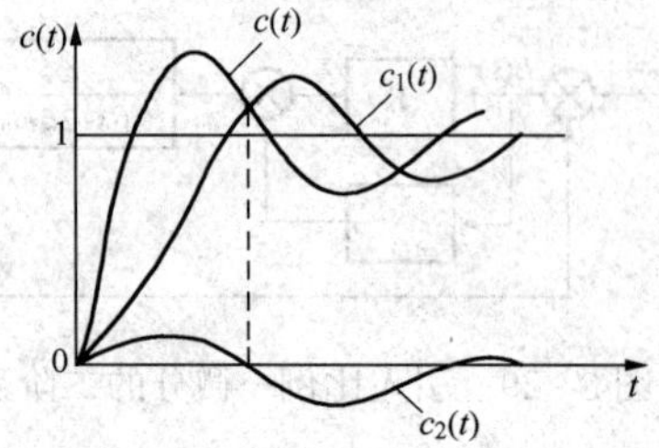

图 3-30 单位阶跃响应曲线

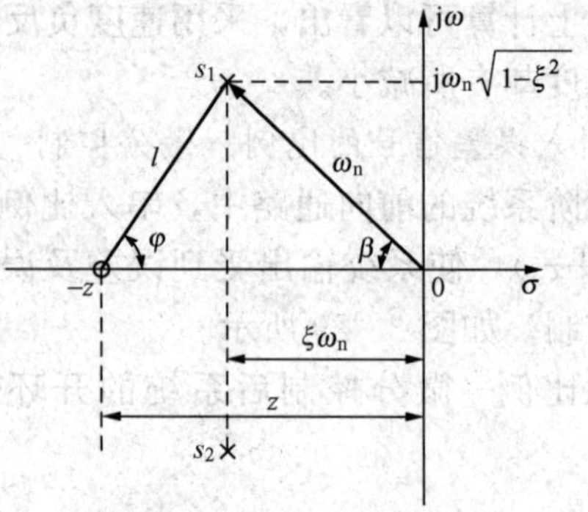

图 3-31 零、极点在 s 平面上的分布

$$
\left.
\begin{aligned}
t_r &= \frac{\pi - (\varphi + \beta)}{\omega_n \sqrt{1 - \xi^2}} \\
t_s(\Delta = 5\%) &= \left(3 + \ln \frac{l}{z}\right) \frac{1}{\xi \omega_n} \\
t_s(\Delta = 2\%) &= \left(4 + \ln \frac{l}{z}\right) \times \frac{1}{\xi \omega_n} \\
\delta\% &= \frac{l}{z} e^{-\frac{\xi(\pi - \varphi)}{\sqrt{1 - \xi^2}}} \times 100\%
\end{aligned}
\right\}
\tag{3-59}
$$

其中，有

$$
\varphi = \arctan \frac{\omega_n \sqrt{1 - \xi^2}}{z - \xi \omega_n}
$$

需要指出，由于微分装置对于噪声有放大作用，故当输入端噪声干扰较强时，一般不宜采用此方法。

第六节 高阶系统的近似分析

对于阶次高于二阶的系统，计算其时域响应并不是一件容易的事情。当然可以用计算机仿真计算其响应，进而分析系统的性能。关于控制系统的计算机仿真，将在本书第十章讨论。下面主要介绍对高阶系统进行近似简化的方法，以及附加零、极点的影响，从而定性地分析高阶系统的动态性能。

一、高阶系统的近似简化

高阶系统的闭环传递函数的一般形式可表示为

$$
G(s) = \frac{C(s)}{R(s)} = \frac{b_m s^m + b_{m-1} s^{m-1} + \cdots + b_1 s + b_0}{a_n s^n + a_{n-1} s^{n-1} + \cdots + a_1 s + a_0} \quad (n \geqslant m)
$$

表示成零、极点形式后，为

$$
G(s) = \frac{K \prod_{j=1}^{m} (s + z_j)}{\prod_{i=1}^{n} (s + p_i)}
\tag{3-60}
$$

式中 $-z_j (j=1, 2, \cdots, m)$ ——闭环传递函数的零点;

$\quad\quad -p_i (i=1, 2, \cdots, n)$ ——闭环传递函数的极点。

设系统是稳定的,且为了下面的讨论,假设全部的零、极点都互不相同,且均为单重的。则单位阶跃响应的拉氏变换为

$$C(s) = \frac{K \prod\limits_{i=1}^{m}(s+z_i)}{\prod\limits_{j=1}^{n}(s+p_j)} \times \frac{1}{s} = \frac{A_0}{s} + \sum_{i=1}^{n}\frac{A_i}{s+p_i} \quad\quad (3-61)$$

其中

$$A_0 = sC(s)|_{s=0}$$
$$A_i = (s+p_i)C(s)|_{s=-p_i} \quad\quad (3-62)$$

$$c(t) = A_0 + \sum_{i=1}^{n}A_i e^{-p_i t} \quad\quad (3-63)$$

实际上,当 $G(s)$ 中包含左半平面的共轭复数极点时,$c(t)$ 中则应包含相应的衰减项。下面讨论对高阶系统进行简化的两种情况。

1. 左半平面一对非常靠近的零点和极点可以相消

这里非常靠近的含义是指某零点和极点之间的距离比之它们与其他零、极点的距离起码小 5 倍以上。这对非常靠近的零极点称为偶极子。例如,假设系统的零点 $-z_k$ 与极点 $-p_k$ 相距很近,即 $|-p_k+z_k|$ 很小,根据式 (3-62) 可得

$$A_k = (s+p_k)C(s)|_{s=-p_k} = \left[(s+p_k)\frac{K\prod\limits_{i=1}^{m}(s+z_i)}{s\prod\limits_{j=1}^{n}(s+p_j)} \right]_{s=-p_k}$$

$$= \frac{K\prod\limits_{i=1}^{m}(-p_k+z_i)}{-p_k\prod\limits_{j=1}^{n}(-p_k+p_j)}$$

由于分子中包含因子 $(-p_k+z_k)$,而 $|-p_k+z_k|$ 又很小,因而 A_k 也必然很小,从而 $-p_k$ 所对应的输出分量也必然很小,该项可以忽略。在进行简化时,应将靠近的这一对零、极点同时取消,并同时保持系统的稳态放大倍数不变。具体地说,式 (3-60) 表示的 $G(s)$ 应近似为

$$G'(s) = \frac{Kz_r\prod\limits_{\substack{i=1\\i\neq r}}^{m}(s+z_i)}{p_k\prod\limits_{\substack{j=1\\j\neq k}}^{n}(s+p_j)} \quad\quad (3-64)$$

2. 左半平面距离虚轴很远的极点可以忽略

这里距离很远是指某极点到虚轴的距离起码是其他零、极点到虚轴距离的五倍以上。例如,假设系统的极点 $-p_k$ 距虚轴很远,即

$$|\mathrm{Re}(-p_k)| \gg |\mathrm{Re}(-p_i)|(i\neq k), \quad |\mathrm{Re}(-p_k)| \gg |\mathrm{Re}(-z_j)|$$

则有

$$A_k = \frac{K \prod\limits_{\substack{i=1 \\ i \neq r}}^{m}(-p_k + z_i)}{-p_k \prod\limits_{\substack{j=1 \\ j \neq k}}^{n}(-p_k + p_j)}$$

由于 $|\text{Re}(-p_k)|$ 很大，因此分子和分母的每一个因子的模都很大，而一般分母的阶次高于分母的阶次，所以最终 A_k 将很小，加之极点 $-p_k$ 具有很大的负实部，它所对应的输出分量迅速衰减，因此该极点可以忽略。系统降阶时应保持稳态放大倍数不变。也就是说式 (3-60) 表示的 $G(s)$ 应近似为

$$G'(s) = \frac{K \prod\limits_{i=1}^{m}(s + z_i)}{p_k \prod\limits_{\substack{j=1 \\ j \neq k}}^{n}(s + p_j)} \qquad (3-65)$$

经过上述处理后，系统阶次下降。另外若高阶系统中离虚轴最近的极点，其实部小于其他极点的实部的 1/5，并且附近没有零点，则可认为系统的响应主要由该极点决定，这样的极点称为主导极点。高阶系统的主导极点常常是一对共轭复数极点，若能找到一对共轭复数极点，那么高阶系统就可以近似当作二阶系统来分析。相应的性能指标就可以按二阶系统来近似估算。

【例 3-19】 已知闭环系统传递函数为

$$G(s) = \frac{C(s)}{R(s)} = \frac{15.36(s + 6.25)}{(s^2 + 2s + 2)(s + 6)(s + 8)}$$

试分析系统的动态响应性能。

解： 由闭环传递函数可以看出，该系统有一个零点 $-z = -6.25$，有四个极点：$-p_{1,2} = -1 \pm j$，$-p_3 = -6$，$-p_4 = -8$。其中 $-p_3$ 和 $-z$ 组成一对偶极子。这一对零极点可以抵消，抵消后，原来的 $G(s)$ 变为

$$G_1(s) = \frac{15.36 \times 6.25}{6} \frac{1}{(s^2 + 2s + 2)(s + 8)} = \frac{16}{(s^2 + 2s + 2)(s + 8)}$$

再考察 $G_1(s)$，$-p_4 = -8$，离虚轴的距离远大于 $-p_{1,2}$ 与虚轴的距离，因而可以忽略，可得

$$G_2(s) = \frac{16}{8} \frac{1}{(s^2 + 2s + 2)} = \frac{2}{s^2 + 2s + 2}$$

$G_2(s)$ 为典型的二阶系统。可以求得 $\omega_n = \sqrt{2}$，$\xi = 0.707$。它的主要动态性能为 $\sigma\% = 4.3\%$，$t_s = 3s(\Delta = 5\%)$，$t_r = 2.3s$。

二、附加零极点的影响

如果一个高阶系统不能用上述两个条件简化为典型的一阶或二阶系统，则可以在典型的低阶系统的基础上，考虑附加零极点的影响来定性分析高阶系统的动态性能。

1. 附加零点的影响

设二阶系统的闭环传递函数为

$$G(s) = \frac{\omega_n^2(\tau s + 1)}{s^2 + 2\xi\omega_n s + \omega_n^2} \qquad (3-66)$$

它是在典型的二阶系统的基础上增加了一个零点，在第五节已经分析过它的阶跃响应和典型二阶系统不同，其阶跃响应为

$$c(t) = c_1(t) + \tau \frac{\mathrm{d}c_1(t)}{\mathrm{d}t}$$

其中，$c_1(t)$ 是典型二阶系统的阶跃响应。

由图 3-30 可以看出，附加零点的影响是：

(1) 响应变快，上升时间 t_r 变小。

(2) 振荡加剧，超调量 $\sigma\%$ 变大。

其总的效果相当于使原来的典型二阶系统中阻尼比 ξ 变小。τ 越大，附加零点 $z = -1/\tau$ 越靠近原点，上述影响就越来越大。

2. 附加极点的影响

设二阶系统的闭环传递函数为

$$G(s) = \frac{\omega_\mathrm{n}^2}{(s^2 + 2\xi\omega_\mathrm{n}s + \omega_\mathrm{n}^2)(Ts + 1)} \tag{3-67}$$

它是在典型的二阶系统的基础上增加了一个极点，它也可以看成是典型二阶环节与一阶惯性环节串联，如图 3-32 所示，其中，$c_1(t)$ 是典型二阶系统的阶跃响应，$c(t)$ 则是 $c_1(t)$ 经过一阶惯性环节后的输出，图 3-33 表示了它们之间的关系，可见附加极点对系统的影响是：

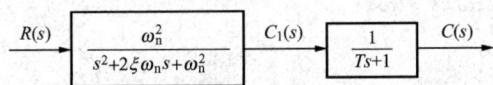

图 3-32 典型二阶环节与一阶惯性环节串联

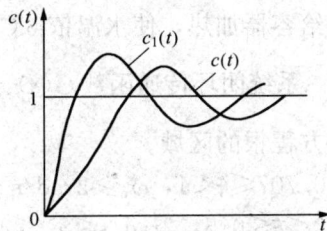

图 3-33 附加极点的影响

(1) 系统响应变慢，上升时间 t_r 增加。

(2) 振荡减弱，超调量 $\sigma\%$ 变小。

其总的效果相当于使原来典型二阶系统的阻尼比 ξ 变大。

以上讨论了高阶系统的时域分析方法，可以看出，只有一些特殊情况可以将高阶系统简化，一般情况需要在低阶系统的基础上考虑附加零极点的影响，这只能得到一些定性的结果。同时，为了对系统进行分析，必须首先计算出闭环的零极点，这也是一件很困难的事情，此外，上述分析方法也不便于研究系统参数变化对系统的影响。可见，对高阶系统的时域分析还存在一定的困难。下面介绍的根轨迹法和频域分析法在一定程度上可以解决这些问题。

习 题

3-1 某系统零初始条件下的阶跃响应为

$$c(t) = 1 - \mathrm{e}^{-2t} + \mathrm{e}^{-t} \qquad (t \geqslant 0)$$

试求系统的传递函数和脉冲响应。

3-2　已知二阶系统的单位阶跃响应曲线如图3-34所示，试确定系统的开环传递函数。设系统为单位负反馈。

3-3　已知系统的结构图如图3-35所示，试完成：

(1) 当 $k_d = 0$ 时，求系统的阻尼比 ξ，无阻尼振荡频率 ω_n 和单位斜坡输入时的稳态误差；

(2) 确定 k_d 以使 $\xi = 0.707$，并求此时当输入为单位斜坡函数时系统的稳态误差。

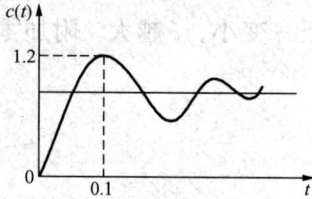

图 3-34　习题 3-2 图　　　　　图 3-35　习题 3-3 图

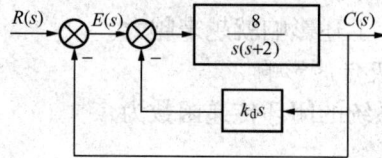

3-4　若温度计的特性用传递函数 $G(s) = \dfrac{1}{Ts+1}$ 描述，现用温度计测量盛在容器内的水温，发现需30s时间才能指出实际水温的95%的数值。试求：

(1) 把容器的水温加热到100℃，温度计的温度指示误差 e_{ss}；

(2) 给容器加热，使水温依 6℃/min 的速度线性变化时，温度计的稳态指示误差 e_{ss}。

3-5　系统闭环传递函数 $G(s) = \dfrac{\omega_n^2}{s^2 + 2\xi\omega_n s + \omega_n^2}$，试在 s 平面绘出满足下列要求的系统闭环特征方程根的区域。

(1) $0.707 \leqslant \xi < 1$，$\omega_n \geqslant 2 \text{rad/s}$

(2) $0 < \xi \leqslant 0.5$，$2 \text{rad/s} \leqslant \omega_n \leqslant 4 \text{rad/s}$

(3) $0.5 < \xi \leqslant 0.707$，$\omega_n \leqslant 2 \text{rad/s}$

3-6　单位负反馈系统的开环传递函数 $G(s) = \dfrac{4}{s(s+2)}$，试求：

(1) 系统的单位阶跃响应和单位斜坡响应；

(2) 峰值时间 t_p、调节时间 t_s 和超调量 $\sigma\%$。

3-7　系统方框图如图3-36所示，若系统的 $\sigma\% = 15\%$，$t_p = 0.8s$。试求：

(1) K_1、K_2 值；

(2) $r(t) = 1(t)$ 时，调节时间 t_s、上升时间 t_r。

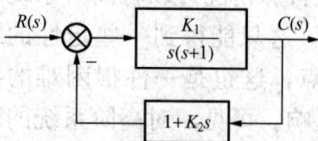

图 3-36　习题 3-7 图

3-8　已知闭环系统特征方程如下，试用劳斯判据判定系统的稳定性及根的分布情况。

(1) $s^3 + 20s^2 + 9s + 100 = 0$

(2) $s^3 + 20s^2 + 9s + 200 = 0$

(3) $s^4 + 2s^3 + 8s^2 + 4s + 3 = 0$

(4) $s^5 + 12s^4 + 44s^3 + 48s^2 + 5s + 1 = 0$

3-9　已知闭环系统特征方程如下：

(1) $s^4 + 20s^3 + 15s^2 + 2s + K = 0$

(2) $s^3 + (K+1)s^2 + Ks + 50 = 0$

试确定参数 K 的取值范围以使其确保闭环系统稳定。

3-10 具有速度负反馈的电动控制系统如图 3-37 所示，试确定系统稳定的 K_i 的取值范围。

3-11 已知系统的结构如图 3-38 所示，分别求该系统的静态位置误差系数、速度误差系数和加速度误差系数。当系统的输入分别为

(1) $1(t)$；(2) $t1(t)$；(3) $\frac{1}{2}t^2 1(t)$ 时，求每种情况下系统的稳态误差。

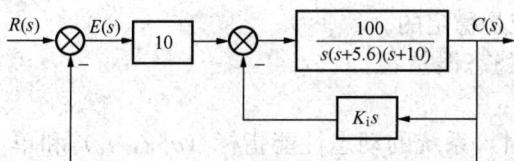

图 3-37 习题 3-10 图　　　　　图 3-38 习题 3-11 图

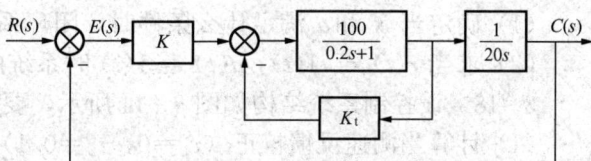

3-12 已知系统的结构如图 3-39 所示。

(1) 确定 K 和 K_t 满足闭环系统是稳定的条件；

(2) 求当 $r(t) = t1(t)$ 和 $n(t) = 0$ 时，系统的稳态误差 e_{ss}；

(3) 求当 $r(t) = 0$ 和 $n(t) = 1(t)$ 时，系统的稳态误差 e_{ss}。

3-13 若控制系统如图 3-40 所示，输入信号 $r(t)$ 和扰动信号 $n(t)$ 均为单位斜坡输入。试计算 $\tau=0$ 时的稳态误差 e_{ss}，并选择适当的 τ 使 $e_{ss}=0$（$e=r-c$）。

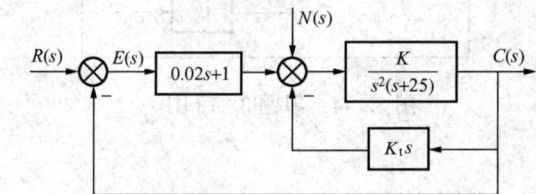

图 3-39 习题 3-12 图　　　　　图 3-40 习题 3-13 图

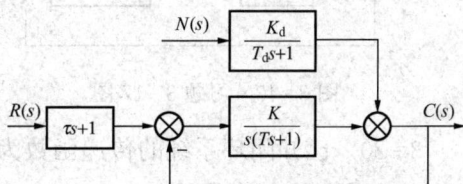

3-14 具有扰动输入的控制系统如图 3-41 所示，求当 $r(t) = n_1(t) = n_2(t) = 1(t)$ 时系统的稳态误差。

3-15 系统如图 3-42 所示，已知 $r(t) = 4+6t$，$n(t) = -1(t)$，试求：

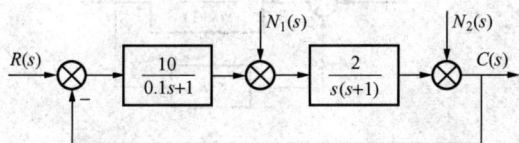

图 3-41 习题 3-14 图　　　　　图 3-42 习题 3-15 系统图

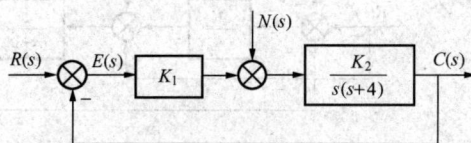

(1) 系统的稳态误差。

(2) 要想减小扰动 $n(t)$ 产生的误差，应提高哪一个比例系数？

(3) 若将积分因子移到扰动作用点之前，系统的稳态误差如何变化？

3-16　单位负反馈系统的开环传递函数为 $G(s) = \dfrac{K}{s(s+10)}$，若系统单位阶跃响应的超调量 $\sigma\% \leqslant 16.3\%$；若误差 $e(t) = r(t) - c(t)$，当输入 $r(t) = (10+t)1(t)$ 时其稳态误差 $e_{ss} \leqslant 0.1$。试求：

(1) K 值；

(2) 单位阶跃响应的调节时间 t_s；

(3) 当 $r(t) = (10+t+t_2)1(t)$ 时的稳态误差 e_{ss}。

3-17　已知系统结构如图 3-43 所示，试完成：

(1) 确定当 K 和 a 满足什么条件时，闭环系统是稳定的。

(2) 求当 $r(t) = t1(t)$，$n(t) = 1(t)$ 时系统的稳态误差 e_{ss}。

3-18　设控制系统结构如图 3-44 所示，要求：

(1) 计算当测速反馈校正（$\tau_1 = 0$，$\tau_2 = 0.1$）时，系统的动态性能指标（$\sigma\%$，t_s）和单位斜坡输入作用下的稳态误差 e_{ss}；

(2) 计算当比例—微分校正（$\tau_1 = 0.1$，$\tau_2 = 0$）时，系统的动态性能指标（$\sigma\%$，t_s）和单位斜坡输入作用下的稳态误差 e_{ss}。

3-19　已知系统结构如图 3-45 所示，试求当 $r(t) = 1+t$，$n(t) = 0.1\sin 100t$ 同时作用下的稳态误差（$e = r - c$）。

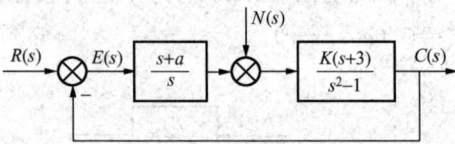

图 3-43　习题 3-17 图

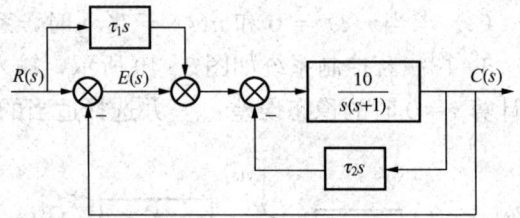

图 3-44　习题 3-18 图

3-20　已知闭环系统的传递函数为

$$G(s) = \frac{1301(s+4.9)}{(s^2+5s+25)(s+5.1)(s+50)}$$

近似分析系统的动态响应性能指标超调量 $\sigma\%$ 和调节时间 t_s。

3-21　如图 3-46 所示系统，要求 $\sigma\% \leqslant 16.32\%$，$t_p \leqslant \pi$（s），求 k 的取值范围。

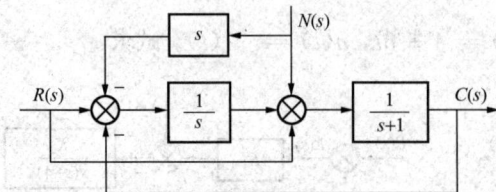

图 3-45　习题 3-19 图

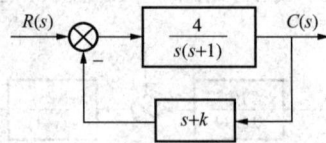

图 3-46　习题 3-21 图

参 考 答 案

3-1　单位脉冲响应

$$g(t) = L^{-1}[G(s)] = \delta(t) - e^{-t} + 2e^{-2t} \quad (t \geqslant 0)$$

3 - 7 $K_1 = 21$ $K_2 = 0.18$

3 - 8 (1) 系统稳定，该系统三个特征根均位于 s 的左半平面；（2）系统不稳定；
(3) 系统稳定；（4）系统稳定。

3 - 9 (1) $0 < K < 1.49$；（2）$K > 6.59$。

3 - 10 $K_i > 0.081$

3 - 16 (1) $K \leqslant 100$；（2）$t_s = \dfrac{3}{\xi\omega_n} = 0.6$（s）$(\Delta = 5\%)$，$t_s = \dfrac{4}{\xi\omega_n} = 0.8$（s）$(\Delta = 2\%)$；
(3) $e_{ss} = \infty$。

3 - 20 $\begin{cases} \xi = 0.5 \\ \omega_n = 5 \end{cases} \Rightarrow \begin{cases} \sigma\% \approx 16.3\% \\ t_s \approx 1.2 \text{（s）} (\Delta = 5\%) \end{cases}$

第四章 根 轨 迹 法

通过前面的分析知道,控制系统的稳定性是由系统的闭环极点唯一确定的,而控制系统的动态性能则是由该系统的闭环零、极点所决定。因此,可以根据闭环的零、极点间接地研究控制系统的性能。一般来说,闭环零点容易确定,闭环极点的确定却比较困难,往往会涉及高次代数方程的求解问题。当特征方程的阶次高于三阶时,求根问题非常复杂,而且还很难看出系统参数的改变对闭环系统性能的影响。

1948 年,伊文思(W. R. Evans)提出了一种直接由系统开环零、极点的分布确定系统闭环极点的图解方法,称为根轨迹法。它是在已知开环零、极点分布的基础上,研究某些参数变化时系统闭环极点的变化规律,从而分析参数变化对系统性能的影响。另外,利用这一方法,还可确定系统应有的结构和参数,也可用于校正装置的综合。根轨迹法是一种简便的图解方法,在控制工程中得到了广泛的应用。

第一节 根轨迹的基本概念

一、根轨迹的概念

我们结合图 4-1 所示的单位负反馈二阶系统来说明根轨迹的基本概念。

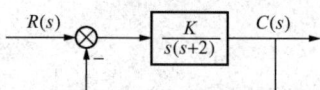

图 4-1 二阶系统的动态结构图

系统的开环传递函数为

$$G_k(s) = \frac{K}{s(s+2)}$$

闭环传递函数为

$$G_B(s) = \frac{K}{s^2 + 2s + K}$$

闭环特征方程为

$$s^2 + 2s + K = 0$$

用解析法可求得两个根为

$$s_{1,2} = -1 \pm \sqrt{1-K}$$

下面主要研究一下开环增益 K 与闭环特征根的关系,K 取不同值时的闭环特征根见表 4-1。

表 4-1 K 取不同值时的闭环特征根

K	0	0.5	0.75	1	2	5	…	∞
s_1	0	-0.293	-0.5	-1	$-1+j$	$-1+2j$	…	$-1+j\infty$
s_2	-2	-1.707	-1.5	-1	$-1-j$	$-1-2j$	…	$-1-j\infty$

当 K 在由 0→∞ 变化时,闭环极点是连续变化的,可以把 K 与 s_1、s_2 的关系在 s 平面上

画出来，如图 4-2 所示。图 4-2 中，箭头方向表示 K 增加的方向，开环极点用"×"表示，开环零点用"〇"表示，粗实线即为开环增益 K 变化时闭环极点的轨迹，即根轨迹。

综上所述，所谓根轨迹就是系统中某一参数变化时，其闭环特征根在复平面上运动的轨迹。

二、根轨迹与系统性能

使用根轨迹可以对系统的控制性能进行分析。

（1）稳定性。从图 4-2 可以看出，当 K 由 $0 \rightarrow +\infty$ 变化时，根轨迹均在 s 平面的左半面，因此该系统对所有的 K 值都是稳定的，这一结论与劳斯判据是一样的。如果分析高阶系统的根轨迹图，则根轨迹有可能越过虚轴进入右半平面，此时根轨迹与虚轴交点处的 K 值，就是临界开环增益。

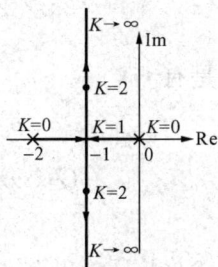

图 4-2　二阶系统的根轨迹

（2）稳态性能。图 4-1 所示的系统是Ⅰ型系统，其静态速度误差系数为 $k_v = K/2$，如果给定了系统的稳态误差要求，则由根轨迹图可以确定出闭环极点位置的容许范围。例如：当 $r(t) = t$ 时，要求稳态误差 $e_{ss} \leqslant 0.5$，那么只有 $K \geqslant 4$ 对应的根轨迹区域闭环极点才满足要求。

（3）动态性能。由图 4-2 可知，当 $0 < K < 1$ 时，所有闭环极点均在实轴上，系统为过阻尼状态，阶跃响应为非周期过程；$K = 1$ 时，闭环两个极点重合，系统为临界阻尼状态，阶跃响应仍为非周期过程，但响应速度要快；当 $K > 1$ 时，闭环极点为共轭复数极点，系统为欠阻尼状态，阶跃响应为衰减振荡过程，且超调量将随 K 值的增大而加大，但调节时间基本不变。

上述分析表明，根轨迹与系统性能之间有着密切的关系，然而，对于高阶系统，用解析的方法绘制系统的根轨迹图，很显然是不适用的。因此，在实际中常用图解的方法绘制根轨迹。

第二节　绘制根轨迹的依据

以上对根轨迹有了初步的了解，下面介绍图解法绘制根轨迹的依据。

一、系统闭环零、极点与开环零、极点的关系

控制系统的一般结构如图 4-3 所示，其闭环传递函数为

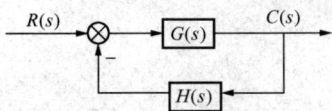

$$G_B(s) = \frac{G(s)}{1 + G(s)H(s)} \tag{4-1}$$

式中　$G(s)H(s)$——开环传递函数。

一般情况下，前向通路传递函数 $G(s)$ 和反馈通路传递函数 $H(s)$ 可分别写成

图 4-3　系统结构图

$$G(s) = \frac{K_q \prod\limits_{i=1}^{a}(s+z_i)}{\prod\limits_{j=1}^{b}(s+p_j)} \tag{4-2}$$

$$H(s) = \frac{K_f \prod\limits_{i=1}^{c}(s+z_i')}{\prod\limits_{j=1}^{d}(s+p_j')} \tag{4-3}$$

$$G(s)H(s) = \frac{K_q K_f \prod\limits_{i=1}^{a}(s+z_i)\prod\limits_{i=1}^{c}(s+z_i')}{\prod\limits_{j=1}^{b}(s+p_j)\prod\limits_{j=1}^{d}(s+p_j')} \qquad (4\text{-}4)$$

于是有

$$G_B(s) = \frac{K_q \prod\limits_{i=1}^{a}(s+z_i)\prod\limits_{j=1}^{d}(s+p_j')}{\prod\limits_{j=1}^{b}(s+p_j)\prod\limits_{j=1}^{d}(s+p_j') + K_q K_f \prod\limits_{i=1}^{a}(s+z_i)\prod\limits_{i=1}^{c}(s+z_i')} \qquad (4\text{-}5)$$

由式（4-4）和式（4-5）可以看出：

（1）闭环零点是前向通路的零点和反馈通路的极点构成的，对于单位反馈系统，闭环零点就是开环零点。

（2）闭环极点与开环零、极点以及开环增益 K 均有关，若 K 变化，闭环极点也相应发生变化。

（3）开环零、极点非常容易得到，因而闭环零点也不难确定，而闭环极点却不易求出。

二、根轨迹方程

闭环系统的特征方程为

$$1 + G(s)H(s) = 0 \qquad (4\text{-}6)$$

绘制根轨迹实质上就是求解特征方程根的过程，因此根轨迹上的点应满足特征方程，故根轨迹方程为

$$G(s)H(s) = -1 \qquad (4\text{-}7)$$

根轨迹方程实际上是特征方程的一种演变形式，其目的是推导出绘制根轨迹的法则。

若有

$$G(s)H(s) = \frac{K\prod\limits_{i=1}^{m}(\tau_i s+1)}{\prod\limits_{j=1}^{n}(T_j s+1)} \qquad (4\text{-}8)$$

式中　K——系统的开环放大系数；

　　τ_i——分子中的时间常数；

　　T_j——分母中的时间常数。

式（4-8）也可化成如下形式，即

$$G(s)H(s) = \frac{K_g \prod\limits_{i=1}^{m}(s+z_i)}{\prod\limits_{j=1}^{n}(s+p_j)}, \quad K_g = \frac{K\prod\limits_{i=1}^{m}\tau_i}{\prod\limits_{j=1}^{n}T_j} \qquad (4\text{-}9)$$

式中　K_g——根轨迹的开环放大系数，又叫根轨迹增益；

　　$-z_i$——系统的开环零点；

　　$-p_j$——系统的开环极点。

式（4-9）为绘制根轨迹的标准开环传递函数形式。通常把开环增益 K 由 $0 \to +\infty$ 变化

的闭环根轨迹叫做一般根轨迹，除了 K 以外其他参数（例如某一开环零点或极点）变化时的闭环根轨迹叫做参量根轨迹。

把式（4-9）代入到式（4-7）中，得

$$\frac{\prod\limits_{i=1}^{m}(s+z_i)}{\prod\limits_{j=1}^{n}(s+p_j)} = -\frac{1}{K_g} \tag{4-10}$$

根据等式两边幅值和相角分别相等的条件，由式（4-10）可以得到绘制根轨迹的两个基本条件，即

幅值条件为

$$\frac{\prod\limits_{i=1}^{m}|s+z_i|}{\prod\limits_{j=1}^{n}|s+p_j|} = \frac{1}{K_g} \tag{4-11}$$

相角条件为

$$\sum_{i=1}^{m}\angle(s+z_i) - \sum_{j=1}^{n}\angle(s+p_j) = (2k+1)\pi \quad (k=0,\pm1,\pm2,\cdots) \tag{4-12}$$

从式（4-11）和式（4-12）可以看出，幅值条件与 K_g 有关，相角条件与 K_g 无关。因此，把满足相角条件的 s 值代入到幅值条件中，总可以求出一个对应的 K_g 值。这表明，如果 s 值满足相角条件，则必定满足幅值条件。因此，绘制根轨迹只需满足相角条件就够了，相角条件是决定根轨迹的充分必要条件，幅值条件主要用来确定根轨迹各点对应的放大系数 K_g 值，并进而得到开环放大系数 K 值。

根据相角条件，用试探法便可以绘制根轨迹图。其过程是，首先将系统开环零、极点画在 s 平面上，应注意的是，根轨迹是一种图解法，有不少数值要从图中直接得到，所以 s 平面上虚轴和实轴的坐标应取一致。然后在 s 平面上选一点 s_d 作为试探点，如果开环零、极点到 s_d 组成的矢量（见图 4-4）满足相角条件，则该点为根轨迹上的点，否则不是。经过多次选点试探，找到属于根轨迹上的若干个点后，用曲线平滑地连接这些点，即可得到 K_g 变化时的根轨迹。

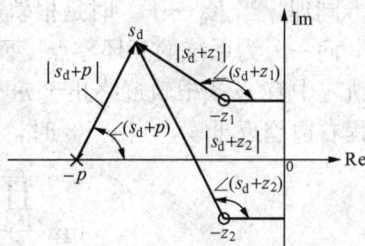

图 4-4 开环零、极点到 s_d 组成的矢量

很显然，用试探法绘制是十分费时的，也不可能遍历 s 平面上的所有点。因而工程上普遍使用的方法是，在根轨迹方程的基础上推导出一些基本规则，根据这些规则，就可以绘制出根轨迹草图。如果需要，则再使用试探法对这个草图进行修正，最终得到较为准确的根轨迹。

第三节 绘制一般根轨迹的基本法则

系统开环增益 K 由 $0 \to +\infty$ 变化时的根轨迹称为一般根轨迹，以下讨论一般根轨迹的绘制法则。对于系统中其他参量变化时的根轨迹，经过对特征方程的适当变换一般仍可以适用。

一、根轨迹的分支数

根轨迹的分支数等于开环极点数,即特征方程的阶次 $n(n \geqslant m)$。

根轨迹的每一条分支表示 K_g 变化时闭环极点在 s 平面上的运动轨迹,所以有几个闭环极点就应有几条分支。另外在一般系统中,若 $n \geqslant m$,则闭环极点数等于开环极点数,所以根轨迹的分支数就等于开环极点数。

二、根轨迹的连续性和对称性

根轨迹的各分支是连续的且对称于实轴。

因为闭环系统特征方程中的所有根是 K_g 的函数,并且当 K_g 由 $0 \rightarrow +\infty$ 连续变化时,特征式的系数也随之连续变化,因而特征方程根的变化也必然是连续的,故根轨迹具有连续性。

又因为闭环系统特征方程的系数都是实数,故特征方程的根只能为实数或共轭复数,实数必位于实轴上,复数则一定共轭成对出现,所以根轨迹必对称于实轴。

三、根轨迹的起点和终点

根轨迹起始于开环极点,终止于开环零点。如果开环零点数 m 小于开环极点数 n,则有 $n-m$ 条根轨迹终止于无穷远处。

证明:根据根轨迹方程式(4 - 10),有

$$\frac{\prod\limits_{i=1}^{m}(s+z_i)}{\prod\limits_{j=1}^{n}(s+p_j)} = -\frac{1}{K_g}$$

当 $K_g = 0$ 时是根轨迹的起点,为使式(4 - 10)成立,必有 $s = -p_j(j = 1, 2, \cdots, n)$,而 $-p_j$ 为系统开环极点,故根轨迹起始于系统的 n 个开环极点。

同理,当 $K_g \rightarrow +\infty$ 时是根轨迹的终点,为使式(4 - 10)成立,必有 $s = -z_i(i = 1, 2, \cdots, m)$,而 $-z_i$ 为系统的开环零点。而一般情况下,$n > m$,n 阶系统只有 m 个有限零点。所以 n 条根轨迹中有 m 条根轨迹终止于 m 个有限零点,还剩下 $n-m$ 条根轨迹。又因为当 $K_g \rightarrow +\infty$ 时,方程右边趋近于零,当 $s \rightarrow \infty$ 时,方程左边有

$$\lim_{s \to \infty} \frac{\prod\limits_{i=1}^{m}(s+z_i)}{\prod\limits_{j=1}^{n}(s+p_j)} = \lim_{s \to \infty} \frac{s^m}{s^n} = \lim_{s \to \infty} \frac{1}{s^{n-m}} = 0 \qquad (4 - 13)$$

故其余 $n-m$ 条根轨迹终止于无穷远处,把这些点称为无穷大零点或无限零点。

四、根轨迹的渐近线

由法则三可知,当 $n > m$ 时,有 $n-m$ 条根轨迹随着 $K_g \rightarrow +\infty$ 而趋向于无穷远处,这些趋向无穷远处的根轨迹,将随着 K_g 的无限增大而接近于 $n-m$ 条直线,这些直线称为根轨迹的渐近线。渐近线的位置可由以下两个参数确定,即渐近线与实轴交点的坐标为

$$-\delta_a = \frac{\sum\limits_{j=1}^{n} -p_j - \sum\limits_{i=1}^{m} -z_i}{n-m} \qquad (4 - 14)$$

渐近线与实轴正方向的夹角(或称渐近线的倾角)为

$$\theta = \frac{(2l+1)\pi}{n-m} \qquad (4 - 15)$$

其中，$l=0，\pm1，\pm2，\cdots$，直到获得 $n-m$ 个夹角为止。

此性质的证明过程从略。

【例 4-1】 已知控制系统的开环传递函数为

$$G_k(s) = \frac{K(s+1)}{s(s+2)(s^2+2s+2)}$$

试确定根轨迹的分支数、起点、终点，若终点在无穷远处，试确定渐近线的倾角以及与实轴的交点坐标。

解： 由于 $n=4$，所以有四条根轨迹。起点分别为 $-p_1=0$，$-p_2=-2$，$-p_{3,4}=-1\pm j$，$m=1$。有一条根轨迹终止于 $-z_1=-1$，其余三条终止于无穷远处，三条渐近线与实轴交于一点，交点坐标为

$$-\delta_a = \frac{0-2-1-j-1+j-(-1)}{4-1} = -1$$

渐近线倾角为

$$\theta = \frac{(2l+1)\pi}{4-1} = \frac{(2l+1)\pi}{3}$$

$$\left(l=0, \theta=\frac{\pi}{3}; l=1, \theta=\pi; l=-1, \theta=-\frac{\pi}{3}\right)$$

渐近线如图 4-5 所示。

五、实轴上的根轨迹

实轴上某一区域，若其右侧的开环实数零、极点个数之和为奇数，则该区域必是根轨迹。

这一结论可由相角条件证明。现举例说明，若某系统开环零、极点分布如图 4-6 所示。在实轴上选取一实验点 s_1，一对开环复数零点和一对开环复数极点分别与 s_1 的相量对称于实轴，其相角等值反号，在相角方程中互相抵消，故实轴上的根轨迹和共轭复数零、极点无关。再看实轴上零、极点对 s_1 的影响，位于 s_1 点左边的开环零、极点引向 s_1 点的相量相角为零，s_1 右边的开环零、极点构成的相角均为 π，根据相角条件，根轨迹与开环零、极点构成的相量的相角总和应为 $(2K+1)\pi$，即奇数个 π 角。因此，实轴上根轨迹区段的右侧，其开环实数零、极点个数之和应为奇数。

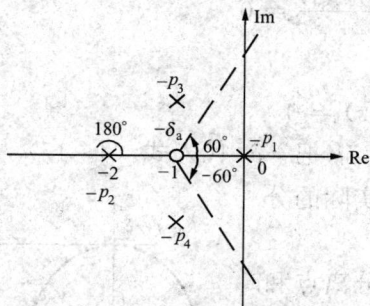

图 4-5 渐近线

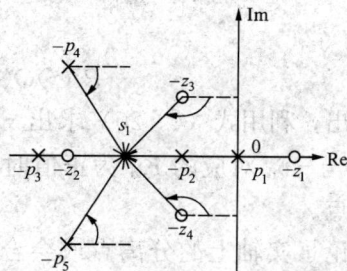

图 4-6 系统开环零、极点的分布

六、根轨迹的分离点和会合点

两条或两条以上的根轨迹在复平面上的某一点相遇后又分开，称该点为分离点或会合

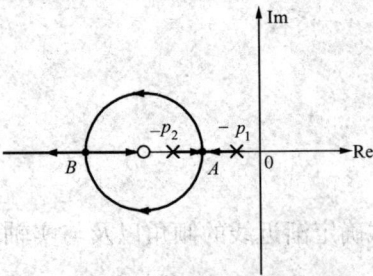

图 4-7 分离点和会合点

点。如图 4-7 所示为某系统的根轨迹图，由开环极点 $-p_1$ 和 $-p_2$ 出发的两条根轨迹，随 K_g 的增大在实轴上 A 点相遇后即分离进入复平面，随着 K_g 的继续增大，两条根轨迹又在实轴上的 B 点相遇并分别沿实轴的左、右两方运动，最终一条根轨迹终止于开环零点，另一条根轨迹终止于无穷远处。根轨迹与实轴有两个交点 A 和 B，分别称为根轨迹在实轴上的分离点和会合点。

1. 实轴上分离点和会合点的判别

若实轴上相邻开环极点之间是根轨迹，则相邻开环极点之间必有分离点；若实轴上相邻开环零点（其中一个可为无穷大零点）之间是根轨迹，则相邻开环零点之间必有会合点；如果实轴上的根轨迹在开环零点与开环极点之间，它们中若有分离点、会合点，则一定成对出现。即有一个分离点，也一定会有一个会合点，也有可能既无分离点，也无会合点。

2. 分离点和会合点的计算

无论是分离点还是会合点，都表示当 $K_g = K_d$ 时，特征方程会出现重根，只要找到这些重根，就可以确定分离点和会合点的位置。

假设系统的开环传递函数为

$$G_k(s) = K_g \frac{\prod_{i=1}^{m}(s + z_i)}{\prod_{j=1}^{n}(s + p_j)} = \frac{K_g P(s)}{Q(s)} \tag{4-16}$$

则闭环特征方程为

$$D(s) = K_g P(s) + Q(s) = 0 \tag{4-17}$$

利用 $\dfrac{\mathrm{d}K_g}{\mathrm{d}s} = 0$ 来计算分离点或会合点。由式（4-17）得

$$K_g = -\frac{Q(s)}{P(s)} \tag{4-18}$$

则

$$\frac{\mathrm{d}K_g}{\mathrm{d}s} = \frac{P'(s)Q(s) - Q'(s)P(s)}{P^2(s)} = 0 \tag{4-19}$$

即

$$P'(s)Q(s) - Q'(s)P(s) = 0 \tag{4-20}$$

应当指出，利用式（4-20）求出 $s = -\delta_d$ 之后，需把 $-\delta_d$ 代入式（4-17）中来计算 K_d。只有当与 $-\delta_d$ 对应的 K_d 为正值时，$-\delta_d$ 才是实际的分离点或会合点。

上面讨论了实轴上的分离点或会合点，其实，分离点和会合点也可能位于复平面上，图 4-8 所示为图解法求重根。显然，式（4-20）也适用于计算复数的分离点或会合点。

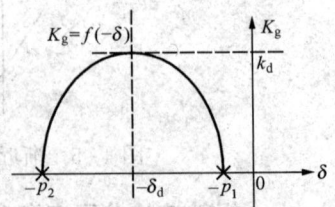

图 4-8 图解法求重根

3. 实轴上的分离角

在分离点和会合点处，根轨迹的切线和实轴正方向的夹

角称为分离角，分离角 θ_d 与相分离的根轨迹的分支数 l 有关，即 $\theta_d = \dfrac{180°}{l}$（证明从略）。例如，实轴上两条根轨迹的分离角为 $\pm 90°$。

【例 4 - 2】 单位负反馈系统的开环传递函数为

$$G_k(s) = \frac{K_g(s+3)}{(s+1)(s+2)}$$

试确定实轴上的分离点和会合点的位置。

解： 由法则五可知，实轴上根轨迹位于 $[-1, -2]$ 和 $(-\infty, -3)$ 区间。由 $G_k(s)$ 可得

$$P(s) = s + 3$$

$$Q(s) = (s+1)(s+2) = s^2 + 3s + 2$$

由式（4 - 20）得

$$(s^2 + 3s + 2) - (2s + 3)(s + 3) = 0$$

化简整理得

$$s^2 + 6s + 7 = 0$$

所以有

$$s_{1,2} = -3 \pm \sqrt{2} = -1.586, \; -4.414$$

显然，在区间 $[-1, -2]$，根轨迹有分离点 $-\delta_{d1} = -1.586$，在区间 $(-\infty, -3]$，根轨迹有会合点 $-\delta_{d2} = -4.414$。

将 δ_{d1} 和 δ_{d2} 代入幅值条件计算式，可得相应的根轨迹增益 $K_{d1} = 0.172$，$K_{d2} = 5.828$，均大于零。

七、根轨迹的出射角和入射角

当开环系统的零、极点位于复平面上时，在开环极点根轨迹起点处的切线与水平线正方向的夹角称为出射角，如图 4 - 9 所示的 θ_{-p1} 角。同理在开环零点根轨迹终点处的切线与水平线正方向的夹角称为入射角，如图 4 - 10 所示的 θ_{-z_1} 角。

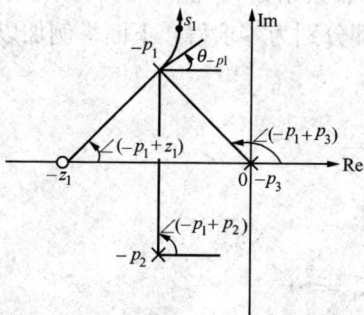

图 4 - 9 根轨迹的出射角

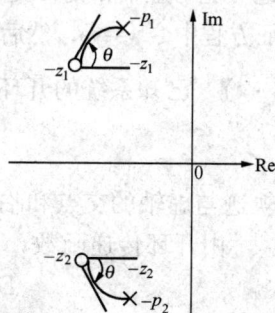

图 4 - 10 根轨迹的入射角

下面以图 4 - 9 所示的开环零、极点分布为例，说明出射角的求取方法。

在图 4 - 9 所示的根轨迹上，靠近起点 $-p_1$ 取点 s_1，s_1 即是根轨迹上的点，根据相角方程，即

$$\angle(s_1 + z_1) - \angle(s_1 + p_1) - \angle(s_1 + p_2) - \angle(s_1 + p_3) = \pm 180°$$

当 s_1 无限靠近 $-p_1$ 时，各开环零、极点引向 s_1 的相量，就可以等效成各开环零、极点引向 $-p_1$ 的相量，这时 $\angle(s_1+p_1)$ 即为出射角 θ_{-p_1}，即

$$\theta_{-p_1}=\pm180°+\angle(-p_1+z_1)-\angle(-p_1+p_2)-\angle(-p_1+p_3)$$

将上述分析推广，则一般情况下出射角的计算公式为

$$\theta_{-p_a}=\pm180°+\sum_{i=1}^m\angle(-p_a+z_i)-\sum_{\substack{j=1\\j\neq a}}^n\angle(-p_a+p_j) \qquad (4-21)$$

同理可得一般情况下开环零点处的根轨迹入射角公式为

$$\theta_{-z_b}=\pm180°+\sum_{i=1}^n\angle(-z_b+p_i)-\sum_{\substack{j=1\\j\neq b}}^m\angle(-z_b+z_j) \qquad (4-22)$$

【例 4-3】 设单位负反馈系统的开环传递函数为

$$G_k(s)=\frac{K_g(s+2)}{s(s+3)(s^2+2s+2)}$$

试求根轨迹离开复数极点处的出射角。

解： 开环传递函数零、极点的分布如图 4-11 所示。利用式（4-21）可得

$$\begin{aligned}
\theta_{-p_1}&=180°+\angle(-p_1+z_1)\\
&\quad-[\angle(-p_1+p_2)+\angle(-p_1+p_3)\\
&\quad+\angle(-p_1+p_4)]\\
&=180°+45°-(90°+135°+26.6°)\\
&=180°-26.6°-180°\\
&=-26.6°
\end{aligned}$$

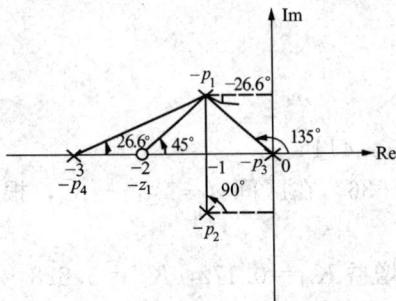

图 4-11　[例 4-3] 系统的出射角

由根轨迹的对称性可得

$$\theta_{-p_2}=26.6°$$

八、根轨迹与虚轴的交点

根轨迹可能与虚轴相交，交点坐标 ω 及相对应的临界放大系数 K_l 值，可由劳斯判据求得，也可在特征方程中令 $s=j\omega$，然后使特征方程的实部和虚部分别为零求得，下面举例加以介绍。

【例 4-4】 已知系统的开环传递函数为

$$G_k(s)=\frac{K_g}{s(s+1)(s+2)}$$

求根轨迹与虚轴的交点和临界放大系数 K_l 值。

解1： 由开环传递函数，可得闭环特征方程为

$$D(s)=s^3+3s^2+2s+K_g=0$$

假设 $K_g=K_l$ 时根轨迹与虚轴相交，于是令 $s=j\omega$ 时，有 $K_g=K_l$，代入上式，则得

$$D(j\omega)=K_l-3\omega^2+j(2\omega-\omega^3)=0$$

即

$$K_l-3\omega^2=0$$

同时

$$2\omega-\omega^3=0$$

于是可得 $\omega=\pm\sqrt2$，$\omega=0$ 是根轨迹的起点，故根轨迹与虚轴的交点为 $\omega=\pm\sqrt2$，此时 $K_l=6$。所以，当 $K_g=6$ 时，根轨迹与虚轴相交，交点为 $\pm\sqrt2 j$。

解 2:　利用劳斯判据求解。

系统的闭环特征方程为

$$D(s) = s^3 + 3s^2 + 2s + K_g = 0$$

其劳斯表为

$$
\begin{array}{ccc}
s^3 & 1 & 2 \\
s^2 & 3 & K_g \\
s^1 & 2 - \dfrac{K_g}{3} & \\
s^0 & K_g &
\end{array}
$$

若令劳斯表中 s^1 行等于零，则临界放大系数 $K_g = K_l = 6$。根轨迹与虚轴的交点可根据 s^2 行的辅助方程求得，即 $3s^2 + K_l = 0$。解得，$s_{1,2} = \pm\sqrt{2}\text{j}$ 即为与虚轴的交点。

九、闭环极点之和与闭环极点之积

设系统的开环传递函数为

$$G_k(s) = \frac{K_g \prod\limits_{i=1}^{m}(s+z_i)}{\prod\limits_{j=1}^{n}(s+p_j)} = \frac{K_g(s^m + b_{m-1}s^{m-1} + \cdots + b_1 s + b_0)}{s^n + a_{n-1}s^{n-1} + \cdots + a_1 s + a_0} \qquad (4\text{-}23)$$

其中有

$$b_{m-1} = z_1 + z_2 + \cdots + z_m = \sum_{i=1}^{m} z_i$$

$$b_0 = z_1 z_2 \cdots z_m = \prod_{i=1}^{m} z_i$$

$$a_{n-1} = p_1 + p_2 + \cdots + p_n = \sum_{j=1}^{n} p_j$$

$$a_0 = p_1 p_2 \cdots p_n = \prod_{j=1}^{n} p_j$$

系统的闭环特征方程为

$$D(s) = s^n + a_{n-1}s^{n-1} + \cdots + a_1 s + a_0 + k(s^m + b_{m-1}s^{m-1} + \cdots + b_1 s + b_0) = 0 \quad (4\text{-}24)$$

设系统的闭环极点为 $-s_1, -s_2, \cdots, -s_n$，则闭环特征方程为

$$D(s) = (s+s_1)(s+s_2)\cdots(s+s_n) = s^n + (s_1 + s_2 + \cdots + s_n)s^{n-1} + \cdots + s_1 s_2 \cdots s_n$$

将上式和式 (4-24) 比较，可得出如下结论。

(1) 当 $n-m \geqslant 2$ 时，闭环极点之和等于开环极点之和且为常数，即

$$\sum_{j=1}^{n} s_j = \sum_{j=1}^{n} p_j = a_{n-1} \qquad (4\text{-}25)$$

式 (4-25) 表明，随着 K_g 的增加（或减小），一些闭环极点在复平面上向右移动，另一些闭环极点必向左移动，以保证闭环极点之和不变。这对判断根轨迹的走向是十分有利的。

(2) 闭环极点之积和开环零、极点具有如下关系，即

$$\prod_{j=1}^{n} s_j = \prod_{j=1}^{n} p_j + K_g \prod_{i=1}^{m} z_i \qquad (4\text{-}26)$$

当开环系统具有等于零的极点时(即 $a_0=0$),则有

$$\prod_{j=1}^{n} s_j = K_g \prod_{i=1}^{m} z_i \qquad (4-27)$$

即闭环极点之积与根轨迹的增益成正比。

对应于某一 K_g 值,若已求得闭环系统某些极点,则利用上述结论可求出其他极点。

综上所述,在给出开环零、极点的情况下,利用以上性质可以迅速地确定根轨迹的大致形状。为了准确地绘出系统的根轨迹,可根据相角条件并利用试探法确定若干点。一般来说,靠近虚轴和原点附近的根轨迹是比较重要的,所以应尽可能精确绘制。

第四节 控制系统根轨迹的绘制举例

本节将通过以下的例题进一步说明第三节所述规则的应用。

【例 4-5】 已知负反馈系统的开环传递函数为

$$G_k(s) = \frac{K(s+3)}{(s+1)(s+2)}$$

试绘制系统的一般根轨迹。

解: 系统有两个开环极点$-p_1=-1$,$-p_2=-2$;有一个开环零点$-z_1=-3$。

(1) $n=2$,有两条根轨迹分支,一条终止于 $z_1=-3$,另一条趋于无穷远处。

(2) 实轴上的根轨迹区间为 $(-\infty,-3]$,$[-2,-1]$。

(3) 根轨迹在实轴上的分离点和会合点已在 [例 4-2] 中求得,分离点为$-\sigma_{d1}=-1.586$;会合点为$-\sigma_{d2}=-4.414$。

(4) 复平面上的根轨迹是圆,现证明如下:

设 s 点在根轨迹上,应满足根轨迹相角条件,即

$$\angle(s+3)-\angle(s+1)-\angle(s+2)=180°$$

把 $s=\sigma+j\omega$ 代入,得

$$\angle(\sigma+3+j\omega)-\angle(\sigma+1+j\omega)=180°+\angle(\sigma+2+j\omega)$$

$$\arctan\frac{\omega}{3+\sigma}-\arctan\frac{\omega}{1+\sigma}=180°+\arctan\frac{\omega}{\sigma+2}$$

即为

$$\frac{\frac{\omega}{3+\sigma}-\frac{\omega}{1+\sigma}}{1+\frac{\omega}{3+\sigma}\frac{\omega}{1+\sigma}}=\frac{\omega}{\sigma+2}$$

化简整理得

$$(\sigma+3)^2+\omega^2=(\sqrt{2})^2$$

上式为圆的方程,圆心位于 $(-3,0)$,半径为 1.414,此圆与实轴的交点就是根轨迹在实轴上的分离点和会合点,完整的根轨迹如图4-12所示。

另外,可以证明,当开环传递函数有两个极

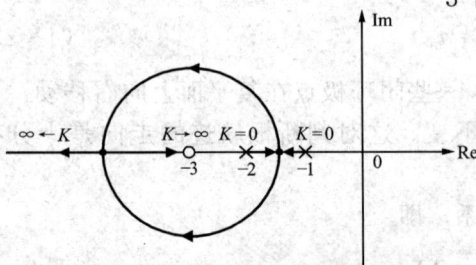

图 4-12 [例 4-5] 的根轨迹

点、一个零点和两个零点（即带开环零点的二阶系统）时，若其实轴以外有根轨迹，则一定为圆或圆的一部分，见表 4-2。

表 4-2　　　　　开环传递函数有两个极点、一个和两个零点的根轨迹

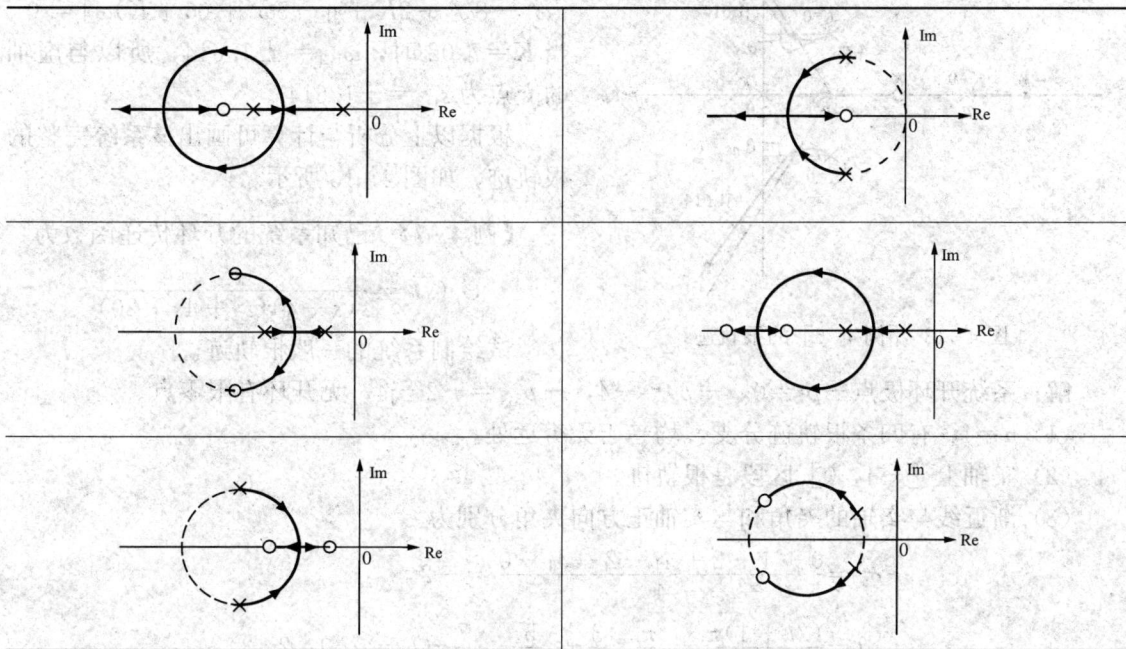

【例 4-6】　已知系统的开环传递函数为

$$G_k(s) = \frac{K(s+2)}{s(s+3)(s^2+2s+2)}$$

试绘制系统的一般根轨迹。

解：（1）系统有四个开环极点 $-p_1=0$，$-p_2=-3$，$-p_{3,4}=-1\pm j$；有一个开环零点 $-z_1=-2$。

（2）根轨迹有四条分支，一条终止于 $-z_1=-2$，另三条趋于无穷远处。

（3）实轴上根轨迹在区间 $(-\infty, -3]$ 和 $[-2, 0]$。

（4）渐近线与实轴的交点和与实轴正方向夹角分别为

$$-\sigma_a = \frac{0-3-1+j-1-j-(-2)}{3} = -1$$

$$\theta = \frac{(2l+1)\pi}{n-m}$$

当 $l=0$，1，2 时分别得夹角为 $60°$，$180°$，$-60°$。

（5）根轨迹在复数极点 $-p_3$，$-p_4$ 的出射角在 [例 4-3] 中已经求出，即

$$\theta_{-p3} = -26.6°$$

$$\theta_{-p4} = 26.6°$$

（6）实轴上无分离点和会合点。

（7）根轨迹与虚轴的交点，由系统的特征方程，即

$$s(s+3)(s^2+2s+2) + K(s+2) = 0$$

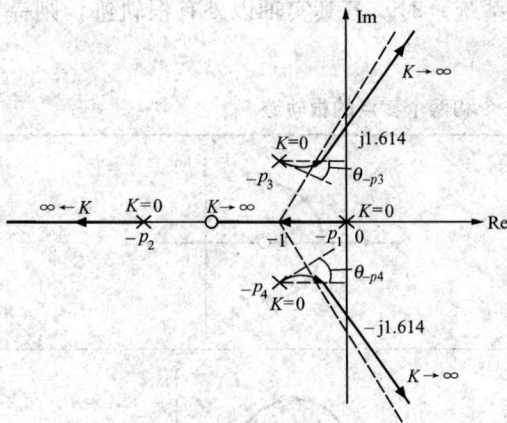

图 4-13　[例 4-6] 的根轨迹

整理得

$$s^4 + 5s^3 + 8s^2 + (6+K)s + 2K = 0$$

令 $s = j\omega$ 代入上式，得

$$\omega^4 - 8\omega^2 + 2K + j[-5\omega^3 + (6+K)\omega] = 0$$

当 $K = 7.02$ 时，$\omega_{1,2} = \pm 1.614$，所以与虚轴的交点为 $s_{1,2} = \pm 1.614j$。

根据以上分析与计算可画出该系统完整的根轨迹，如图 4-13 所示。

【例 4-7】 已知系统的开环传递函数为

$$G_k(s) = \frac{K}{s(s+4)(s^2+4s+20)}$$

试绘制系统的一般根轨迹。

解： 系统开环极点 $-p_1 = 0$，$-p_2 = -4$，$-p_{3,4} = -2 \pm j4$，无开环有限零点。

（1）$n = 4$，有四条根轨迹分支，均趋于无穷远处。

（2）实轴上 $[-4, 0]$ 区段是根轨迹。

（3）渐近线与实轴的夹角和与实轴正方向夹角分别为

$$-\sigma_a = \frac{0 - 4 - 2 + 4j - 2 - 4j - 0}{4} = -2$$

$$\theta = \frac{(2l+1)\pi}{4} = \frac{\pi}{4}, \frac{3}{4}\pi, \frac{5}{4}\pi, \frac{7}{4}\pi (l = 0, 1, 2, 3)$$

（4）根轨迹在极点 $-p_3$，$-p_4$ 处的出射角为

$$\theta_{-p_3} = 180° - [\angle(-p_3 + p_1) + \angle(-p_3 + p_2) + \angle(-p_3 + p_4)]$$

$$= 180° - 180° - 90° = -90°$$

$$\theta_{-p_4} = 90°$$

（5）分离点为

$$P(s) = 1, \quad Q(s) = s(s+4)(s^2+4s+20)$$

$$P'(s) = 0, \quad Q'(s) = 4(s+2)(s^2+4s+10)$$

$$P'(s)Q(s) - Q'(s)P(s) = 0$$

化简得

$$(s+2)(s^2+4s+10) = 0$$

解得 $s_1 = -2$，$s_{2,3} = -2 \pm j2.45$，显然 $s = -2$ 在根轨迹上是分离点，由相角条件不难判断 $s_{2,3} = -2 \pm j2.45$ 也在根轨迹上，也是分离点。

（6）与虚轴的交点。令 $s = j\omega$，代入特征方程为

$$s(s+4)(s^2+4s+20) + K = 0$$

解得 $K_l = 260$，$\omega_{1,2} = \pm 3.16$。

根据以上分析与计算，绘制出的根轨迹如图 4-14 所示。

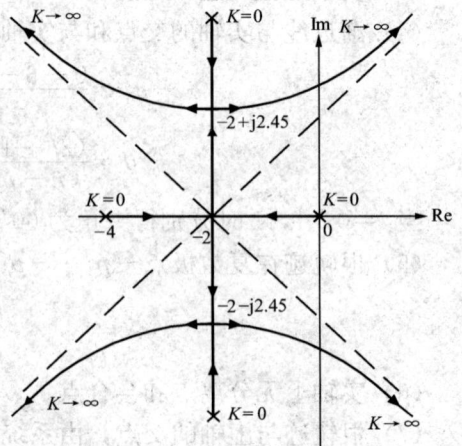

图 4-14　[例 4-7] 的根轨迹

第五节 参 量 根 轨 迹

以上所讨论的是开环增益变化时系统的根轨迹，可是在许多控制系统的设计问题中，常常还需要研究其他参数的变化，例如某些开环零、极点，或附加校正环节的某些参数变化时对特征方程根的影响。因此，需要绘制除 K 以外其他参数变化时系统的根轨迹，即为参量根轨迹。

绘制参量根轨迹的步骤如下：

（1）写出原系统的特征方程；

（2）根据特征方程构造一个新的等效系统，使等效系统的特征方程与原系统的特征方程相同，而且变化的参数即为等效系统的根轨迹增益。等效系统的开环传递函数常用 $(GH)_e$ 表示，称为等效开环传递函数。

（3）根据等效开环传递函数绘制出的根轨迹，即为原系统的参量根轨迹。

下面通过例题进一步说明参量根轨迹的绘制步骤。

【例 4-8】 已知系统结构图如图 4-15 所示，试绘制速度负反馈系数 K 由 $0 \to +\infty$ 变化的根轨迹。

解： 原系统的开环传递函数为

$$G(s)H(s) = \frac{10(1+Ks)}{s(s+2)}$$

其中，参数 K 并不是系统开环增益，因此是参量根轨迹。

原系统的特征方程为

$$s(s+2) + 10 + 10Ks = 0$$

将与 K 有关的各项归并在一起，可写为

$$s^2 + 2s + 10 + 10Ks = 0$$

以特征方程中不含参数 K 的各项除特征方程，得

$$1 + \frac{10Ks}{s^2 + 2s + 10} = 0$$

等效开环传递函数为

$$(GH)_e = \frac{10Ks}{s^2 + 2s + 10}$$

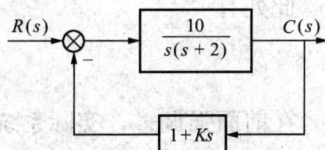

图 4-15 ［例 4-8］的系统结构图

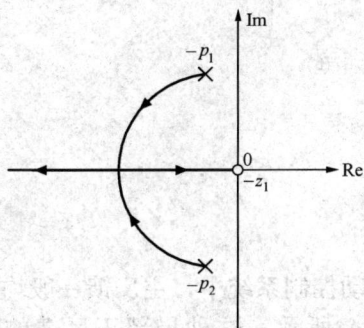

故根据 $(GH)_e$ 做 K 由 $0 \to +\infty$ 变化的根轨迹，就是原系统 K 由 $0 \to +\infty$ 变化时的根轨迹。新系统有两个开环极点 $-p_{1,2} = -1 \pm 3j$；一个开环零点 $-z_1 = 0$。因为两个开环极点，一个开环零点，实轴外的根轨迹为以 $(0,0)$ 为圆心，以 $\sqrt{10}$ 为半径的圆弧。实轴上的根轨迹为 $(-\infty, 0)$。系统根轨迹如图 4-16 所示。

由图（4-16）可得分离点 $s = -\sqrt{10}$，其相应 K 值为

$$K = -\frac{s^2 + 2s + 10}{10s}\bigg|_{s=-\sqrt{10}} = \frac{\sqrt{10}-1}{5} = 0.432$$

图 4-16 ［例 4-8］的根轨迹

　　值得指出的是，从图 4-16 中只能求出原系统的闭环极点，而原系统的闭环零点只能由原系统求得，且在本例中无闭环零点。

【例 4-9】 已知单位负反馈控制系统开环传递函数为

$$G_{k}(s) = \frac{s+4}{(Ts+1)(s+2)}$$

试绘制系数 T 由 $0 \to +\infty$ 变化的根轨迹。

解： 原系统的开环传递函数为

$$G_{k}(s) = \frac{s+4}{(Ts+1)(s+2)}$$

其中，参数 T 并不是系统开环增益，因此是参量根轨迹。

　　系统特征方程为

$$1 + G_{k}(s) = Ts(s+2) + (s+2) + (s+4) = Ts(s+2) + 2s + 6$$

$$= 1 + \frac{Ts(s+2)}{2(s+3)} = 1 + \frac{T}{2}\frac{s(s+2)}{s+3} = 0$$

得到的等效传递函数为

$$(GH)_{e} = \frac{T}{2}\frac{s(s+2)}{s+3} = T'\frac{s(s+2)}{s+3}$$

此处有

$$T' = \frac{T}{2}$$

　　在前面强调过，实际系统数学模型分母的阶数大于分子阶数，但是等效传递函数却可能出现分子的阶数大于分母的阶数的情况，对于这样的根轨迹可进行如下处理。

　　若开环零点数大于开环极点数，则可把等效传递函数的零点看成极点，极点看成零点，画出根轨迹〔如图 4-17（a）所示〕，然后再把零、极点位置互换，K 值增加的箭头方向反向即可〔如图 4-17（b）所示〕。

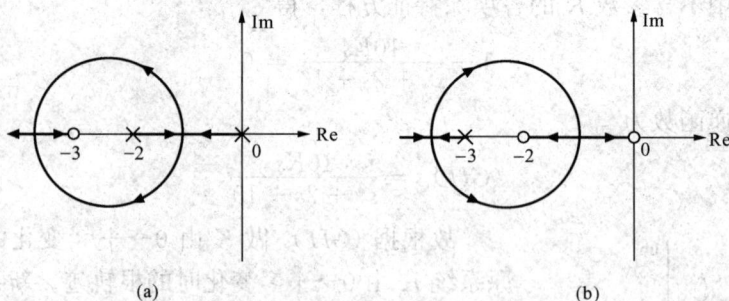

图 4-17　〔例 4-9〕的根轨迹

第六节　零 度 根 轨 迹

　　以上讨论的系统都是负反馈系统。在一个较为复杂的自动控制系统中，主反馈一般均为负反馈，而局部反馈有可能出现正反馈，其结构如图 4-18 所示。这种局部正反馈的结构可能是控制对象本身的特性，也可能是为满足系统的某些性能要求在设计系统时加进去的。另外，在参量根轨迹方程演变等效传递函数时，也可能出现正反馈。因此，在利用根轨迹对系统进行分析和综合时，有时需要绘制正反馈系统的根轨迹。

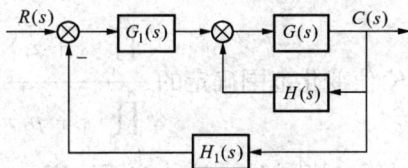

图 4-18　局部正反馈回路

下面以图 4-18 所示的局部正反馈回路为例，讨论根轨迹的绘制方法。

系统的局部正反馈，其闭环传递函数为

$$G_{\mathrm{B}}(s) = \frac{G(s)}{1 - G(s)H(s)}$$

相应的特征方程为

$$G(s)H(s) = 1 \tag{4-28}$$

把式（4-28）和式（4-7）比较发现，绘制根轨迹的幅值条件没有变，但相角条件变了。因此，零度根轨迹的幅值条件和相角条件可写为

$$|G(s)H(s)| = 1$$
$$\angle G(s)H(s) = 2k\pi \quad (k = 0, \pm 1, \pm 2, \cdots) \tag{4-29}$$

式（4-29）表明，对于正反馈回路，相角条件不再是 $(2k+1)\pi$，而是 $2k\pi$。由于 $2k\pi$ 总在复平面的零度方向，故称之为零度根轨迹。而负反馈的根轨迹又称之为 180°根轨迹。所以，绘制零度根轨迹时，与相角方程有关的法则需进行如下变化。

（1）根轨迹渐近线与实轴正方向的夹角应改为

$$\theta = \frac{2l\pi}{n - m}(l = 0, \pm 1, \pm 2, \cdots) \tag{4-30}$$

（2）实轴上的根轨迹应改为：在实轴上某一区域，若其右侧开环实数零、极点个数之和为偶数，则该区域为根轨迹。

（3）根轨迹的出射角和入射角分别为
出射角为

$$\theta_{-p_a} = 2k\pi + \sum_{i=1}^{m} \angle(-p_a + z_i) - \sum_{\substack{j=1 \\ j \neq a}}^{n} \angle(-p_a + p_j) \tag{4-31}$$

入射角为

$$\theta_{-z_b} = 2k\pi - \sum_{\substack{i=1 \\ i \neq m}}^{m} \angle(-z_b + z_i) + \sum_{j=1}^{n} \angle(-z_b + p_j) \tag{4-32}$$

其他法则与 180°根轨迹绘制法则相同。

在应用中，除了上述正反馈时用到零度根轨迹之外，对 s 平面右半面有开环零、极点的系统（非最小相位系统）作图时，也可能用到零度根轨迹。另外，由于参量根轨迹的引入，使得变形以后的根轨迹方程也可能出现 $K_g \dfrac{\prod\limits_{i=1}^{m}(s+z_i)}{\prod\limits_{j=1}^{n}(s+p_j)} = 1$ 的情形，因此也要用到零度根轨迹。另外要注意的是，并不是正反馈系统就一定要画零度根轨迹，也不是非最小相位系统就一定要画零度根轨迹。区别是零度还是 180°根轨迹在于看由特征方程、给定开环传递函数及

K 值变化范围确定的 $\dfrac{\prod\limits_{i=1}^{m}(s+z_i)}{\prod\limits_{j=1}^{n}(s+p_j)}$ 的值是正值还是负值。如果是正值就是零度根轨迹，否则

为 $180°$ 根轨迹，这一定要注意。

例如对于如图 4-19 所示的负反馈系统，其开环传递函数为

$$G_k(s) = \frac{K(1-2s)}{s(1+3s)} = \frac{-\dfrac{2}{3}K\left(s-\dfrac{1}{2}\right)}{s\left(s+\dfrac{1}{3}\right)} = \frac{-K_g\left(s-\dfrac{1}{2}\right)}{s\left(s+\dfrac{1}{3}\right)}$$

根轨迹方程为

$$\frac{K_g\left(s-\dfrac{1}{2}\right)}{s\left(s+\dfrac{1}{3}\right)} = 1 \Rightarrow \frac{\left(s-\dfrac{1}{2}\right)}{s\left(s+\dfrac{1}{3}\right)} = \frac{1}{K_g} \tag{4-33}$$

当 K_g 由 $0 \to +\infty$ 变化时，式（4-33）左边大于零，即应按零度根轨迹来绘制。系统的根轨迹如图 4-20 所示。当 K_g 由 $0 \to -\infty$ 变化时，式（4-33）左边小于零，则应按 $180°$ 根轨迹来绘制。

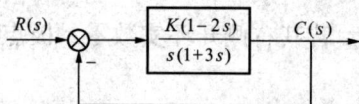

图 4-19　负反馈系统

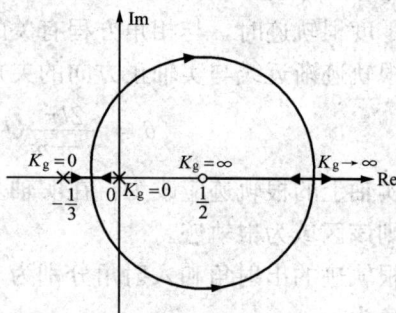

图 4-20　图 4-19 所示系统的根轨迹

【例 4-10】　设单位正反馈系统的开环传递函数为

$$G_k(s) = \frac{K_g}{s(s+2)(s+5)}$$

试绘制系统 K_g 由 $0 \to +\infty$ 变化的根轨迹。

解： 因为特征方程为

$$1 - G_k(s) = 1 - \frac{K_g}{s(s+2)(s+5)} = 0$$

化简得

$$\frac{1}{s(s+2)(s+5)} = \frac{1}{K_g}$$

当 K_g 由 $0 \to +\infty$ 变化时，上式大于零，所以其根轨迹是零度根轨迹。

（1）根轨迹有三个开环极点，$0，-2，-5$。共有三条根轨迹均趋于无穷远处。

（2）渐近线与实轴的交点坐标和夹角分别为

$$-\sigma_a = \frac{0-2-5}{3} = -\frac{7}{3} = -2.33$$

$$\theta = \frac{2l\pi}{3} = 0, \pm\frac{2}{3}\pi(l = 0, \pm1)$$

（3）实轴上的根轨迹为 [−5, −2] 和 [0, ∞)

（4）根轨迹的分离点为

$$P(s) = 1 \qquad Q(s) = s(s+2)(s+5)$$
$$P'(s) = 0 \qquad Q'(s) = 3s^2 + 14s + 10$$

即

$$3s^2 + 14s + 10 = 0$$

解得

$$s_1 = -0.88$$
$$s_2 = -3.786$$

由于 $s_1 = -0.88$ 不在根轨迹上，因此分离点为 −3.786，分离角为 90°。系统的零度根轨迹如图 4-21 所示。

若正反馈系统的开环传递函数为

$$G_k(s) = K_g \frac{\prod\limits_{i=1}^{m}(s+z_i)}{\prod\limits_{j=1}^{n}(s+p_j)}$$

则根轨迹方程可写为

$$-K_g \frac{\prod\limits_{i=1}^{m}(s+z_i)}{\prod\limits_{j=1}^{n}(s+p_j)} = -1 \qquad (4\text{-}34)$$

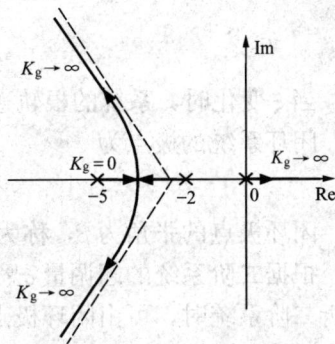

图 4-21 [例 4-10] 的根轨迹

与负反馈系统的根轨迹方程式（4-7）比较可知，正反馈系统的根轨迹，就是与开环传递函数相同的负反馈系统，即当 K_g 由 0→−∞ 变化时的根轨迹。因此，可将负反馈系统和正反馈系统的根轨迹合并，得 −∞<K_g<+∞ 整个区间的根轨迹。

第七节 控制系统的根轨迹分析

前面主要介绍了绘制根轨迹的基本条件和若干法则。然而，绘制根轨迹并不是目的，重要的是如何应用根轨迹对系统进行分析和综合，简称根轨迹法分析和综合。根轨迹分析的内容包括：

（1）由给定参数确定闭环系统极点的位置，以确定系统的稳定性。

（2）计算系统的动态性能和稳态性能。

（3）根据性能要求确定系统参数的取值。

在对系统进行分析的基础上，还可应用根轨迹法进行系统的综合，现讨论以下几个问题。

一、闭环稳定性分析

根轨迹为闭环极点的轨迹，当 K 取某些值，有根轨迹在右半面时，系统不稳定；当 K 取某些值，而根轨迹都在左半面时，系统稳定；当 K 取某些根轨迹虚轴上时，则系统处于临界稳定。

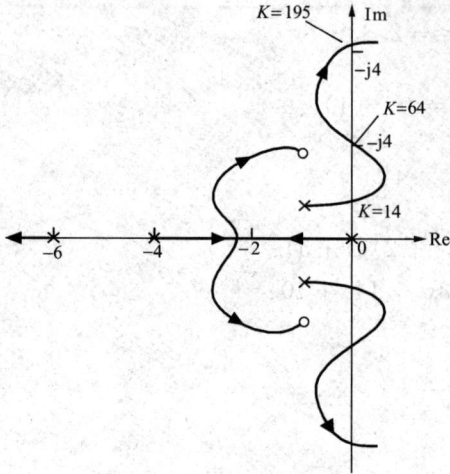

图 4-22   条件稳定时的根轨迹图

例如，某系统的开环传递函数为 $G(s) = \dfrac{K(s^2+2s+4)}{s(s+4)(s^2+1.4s+1)(s+6)}$，利用绘制根轨迹的法则（过程从略）可绘制 K 从 0 变化到 $+\infty$ 时系统的根轨迹，如图 4-22 所示。由图 4-22 可知，当 $0<K<14$ 及 $64<K<195$ 时，闭环系统是稳定的，但当 $14<K<64$ 及 $K>195$ 时，系统是不稳定的，$K=14$，64 和 195 时，系统临界稳定。

二、动态性能分析和开环系统参数的确定

闭环系统的零极点和动态响应的关系已在第三章中讨论过。利用根轨迹法可清楚地看到：当开环系统的根轨迹增益或其他参数改变时，闭环系统极点位置及其动态性能的改变情况。

例如，典型的二阶系统的开环传递函数为

$$G(s) = \frac{\omega_{\mathrm{n}}^2}{s(s+2\xi\omega_{\mathrm{n}})}$$

当 ξ 变化时，系统的根轨迹如图 4-23 所示。

闭环系统的极点为

$$s_{1,2} = -\xi\omega_{\mathrm{n}} \pm \mathrm{j}\omega_{\mathrm{n}}\sqrt{1-\xi^2}$$

闭环极点的张角为 β，称为阻尼角，阻尼角 $\beta = \arccos\xi$。

根据二阶系统的超调量 $\sigma\%$ 和 ξ 的关系可进一步求得 $\sigma\%$ 和 β 的关系。因此，用根轨迹法分析二阶系统时，可由闭环极点的张角 β 来确定系统的超量 $\sigma\%$。

此外，也可根据调节时间 t_{s} 和 $\xi\omega_{\mathrm{n}}$ 的近似关系式，由闭环系统极点的实部来确定调节时间 t_{s}。

对于二阶系统（以及具有共轭复数主导极点的高阶系统），通常可根据性能指标的要求，在复平面上画出满足这一要求的闭环极点（或高阶系统主导极点）应在的区域，如图 4-24 所示，具有实部 $-\sigma$ 和阻尼角 β 划成的区域满足的性能指标为

$$\sigma\% \leqslant \mathrm{e}^{-\pi\mathrm{ctg}\beta} \times 100\%, \quad t_{\mathrm{s}} \leqslant \frac{3}{\delta}(\Delta = \pm 5\%)$$

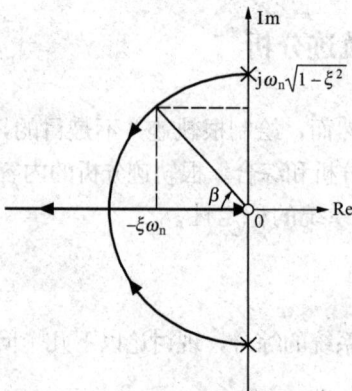

图 4-23 ξ 参量轨迹

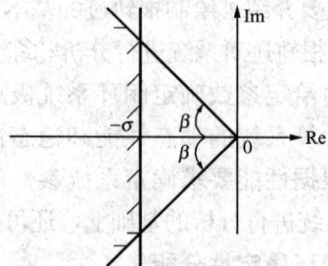

图 4-24   闭环极点应在的区域

利用这一关系，还可根据闭环系统的动态性能指标要求来确定开环系统的增益或其他参数。

【例4-11】 单位负反馈控制系统的开环传递函数为

$$G(s) = \frac{K_g}{s(s+4)(s+6)}$$

若要求闭环系统单位阶跃响应的最大超调量 $\sigma\%$
$\leqslant16.3\%$，试确定开环增益 K。

解： 绘制 K_g 由 $0 \to +\infty$ 变化时系统的根轨迹，
如图4-25所示。

当 $K_g=17$ 时，根轨迹在实轴上有分离点，当 K_g
>240 时，闭环系统不稳定。

根据 $\sigma\%\leqslant16.3\%$ 的要求，可知 $\beta\leqslant60°$。在根轨
迹上绘制 $\beta=60°$ 的径向直线，并将此直线和根轨迹
的交点 A、B 作为满足性能指标要求的闭环系统主
导极点。即闭环主导极点为

$$s_{1,2} = -1.2 \pm j2.1$$

由幅值条件可求得对应于 A、B 的 K_g 值为

$$K_g = |OA||CA||DA| = 43.8 \approx 44$$

开环增益为

$$K = \frac{K_g}{4 \times 6} = 1.83$$

图4-25　［例4-11］的根轨迹

根据闭环极点和的关系式，可求得另一闭环极点为 $s_3=-7.6$。它将不会使系统超调量
增大，故取开环增益为 $K=1.83$ 可满足要求。

通常，对系统提出最大超调量要求的同时，也提出了调节时间的要求。这时，应在 s 平
面上画出如图4-25所示的区域，并在该区域内寻找满足要求的参数。若在该区域内没有根
轨迹（例如［例4-11］中复数极点实部要求小于 -1.2 时），则要考虑改变根轨迹的形状，
使根轨迹进入该区域，然后确定满足要求的闭环极点的位置及相应的开环系统参数值（在系
统中引入新的零、极点来改变根轨迹的形状属于系统校正的内容，将在第六章讲述）。

三、稳态性能分析

在第三章中已讨论过系统稳态误差及静态误差系数的计算问题。在根轨迹图上，也可以
研究系统的稳态性能。

首先由原点处的开环极点确定出系统的型号数，而由根轨迹上的相应点，根据幅值条件
可求出根轨迹增益，从而换算出开环增益 K，确定静态误差系数。例如在图4-25中，在原
点处有一个开环极点为Ⅰ型系统，在根轨迹上的点 A 处，已由幅值条件求出点 A 处 $K_g\approx$
44，对应的开环增益 $K\approx1.83$，所以，系统的静态位置误差系数 $K_p=\infty$，静态速度误差系
数 $K_v=1.83$，静态加速度误差系数 $K_a=0$。此系统在阶跃输入下的稳态误差为零，在单位
速度输入下的稳态误差为 0.545，在加速度输入下的稳态误差为 ∞。

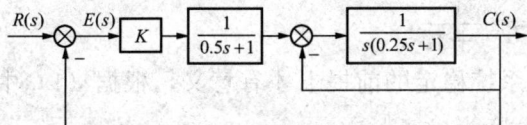

图4-26　［例4-12］图

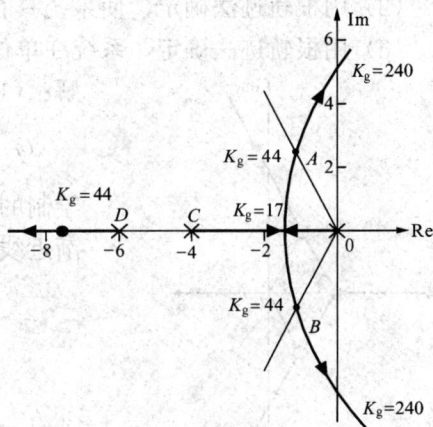

【例4-12】 某具有局部反馈的系统结构如
图4-26所示。要求：

（1）画出当 K 由 $0 \to +\infty$ 变化时闭环系统
的根轨迹；

（2）用根轨迹法确定，使系统具有阻尼比 $\xi=0.5$ 时 K 的取值以及闭环极点的取值；

（3）用根轨迹法确定，系统在单位阶跃信号作用下，稳态控制精度的允许值。

解：（1）系统的开环传递函数为

$$G(s)=K\frac{1}{0.5s+1}\frac{1}{s(0.25s+1)+1}=\frac{8K}{(s+2)^3}$$

绘制的根轨迹如图 4-27 所示。

渐近线为

$$\begin{cases}-\sigma_a=\dfrac{3\times(-2)}{3}=-2\\[2mm]\theta=\dfrac{(2k+1)\pi}{3}=\pm60°,180°\end{cases}$$

出射角为 θ_{-p}

由相角条件得

$$-3\theta_{-p}=(2k+1)\pi$$

故有

$$\theta_{-p}=\pm60°,180°$$

注意：当起始点处有两个以上重极点时，直接利用相角条件求出射角较为方便。

与虚轴的交点为

$$D(s)=(s+2)^3+8K=s^3+6s^2+12s+8(1+K)=0$$

令

$$\begin{cases}\text{Im}[D(j\omega)]=-\omega^3+12\omega=0\\\text{Re}[D(j\omega)]=-6\omega^2+8(1+K)=0\end{cases}$$

解出

$$\begin{cases}\omega=\pm2\sqrt{3}\\K=8\end{cases}$$

由以上计算可知，此例题的根轨迹与渐近线重合。

（2）在根轨迹图上画出 $\xi=0.5$（$\beta=60°$）的直线，并确定对应的闭环极点 $s_{1,2}=-1\pm j\sqrt{3}$，由根之和可以确定出相应的另一个极点 $s_3=3\times(-2)-(-1-1)=-4$，则对应的闭环多项式为

$$D(s)=(s+1-j\sqrt{3})(s+1+j\sqrt{3})(s+4)=s^3+6s^2+12s+16$$

令

$$D(s)=(s+2)^3+8K=s^3+6s^2+12s+8(1+K)$$

得

$$K=1$$

（3）依题意有

$$e_{ss}=\frac{1}{1+K_P}=\frac{1}{1+K}$$

K 值增加对减小稳态误差有利，但必须是在系统稳定的前提下才有意义，根据（1）中的计算结果，使系统稳定的 K 值范围是 $0<K<8$，故 $e_{ss}>\dfrac{1}{9}$。

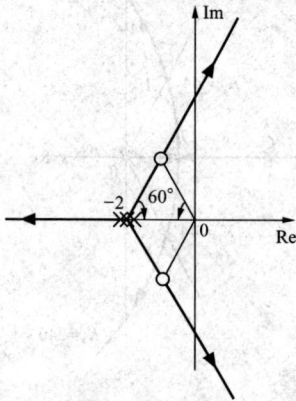

图 4-27　[例 4-12] 的根轨迹

习 题

4-1 设系统的开环零、极点分布如图 4-28 所示，试绘制相应的根轨迹草图。

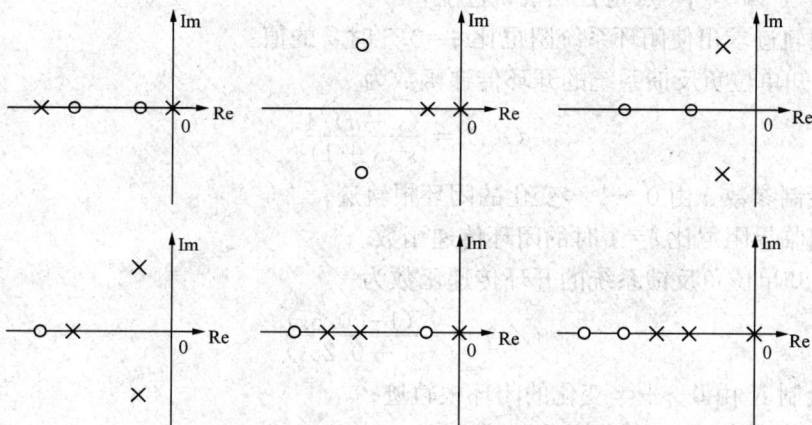

图 4-28 习题 4-1 图

4-2 设闭环系统的开环传递函数为 $G_k(s) = \dfrac{K(s+5)}{s(s^2+4s+8)}$

试用相角条件检验下列 s 平面上的点是不是根轨迹上的点，如果是根轨迹上的点，则用幅值条件计算该点所对应的 K 值。

(1) $(-1, j0)$　(2) $(-1.5, j2)$　(3) $(-6, j0)$　(4) $(-4, j3)$　(5) $(-1, j2.37)$

4-3 设单位负反馈系统的开环传递函数分别如下：

(1) $G(s) = \dfrac{K}{(s+0.2)(s+0.5)(s+1)}$　　　(2) $G(s) = \dfrac{K(s+1)}{s(2s+1)}$

(3) $G(s) = \dfrac{K(s+2)}{(s^2+2s+5)}$　　　(4) $G(s) = \dfrac{K}{(s+1)(s+5)(s^2+6s+13)}$

(5) $G(s) = \dfrac{K}{(s+1)(s+2+j)(s+2-j)}$

试绘制 K 由 $0 \to +\infty$ 变化的闭环根轨迹。

4-4 已知单位负反馈系统的开环传递函数为

$$G(s) = \dfrac{K}{(s+1)^2(s+4)^2}$$

试绘制 K 由 $0 \to +\infty$ 变化的闭环根轨迹图，并求出使系统闭环稳定的 K 值范围。

4-5 已知单位负反馈系统的开环传递函数为

$$G(s) = \dfrac{K}{s(s+1)(0.5s+1)}$$

(1) 试绘制 K 由 $0 \to +\infty$ 变化的闭环根轨迹；

(2) 用根轨迹法确定使系统的阶跃响应不出现超调时的 K 值范围；

(3) 为使系统的根轨迹通过 $-1 \pm j1$ 两点，拟加入串联微分校正装置 $(\tau s+1)$，试确定 τ 的取值。

4-6 已知单位负反馈系统的闭环传递函数为

$$G(s) = \frac{as}{s^2 + as + 16}$$

(1) 试绘制参数 a 由 $0 \to +\infty$ 变化的闭环根轨迹；

(2) 判断 $(-\sqrt{3}, j)$ 点是否在根轨迹上；

(3) 由根轨迹求出使闭环系统阻尼比 $\xi = 0.5$ 时 a 的值。

4-7 已知单位负反馈系统的开环传递函数为

$$G(s) = \frac{(s+a)/4}{s^2(s+1)}$$

(1) 试绘制参数 a 由 $0 \to +\infty$ 变化的闭环根轨迹；

(2) 求出临界阻尼比 $\xi = 1$ 时的闭环传递函数。

4-8 已知单位负反馈系统的开环传递函数为

$$G(s) = \frac{K(1-0.5s)}{s(1+0.25s)}$$

(1) 试绘制 K 由 $0 \to +\infty$ 变化的闭环根轨迹；

(2) 求出使系统产生重实根和纯虚根时的 K 值。

4-9 系统方框图如图 4-29 所示，试绘制 K 由 $0 \to +\infty$ 变化的闭环根轨迹。

4-10 已知单位负反馈系统的开环传递函数为

$$G(s) = \frac{1-2s}{(Ks+1)(s+1)}$$

试绘制 K 由 $0 \to +\infty$ 变化的闭环根轨迹。

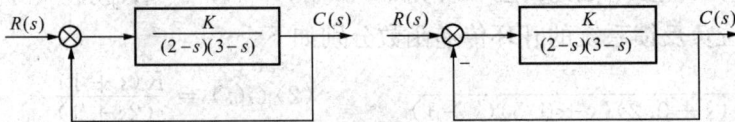

图 4-29 习题 4-9 图

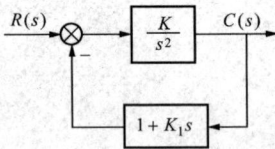

图 4-30 习题 4-11 图

4-11 系统方框图如图 4-30 所示，试求：

(1) 当闭环极点为 $s = -1+j\sqrt{3}$ 时的 K，K_1 值；

(2) 在 (1) 所确定的 K_1 值下，当 K 由 $0 \to +\infty$ 变化的闭环根轨迹。

4-12 系统闭环特征方程分别如下：

(1) $s^3 + (K-1.8)s^2 + 4Ks + 3K = 0$；

(2) $s^3 + 3s^2 + (K+2)s + 10K = 0$。

试概略绘制 K 由 $0 \to +\infty$ 变化的闭环根轨迹。

4-13 已知单位负反馈系统的开环传递函数为

$$G(s) = \frac{1}{(s+a)(s+1)}$$

(1) 试概略绘制 a 由 $0 \to +\infty$ 和 $0 \to -\infty$ 变化的闭环根轨迹；

(2) 求出其单位阶跃响应为单调衰减、振荡衰减、等幅振荡、增幅振荡、单调增幅时的 a 值。

4-14 系统方框图如图 4-31 所示，绘制 a 由 $0 \rightarrow +\infty$ 的闭环根轨迹，并要求：

(1) 求无局部反馈时，系统单位斜坡响应的稳态误差、阻尼比及调节时间；

(2) 讨论 $a=2$ 时，局部反馈对系统性能的影响；

(3) 求临界阻尼时的 a 值。

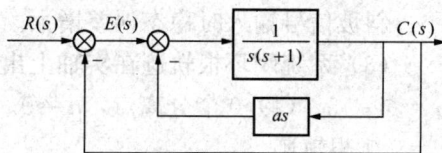

图 4-31 习题 4-14 图

4-15 设单位负反馈系统的开环传递函数为

$$G(s) = \frac{K(s+a)}{s^2(s+1)}$$

确定 a 值，使根轨迹分别具有 0，1，2 个分离点，绘制出这三种情况的根轨迹。

参 考 答 案

4-4 当 $0 \leqslant K < 100$ 时，闭环系统稳定。

4-5 (2) 系统的阶跃响应不出现超调的条件是特征根在左半平面的实轴上。根轨迹在实轴上的分离点的 K 值为 0.19，所以在 $0 < K \leqslant 0.19$ 时系统不产生超调。(3) $k=1$，$\tau=1$

4-7 (2) $\xi=1$ 时，系统闭环传递函数为

$$G_B(s) = \frac{s+0.074}{4\left(s+\dfrac{4}{6}\right)\left(s+\dfrac{1}{6}\right)^2}$$

4-8 (1) K 由 $0 \rightarrow +\infty$ 变化，为零度根轨迹。(2) $K=2$。

4-9 (1) K 由 $0 \rightarrow +\infty$ 变化时为零度根轨迹。(2) K 由 $0 \rightarrow +\infty$ 变化时为一般根轨迹。

4-10 当 K 由 $0 \rightarrow +\infty$ 时为零度根轨迹。复平面上的根轨迹是圆。

4-11 (1) $\begin{cases} K_1=0.5 \\ K=4 \end{cases}$。(2) 当 K 由 $0 \rightarrow +\infty$ 时为一般根轨迹。复平面上的根轨迹是圆。

4-12 (1) K 由 $0 \rightarrow +\infty$ 变化时为一般根轨迹。(2) K 由 $0 \rightarrow +\infty$ 变化时为一般根轨迹。

4-13 (1) a 由 $0 \rightarrow +\infty$ 变化时为一般根轨迹。复平面的根轨迹是圆心位于 $(-1, j0)$、半径为 1 的圆周的一部分；a 由 $0 \rightarrow -\infty$ 变化时为零度根轨迹。复平面的根轨迹是圆心位于 $(-1, j0)$、半径为 1 的圆周的另一部分。

(2) 由根轨迹看出，根轨迹与虚轴的交点在原点，$a=-1$。根轨迹在实轴上重合时，$a=3$。根轨迹在复平面上时，$-1 < a < 3$。

结论：系统无等幅和增幅振荡。在 $-1 < a < 3$ 取值时为衰减振荡；$a \geqslant 3$ 时为单调衰减；$a \leqslant -1$ 时为单调增幅。

4-14 a 由 $0 \rightarrow +\infty$ 变化为一般根轨迹。复平面的根轨迹是圆心位于 $(0, j0)$、半径为 1 的圆周的一部分。

(1) 稳态误差 $e_{ss}=1$，阻尼比 $\xi=0.5$，调节时间 $t_s=6(s)(\Delta=5\%)$。

(2) 由根轨迹看出，此时系统特征根为两个不相等的实根，$\xi > 1$，系统无超调，稳定性变好。但由于其中一个实根更靠近虚轴，因此使调节时间增长。系统仍为 I 型，开环增益减

小，斜坡信号输入时稳态误差增大。

（3）系统闭环根轨迹在实轴上出现会合点时为临界阻尼情况，此时 $a=1$。

4-15 （1）0 个分离点，$a=0$。（2）1 个分离点，$a=0.5$ 根轨迹。（3）2 个分离点，$a=0.1$ 根轨迹。

第五章　频域分析法

通过前面的分析知道，用时域响应来描述系统的动态性能最为直观与准确。但是，用解析方法求解系统的时域响应往往比较繁琐，对于高阶系统就更加困难，而且对于有些系统或元件很难列写出其微分方程；对于高阶系统，由于系统结构和参数与系统动态性能之间没有明确的关系，因此不易看出系统结构和参数对系统动态性能的影响，当系统的动态性能不能满足生产工艺要求时，也很难指出改善系统性能的途径。

本章研究的频域法使用控制系统的频率特性作为数学模型，并且不必求解系统的微分方程或动态方程，而是绘制出系统频率特性的图形，然后通过频域与时域之间的关系来分析系统的性能，因而比较方便。频率特性不仅可以反映系统的性能，而且还可以反映系统的参数和结构与系统性能的关系。通过研究系统频率特性，容易了解如何通过改变系统的参数和结构来改善系统的性能。另外频率特性有明确的物理意义，可以用实验方法较为准确地测取，特别是对那些难以用解析法建立数学模型的系统或元件更具有实际意义。

频域分析法由于使用方便，对问题的分析明确，便于掌握，因此成为工程上广泛应用的基本方法。

本章主要介绍频率特性的概念，频率特性的图像表示法，频率特性的稳定判据以及运用开环、闭环频率特性对系统动态过程进行定性分析和定量估算的方法等内容。

第一节　频　率　特　性

一、频率特性的概念

线性系统在一个正弦输入信号作用下，其稳态输出为同频率的正弦信号。将稳态输出正弦信号和输入信号的振幅之比称为系统的幅频特性，它描述了系统在稳态下，响应不同频率的正弦输入时幅值的衰减或放大特性；将稳态输出与输入的相位差称为系统的相频特性，它描述了系统在稳态下，响应不同频率的正弦输入时在相位上产生的超前或滞后；通常采用复数中的模和辐角表示振幅比和相位差，称为系统的频率特性。

若输入为 $r(t) = A_r \sin(\omega t + \varphi_1)$，且系统的稳态输出为 $C_{ss}(t) = A_c \sin(\omega t + \varphi_2)$

则幅频特性为

$$A(\omega) = \frac{A_c}{A_r} \tag{5-1}$$

相频特性为

$$\varphi(\omega) = \varphi_2 - \varphi_1 \tag{5-2}$$

频率特性为

$$G(j\omega) = A(\omega) e^{j\varphi(\omega)} \tag{5-3}$$

$G(j\omega)$ 既包含了输出、输入的幅值比，又包含了它们的相位差，故称为幅相频率特性，简称为幅相特性。

可以证明，频率特性与传递函数之间存在如下关系：以 $j\omega$ 代替系统或环节传递函数 $G(s)$ 中的 s，所得到 ω 的复函数便是相应的频率特性 $G(j\omega)$，所以 $G(j\omega)$ 也是复数。任何复数都可用模和辐角表示，频率特性中幅频特性就是 $G(j\omega)$ 的模，相频特性就是 $G(j\omega)$ 的相角。即

$$G(j\omega) = G(s)|_{s=j\omega} = |G(j\omega)| e^{j\angle G(j\omega)} = A(\omega)e^{j\varphi(\omega)} \quad (5-4)$$

其中

$$A(\omega) = |G(j\omega)| \quad (5-5)$$
$$\varphi(\omega) = \angle G(j\omega) \quad (5-6)$$

因此，若已知系统（环节）的传递函数，令 $s=j\omega$，便得到相应的幅频特性、相频特性和频率特性的表达式，并可依此绘制出频率特性曲线。

下面就来证明这种本质关系。

设线性定常系统（环节）的传递函数为

$$G(s) = \frac{b_m s^m + b_{m-1} s^{m-1} + \cdots + b_1 s + b_0}{a_n s^n + a_{n-1} s^{n-1} + \cdots + a_1 s + a_0} \quad (n \geq m)$$

若输入为正弦信号 $r(t) = A_r \sin\omega t$ 时，$R(s) = \dfrac{A_r \omega}{s^2 + \omega^2}$，则相应的输出信号的拉氏变换为

$$\begin{aligned} C(s) &= G(s)R(s) = G(s)\frac{A_r \omega}{s^2 + \omega^2} \\ &= \frac{b_m s^m + b_{m-1} s^{m-1} + \cdots + b_1 s + b_0}{a_n s^n + a_{n-1} s^{n-1} + \cdots + a_1 s + a_0}\frac{A_r \omega}{s^2 + \omega^2} \\ &= \frac{a}{s + j\omega} + \frac{\bar{a}}{s - j\omega} + \sum_{i=1}^{n}\frac{b_i}{s + s_i} \quad (5-7) \end{aligned}$$

式中　s_i——传递函数的极点（设为互异）；

$a, \bar{a}, b_i$——待定常数。

即使 $G(s)$ 有重极点，也不会影响以下叙述的正确性，对式（5-7）两端进行拉氏反变换，得

$$\begin{aligned} c(t) &= ae^{-j\omega t} + \bar{a}e^{j\omega t} + b_1 e^{-s_1 t} + b_2 e^{-s_2 t} + \cdots + b_n e^{-s_n t} \\ &= c_{ss}(t) + c_{tt}(t) \quad (t \geq 0) \quad (5-8) \end{aligned}$$

对于稳定系统，所有特征根 s_i 均具有负实部，当时间 $t\to\infty$ 时，式（5-8）中与极点有关的各指数项 $e^{-s_i t}$ 均衰减至零，因此，系统（环节）对正弦输入的稳态响应为

$$c_{ss}(t) = ae^{-j\omega t} + \bar{a}e^{j\omega t} \quad (5-9)$$

其中，待定常数 a 和 $\bar{a}$ 分别为

$$a = G(s)\frac{A_r \omega}{s^2 + \omega^2}(s + j\omega)\Big|_{s=-j\omega} = -G(-j\omega)\frac{A_r}{2j} = \frac{A_r |G(j\omega)|}{-2j}e^{-j\angle G(j\omega)}$$

$$\bar{a} = G(s)\frac{A_r \omega}{s^2 + \omega^2}(s - j\omega)\Big|_{s=j\omega} = G(j\omega)\frac{A_r}{2j} = \frac{A_r |G(j\omega)|}{2j}e^{j\angle G(j\omega)}$$

代入式（5-9），则有

$$\begin{aligned} c_{ss}(t) &= ae^{-j\omega t} + \bar{a}e^{j\omega t} = A_r |G(j\omega)|\frac{e^{j[\omega t + \angle G(j\omega)]} - e^{-j[\omega t + \angle G(j\omega)]}}{2j} \\ &= A_r |G(j\omega)| \sin[\omega t + \angle G(j\omega)] \end{aligned}$$

$$=A_c \sin(\omega t + \varphi) \tag{5-10}$$

式（5-10）表明：在正弦输入信号作用下，系统的稳态响应是与输入信号同频率的正弦信号，其振幅为输入幅值的 $|G(j\omega)|$ 倍，相移为 $\angle G(j\omega)$，即

振幅为

$$A_c = A_r |G(j\omega)| \tag{5-11}$$

相位差为

$$\varphi = \angle G(j\omega) \tag{5-12}$$

由此得到线性系统（环节）的频率特性为

$$A(\omega) e^{j\varphi(\omega)} = |G(j\omega)| e^{j\angle G(j\omega)} = G(j\omega) = G(s)|_{s=j\omega} \tag{5-13}$$

可见频率特性 $G(j\omega)$ 就是 $s=j\omega$ 这一特定条件下的传递函数，因此也称频率特性为频率传递函数。

频率特性表示了稳定系统在正弦信号输入下其稳态输出和输入之间的关系，利用频率特性可以很容易求得稳定系统在正弦信号输入下的稳态输出。例如：如图 5-1 所示 RC 电路，当 $u_r(t) = \sin t$ 时，求其稳态输出 $u_{cs}(t)$。

该电路的传递函数为

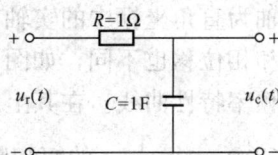

图 5-1　RC 电路

$$G(s) = \frac{1}{RCs+1} = \frac{1}{s+1}，稳定$$

$$G(j\omega)|_{\omega=1} = \frac{1}{1+j\omega}\bigg|_{\omega=1} = \frac{1}{1+j} = \frac{\sqrt{2}}{2} e^{j(-45°)}$$

$$u_{cs}(t) = \frac{\sqrt{2}}{2} \sin(t - 45°) \tag{5-14}$$

对频率特性的几点说明。

（1）以上结论是在线性系统（环节）稳定的条件下得到的，但从理论上讲，动态过程的稳态分量总是可以分离出来的，而且其规律并不依赖于系统的稳定性，因此可将频率特性的概念推广到不稳定系统（环节），但不稳定系统的暂态分量始终同时共存，所以不稳定系统（环节）的频率特性无法通过实验测取，无实际的物理意义。

（2）由频率特性表达式 $G(j\omega)$ 可知，虽然它是在系统或环节进入稳态后求得的，但其却与系统或环节动态特性的形式一致，包含了描述系统或环节的全部动态结构和参数，因此，尽管频率特性得自稳态响应，但动态过程的规律必然寓于其中，与微分方程、传递函数一样，频率特性也是描述系统（环节）的动态数学模型。三种数学模型之间的转换关系如图5-2所示。

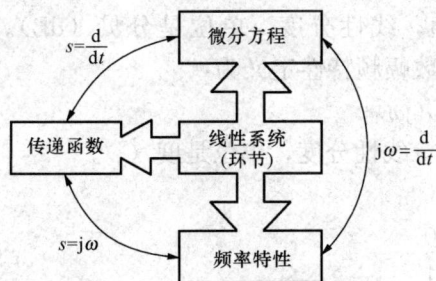

图 5-2　线性系统三种数学模型之间的关系

（3）上述频率特性的求取是在已知系统或元件的微分方程或传递函数的基础上进行的。反之，对于难以用解析方法建立微分方程的被控对象或元件，则可通过实验测取频率特性，从而确定出对应的传递函数或微分方程。

二、频率特性的图示方法

频率特性、传递函数、微分方程都可以表示控制

系统的动态性能，而采用频率特性的优点是可以用图像表示。工程上通常不是从频率特性的函数表达式进行分析的，而是从其图像来进行分析。因此要掌握频域法，必须首先了解并掌握频率特性的各种图示方法。下面分别介绍控制工程中常用的三种频率特性的图示方法。

1. 幅相频率特性（Nyquist）曲线

幅相频率特性曲线简称幅相曲线，当频率 ω 由 $0 \to +\infty$ 变化时，在极坐标系中表示的 $G(j\omega)$ 的模 $|G(j\omega)|$ 与辐角 $\angle G(j\omega)$ 随 ω 变化的曲线，即当 ω 由 $0 \to +\infty$ 变化时，矢量 $G(j\omega)$ 的端点轨迹，也称为极坐标曲线或奈奎斯特（H. Nyquist）曲线。

频率特性也可表示为

$$G(j\omega) = \mathrm{Re}(\omega) + j\mathrm{Im}(\omega) = A(\omega)e^{j\varphi}(\omega)$$

这里 $G(j\omega)$ 的实部 $\mathrm{Re}(\omega)$ 和虚部 $\mathrm{Im}(\omega)$ 分别称为实频特性和虚频特性。

通常将极坐标重合在直角坐标系中，如图 5-3（b）所示，极点为直角坐标的原点，极轴为直角坐标中的实轴。$A(\omega)$ 和 $\varphi(\omega)$ 都是频率 ω 的函数，故 ω 值不同，$G(j\omega)$ 的相量长度和相位移也不同，如图 5-3（c）所示，当 ω 由 $0 \to +\infty$ 变化时，$G(j\omega)$ 矢端的连线即为幅相频率特性曲线。在其上应标注出 ω 增加的方向及一些特殊点。图 5-4 给出了一阶惯性环节 $G(s) = \dfrac{1}{1+Ts}$ 的幅相频率特性曲线。

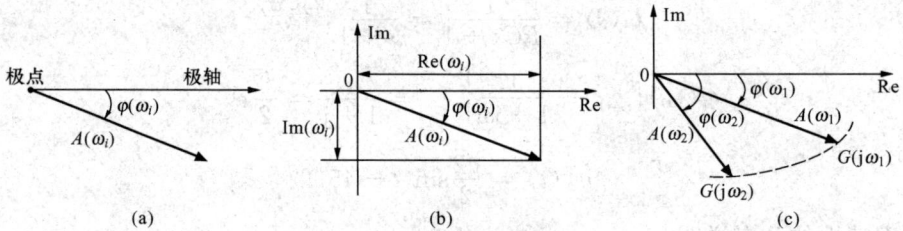

图 5-3 幅相特性表示法

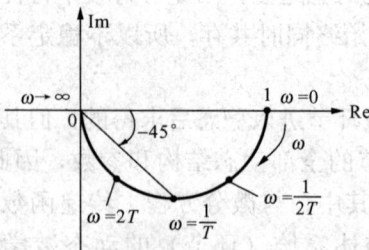

图 5-4 $\dfrac{1}{1+Ts}$ 的幅相频率特性曲线

2. 对数频率特性曲线

对数频率特性曲线图又称伯德（Bode）图，它由对数幅频特性和对数相频特性曲线组成，是工程中应用得最多的一组曲线。

对数频率特性曲线横坐标的频率值 ω 采用对数分度，单位为弧度（rad/s）。对数幅频特性的纵坐标表示幅频特性的对数幅值，线性分度，单位是分贝（dB）。频率特性 $G(j\omega)$ 的对数幅频特性定义为

$$L(\omega) = 20\lg A(\omega) = 20\lg|G(j\omega)|$$

对数相频特性的纵坐标表示相频特性 $\varphi(\omega)$ 的相角值，线性分度，单位是度（°）。

对数分度的特点如图 5-5 所示，由于有

$$\omega = 1 \qquad \lg\omega = 0$$
$$\omega = 10 \qquad \lg\omega = 1$$
$$\omega = 100 \qquad \lg\omega = 2$$
$$\vdots \qquad\qquad \vdots$$

图 5-4 中频率轴上 ω_1 和 ω_2 之间的实际距离为 $\lg\omega_2-\lg\omega_1$，故频率每变化 10 倍（称为十倍频程，以 dec 表示），横坐标的间隔距离为一个单位长度，例如 $\omega_2/\omega_1=10$，则有 $\lg\omega_2-\lg\omega_1=\lg\omega_2/\omega_1=\lg10=1$。频率每变化 1 倍，即 $\omega_2/\omega_1=2$，称为一个"倍频程"，每个倍频程在横轴上的间距都为 0.301 个单位长度。可见对 ω 而言，横轴采用对数分度是不均匀的，但对 $\lg\omega$ 则是均匀的，$\omega=0$ 在线性分度的一∞处。表 5-1 所示为 ω 从 1 到 10 的对数分度。

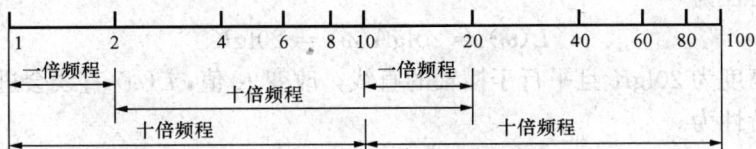

图 5-5　对数分度的特点

表 5-1　　　　　　　　　　ω 从 1 到 10 的对数分度

ω	1	2	3	4	5	6	7	8	9	10
$\lg\omega$	0	0.301	0.477	0.602	0.699	0.778	0.845	0.903	0.954	1

作图时，为使同一系统（或环节）的对数幅频特性和对数相频特性相联系，一般两个特性可绘制在一张半对数坐标纸上，并采用同样的频率轴。

图 5-6 所示给出了一阶惯性环节的对数频率特性曲线。

在控制工程上采用对数频率特性的主要优点在于：

（1）利用对数运算可以将频率特性的幅值乘除运算转化为对数幅频特性的加减运算，极大地简化了运算和作图操作。而且系统的结构、参数对频率特性的影响也可以一目了然。

（2）拓宽了频率视界，能够在一张图上清楚地画出系统频率范围很宽的特性曲线。

（3）可以用分段直线（或渐近线）绘制近似的对数幅频特性，从而使频率特性的计算和绘制大为简化。

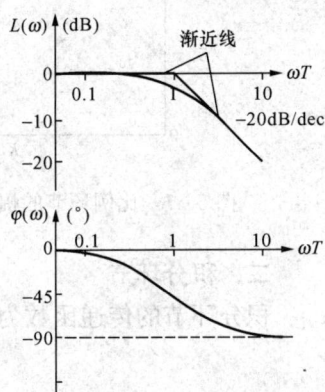

图 5-6　一阶惯性环节的对数频率特性曲线

第二节　典型环节的频率特性

在第二章中曾经提到过，一个自动控制系统的开环传递函数通常是由若干个典型环节组成的，而闭环系统的性质一般可以由开环频率特性曲线上获得。故本节从典型环节的传递函数出发，着重讨论这些典型环节的幅相频率特性曲线、对数频率特性曲线的绘制方法及其特点。

一、比例环节

比例环节的传递函数为

$$G(s)=K=\text{常量}$$

其频率特性为

$$G(j\omega) = K = Ke^{j0} = A(\omega)e^{j\varphi(\omega)} \tag{5-15}$$

1. 幅相频率特性

由式（5-15）可知，比例环节的幅频特性和相频特性均与频率无关。幅相频率特性是实轴上的 K 点，如图 5-7 所示。

2. 对数频率特性

对数幅频特性为

$$L(\omega) = 20\lg A(\omega) = 20\lg K \tag{5-16}$$

它是一条高度为 $20\lg K$ 且平行于横轴的直线，改变 K 值，$L(\omega)$ 直线会进行上下移动。

对数相频特性为

$$\varphi(\omega) = 0° \tag{5-17}$$

它是一条与零度直线重合的直线。

比例环节的伯德图如图 5-8 所示。

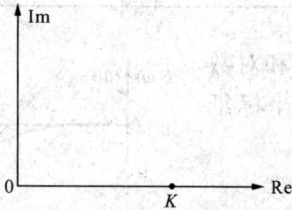

图 5-7 比例环节的幅相频率特性曲线

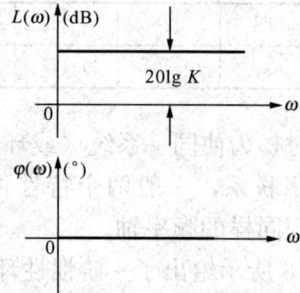

图 5-8 比例环节的伯德图

二、积分环节

积分环节的传递函数为

$$G(s) = \frac{1}{s}$$

其频率特性为

$$G(j\omega) = \frac{1}{j\omega} = \frac{1}{\omega}e^{-j\frac{\pi}{2}} = A(\omega)e^{j\varphi(\omega)} \tag{5-18}$$

1. 幅相频率特性

由式（5-18）可知，积分环节的幅频特性与频率 ω 成反比，而相频特性恒为 $-90°$。所以幅相频率特性为沿虚轴变化的直线，如图 5-9 所示。

2. 对数频率特性

对数幅频特性为

$$L(\omega) = 20\lg A(\omega) = -20\lg\omega \tag{5-19}$$

由于对数频率特性的频率轴是以 $\lg\omega$ 分度的，由式（5-19）可见，$L(\omega)$ 对 $\lg\omega$ 的关系式是直线方程。直线的斜率为 $\lg\omega$ 的系数，单位为 dB/dec（分贝/十倍频程），这里斜率为 -20dB/dec。故其对数幅频特性为一条斜率为 -20dB/dec 的直线，此直线通过 $L(\omega) = 0$、$\omega = 1$ 的点。

对数相频特性为

$$\varphi(\omega) = -90°$$

它是一条平行于 ω 轴的直线，其纵坐标为 $-90°$。

积分环节的伯德图如图 5-10 所示。

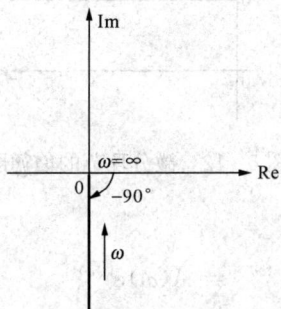

图 5-9   积分环节的幅相频率特性曲线

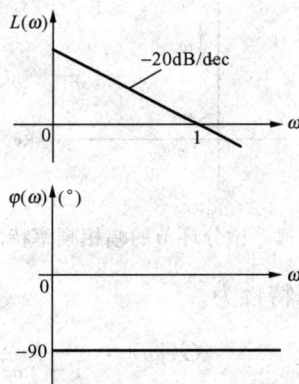

图 5-10   积分环节的伯德图

三、微分环节

微分环节的传递函数为

$$G(s) = s$$

其频率特性为

$$G(\text{j}\omega) = \text{j}\omega = \omega \text{e}^{\text{j}\frac{\pi}{2}} = A(\omega)\text{e}^{\text{j}\varphi(\omega)} \tag{5-20}$$

1. 幅相频率特性

由式（5-20）可知，微分环节的幅频特性等于频率 ω，而相频特性恒为 $+90°$。所以其幅相频率特性如图 5-11 所示。当 ω 从 0 变化到 ∞ 时，特性曲线与正虚轴重合。

2. 对数频率特性

对数幅频特性为

$$L(\omega) = 20\lg A(\omega) = 20\lg\omega \tag{5-21}$$

由此可知它是一条斜率为 $+20\text{dB/dec}$ 的直线，并与 0dB 线交于 $\omega=1$ 点。

对数相频特性为

$$\varphi(\omega) = 90° \tag{5-22}$$

它是一条纵坐标为 $90°$ 且平行于 ω 轴的直线。

微分环节的伯德图如图 5-12 所示。

四、惯性环节

惯性环节的传递函数为

$$G(s) = \frac{1}{1+Ts}$$

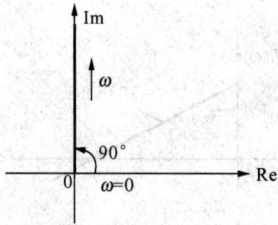

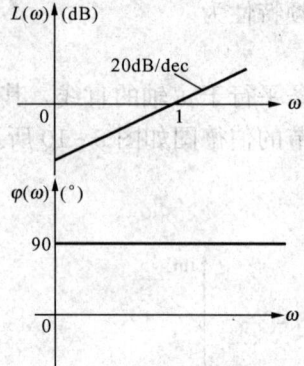

图 5-11　微分环节的幅相频率特性曲线　　　　　图 5-12　微分环节的伯德图

其频率特性为

$$G(j\omega) = \frac{1}{1 + j\omega T} = \frac{1}{\sqrt{1 + \omega^2 T^2}} e^{-j\arctan(\omega T)} = A(\omega) e^{j\varphi(\omega)} \qquad (5-23)$$

幅频特性为

$$A(\omega) = \frac{1}{\sqrt{1 + \omega^2 T^2}} \qquad (5-24)$$

相频特性为

$$\varphi(\omega) = -\arctan\omega T \qquad (5-25)$$

1. 幅相频率特性

对于任意给定的频率 ω，可由式（5-24）和式（5-25）计算出相应的 $A(\omega)$、$\varphi(\omega)$，从而得到极坐标中的一个点。例如：

(1) $\omega=0$ 时，$A(\omega)=1$，$\varphi(\omega)=0°$；

(2) $\omega=1/T$ 时，$A(\omega)=1/\sqrt{2}$，$\varphi(\omega)=-45°$；

(3) $\omega\to\infty$，$A(\omega)=0$，$\varphi(\omega)=-90°$。

当 ω 由 0 变化到 ∞ 时，可绘制出其幅相频率特性曲线。可以证明，惯性环节的幅相频率特性曲线是一个以 $(1/2, j0)$ 为圆心，$1/2$ 为半径的半圆，如图 5-13 所示。

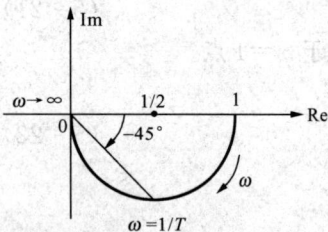

图 5-13　惯性环节的幅相频率特性曲线

2. 对数频率特性

由式（5-24）可求得惯性环节的对数幅频特性为

$$L(\omega) = 20\lg A(\omega) = 20\lg \frac{1}{\sqrt{1 + \omega^2 T^2}} = -20\lg \sqrt{1 + \omega^2 T^2} \qquad (5-26)$$

当 ω 由 $0\to+\infty$ 取值时可计算出相应的 $L(\omega)$，从而绘制出对数幅频特性曲线。但在实际工程中，为了简化作图，常采用分段直线（渐近线）近似地表示其对数幅频特性。

(1) 低频段（$\omega \ll \dfrac{1}{T}$，即 $\omega T \ll 1$ 时），可近似认为 $\omega T = 0$，则有

$$L(\omega) \approx 20\lg 1 = 0(dB)$$

对数幅频特性在低频段的渐近线，称低频渐近线，是一条 0dB 的水平线。

第五章 频 域 分 析 法　　117

(2) 高频段 $\left(\omega \gg \dfrac{1}{T} \text{ 即 } \omega T \gg 1 \text{ 时}\right)$，可近似取为

$$L(\omega) = -20\lg\sqrt{\omega^2 T^2} = -20\lg\omega T = -20\left(\lg\omega - \lg\frac{1}{T}\right)$$

因此，惯性环节的对数幅频特性的高频渐近线是一条斜率为 -20dB/dec 的直线，它和低频渐近线的交点频率为 $\omega = \dfrac{1}{T}$，称为转折频率（或交接频率）。

绘制近似的对数幅频特性很方便，只需求出转折频率 $\omega = \dfrac{1}{T}$，在 $\omega < \dfrac{1}{T}$ 处绘制 0dB 的水平线，再过横坐标轴上 $\omega = \dfrac{1}{T}$ 点，绘制一条斜率为 -20dB/dec 的直线，如图 5 - 14 所示。由图 5 - 6 与图 5 - 14 可以看出，虽然两个图的横坐标不同，但是它们的图形结构完全一致。

采用渐近线表示对数幅频率特性时肯定会存在误差，即

$$\Delta L(\omega) = \begin{cases} -20\lg\sqrt{1 + T^2\omega^2} - 0 & \left(\omega \leqslant \dfrac{1}{T}\right) \\ -20\lg\sqrt{1 + T^2\omega^2} + 20\lg T\omega & \left(\omega > \dfrac{1}{T}\right) \end{cases}$$

由此计算出的区间误差见表 5 - 2，据此绘制出修正曲线，如图 5 - 15 所示。最大误差发生在转折频率 $\omega = \dfrac{1}{T}$ 处，其值为 -3dB。就工程计算而言，折线已经够用，但若需绘制精确曲线，则按表 5 - 2 或图 5 - 15 加以修正即可。

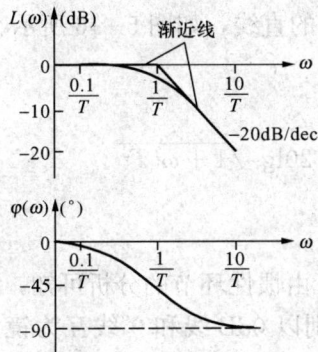

图 5 - 14　一阶惯性环节的
对数频率特性曲线

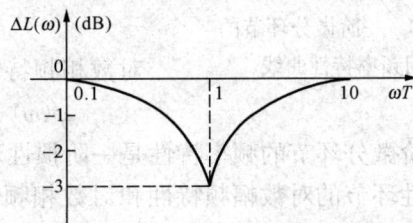

图 5 - 15　惯性环节的对数幅
频特性修正曲线

表 5 - 2　　　　　　　　　　　　惯性环节的对数幅频特性修正表

ω	$\dfrac{0.1}{T}$	$\dfrac{0.25}{T}$	$\dfrac{0.4}{T}$	$\dfrac{0.5}{T}$	$\dfrac{1}{T}$	$\dfrac{2}{T}$	$\dfrac{2.5}{T}$	$\dfrac{4}{T}$	$\dfrac{10}{T}$
$\Delta L(\omega)(\text{dB})$	-0.043	-0.26	-0.65	-1.0	-3.0	-1.0	-0.65	-0.26	-0.043

惯性环节的对数相频特性为

$$\varphi(\omega) = -\arctan(\omega T) \tag{5-27}$$

对数相频特性的绘制没有与对数幅频特性类似的简化方法。只能给定若干 ω 值，并按照式 (5 - 27) 逐点求出相应的 $\varphi(\omega)$ 值，然后用平滑曲线连接。例如，$\omega = 0$ 时，$\varphi(\omega) = 0°$；而

$\omega=1/T$ 时，$\varphi(\omega)=-45°$；$\omega\to\infty$ 时，$\varphi(\omega)=-90°$。另外，由于 $\varphi(\omega)$ 与 ω 成反正切关系，因此 $\varphi(\omega)$ 曲线将以 $\omega=1/T$，$\varphi(\omega)=-45°$ 确定的点斜对称。

由以上分析可知，转折频率 $\omega=1/T$ 是一个重要的参数。$\omega=1/T$ 向左或向右移动，只会导致对数频率特性曲线的向左或向右平移，而不会改变曲线形状。因此，也可采用预先绘制好的模板绘制。

为了简化计算，还可以采用如下的近似公式，即

当 $\omega\ll\dfrac{1}{T}$ 时，$\varphi(\omega)\approx-\omega T$；当 $\omega\gg\dfrac{1}{T}$ 时，$\varphi(\omega)\approx-[90°-1/(\omega T)]$。

显然，当 $\omega\to0$ 时，$\varphi(\omega)=0°$；当 $\omega\to\infty$ 时，$\varphi(\omega)=-90°$。惯性环节的对数频率特性如图 5-14 所示。

从其对数频率特性可见，正弦信号通过惯性环节后，幅值衰减程度和相位滞后量均随 ω 增大而增大，所以它只能较好地复现缓慢的输入信号，即低通滤波特性。

五、一阶微分环节

一阶微分环节的传递函数为

$$G(s)=1+Ts$$

其频率特性为

$$G(j\omega)=1+j\omega T=\sqrt{1+\omega^2T^2}\,e^{j\arctan(\omega T)}=A(\omega)e^{j\varphi(\omega)} \tag{5-28}$$

1. 幅相频率特性

一阶微分环节的幅相频率特性在复平面中的第一象限内经过 $(1,j0)$ 点，且平行于正虚轴的直线，如图 5-16 所示。

2. 对数频率特性

对数幅频特性为

$$L(\omega)=20\lg\sqrt{1+\omega^2T^2} \tag{5-29}$$

对数相频特性为

$$\varphi(\omega)=\arctan(\omega T) \tag{5-30}$$

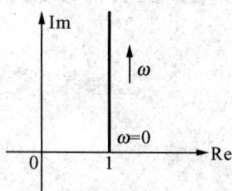

图 5-16 一阶微分环节的幅相频率特性曲线

一阶微分环节的频率特性是一阶惯性环节的倒数。由惯性环节的分析可知，一阶微分环节与惯性环节的对数幅频特性和对数相频特性曲线分别以 0dB 线和 0° 线互为镜像对称，它们的对数频率特性如图 5-17 所示。

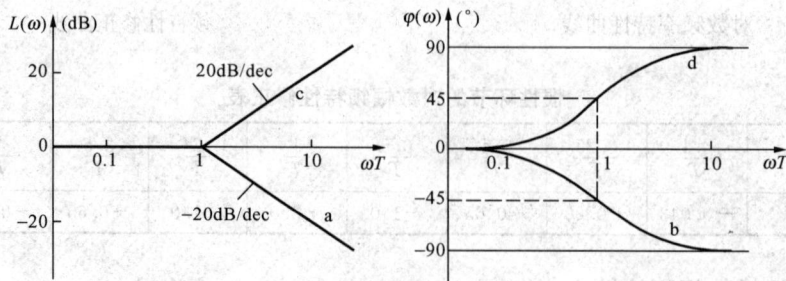

图 5-17 一阶微分环节和惯性环节伯德图的比较
a，b—惯性环节；c，d—一阶微分环节

六、二阶振荡环节

二阶振荡环节的传递函数为

$$G(s) = \frac{1}{T^2 s^2 + 2\xi T s + 1}$$

其频率特性为

$$G(j\omega) = \frac{1}{1 - T^2\omega^2 + 2\xi T\omega j}$$

$$= \frac{1 - T^2\omega^2}{(1 - T^2\omega^2)^2 + (2\xi T\omega)^2} - j\frac{2\xi T\omega}{(1 - T^2\omega^2)^2 + (2\xi T\omega)^2}$$

$$= \frac{1}{\sqrt{(1 - T^2\omega^2)^2 + (2\xi T\omega)^2}} e^{-j\arctan\frac{2\xi T\omega}{1 - T^2\omega^2}}$$

1. 幅相频率特性

以 ξ 为参变量，并给定若干 ω 值，然后计算出对应的 $A(\omega)$ 和 $\varphi(\omega)$ 值，这样即可绘出幅相频率特性曲线。

（1）当 $\omega = 0$ 时，$A(\omega) = 1$，$\varphi(\omega) = 0°$，特性曲线为实轴上一点，即 $(1, j0)$；

（2）当 $\omega = 1/T$ 时，$A(\omega) = 1/2\xi$，$\varphi(\omega) = -90°$，特性曲线与虚轴相交，且 ξ 越小，曲线与虚轴的交点离原点越远；

（3）当 $\omega \to \infty$，$A(\omega) = 0$，$\varphi(\omega) = -180°$，即特性曲线沿负实轴方向趋向原点。振荡环节的幅相频率特性曲线如图 5-18 所示。

另外，从图 5-18 看出，有些曲线在取某一值时，其模 A 为极大值，即其相应输入振幅比最大，这一现象称为谐振，发生谐振的频率称为谐振频率 ω_r，$A(\omega)$ 的最大值称为谐振峰值 M_r。谐振频率 ω_r 及谐振峰值 M_r 可由 A 对 ω 的导数为 0 来求极值，即

$$\frac{dA(\omega)}{d\omega} = \frac{d\left[(1 - \omega^2 T^2)^2 + 4\xi^2 T^2\omega^2\right]^{-\frac{1}{2}}}{d\omega} = 0$$

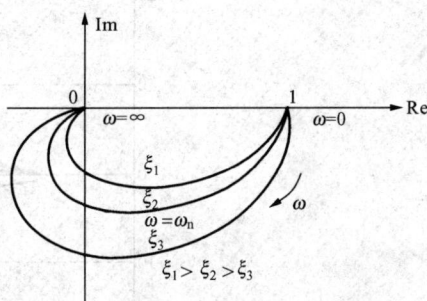

图 5-18　振荡环节的幅相频率特性曲线

可分别求得

$$\omega_r = \frac{1}{T}\sqrt{1 - 2\xi^2} \tag{5-31}$$

$$M_r = A(\omega = \omega_r) = \frac{1}{2\xi\sqrt{1 - \xi^2}} \tag{5-32}$$

由式（5-31）可知。仅当 $\xi \leqslant 0.707$ 时，才会发生谐振。$\xi > 0.707$ 时，$A(\omega)$ 没有峰值，$A(\omega)$ 随 ω 增加单调衰减。$\xi = 0.707$ 时，谐振发生在 0 频处，$M_r = 1$，这正是 $A(\omega)$ 的起点，如图 5-19 所示。ξ 越小，谐振峰值 M_r 越大。

2. 对数频率特性

对数幅频特性为

$$L(\omega) = -20\lg\sqrt{(1 - \omega^2 T^2)^2 + (2\xi\omega T)^2} \tag{5-33}$$

其对数幅频特性曲线也可以用渐近线近似表示。

（1）当 $\omega \ll \frac{1}{T}$（低频段）即 $\omega T \ll 1$ 时，可近似认为 $\omega T = 0$，则有

$$L(\omega) \approx 20\lg 1 = 0\text{dB}$$

（2）当 $\omega \gg \dfrac{1}{T}$（高频段）即 $\omega T \gg 1$ 时，可近似取为

$$L(\omega) \approx -20\lg \sqrt{(\omega^2 T^2)^2} = -40\lg\omega T = -40\left(\lg\omega - \lg\dfrac{1}{T}\right)$$

由此可见，其低频渐近线是 0dB 线，而高频渐近线是一条在 $\omega = 1/T$ 处过 0dB 线，斜率为 -40dB/dec 的直线。上述两条渐近线在 $\omega = 1/T$ 处相交。从而构成了振荡环节的渐近幅频特性曲线，如图 5-19 所示。

可以用渐近线表示实际对数幅频特性存在的误差。误差大小不仅和频率有关，而且还和阻尼系数 ξ 有关，即

$$\Delta L(\omega) = \begin{cases} -20\lg \sqrt{(1-T^2\omega^2)^2 + (2\xi T\omega)^2} - 0 & \left(\omega \leqslant \dfrac{1}{T}\right) \\[2mm] -20\lg \sqrt{(1-T^2\omega^2)^2 + (2\xi T\omega)^2} + 40\lg T\omega & \left(\omega \geqslant \dfrac{1}{T}\right) \end{cases}$$

$$\omega = \dfrac{1}{T}, \quad \Delta L(\omega) = 20\lg\dfrac{1}{2\xi}$$

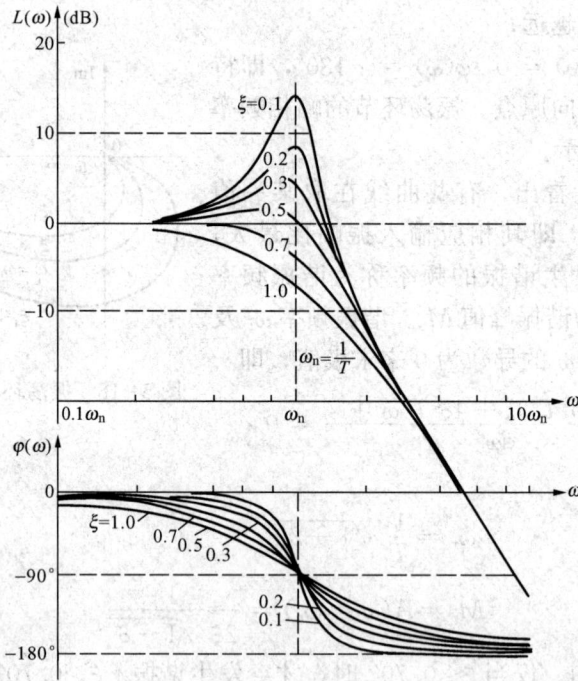

图 5-19　振荡环节的幅频特性曲线图

绘制的误差曲线如图 5-20 所示。由此可知，当 ξ 较小时，用渐近线表示实际对数幅频特性曲线的误差是很大的，但可根据以上的误差公式或曲线对渐近线加以修正。

对数相频特性为

$$\varphi(\omega) = -\arctan\dfrac{2\xi T\omega}{1 - T^2\omega^2} \tag{5-34}$$

与对数幅频特性一样，其对数相频特性也是 ω 和 ξ 的二元函数。尽管 T 不同，相频特

性曲线也各异,但无论为何值,总有 $\omega=0$,$\varphi(\omega)=0°$;$\omega=\dfrac{1}{T}$,$\varphi(\omega)=-90°$;当 $\omega\to\infty$ 时,$\varphi(\omega)=-180°$。各相频特性曲线均以 $\omega=\dfrac{1}{T}$,$\varphi(\omega)=-90°$ 确定的点斜对称,如图 5-19 所示。与惯性环节相似,当参数 $\omega=1/T$ 变化时,振荡环节的对数幅频和对数相频特性曲线也将左右平移,而曲线形状不变。

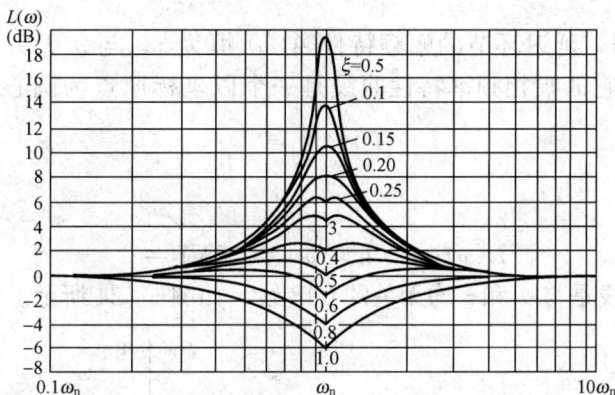

图 5-20 振荡环节的对数幅频特性修正曲线

七、二阶微分环节

二阶微分环节的传递函数为

$$G(s)=T^2s^2+2\xi Ts+1$$

其频率特性为

$$G(j\omega)=1-T^2\omega^2+j2\xi T\omega \qquad (5-35)$$

由于二阶微分环节与振荡环节的频率特性互为倒数,因此其分析方法与振荡环节相似,振荡环节得到的结论,也可类推到二阶微分环节,故不再赘述。

二阶微分环节的幅相频率特性曲线如图 5-21 所示,相应的对数频率特性曲线如图 5-22 所示。可以看出,它们的对数幅频特性、对数相频特性分别以 0dB 线、0°线互为镜像对称。

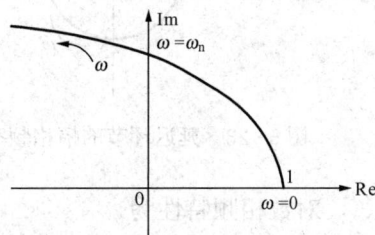

图 5-21 二阶微分环节的幅相频率特性曲线

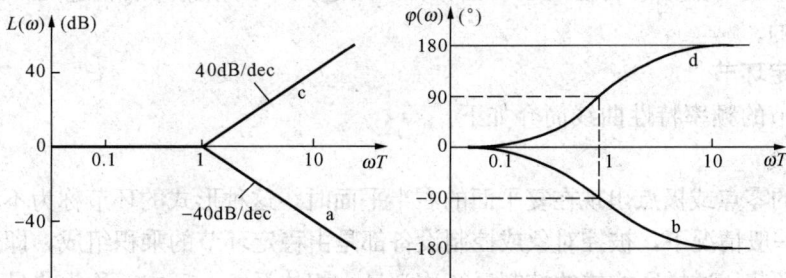

图 5-22 二阶微分环节和振荡环节的伯德图比较

a,b—振荡环节;c,d—二阶微分环节

八、延迟环节

延迟环节的传递函数为

$$G(s) = \mathrm{e}^{-\tau s}$$

其频率特性为

$$G(\mathrm{j}\omega) = \mathrm{e}^{-\mathrm{j}\tau\omega} = A(\omega)\mathrm{e}^{\mathrm{j}\varphi(\omega)} \tag{5-36}$$

1. 幅相频率特性

式（5-36）表明，延迟环节的幅频特性 $A(\omega)$ 恒为 1，与 ω 无关，相频特性 $\varphi(\omega) = -\tau\omega$，与 ω 成正比。它的幅相频率特性曲线是一个以坐标原点为圆心，以 1 为半径的圆，如图 5-23 所示。

2. 对数频率特性

对数幅频特性为

$$L(\omega) = 20\lg A(\omega) = 20\lg 1 = 0 \tag{5-37}$$

对数幅频特性曲线是与 ω 和 τ 均无关的 0dB 线，如图 5-24 所示。

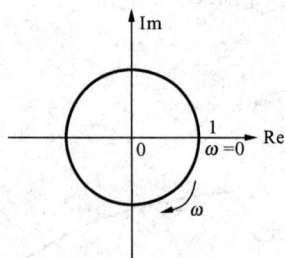

图 5-23   延迟环节的幅相频率特性曲线

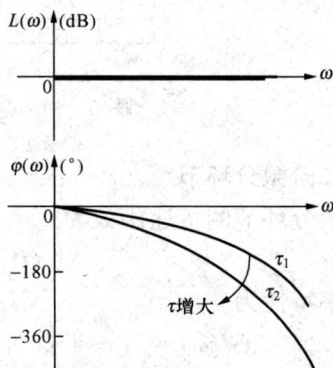

图 5-24   延迟环节的伯德图

对数相频特性为

$$\varphi(\omega) = -\tau\omega = (57.3\tau\omega)^{\circ} \tag{5-38}$$

对数相频特性可通过逐点描述得到，如图 5-24 所示，因为采用半对数坐标纸，故横坐标为 ω 的对数刻度，所以不是直线，而是指数曲线。

由延迟环节的对数频率特性可以看出，如果 τ 越大，则相角滞后就越大，这对系统的稳定性是很不利的。

九、不稳定环节

不稳定环节的频率特性曲线简介如下。

1. 基本概念

当环节中的零点或极点出现在复平面的右半平面时，这种形式的环节称为不稳定环节。在实际工程中，一般情况下，被控对象或控制设备都是由稳定环节的乘积组成，即开环传递函数不含有不稳定环节，这样所构成的控制系统称为最小相位系统，反之，称为非最小相位系统。

2. 不稳定环节的传递函数形式

（1）不稳定的一阶惯性环节的传递函数为 $\dfrac{1}{Ts-1}$ 和 $\dfrac{1}{1-Ts}$。

（2）不稳定的一阶微分环节的传递函数为 $Ts-1$ 和 $1-Ts$。

3. 不稳定环节特征

所有不稳定环节对应的频率特性曲线与相应形式的稳定环节的频率特性曲线相比，幅频特性没有变化，只是相频特性有所不同。在 Nyquist 曲线上，曲线的形式一样，但是曲线所在的象限及起点和终点的位置却不同。在 Bode 曲线上，对数幅频特性不变，但对数相频特性所在的区间却不同。

例如，传递函数为

$$G(s) = \frac{1}{Ts-1} \tag{5-39}$$

频率特性为

$$G(j\omega) = \frac{1}{j\omega T - 1} = A(\omega)e^{j\varphi(\omega)} \tag{5-40}$$

其中

$$A(\omega) = \frac{1}{\sqrt{1+\omega^2 T^2}} \tag{5-41}$$

$$\varphi(\omega) = -\pi + \arctan(\omega T) \tag{5-42}$$

由式（5-42）看出，$\dfrac{1}{Ts-1}$ 环节的幅频特性 $A(\omega)$ 和惯性环节完全相同，但它们的相频特性 $\varphi(\omega)$ 大不一样。当 ω 由 $0\to+\infty$ 变化时，惯性环节的 $\varphi(\omega)$ 由 $0°\to-90°$；而 $\dfrac{1}{Ts-1}$ 环节的 $\varphi(\omega)$ 则由 $-180°\to-90°$，$\omega=\dfrac{1}{T}$ 时，$\varphi(\omega)=-135°$。不稳定惯性环节的幅相频率特性曲线和对数频率特性曲线分别如图 5-25 和图 5-26 所示。

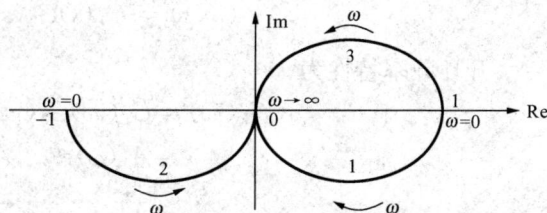

图 5-25　不稳定环节和惯性环节的幅相频率特性曲线

1—惯性环节；2—$\dfrac{1}{Ts-1}$环节；3—$\dfrac{1}{1-Ts}$环节

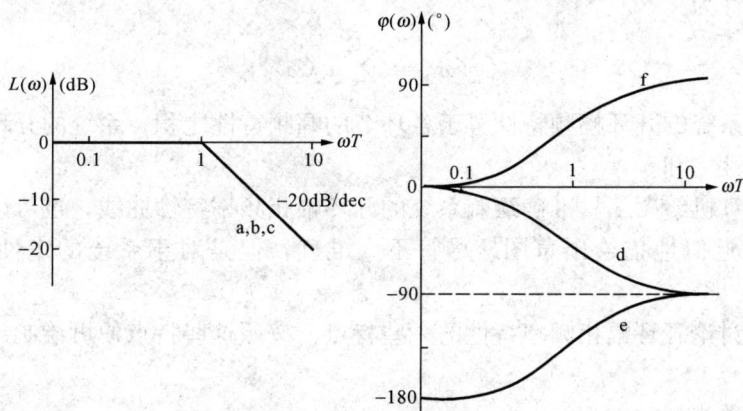

图 5-26　不稳定惯性环节和惯性环节伯德图的比较

a，d—惯性环节；b，e—$\dfrac{1}{Ts-1}$环节；c，f—$\dfrac{1}{1-Ts}$环节

最小相位环节（或系统）最重要的性质是：对数幅频特性和对数相频特性之间存在唯一

的对应关系。即根据系统的对数幅频特性，可以唯一地确定相应的相频特性和传递函数，反之亦然。这一点对于系统的分析和应用都有重要的意义。而非最小相位环节（或系统）就不存在这种对应关系。

以上介绍的是典型环节中的延迟环节在右半平面有无穷多个零点存在的情况，它也是非最小相位环节，其余都是最小相位环节。实际的控制系统大多数是由最小相位环节组成的。

第三节　控制系统的开环频率特性

由上述内容可知开环系统总是由若干典型环节组成的，掌握了典型环节的频率特性后，就可以绘制开环系统的频率特性曲线了。本节重点讨论系统开环幅相频率特性曲线和开环对数频率特性曲线的绘制方法。对控制系统进行频域分析时，常常是根据系统的开环频率特性来判断闭环系统的稳定性，以及估算闭环系统时域响应的各项性能指标。因此，掌握开环频率特性曲线的绘制方法及其特点是十分重要的。

一、系统的开环幅相频率特性

设开环系统是由 n 个典型环节串联组成的，其开环传递函数为

$$G_k(s) = G_1(s)G_2(s)\cdots G_n(s) = \prod_{i=1}^{n} G_i(s) \tag{5-43}$$

开环频率特性为

$$\begin{aligned}G_k(j\omega) &= G_1(j\omega)G_2(j\omega)\cdots G_n(j\omega)\\&= A_1(\omega)e^{j\varphi_1(\omega)}A_2(\omega)e^{j\varphi_2(\omega)}\cdots A_n(\omega)e^{j\varphi_n(\omega)}\\&= \prod_{i=1}^{n} A_i(\omega)e^{j\sum_{i=1}^{n}\varphi_i(\omega)} = A(\omega)e^{j\varphi(\omega)}\end{aligned} \tag{5-44}$$

开环幅频特性为

$$A(\omega) = \prod_{i=1}^{n} A_i(\omega) \tag{5-45}$$

开环相频特性为

$$\varphi(\omega) = \sum_{i=1}^{n} \varphi_i(\omega) \tag{5-46}$$

由此看出，系统的开环幅频特性等于各环节的幅频特性之积；系统的开环相频特性等于各环节的相频特性之和。

可以利用计算机绘图工具准确绘制系统的开环幅相频率特性曲线，也可以根据开环频率特性的一些特性近似地描绘出草图，尽管不太准确，但是对于系统的定性分析是非常有用的。

下面定性地讨论开环幅相频率特性的一些特点，按照这些特点便可绘制出其开环幅相特性的关键部分。

开环传递函数为

$$\begin{aligned}G_k(s) &= \frac{b_m s^m + b_{m-1}s^{m-1} + \cdots + b_1 s + b_0}{a_n s^n + a_{n-1}s^{n-1} + \cdots + a_1 s + a_0} \quad (n \geqslant m)\\&= \frac{K(\tau_1 s+1)\cdots(\tau_m s+1)}{s^\nu(T_1 s+1)\cdots(T_{n-\nu}s+1)}\end{aligned} \tag{5-47}$$

（1）开环幅相频率特性曲线的起始段。当 $\omega \to 0$ 时，开环幅相频率特性曲线的起始段取决于开环传递函数中积分环节的个数 ν 和开环增益 K。因为 $\omega \to 0$，故有

$$\lim_{\omega \to 0} G_k(j\omega) = \lim_{\omega \to 0} \frac{K}{(j\omega)^\nu} = \lim_{\omega \to 0} \frac{K}{\omega^\nu} \angle (-\nu 90°) \tag{5-48}$$

对于 $\nu = 0$（0 型系统），开环幅相频率特性在 $\omega = 0$ 时始于 G 平面的（K，j0）点；

对于 $\nu = 1$（Ⅰ型系统），$\omega \to 0$ 时，开环幅相频率特性曲线是趋于与负虚轴平行的一条渐近线，渐近线与虚轴的距离用 V_x 表示，可按式（5-49）确定，即

$$V_x = \lim_{\omega \to 0^+} \mathrm{Re}[G_k(j\omega)] \tag{5-49}$$

对于 $\nu = 2$（Ⅱ型系统），$\omega \to 0$ 时，开环幅相频率特性曲线是趋于与负实轴平行的一条渐近线，渐近线与实轴的距离用 V_y 表示，可按式（5-50）确定，即

$$V_y = \lim_{\omega \to 0^+} \mathrm{Im}[G_k(j\omega)] \tag{5-50}$$

ν 不同时，开环幅相频率特性的起始段位置也不同，如图 5-27 所示。

（2）开环幅相频率特性曲线的终止段。当 $\omega \to \infty$ 且 $n = m$ 时，有

$$\lim_{\omega \to \infty} G_k(j\omega) = K \frac{\displaystyle\prod_{i=1}^{m} \tau_i}{\displaystyle\prod_{j=1}^{m} T_j} \angle 0°$$

当 $n > m$，有

$$\lim_{\omega \to \infty} G_k(j\omega) = 0 \angle -(n-m) \cdot 90° \tag{5-51}$$

即开环幅相频率特性曲线会以 $-(n-m) \cdot 90°$ 方向收敛于坐标原点，如图 5-28 所示。

（3）开环幅相频率特性曲线与负实轴的交点。对系统进行频域分析时，需精确绘制开环幅相频率特性曲线与负实轴的交点，交点处频率及交点处的幅值可分别通过如下方法求出。

令 $\mathrm{Im}[G_k(j\omega)] = 0$，求出交点频率 ω，再代入 $\mathrm{Re}[G_k(j\omega)]$ 中，即可计算出交点处的幅值。

（4）如果开环传递函数中不含有零点，即 $m = 0$，则当 ω 由 $0 \to \infty$ 变化时，开环频率特性的幅值连续衰减，相角连续减小，其特性曲线是一条连续的平滑曲线；若开环传递函数中含有零点，则随零点对应的时间常数值不同，在某些频段范围相角会出现正增量，幅值也可能放大，因而开环频率特性的相角不再以同一方向连续变化，这时，其特性曲线上会出现凹凸形状。

例如，绘制 $G(s) = \dfrac{K(T_1 s + 1)^2}{(T_2 s + 1)(T_3 s + 1)(T_4 s + 1)}$（$T_2 > T_3 > T_1 > T_4$）的幅相频率特性曲线，在不需要精确绘制曲线时，根据以上几条，可以定性地绘制开环幅相频率特性的概略曲线，如图 5-29 所示。

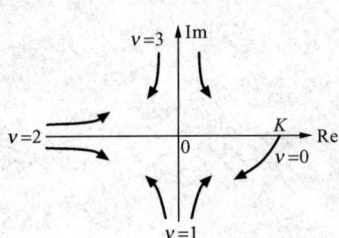

图 5-27　开环幅相频率
特性曲线的起点

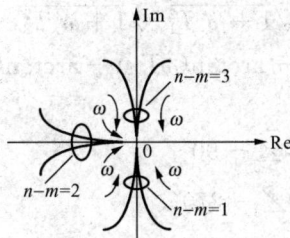

图 5-28　开环幅相频率
特性曲线的终点

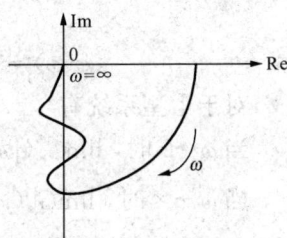

图 5-29　开环幅相频率
特性的概略曲线

【例 5 - 1】 设系统的开环传递函数为

$$G_k(s) = \frac{10}{(s+1)(0.1s+1)}$$

试绘制该系统的开环幅相频率特性曲线。

解： 系统的开环频率特性为

$$G(j\omega) = \frac{10}{(j\omega+1)(0.1j\omega+1)}$$

$$= \frac{10(1-0.1\omega^2)}{(1+\omega^2)(1+0.01\omega^2)} - j\frac{11\omega}{(1+\omega^2)(1+0.01\omega^2)}$$

$$A(\omega) = \frac{10}{\sqrt{1+\omega^2}\sqrt{1+0.01\omega^2}}$$

$$\varphi(\omega) = -\arctan\omega - \arctan(0.1\omega)$$

对于 0 型系统有

当 $\omega \to 0$ 时，$\lim\limits_{\omega \to 0} G_k(j\omega) = 10\angle 0°$；

当 $\omega \to \infty$ 时，$\lim\limits_{\omega \to \infty} G_k(j\omega) = 0\angle -180°$。

其开环幅相频率特性曲线如图 5 - 30 所示。该特性曲线与虚轴有交点，故可以令

$$\text{Re}[G_k(j\omega)] = 0$$

即

$$1-0.1\omega^2 = 0 \Rightarrow \omega^2 = 10 \Rightarrow \omega = \sqrt{10}$$

将 ω 代入 $\text{Im}[G_k(j\omega)]$ 中，得交点处的幅值为

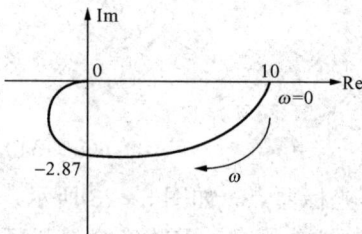

图 5 - 30 开环幅相频率特性曲线

$$A(\omega) = -\frac{10\sqrt{10}}{11} \approx -2.87$$

【例 5 - 2】 设系统的开环传递函数为 $G_k(s) = \dfrac{K}{s(T_1 s+1)(T_2 s+1)}$ $(K>0, T_1>T_2>0)$

试绘制该系统的开环幅相频率特性曲线。

解： 系统的开环频率特性为

$$G_k(j\omega) = \frac{K}{j\omega(j\omega T_1+1)(j\omega T_2+1)}$$

$$= \frac{-K(T_1+T_2)}{(1+\omega^2 T_1^2)(1+\omega^2 T_2^2)} - j\frac{K(1-T_1 T_2\omega^2)}{\omega(1+\omega^2 T_1^2)(1+\omega^2 T_2^2)}$$

$$A(\omega) = K\frac{1}{\omega}\frac{1}{\sqrt{1+\omega^2 T_1^2}}\frac{1}{\sqrt{1+\omega^2 T_2^2}}$$

$$\varphi(\omega) = -90° - \arctan(\omega T_1) - \arctan(\omega T_2)$$

对于 I 型系统有

当 $\omega \to 0$ 时，$\lim\limits_{\omega \to 0} G_k(j\omega) = \infty\angle -90°$；

当 $\omega \to \infty$ 时，$\lim\limits_{\omega \to \infty} G_k(j\omega) = 0\angle -270°$。

$\omega \to 0$ 时，其开环幅相频率特性曲线的渐近线与负虚轴平行，且与虚轴的距离为

$$V_x = \lim\limits_{\omega \to 0^+} \text{Re}[G_k(j\omega)] = -K(T_1+T_2)$$

该系统的幅相特性曲线与负实轴有交点，其交点坐标可由下式确定，若令 $\mathrm{Im}[G_k(j\omega)]=0$，则得

$$1-T_1T_2\omega^2=0 \Rightarrow \omega=\sqrt{\frac{1}{T_1T_2}}$$

将 ω 代入 $\mathrm{Re}[G_k(j\omega)]=0$ 中，得交点处的幅值为

$$A(\omega)=\frac{-K(T_1+T_2)}{2+\dfrac{T_1^2+T_2^2}{T_1T_2}}$$

该系统的幅相特性曲线如图 5-31 所示。

【例 5-3】 设系统的开环传递函数为

$$G_k(s)=\frac{K(1+20s)}{s^2(1+5s)(1+2s)}$$

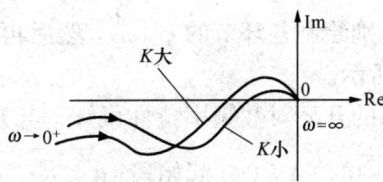

试绘制该系统的开环幅相频率特性的概略曲线。

解： 由于 $\nu=2$，因此有 $A(0)=\infty$，$\varphi(0)=-180°$；所以起点位于负实轴无穷远处。

由于 $n-m=3$，因此有 $A(\infty)=0$，$\varphi(\infty)=-270°$，所以曲线以相位角 $-270°$ 终止于坐标原点。

相频特性为 $\varphi(\omega)=-180°+\arctan20\omega-\arctan5\omega-\arctan2\omega$。

当 ω 增加时，$\varphi(\omega)$ 从 $-180°$ 先增后减。当 $\omega\rightarrow+\infty$ 时，$\varphi(\omega)$ 减至 $-270°$。

可以算出，曲线与负实轴的交点频率，即

$$\omega_x=0.255$$

曲线从第三象限穿越负实轴到第二象限。

由以上分析绘制的开环幅相频率特性的概略曲线如图 5-32 所示。图 5-32 中的增益 K 不同时，曲线穿越负实轴的位置也不同，但是，穿越频率 ω_x 是相同的，曲线的形状也是相似的。

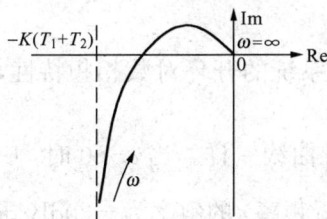

图 5-31　幅相特性曲线　　　　　　　图 5-32　开环幅相频率特性的概略曲线

二、开环对数频率特性曲线的绘制

对式（5-45）取对数后，则得系统的开环对数频率特性为

$$L(\omega)=20\lg A(\omega)=20\lg\prod_{i=1}^{n}A_i(\omega)=20\sum_{i=1}^{n}\lg A_i(\omega)=\sum_{i=1}^{n}L_i(\omega) \qquad (5-52)$$

即

$$\varphi(\omega)=\sum_{i=1}^{n}\varphi_i(\omega) \qquad (5-53)$$

由此看出，系统的开环对数幅频特性和相频特性分别为其组成环节对数幅频特性和相频特性的叠加。因此，绘制特性曲线时，可先绘制各环节的开环对数幅频和相频特性曲线，然后再将各分量的纵坐标相加，即可得到系统的开环对数频率特性。

下面以［例5-2］为例，讨论开环对数频率特性的绘制方法。

该系统是由比例、积分和两个惯性环节串联组成的，其对数幅频特性为

$$L(\omega) = 20\lg K - 20\lg\omega - 20\lg\sqrt{1 + \omega^2 T_1^2} - 20\lg\sqrt{1 + \omega^2 T_2^2}$$
$$= L_1(\omega) + L_2(\omega) + L_3(\omega) + L_4(\omega)$$

分别绘制各环节对数幅频特性渐近线 $L_i(\omega)$，如图5-33所示。其中有

$L_1(\omega) = 20\lg K$，是一条平行于横轴的直线；

$L_2(\omega) = 20\lg\omega$，是在 $\omega = 1$ 处过 0dB 线，且斜率为 -20dB/dec 的直线；

$L_3(\omega)$、$L_4(\omega)$ 的转折频率分别为 $\dfrac{1}{T_1}$、$\dfrac{1}{T_2}$，其渐近线在转折频率处由 0dB 线折为 -20dB/dec直线。

叠加后为 $L(\omega)$，如图5-33（a）中的粗实线所示。

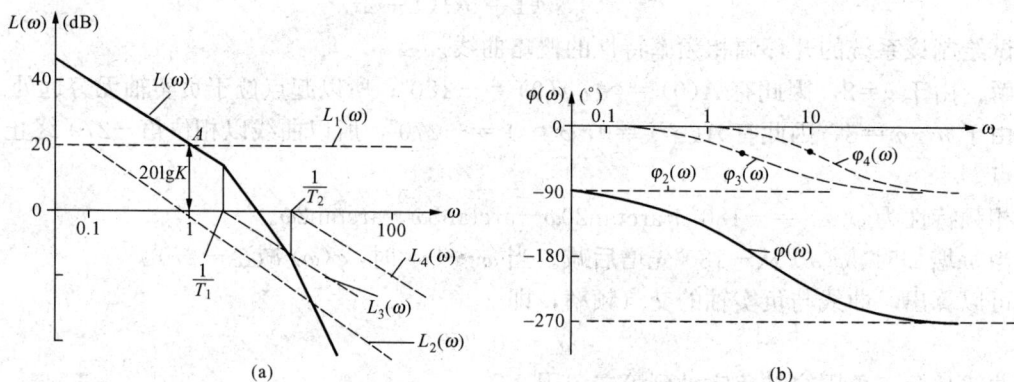

图5-33　［例5-2］系统的开环对数频率特性曲线

对数相频特性为

$$\varphi(\omega) = -90° - \arctan(\omega T_1) - \arctan(\omega T_2)$$
$$= \varphi_2(\omega) + \varphi_3(\omega) + \varphi_4(\omega)$$

同理，先分别绘制各环节的 $\varphi_i(\omega)$，然后再叠加，就得到了系统的开环对数相频特性，如图5-33（b）所示。

由绘制的开环对数频率特性可知，与开环幅相频率特性曲线一样，当 $\omega \to 0$ 时，$L(\omega)$ 取决于 $G_k(s)$ 中的 $\dfrac{K}{s^\nu}$；$L(\omega)$ 起始段（$0 < \omega < \omega_1$，ω_1 为最小转折频率）的斜率为 -20dB/dec，它是由积分环节的个数决定的。起始段（若 $\omega_1 < 1$，则为起始段的延长线）在 $\omega = 1$ 处的幅值为 $20\lg K$；将起始段延长与 0dB 线相交，则交点频率 ω 在数值上正好等于 K，这说明 $L(\omega)$ 的位置由 K 确定。随着 ω 的增加，每遇到一个转折频率，斜率就发生一次变化。

了解了这些特点，就可以根据开环传递函数一次绘制对数幅频特性渐近线，而不需要再逐项叠加。由此得出，绘制开环对数频率特性曲线的步骤如下：

（1）将开环传递函数化为各典型环节串联的标准型式，从而正确确定开环增益 K；

（2）计算各转折频率，并按大小顺序依次标在 ω 轴上；

（3）在 $\omega = 1$ 处，量出幅值 $20\lg K$，得到 A 点（$\omega = 1$，$20\lg K$dB）；

（4）通过 A 点，绘制一条斜率为 -20νdB/dec 的直线，直到第一个转折频率 ω_1，则得开环对数幅频特性的低频渐近线，如果 $\omega_1 < 1$，则低频渐近线的延长线通过 A 点。

（5）随着 ω 的增加，$L(\omega)$ 的低频段向中、高频段延伸，每遇到一个环节的转折频率，$L(\omega)$ 的斜率就发生一次相应的变化。

①每当遇到一阶惯性环节，斜率增加 -20dB/dec；

②每当遇到一阶微分环节，斜率增加 $+20\text{dB/dec}$；

③每当遇到二阶振荡环节，斜率增加 -40dB/dec；

④每当遇到二阶微分环节，斜率增加 $+40\text{dB/dec}$。

当 $\omega \geqslant \omega_{\max}$（最大转折频率）时，斜率达到 $(m-n)20\text{dB/dec}$，至此绘制了开环对数幅频特性的渐近线。

（6）若有必要，对 $L(\omega)$ 渐近线上各转折频率 $\dfrac{1}{T_i}$ 及其附近（两侧各十倍频程内）的曲线进行修正，则可得到精确的曲线。

$L(\omega)$ 通过 0dB 线时的交点频率 ω_c，称为截止频率（或穿越频率、剪切频率），它是频率分析及系统设计中的一个重要参数。

（7）系统的开环对数相频特性的绘制可按照前述的常规方法或直接利用表达式绘制，有时也可利用模板绘制。对于最小相位系统，对数幅频特性与对数相频特性之间有一一对应的关系，当 ω 由 $0 \to \infty$ 时，$\varphi(\omega)$ 由 $-v90° \to -(n-m) \times 90°$；且当 $L(\omega)$ 的斜率对称时，$\varphi(\omega)$ 曲线也是对称的。非最小相位系统则没有这样的对应关系。

【例 5 - 4】 已知某系统的开环传递函数为

$$G_k(s) = \frac{100(s+2)}{s(s+1)(s+20)}$$

试绘制系统的开环对数频率特性曲线。

解：（1）将 $G_k(s)$ 转换为典型环节串联的标准形式，即

$$G_k(s) = \frac{10(0.5s+1)}{s(s+1)(0.05s+1)}$$

（2）确定各环节的转折频率，并依次标在 ω 轴上，如图 5 - 34 所示。

1）一阶惯性环节，$\omega_1 = 1$；

2）一阶微分环节，$\omega_2 = 2$；

3）一阶惯性环节，$\omega_3 = 20$。

（3）由 $G_k(s)$ 可知，$v=1$，$K=10$，通过 A 点（$\omega=1$，$20\lg K = 20\text{dB}$）绘制一条斜率为 -20dB/dec 的直线，即低频段渐近线。

（4）在 $\omega_1 = 1$ 处，考虑一阶惯性环节的作用，需将渐近线斜率转为 -40dB/dec；在 $\omega_2 = 2$ 处，考虑一阶微分环节的作用，需将渐近线斜率由 -40dB/dec 转为 -20dB/dec；在 $\omega_3 = 20$ 处，考虑一阶惯性环节的作用，需将渐近线斜率由 -20dB/dec 转为 -40dB/dec，即得开环对数幅频

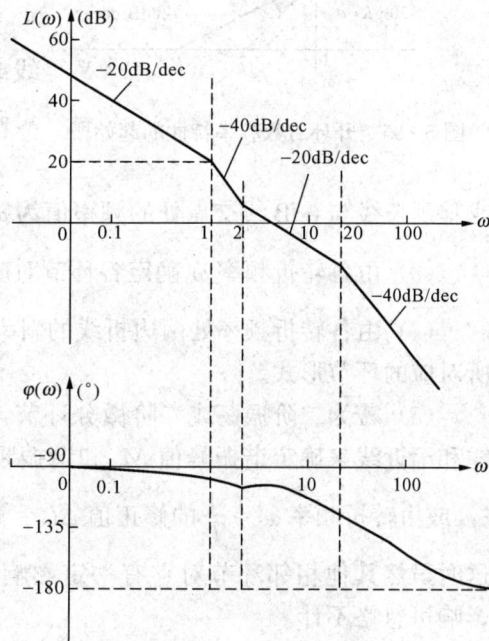

图 5 - 34 ［例 5 - 4］系统的对数频率特性曲线

特性的渐近线，如图 5 - 34 所示。在所绘制的 $L(\omega)$ 的渐近线上应标注出各频段对应的频率。

（5）系统的开环对数相频特性为 $\varphi(\omega) = -90° - \arctan\omega + \arctan(0.5\omega) - \arctan(0.05\omega)$

可采用描点法得到，并将其绘于图 5 - 34 中，当 ω 由 $0 \to \infty$ 时，$\varphi(\omega)$ 由 $-90° \to -180°$。

由图 5 - 34 可知，$L(\omega)$ 的渐近线在 ω_2、ω_3 之间穿越 0dB 线，即

$$L(\omega_c) = 0 \quad \text{或} \quad A(\omega_c) = 1$$

由于 $\omega_c > \omega_1 = 1$，$\omega_c > \omega_2 = 2$，$\omega_c < \omega_3 = 20$，则有

$$A(\omega_c) = \frac{10\sqrt{1+(\omega_c/2)^2}}{\omega_c\sqrt{1+\omega_c^2}\sqrt{1+(\omega_c/20)^2}}$$

$$\approx \frac{10 \times 0.5\omega_c}{\omega_c^2} = 1$$

求得 $\omega_c = 5$，则有

$$\varphi(\omega_c) = -90° - \arctan 5 + \arctan(0.5 \times 5) - \arctan(0.05 \times 5) = 114.5°$$

三、由频率特性确定相应最小相位系统的传递函数

前面介绍了由传递函数可以方便地得到或绘出系统的频率特性等内容，反过来，由频率特性也可求得相应的传递函数。又因为最小相位系统的幅频和相频特性是一一对应的，所以利用对数幅频特性就可写出最小相位系统的传递函数，并得到相对应的对数相频特性。

对于最小相位系统，由对数幅频特性确定相应传递函数的步骤如下：

（1）由低频段渐近线的斜率为 -20νdB/dec 来确定 ν。

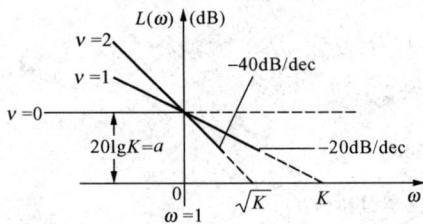

图 5 - 35 开环对数频率特性的起始段

（2）由低频段渐近线的位置来确定 K。因为当 $\omega \to 0$ 时，$L(\omega) \approx 20\lg\dfrac{K}{\omega^\nu} = 20\lg K - 20\lg\omega^\nu$，故可由以下两种方法确定 K，如图 5 - 35 所示。

1）当 $\omega = 1$ 时，$L(\omega) = 20\lg K$，因此由低频段渐近线或其延长线和 $\omega = 1$ 平行纵轴的直线交点处的 L 值 a 可确定 K，$K = 10^{\frac{a}{20}}$。

2）当 $L(\omega) = 0$ 时，$K = \omega^\nu$，因此，低频段渐近线或其延长线与 0dB 线交点处的频率值为 $\omega = \sqrt[\nu]{K}$。

（3）由各转折频率 ω_i 确定各环节对应的时间常数 $\dfrac{1}{T_i}$。

（4）由各转折频率处两边折线的斜率变化情况确定 T_i 所对应的环节形式。

（5）若为二阶振荡或二阶微分环节，则可根据实际曲线和渐近线来确定谐振峰值 M_r 和谐振频率 ω_r，进而确定 ξ，或由转折频率 $\omega_i = \dfrac{1}{T_i}$ 的修正值 $\Delta L = \pm 20\lg\dfrac{1}{2\xi}$ 来确定 ξ，这时虽然其他相邻环节对它有一定影响，但相距较大时，影响可忽略不计。

【例 5 - 5】 某最小相位系统，其开环对数幅频特性曲线如图 5 - 36 所示，试写出该系统的开环传递函数。

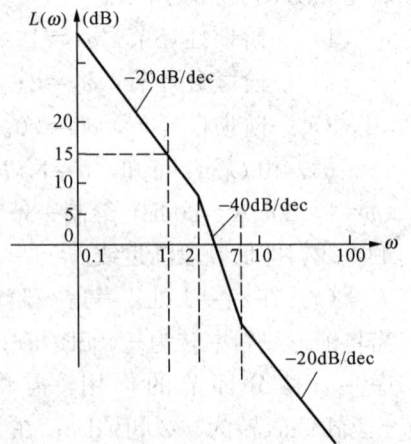

图 5 - 36 ［例 5 - 5］系统的对数幅频特性曲线

解：（1）由图 5-36 可以看出，该系统由一个积分环节、一个惯性环节和一个一阶微分环节组成。

（2）写出典型环节表达式，即

$$G_k(s) = \frac{K(1+T_2 s)}{s(1+T_1 s)}$$

（3）计算各环节参数。在 $\omega=1$ 处，低频渐近线的幅值 $a=15$，可确定 $20\lg K=15$，$K=10^{\frac{a}{20}}=5.6$。由图 5-36 知各转折频率 $\omega_1=2$，$T_1=1/2$，$\omega_2=7$，$T_2=1/7$。所以，该系统的开环传递函数为

$$G_k(s) = \frac{5.6(1+s/7)}{s(1+s/2)}$$

【例 5-6】 某最小相位系统，其开环对数幅频特性曲线如图 5-37 所示，图 5-37 中的虚线为修正后的精确曲线，试写出该系统的开环传递函数。

解：（1）由图 5-37 可以看出，该系统由一个比例环节、一个积分环节、一个一阶微分环节和一个二阶振荡环节组成。

（2）写出典型环节表达式，即

$$G_k(s) = \frac{K(1+T_1 s)}{s(T_2^2 s^2 + 2\xi T_2 s + 1)}$$

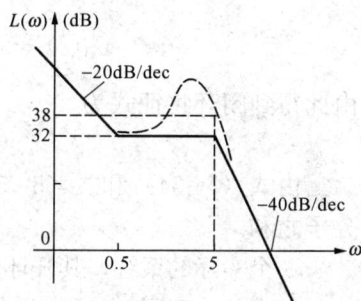

图 5-37　[例 5-6] 系统的
对数幅频特性曲线

（3）计算各环节参数。在 $\omega=0.5$ 处，低频渐近线的幅值为 -32dB，则 $\omega=1$ 时的幅值为 $20\lg K = 32 - 20\lg\frac{1}{0.5} = 26$dB，得 $K=20$；由图 5-37 知各转折频率 $\omega_1=0.5$，$T_1=2$，$\omega_2=5$，$T_2=0.2$，转折频率 $\omega_2=5$ 处的修正值为 $\Delta L=38-32=6=20\lg\frac{1}{2\xi}$，求得 $\xi=0.25$。所以，该系统的开环传递函数为

$$G_k(s) = \frac{20(1+2s)}{s(0.04s^2 + 0.1s + 1)}$$

第四节　频率特性的稳定判据

在第三章介绍的时域分析中讨论了系统的稳定性，并且给出了代数稳定判据，它可以只通过判别，避免求系统运动方程的解而获得控制系统稳定性的信息。

本节进一步讨论频域中，控制系统的稳定性问题，即频率特性稳定判据。又称为奈奎斯特（Nyquist）稳定判据，简称奈氏判据。

这两种判别方法不同之处在于，代数稳定判据是基于控制系统的闭环特征方程的各项系数来判别闭环特征根的分布，基本上提供的是控制系统绝对稳定性的信息，除了一些较简单的系统，很难由它判别系统的相对稳定性，而且也无法了解系统中结构参数对稳定性的影响。对于一个自动控制系统，一般其开环数学模型易于获得，而且开环模型中包含了闭环所有环节的动态结构和参数，由开环特性应该能分析出闭环稳定性。奈氏判据正是利用开环频率特性来判别闭环稳定性及其稳定程度——相对稳定性，而且它还能方便地研究参数及结构

变化对稳定性的影响。由于开环频率特性不仅可方便地由传递函数得到，而且还可由实验测取，因而使用奈氏判据来判别闭环系统稳定性的方法，是工程上极为重要又实用的方法。

一、系统的开环频率特性与闭环特征方程的关系

由于闭环系统的稳定性取决于闭环特征根在 s 平面的分布，因此运用开环频率特性讨论闭环系统的稳定性，首先要明确开环频率特性与闭环特征方程的关系，并进而找出与闭环特征根的规律性。

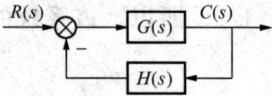

图 5-38 闭环系统的
         结构图

闭环系统的典型结构如图 5-38 所示。其开环传递函数为

$$G_\mathrm{k}(s) = G(s)H(s) = \frac{K_1 N_1(s)}{D_1(s)} \frac{K_2 N_2(s)}{D_2(s)} = \frac{KN(s)}{D(s)} \tag{5-54}$$

系统的闭环传递函数为

$$G_\mathrm{B}(s) = \frac{G(s)}{1+G(s)H(s)} = \frac{K_1 N_1(s) D_2(s)}{D(s)+KN(s)} = \frac{N_\mathrm{B}(s)}{D_\mathrm{B}(s)} \tag{5-55}$$

由此得到闭环特征式为

$$D_\mathrm{B}(s) = D(s) + KN(s) \tag{5-56}$$

由式（5-54）和式（5-56），可以看出，闭环系统的特征式就是开环传递函数的分母与分子之和。

一个实际的系统，其开环传递函数的分母 $D(s)$ 的阶次 n 总是高于分子 $N(s)$ 的阶次 m，因此，在式（5-56）中，$D_\mathrm{B}(s)$ 的阶次和 $D(s)$ 的阶次是相同的。

令

$$F(s) = \frac{D_\mathrm{B}(s)}{D(s)} = 1 + \frac{KN(s)}{D(s)} = 1 + G_\mathrm{k}(s) \tag{5-57}$$

则称 $F(s)$ 为辅助函数，它还可以写成如下的形式

$$F(s) = \frac{\prod\limits_{i=1}^{n}(s+s_i)}{\prod\limits_{i=1}^{n}(s+p_i)} \tag{5-58}$$

式中 $-s_i$，$-p_i$——辅助函数 $F(s)$ 的零点和极点。

辅助函数 $F(s)$ 具有如下特征：

(1) 辅助函数 $F(s)$ 等于闭环特征式与开环特征式之比，其零点 $-s_i$ 为闭环极点，其极点 $-p_i$ 为开环极点；

(2) $F(s)$ 的零点和极点个数相同，均为 n；

(3) $F(s)$ 和开环传递函数 $G_\mathrm{k}(s)$ 只相差常数 1。

引入辅助函数 $F(s)$ 后，闭环系统稳定性的充要条件就变成了 $F(s)$ 的全部零点都必须位于 s 平面的左半平面。

二、相角变化与系统稳定性的关系

在给出闭环系统的稳定性判据前，先寻找 $F(\mathrm{j}\omega)$ 相角变化与 $F(s)$ 零、极点的关系，即

$$F(\mathrm{j}\omega) = 1 + G_\mathrm{k}(\mathrm{j}\omega) = \frac{D_\mathrm{B}(\mathrm{j}\omega)}{D(\mathrm{j}\omega)} = \frac{\prod\limits_{i=1}^{n}(\mathrm{j}\omega+s_i)}{\prod\limits_{i=1}^{n}(\mathrm{j}\omega+p_i)} \tag{5-59}$$

以某一根 $-\alpha_i$ 为例，在复平面上，当 ω 变化时，相量 $(j\omega+\alpha_i)$ 的模值及相角也随之变化，考虑复数相乘（除），相角相加（减）。当 ω 由 0 变化到 $+\infty$ 时，$F(j\omega)$ 相量的相角变化量为

$$\Delta\angle F(j\omega) = \Delta\angle 1+G_k(j\omega) = \sum_{i=1}^{n}\Delta\angle(j\omega+s_i) - \sum_{i=1}^{n}\Delta\angle(j\omega+p_i) \quad (5-60)$$

式（5-60）中，各子因式 $(j\omega+s_i)$、$(j\omega+p_i)$ 的相角增量，取决于特征根在复平面上的位置。如果 $-\alpha_i$ 为位于虚轴左侧的单根，如图 5-39（a）所示，那么当 ω 由 0 变化到 $+\infty$ 时，相量 $(j\omega+\alpha_i)$ 将逆时针旋转 90°。如设逆时针转角为正角，顺时针转角为负角，则有

$$\Delta\angle(j\omega+\alpha_i) = 90° \quad (5-61)$$

如果特征根为位于虚轴左侧的共轭复根 $-\alpha_i\pm j\omega_i$，如图 5-39（b）所示，则当 ω 由 0 变化到 $+\infty$ 时，有

$$\Delta\angle[j\omega-(-\alpha_i+j\omega_i)] + \Delta\angle[j\omega-(-\alpha_i-j\omega_i)] = 180° \quad (5-62)$$

由式（5-62）可知，当特征根的实部为负（不论是实根还是共轭复根）时，各子因式的相角增量平均为 90°。类似地，特征根的实部为正（也不论是实根还是共轭复根），各子因式的相角增量平均为 $-90°$。

由此可得，如果系统在 s 右半平面有 p 个开环极点，s 右半平面有 z 个闭环极点，则式（5-60）应为

$$\Delta F(j\omega) = \sum_{i=1}^{n}\Delta\angle(j\omega+s_i) - \sum_{i=1}^{n}\Delta\angle(j\omega+p_i)$$
$$= \left[(n-z)\frac{\pi}{2}-z\frac{\pi}{2}\right] - \left[(n-p)\frac{\pi}{2}-p\frac{\pi}{2}\right] = (n-2z)\frac{\pi}{2}-(n-2p)\frac{\pi}{2}$$
$$= (p-z)\pi \quad (5-63)$$

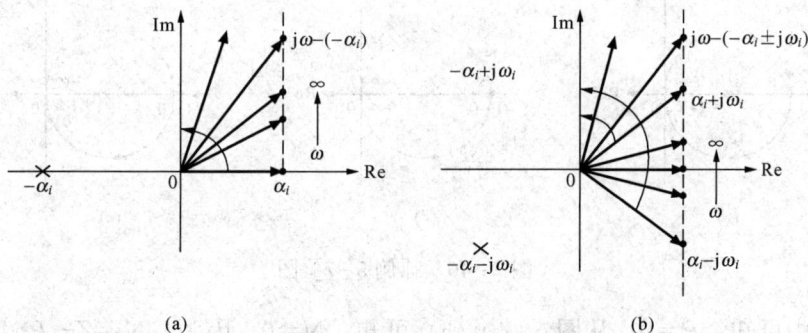

图 5-39 特征根位于虚轴左侧时子因式的幅角变化

式（5-63）表明，当 ω 由 0 变化到 $+\infty$ 时，相量 $F(j\omega)$ 在复平面中的相角增量为 $p\pi$，则系统稳定。否则，系统是不稳定的。

三、奈奎斯特稳定判据

奈奎斯特稳定判据一：

若奈奎斯特曲线 $GH(j\omega)$（当 ω 从 $-\infty\to+\infty$ 时）逆时针包围 $(-1, j0)$ 点的次数 N 等于开环传递函数 $GH(s)$ 在右半平面上的极点个数 P 时，$Z=0$ 闭环系统稳定；否则，$Z>0$ 闭环系统不稳定；若奈奎斯特曲线正好通过 $(-1, j0)$ 点，表示闭环系统处于临界稳定。即

$$N = Z - P \tag{5-64}$$

N 是奈奎斯特曲线包围（-1，j0）点的次数，顺时针为正，逆时针为负；

P 是开环系统在右半平面上的极点个数；Z 是闭环极点在右半平面的个数，$Z \geqslant 0$。

【例 5-7】 试讨论下述系统的稳定性。

(1) $GH(s) = \dfrac{K}{1+Ts}$，$(K>0$，$T>0)$

(2) $GH(s) = \dfrac{K}{1-Ts}$，$(K>0$，$T>0)$

(3) $GH(s) = \dfrac{K}{-1+Ts}$，$(K>0$，$T>0)$

解：首先绘制 ω 从 $0^+ \rightarrow +\infty$ 的奈奎斯特曲线，然后按以实轴对称的关系，绘制 ω 从 $-\infty \rightarrow 0^-$ 的一段曲线。

(1) 的曲线如图 5-40（a）；(2) 的曲线如图 5-40（b）；(3) 的曲线考虑 K 值的大小。$K>1$ 见图 5-40（c）；$K=1$ 见图 5-40（d）；$K<1$ 见图 5-40（e）。

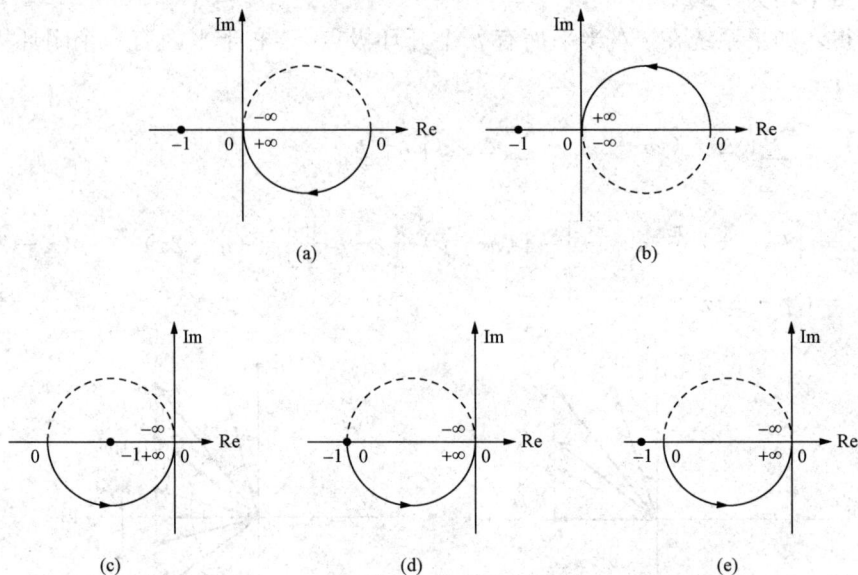

图 5-40　[例 5-7] 图

从（1）中可知：$P=0$；从图 5-40（a）可知：$N=0$，因为，$N=Z-P$，所以，$Z=0$，闭环在右半平面无极点，系统稳定。

从（2）中可知：$P=1$；从图 5-40（b）可知：$N=0$，因为，$N=Z-P$，所以，$Z=1$，闭环在右半平面有一个极点，系统不稳定。

从（3）中可知：$P=1$；从图 5-40（c）可知：当 $K>1$ 时，$N=-1$，因为 $N=Z-P$，所以，$Z=0$，闭环稳定；从图 5-40（e）可知：当 $K<1$ 时，$N=0$，$N=Z-P$，$Z=1$，闭环不稳定；从图 5-40（d）可知：奈奎斯特曲线通过（-1，j0）点，闭环系统临界稳定。

此题也可以通过绘制根轨迹来分析系统的稳定性，但是要留意题（2）是零度根轨迹。

四、开环有串联积分环节时奈氏判据的应用

开环系统中串联有积分环节，即坐标原点处有极点，其开环传递函数可表示为

$$G_k(s) = \frac{K(\tau_1 s+1)\cdots}{s^\nu(T_1 s+1)\cdots} \qquad (5-65)$$

开环幅相频率特性在 $\omega=0$ 处，$G_k(j\omega) \to \infty$，曲线不连续。无法说明是否包围 $(-1,j0)$ 点，在这种情况下，可进行如下处理，把 s 沿 $j\omega$ 轴变化的路线在原点处作一个修改，以 $\omega=0$ 为圆心，以无穷小量 ε 为半径，在 s 右半平面绘制一很小的半圆，如图 5-41（a）所示。这样可将坐标原点处的开环极点划归到左半平面，并可视其为稳定根。

当 s 沿着上述小半圆移动时，有 $s=\varepsilon e^{j\theta}$，其中，$\varepsilon \to 0$。当 ω 由 0^- 变到 0^+ 时，θ 角的变化为 $-\frac{\pi}{2} \leqslant \theta \leqslant \frac{\pi}{2}$，下面研究此时幅相频率特性 $G_k(j\omega)$ 的变化情况。

将 $s=\varepsilon e^{j\theta}$ 代入到式（5-66）中，得

$$G_k(s) = \left| \frac{K(\tau_1 s+1)\cdots}{s^\nu(T_1 s+1)\cdots} \right|_{s=\lim_{\varepsilon\to 0}\varepsilon e^{j\theta}} = \left(\lim_{\varepsilon\to 0} \frac{K}{\varepsilon^\nu} \right) e^{-j\nu\theta} = \infty e^{-j\nu\theta}$$

由上式可知，当 ω 由 $0^- \to 0 \to 0^+$ 时，θ 角按 $-\frac{\pi}{2} \to 0 \to \frac{\pi}{2}$ 变化，$\angle G_k(j\omega)$ 由 $\nu \times \frac{\pi}{2} \to 0 \to -\nu \times \frac{\pi}{2}$，$|G_k(j\omega) \to \infty|$，即当 s 沿无穷小半圆逆时针移动时，$G_k(j\omega)$ 沿无穷大半径的圆弧顺时针移动 $\nu\pi$ 角。

若只取图 5-41（a）所示的上半部，即无穷小半圆只取横轴上四分之一圆弧，那么当 s 沿无穷小半圆逆时针移动时，即当 ω 由 $0 \to 0^+$ 变化时，$G_k(j\omega)$ 沿无穷大半径的圆弧顺时针移动 $\nu\pi/2$ 角。

因此，当开环传递函数串联有 ν 个积分环节时，可先绘制 ω 由 $0^+ \to +\infty$ 的 $G_k(j\omega)$ 曲线，然后再绘制从 $0 \to 0^+$ 的补充圆弧，绘制时应从与频率 0^+ 对应的点开始，逆时针方向补绘制一个半径为无穷大，圆心角为 $\nu\pi/2$ 角的大圆弧，这样便得到了连续变化的轨迹。最后再由完整的 $G_k(j\omega)$ 曲线，根据奈氏判据判断闭环系统稳定与否。后来绘制的大圆弧称为辅助线，在图 5-41（a）中用虚线表示。

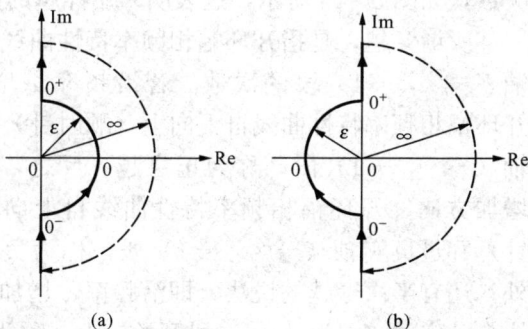

图 5-41　在原点有极点时的处理

有时，也采用图 5-41（b）所示的处理方法，即以原点为圆心，无穷小量 ε 为半径，顺时针绕过原点，在 s 右半平面绘制一很小的半圆。虽然辅助线方向相反，但此时原点处的极点却划归到了右半平面，开环右半平面的极点数 p 应包括原点处的极点数 ν，这时补辅助线的方法是，从 $G_k(j\omega)$ 曲线 ω 由 0^- 对应的点开始，逆时针方向补作一个半径为无穷大，圆心角为 $\nu \times \pi$ 角的大圆弧，到达 $G_k(j\omega)$ 曲线 ω 由 0^+ 对应的点，然后用公式（5-64）进行分析，两种方法稳定性结论一致。

【例 5-8】 已知非最小相位系统的开环传递函数为

$$G(s)H(s) = \frac{K(s+3)}{s(s-1)}$$

试用奈氏判据判别闭环系统的稳定性。

解： 由于开环传递函数在 s 平面的原点存在极点，因此需要考虑加辅助线。系统的频率特性为

$$G(j\omega)H(j\omega) = \frac{K(j\omega+3)}{j\omega(j\omega-1)} = \frac{-4K}{1+\omega^2} + j\frac{K(3-\omega^2)}{\omega(1+\omega^2)}$$

$$\lim_{\omega\to 0}|G(j\omega)H(j\omega)| = \infty, \quad \lim_{\omega\to 0}\angle G(j\omega)H(j\omega) = -\frac{3\pi}{2}$$

$$\lim_{\omega\to+\infty}|G(j\omega)H(j\omega)| = 0, \quad \lim_{\omega\to+\infty}\angle G(j\omega)H(j\omega) = -\frac{\pi}{2}$$

若令虚部等于零，则得奈氏曲线与实轴交点处的频率为 $\omega = \sqrt{3}$，奈氏曲线与实轴交点坐标为 $-K$。根据上面的分析和对称性可绘制出系统的奈氏曲线，如图 5-42 所示。

奈氏曲线辅助线：从 $\omega=0^-$ 的映射点开始，顺时针转过 $180°$，到 $\omega=0^+$ 的映射点的半径为无穷大的圆弧。

因为开环传递函数在右半 s 平面有一个极点，所以 $P=1$。

(1) 当 $K>1$ 时，$N=1$，$Z=0$，闭环系统稳定。

(2) 当 $K<1$ 时，$N=-1$，$Z=2$，闭环系统不稳定。

(3) 当 $K=1$ 时，奈氏曲线穿越 $(-1, j0)$ 点，闭环系统临界稳定。

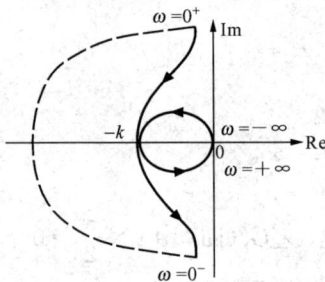

图 5-42 ［例 5-8］开环幅相频率特性曲线

五、由穿越次数判别闭环系统的稳定性

当开环幅相频率特性的曲线形状很复杂时，则很难分辨它对 $(-1, j0)$ 点的包围方向及次数，如图 5-43 所示，这表明采用穿越的概念来判断稳定性较为方便。

所谓穿越，是指开环幅相频率特性曲线穿越负实轴 $(-\infty, -1)$ 段的次数。若沿频率 ω 增加方向，开环幅相频率特性曲线自下向上（顺时针）穿过负实轴 $(-\infty, -1)$ 段，称为正穿越；反之，沿频率 ω 增加方向，开环幅相频率特性曲线自上向下（逆时针）穿过负实轴 $(-\infty, -1)$ 段，称为负穿越。此外，还有半次穿越的说法，即沿频率 ω 增加方向，曲线自负实轴 $(-\infty, -1)$ 段开始向上，称为半次正穿越；反之，沿频率 ω 增加方向，曲线自负实轴 $(-\infty, -1)$ 段开始向下，称为半次负穿越。

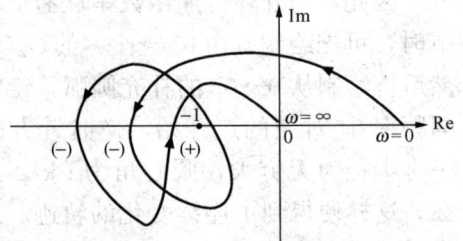

图 5-43 复杂的包围情况

奈奎斯特稳定判据二：

若 ω 由 $0 \to +\infty$ 变化时（或当 ω 由 $-\infty \to 0$ 变化时），开环传递函数奈奎斯特曲线 $GH(j\omega)$ 穿越负实轴 $(-\infty, -1)$ 段的次数等于开环传递函数 $GH(s)$ 在右半平面上的极点个数的一半，即 $P/2$ 时，$Z=0$ 闭环系统稳定；否则，$Z>0$ 闭环系统不稳定；若奈奎斯特曲线正好通过 $(-1, j0)$ 点，表示闭环系统处于临界稳定。

$$2N = Z - P \tag{5-66}$$

N 是奈奎斯特曲线穿越负实轴 $(-\infty, -1)$ 段的次数，顺时针为正，逆时针为负；P 是开环系统在右半平面上的极点个数；Z 是闭环极点在右半平面中的个数，$Z \geqslant 0$。

奈奎斯特稳定判据二，主要是角频率 ω 变化了一半，即 ω 由 $0 \to +\infty$ 变化时，或当 ω 由

$-\infty\to0$ 变化时，所以有 2 倍的 N。

如果开环系统本身有 ν 个积分环节，同样需要补辅助线，若只取图 5-41（a）的上半部，即无穷小半圆只取横轴上四分之一圆弧，当 s 沿无穷小半圆逆时针移动时，即当 ω 由 $0\to0^+$ 变化时，$G_k(j\omega)$ 沿无穷大半径的圆弧顺时针移动 $\nu\times\pi/2$ 角。同理，当 s 沿无穷小半圆逆时针移动时，即当 ω 由 $0^-\to0$ 变化时，$G_k(j\omega)$ 也沿无穷大半径的圆弧顺时针移动 $\nu\times\pi/2$ 角。

【例 5-9】 判断图 5-44 所示各奈奎斯特曲线对应系统的闭环稳定性，并求出闭环右半平面极点数 Z。其中 P，ν 分别为开环传递函数右半平面和原点处的极点数。

解：根据各系统开环传递函数在原点处的极点数 ν 绘制辅助线如图中虚线所示，对于图 5-44（a）、（b）中的曲线都不包围（-1，j0）点，且 P 均为 0，所以它们对应的闭环系统均是稳定的，$Z=0$。图 5-44（c）中，曲线逆时针围绕（-1，j0）点转半圈即

$$N=\frac{1}{2}-1=-\frac{1}{2}$$

又因为 $P=1$，根据公式 $2N=Z-P$ 得

$Z=2N+P=2\times\left(-\frac{1}{2}\right)+1=0$，所以它所对应的闭环系统也是稳定的，$Z=0$。

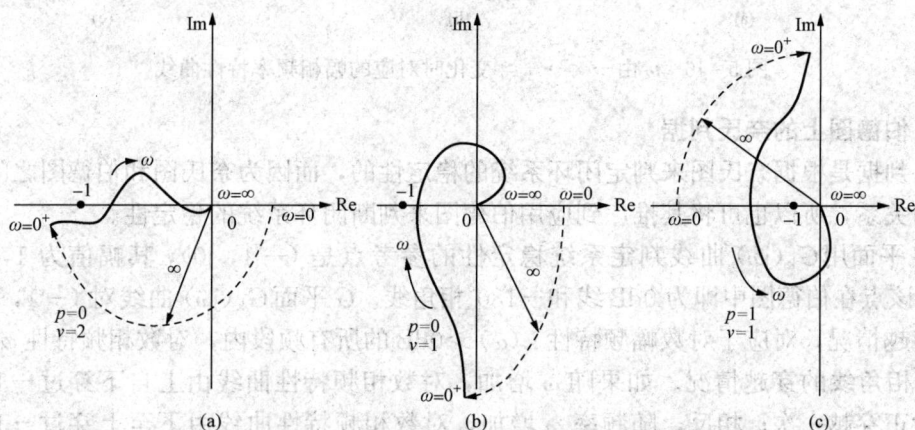

图 5-44　［例 5-9］有积分环节的幅相频率特性曲线

图 5-44 中的曲线是 ω 由 $0\to+\infty$ 变化时对应的曲线，该题也可以用 ω 由 $-\infty\to0$ 变化时的曲线进行分析，如图 5-45 所示，用公式（5-66），结论同上述分析结果相同。

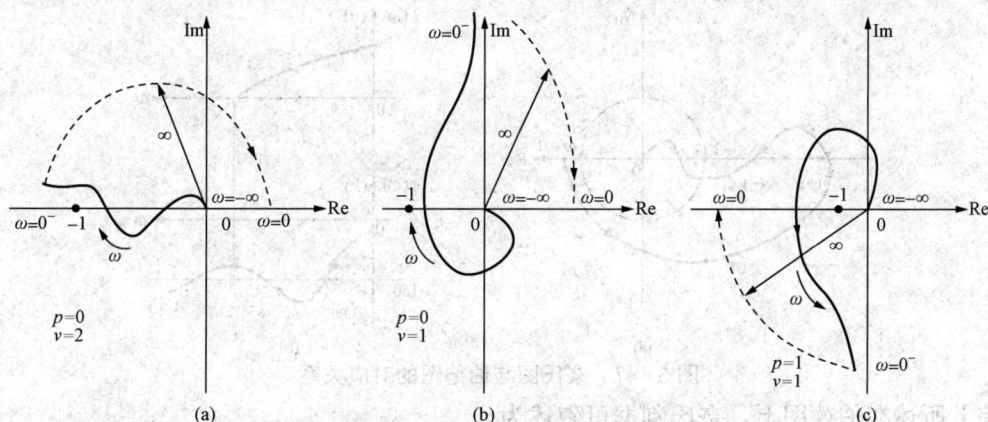

图 5-45　ω 由 $-\infty\to0$ 变化时对应的幅相频率特性曲线

图 5-44 中的曲线对应的系统也可以用 ω 由 $-\infty \rightarrow +\infty$ 变化时的曲线进行分析，如图 5-46，用式（5-64）即 $N=Z-P$ 结论同上述分析结果相同。见图 5-46（c）中，$P=1$，$Z=-1$ 根据公式 $N=Z-P$ 得

$Z=N+P=-1+1=0$，系统稳定。

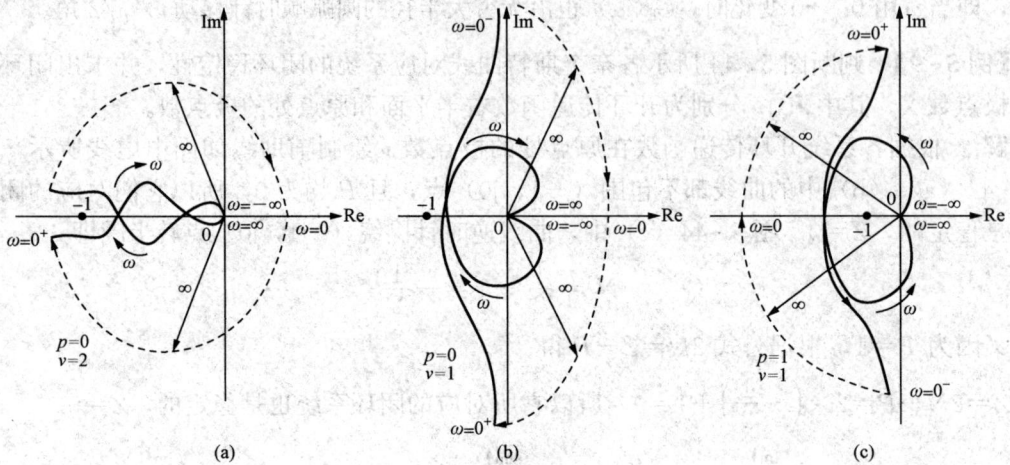

图 5-46　ω 由 $-\infty \rightarrow +\infty$ 变化时对应的幅相频率特性曲线

六、伯德图上的奈氏判据

奈氏判据是根据奈氏图来判定闭环系统的稳定性的，而因为奈氏图和伯德图之间存在一一对应的关系，所以也可将其推广到应用伯德图来判断闭环系统的稳定性。

若 G 平面用 $G_k(j\omega)$ 曲线判定系统稳定性的参考点是 $(-1, j0)$，其幅值为 1，相角为 $-180°$，该点在伯德图中即为 0dB 线和 $-180°$ 相角线。G 平面 $G_k(j\omega)$ 曲线对 $(-1, -\infty)$ 实轴段的穿越情况，对应于对数幅频特性 $L(\omega) > 0$dB 的所有频段内，对数相频特性 $\varphi(\omega)$ 曲线对 $-180°$ 相角线的穿越情况。如果随 ω 增加，对数相频特性曲线由上自下穿过 $-180°$ 相角线，称为正穿越一次；相反，随频率 ω 增加，对数相频特性曲线由下至上穿过 $-180°$ 相角线，称为负穿越一次。若对数相频特性曲线起于或止于 $-180°$ 相角线上，则称为半次穿越，也有相应的正、负穿越之分，如图 5-47 所示。

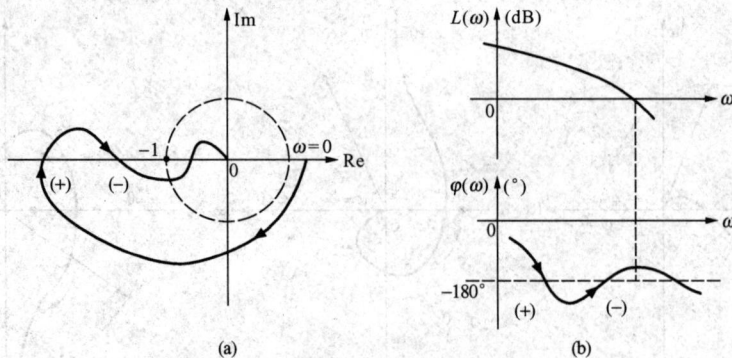

图 5-47　奈氏图与伯德图的对应关系

综上所述在伯德图上，奈氏判据可叙述为

奈奎斯特稳定判据三（伯德图）：

若开环传递函数 $G_k(s)$ 有 P 个右半平面极点，则闭环系统稳定的充要条件是：当 ω 由 $0 \to +\infty$ 变化时，在开环对数幅频率特性 $L(\omega) > 0\mathrm{dB}$ 的所有频段内，对数相频特性曲线 $\varphi(\omega)$ 对 $-180°$ 线的正、负穿越次数之差为 $P/2$，系统稳定。否则，闭环系统不稳定，且有 $Z = P + 2N$ 个右极点。

$$2N = Z - P \tag{5-67}$$

N 是在开环对数幅频率特性 $L(\omega) > 0\mathrm{dB}$ 的所有频段内，对数相频特性曲线 $\varphi(\omega)$ 对 $-180°$ 线的正、负穿越次数之差；

P 是开环系统在右半平面上的极点个数；Z 是闭环极点在右半平面的个数，$Z \geq 0$。

如果开环传递函数中有 ν 个积分环节，则将 $\varphi(\omega)$ 曲线最左端视为 $\omega = 0^+$ 处，做 $\nu \times 90°$ 虚线段的辅助线，找到 $\omega = 0$ 时 $\varphi(\omega)$ 起点，方能正确确定 $\varphi(\omega)$ 对 $-180°$ 线的穿越情况。

【例 5-10】 已知 $G_k(s) = \dfrac{K(T_2 s + 1)}{s(T_1 s - 1)} (T_1 > T_2)$，在某一 K 值下，开环对数幅频特性如图 5-48（a）中的实线所示，试使用奈氏图和伯德图分析 K 值对系统稳定性的影响。

解： 由 $G_k(s)$ 知，$p = 1$

$$G_k(\mathrm{j}\omega) = \frac{K(T_2 \mathrm{j}\omega + 1)}{\mathrm{j}\omega(T_1 \mathrm{j}\omega - 1)} = \mathrm{Re}(\omega) + \mathrm{jIm}(\omega)$$

其中，$\mathrm{Re}(\omega) = -\dfrac{K(T_1 + T_2)}{T_1^2 \omega^2 + 1}$

$$\mathrm{Im}(\omega) = -\frac{K(T_1 T_2 \omega^2 - 1)}{\omega(T_1^2 \omega^2 + 1)}$$

$$A(\omega) = \frac{K}{\omega} \sqrt{\frac{T_2^2 \omega^2 + 1}{T_1^2 \omega^2 + 1}}$$

$$\varphi(\omega) = -90° + (-180° + \arctan T_1 \omega) + \arctan T_2 \omega$$

（1）$\omega = 0^+$ 时，$\varphi(\omega) = -270°$，
$\mathrm{Re}(\omega) = -K(T_1 + T_2)$，$\mathrm{Im}(\omega) = \infty$；

（2）当 $\omega \to \infty$ 时，$\varphi(\omega) = -90°$，
$\mathrm{Re}(\omega) = 0$，$\mathrm{Im}(\omega) = 0$；

（3）当 $\omega = \dfrac{1}{\sqrt{T_1 T_2}}$ 时，$\mathrm{Re}(\omega) = -KT_2$，$\mathrm{Im}(\omega) = 0$，
$\varphi(\omega) = -180°$。

根据以上计算可绘制出对数相频特性 $\varphi(\omega)$ 和幅相曲线，如图 5-48（b）和图 5-49 所示。

对数相频特性 $\varphi(\omega)$ 如图 5-48（b）所示，该系统 $\nu = 1$，绘制出辅助线，正、负穿越次数分别为 $N = \dfrac{1}{2} - 1 = -\dfrac{1}{2}$，$Z = 2N + P = 2 \times \left(-\dfrac{1}{2}\right) + 1 = 0$，故在此 K 值下闭环系统稳定。

若 K 值下降，则 $L(\omega)$ 将平行下移，而 $\varphi(\omega)$ 不受影响。当 $K = \dfrac{1}{T_2}$ 时系统临界稳定，在 $\varphi(\omega) = -180°$ 处，

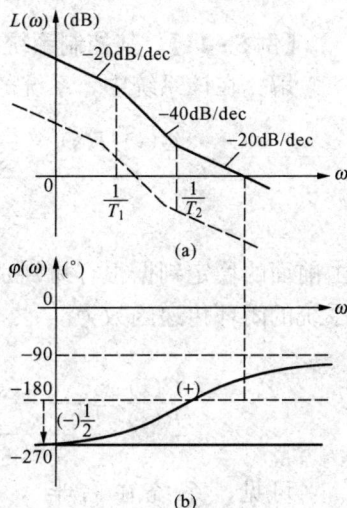

图 5-48 ［例 5-10］的
相频特性曲线

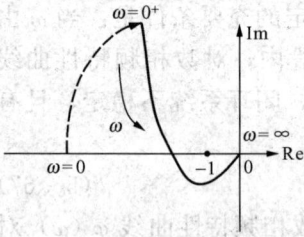

图 5-49　[例 5-10] 的
　　　　　幅相曲线

$L(\omega) = 0\text{dB}$。若 $K < \dfrac{1}{T_2}$，如图 5-48（a）中虚线所示 $L(\omega)$，则在 $L(\omega) > 0\text{dB}$ 频段内，$\varphi(\omega)$ 对 $-180°$ 线仅有 1/2 次正穿越闭环系统失去稳定性，且有 $Z = 2N + P = 2 \times \dfrac{1}{2} + 1 = 2$，即闭环在右半平面有两个右极点。

这说明对某些非最小相位系统，降低开环放大系数 K，反而会导致系统不稳定。

七、当前向通路 $G(s)$ 与反馈通路 $H(s)$ 之间的零极点对消的情况

设前项通路的传递函数为 $G(s) = \dfrac{KA(s)}{B(s)}$，反馈通路的传递函数 $H(s) = \dfrac{F(s)}{D(s)}$，于是得开环传递函数 $G(s)H(s) = \dfrac{KA(s)}{B(s)} \dfrac{F(s)}{D(s)}$，闭环传递函数为

$$\frac{G(s)}{1 + G(s)H(s)} = \frac{KA(s)D(s)}{B(s)D(s) + KA(s)F(s)}$$

（1）首先假设前项通路的极点 $B(s)$ 与反馈通路的零点 $F(s)$ 有对消，即 $B(s) = F(s)$，开环传递函数为 $G(s)H(s) = \dfrac{KA(s)}{D(s)}$，闭环传递函数为 $\dfrac{G(s)}{1 + G(s)H(s)} = \dfrac{KA(s)D(s)}{B(s)[D(s) + KA(s)]}$。

（2）假设前项通路的零点 $A(s)$ 与反馈通路的极点 $D(s)$ 有对消，即 $A(s) = D(s)$，开环传递函数为 $G(s)H(s) = \dfrac{KF(s)}{B(s)}$，闭环传递函数为

$$\frac{G(s)}{1 + G(s)H(s)} = \frac{KA^2(s)}{A(s)[B(s) + KC(s)]} = \frac{KA(s)}{B(s) + KC(s)}$$

所以对情况（1），$B(s)$ 是闭环系统的根（同时也是开环极点），无论 K 为何值，$B(s)$ 均为闭环系统的极点，$G(s)$ 的极点与 $H(s)$ 的零点对消时，必须保留 $G(s)$ 的极点 $B(s)$。对情况（2）可以考虑对消。

【例 5-11】 某控制系统如图 5-50 所示，试分析系统的稳定性。

解： 在该系统中，系统的开环传递函数为

$$G(s)H(s) = \frac{1}{(s-1)(s+1)} \frac{s-1}{s+2}$$

$$= \frac{1}{(s+1)(s+2)}$$

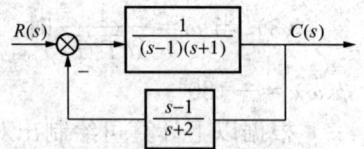

图 5-50　开环传递函数存
　　　　　在零极点对消

由前面的稳定判据很容易判别该系统是稳定的。但是实际上，系统的闭环传递函数为

$$\frac{C(s)}{R(s)} = \frac{\dfrac{1}{(s-1)(s+1)}}{1 + \dfrac{1}{(s-1)(s+1)} \dfrac{s-1}{s+2}} = \frac{s+2}{(s-1)[(s+1)(s+2)+1]}$$

可见，系统在右半 s 平面的闭环极点，一部分由开环传递函数 $G(s)H(s) = \dfrac{1}{(s+1)(s+2)}$ 决定，另一部分是由对消的、不稳定的开环极点 $s = -1$ 组成，所以闭环系统

有一个不稳定的极点，即系统不稳定。

第五节　控制系统的相对稳定性

在设计一个控制系统时，不仅要求其必须绝对稳定，还应使系统具有一定的稳定程度，即具有适度的相对稳定性。只有这样，才能满足性能指标，不会因建立系统数学模型和系统分析设计中的某些简化处理，或系统特性参数变化而导致系统不稳定。

系统离开稳定边界的程度说明了系统的相对稳定性。在频域中，是利用开环幅相频率特性曲线与 $(-1, j0)$ 点的相对位置来判别系统的稳定性的。图 5-51 所示为开环幅相频率特性曲线相对 $(-1, j0)$ 点的位置与对应的系统单位阶跃响应 $h(t)$ 的示意图。

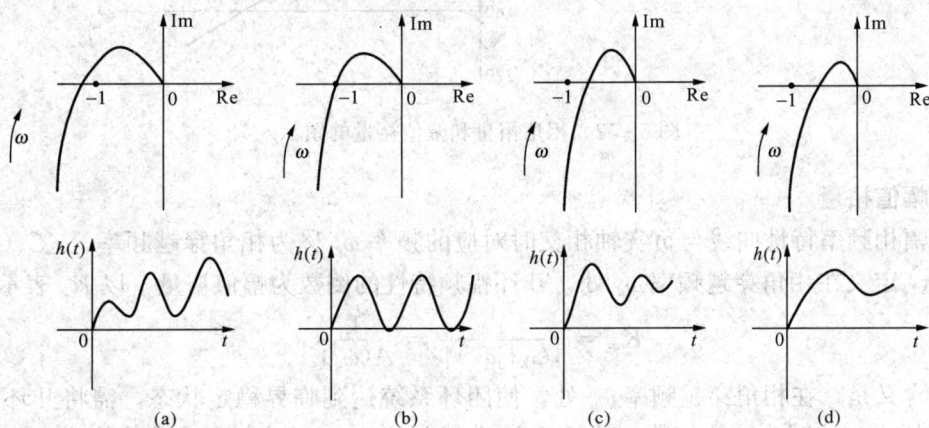

图 5-51　$G_k(j\omega)$ 与 $h(t)$ 的关系

图 5-51 中各系统的开环传递函数 $G_k(j\omega)$ 在 s 右半平面的极点数为零。由图 5-51 中可知，当开环幅相频率特性曲线包围 $(-1, j0)$ 点时，对应系统的单位阶跃响应 $h(t)$ 发散，系统不稳定；当开环幅相频率特性曲线正好通过 $(-1, j0)$ 点时，对应系统的单位阶跃响应 $h(t)$ 等幅振荡，系统临界稳定；当开环幅相频率特性曲线不包围 $(-1, j0)$ 点时，系统均稳定。但由图 5-51 (c)、(d) 可知，由于开环幅相频率特性曲线距 $(-1, j0)$ 点的远近程度不同，因此系统的稳定程度也不同，曲线距 $(-1, j0)$ 点越远，闭环系统稳定的程度越高，这就是所谓的相对稳定性。

通常使用稳定裕量来表示系统的相对稳定性，它包括幅值裕量和相角裕量。

一、相角裕量

由前面的内容可知，在频率特性上对应于幅值 $A(\omega)=1$ 或 $L(\omega)=0\text{dB}$ 的角频率 ω 为剪切频率或截止频率，以 ω_c 表示。定义在剪切频率 ω_c 处，开环频率特性矢量与负实轴的夹角称为相角裕量，以 γ 表示，即

$$\gamma = 180° + \angle G_k(j\omega) = 180° + \varphi(\omega_c) \qquad (5-68)$$

它的含义是，在剪切频率 ω_c 处使系统达到临界稳定状态所要附加的相角滞后量。显然，γ 越大，系统的相对稳定性越好。若 $\gamma>0$，则 $\varphi(\omega_c)>-180°$，说明 $G_k(j\omega)$ 曲线不包围 $(-1, j0)$ 点，系统稳定；若 $\gamma=0$，则 $\varphi(\omega_c)=-180°$，$G_k(j\omega)$ 曲线正好通过 $(-1, j0)$ 点，系统临界稳定；若 $\gamma<0$，则 $\varphi(\omega_c)<-180°$，说明 $G_k(j\omega)$ 曲线包围 $(-1, j0)$ 点，系统不稳定。

在伯德图上，则有 $L(\omega_c)=0\mathrm{dB}$，即在剪切频率 ω_c 处 $L(\omega_c)$ 过 0dB 线时 $\varphi(\omega_c)$ 与 $-180°$ 的距离就是相角裕量 γ，如图 5-52 所示。

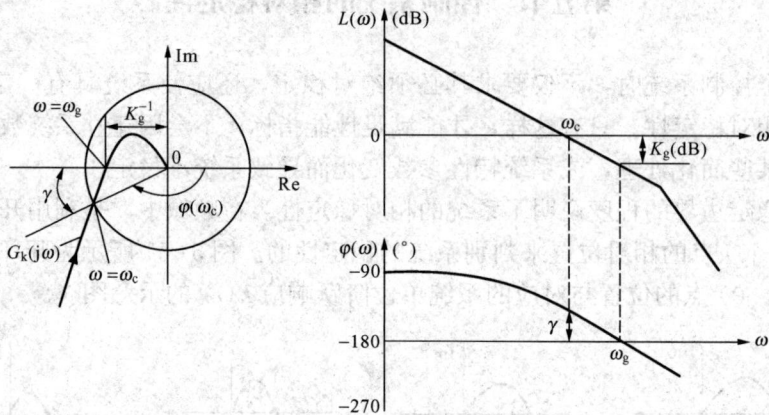

图 5-52　相角裕量和幅值裕量的图示

二、幅值裕量

开环幅相频率特性曲线与负实轴相交时对应的频率 ω_g 称为相角穿越频率，$\angle G_k(j\omega_g)=(2k+1)\pi$，定义在相角穿越频率 ω_g 处，开环幅频特性的倒数为幅值裕量，以 K_g 表示，即

$$K_g=\frac{1}{|G_k(j\omega_g)|}=\frac{1}{A(\omega_g)} \tag{5-69}$$

它的含义是，在相角穿越频率 ω_g 处，使闭环系统达到临界稳定状态，需将开环幅相特性 $A(\omega_g)$ 增大（或减小）的倍数。若 $G_k(j\omega)$ 曲线与 $(-1,j0)$ 实轴段有多个交点，则应按最接近 $(-1,j0)$ 点的那个点计算 K_g 值。

很明显，$K_g>1$，$G_k(j\omega)$ 曲线不包围 $(-1,j0)$ 点，闭环系统稳定；$K_g=1$，$G_k(j\omega)$ 曲线正好通过 $(-1,j0)$ 点，系统临界稳定；$K_g<1$，$G_k(j\omega)$ 曲线包围 $(-1,j0)$ 点，系统不稳定。

在伯德图上，幅值裕量用 $K_g(\mathrm{dB})$ 表示，如图 5-52 所示，即

$$K_g(\mathrm{dB})=20\lg K_g=-20\lg A(\omega_g)(\mathrm{dB})$$

对于一个开环传递函数中无右半面极点的系统来讲，若使闭环系统稳定，则应要求 $\nu>0$，$K_g>1$［或 $K_g(\mathrm{dB})>0$］。

保持适度的稳定裕量，可以预防系统中元件性能变化可能带来的不利影响。在工程中，为了使闭环系统具有良好的动态性能，一般取 $\nu=30°\sim60°$，$K_g(\mathrm{dB})=6\mathrm{dB}$ 以上。

还应注意的是，为确定系统的相对稳定性，应当同时给出相角裕量和幅值裕量。若仅用 ν 或 K_g，有时不足以说明系统的稳定程度，如图 5-53（a）所示，系统的幅值裕量 K_g 虽大，γ 却很小，因而系统的稳定程度不是高而是低。同样，图 5-53（b）所示的 γ 足够大，但 K_g 很小，相对稳定性也不能令人满意；图 5-53（c）所示的两个系统虽然具有相同的幅值裕量，但相角裕量却大不相同。

在实际工程中，大多数系统为最小相位系统，且最小相位系统 $L(\omega)$ 的斜率与相角 $\varphi(\omega)$ 之间有一一对应的关系。为了保证有足够的相角裕量，在剪切频率 ω_c 处，对数幅频特性的斜率应大于 $-40\mathrm{dB/dec}$，因而设计时总是使 $L(\omega)$ 在剪切频率 ω_c 附近足够宽的频率范围内斜率为 $-20\mathrm{dB/dec}$，通常称这一段为中频段，它能集中反映闭环系统的稳定性和动态性能，有

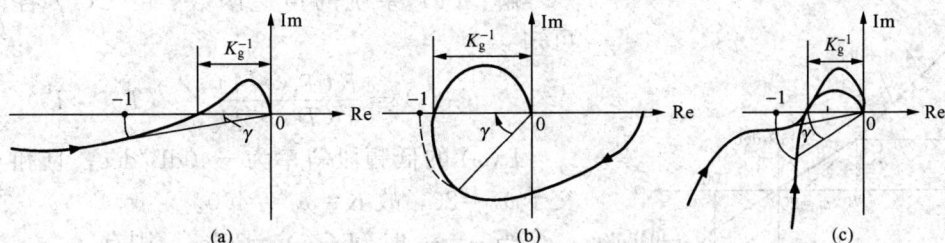

图 5-53　不同条件下的系统稳定性示意

(a) K_g 大，γ 很小；(b) γ 大，K_g 很小；(c) 相同的幅值裕量，但相角裕量不同

关这一点将在第六章详细论述。

另外，以上定义的稳定裕量只适用于最小相位系统。对于非最小相位系统，也可定义这样的稳定裕量指标，但是由于情况非唯一，因此没有实用意义。

【例 5-12】　已知某系统的开环传递函数为

$$G_k(s) = \frac{4}{s(s+1)(s+2)}$$

(1) 概略绘制 $G_k(j\omega)$ 的曲线；

(2) 由计算出的幅值裕量，分析系统的稳定性。

解： 开环频率特性为

$$G_k(j\omega) = \frac{4}{j\omega(j\omega+1)(j\omega+2)} = \frac{-4j(1-j\omega)(2-j\omega)}{\omega(1+\omega^2)(4+\omega^2)}$$

$$= \frac{-12\omega + 4j(\omega^2-2)}{\omega(1+\omega^2)(4+\omega^2)} = \text{Re}(\omega) + j\text{Im}(\omega)$$

其中，有

$$\text{Re}(\omega) = \frac{-12}{(1+\omega^2)(4+\omega^2)}$$

$$\text{Im}(\omega) = \frac{4(\omega^2-2)}{\omega(1+\omega^2)(4+\omega^2)}$$

$\omega = \omega_g$ 时，$\text{Im}(\omega) = 0$。

若令 $4(\omega^2-2) = 0$，则 $\omega_g = \sqrt{2}$。

$$\text{Re}(\omega_g) = \frac{-12}{(1+2)(4+2)} = -\frac{2}{3}$$

可概略绘制出 $G_k(j\omega)$ 的曲线，如图 5-54 所示。

$K_g = \dfrac{1}{A(\omega_g)} = \dfrac{3}{2} = 1.5 > 1$，可见闭环系统稳定。

【例 5-13】　已知某最小相位系统的开环对数幅频特性如图 5-55所示。试求：

(1) 开环传递函数；

(2) 开环剪切频率；

(3) 相角裕量 γ；

(4) 概略绘出开环对数相频特性 $\varphi(\omega)$ 的曲线。

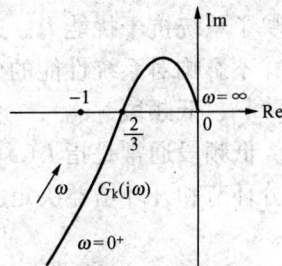

图 5-54　[例 5-12] 图

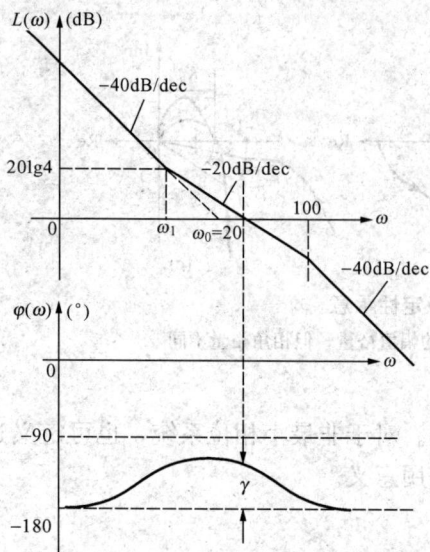

图 5-55 ［例 5-13］图

解：（1）系统的传递函数。由 $L(\omega)$ 各段斜率可知

$$G_k(s) = \frac{K(T_1 s + 1)}{s^2(T_2 s + 1)} \qquad (T_1 > T_2)$$

$L(\omega)$ 的低频段斜率为 -40dB/dec，且和 0dB 线交于 $\omega_0 = 20$，故 $K = \omega_0^2 = 400$。

当 $\omega = \omega_1$ 时，$L(\omega_1) = 20\lg 4$，则有

$$20\lg 4 = 40\lg \frac{\omega_0}{\omega_1} \Rightarrow \frac{\omega_0}{\omega_1} = \sqrt{4} = 2$$

所以有

$$\omega_1 = 10, \qquad T_1 = \frac{1}{10} = 0.1$$

由图（5-54）可知

$$\omega_2 = 100, \qquad T_2 = \frac{1}{100} = 0.01$$

故有

$$G(s) = \frac{400(0.1s + 1)}{s^2(0.01s + 1)}$$

（2）计算 ω_c。由图 5-55 可知，$20\lg \dfrac{\omega_c}{\omega_1} = 40\lg \dfrac{\omega_0}{\omega_1}$，$\dfrac{\omega_c}{\omega_1} = \left(\dfrac{\omega_0}{\omega_1}\right)^2$，$\omega_c = \dfrac{\omega_0^2}{\omega_1} = \dfrac{400}{10} = 40$

（3）计算相角裕量，即

$$\gamma = 180° + \varphi(\omega_c) = 180° + (\arctan T_1\omega_c - 180° - \arctan T_2\omega_c)$$
$$= \arctan 0.1 \times 40 - \arctan 0.01 \times 40 = 76° - 21.8° = 54.2°$$

（4）绘制出 $\varphi(\omega)$ 的曲线如图 5-54 所示。由图 5-54 可知，当 $\omega \to \infty$ 时，$\varphi(\omega) \to -180°$，故 $K_g(\text{dB}) = \infty$，因此该系统具有良好的相对稳定性。

第六节　开环频率特性与闭环时域指标的关系

由第三章的分析可知，用时域指标来表述系统的性能最为直观、具体。但对于控制系统的分析和校正，往往采用开环频率特性是比较方便的，因此就需要进一步探讨系统时域响应与开环频率特性之间的关系。

利用系统开环频率特性分析闭环系统的性能时，通常将系统的开环频率特性分成低、中、高三个频段。低频段表征了系统的稳态性能；中频段表征了系统的暂态性能；高频段则反映了系统抗干扰能力。这三个频段的划分只是大致的，不同的文献有不同的划分方法，但这并不影响对系统性能的分析。

一、低频段

低频段通常是指 $L(\omega)$ 的渐近曲线在第一个转折频率以前的区段，这一段的特性完全由积分环节和开环增益决定。若设低频段对应的传递函数为

$$G_d(s) \approx \frac{K}{s^\nu}$$

则低频段的对数幅频为

$$20\lg|G_d(j\omega)| = 20\lg\frac{K}{\omega^\nu} = 20\lg K - \nu 20\lg\omega$$

ν 为不同值时，低频段的对数幅频曲线的形状分别如图 5 - 56 所示。其为斜率不等的一些直线，斜率值为 -20ν。

开环增益 K 和低频段高度的关系可以用多种方法确定。例如，将低频段对数幅频的延长线交于 0dB 线，则由上式得

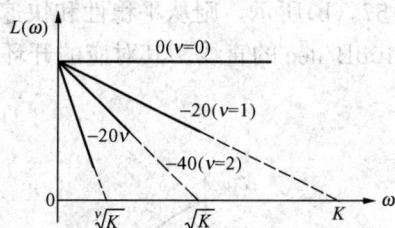

图 5 - 56　低频段的对数幅频特性曲线

$$20\lg\frac{K}{\omega^\nu} = 0$$

故有

$$K = \omega^\nu$$

可以看出，低频段的对数幅频渐近线的斜率越小、位置越高，对应于系统积分环节的数目越多，开环增益越大。故闭环系统在满足稳定的条件下，其稳态误差越小，动态响应的最终精度就越高。

二、中频段

中频段是指开环对数幅频 $L(\omega)$ 在剪切频率 ω_c 附近（或 0dB 线附近）的区段。若使用开环频率特性分析系统的动态性能，则一般用开环频率特性的剪切频率 ω_c 和相角裕量 r 这两个特征量来作为频率指标。当系统的动态性能用调节时间 t_s 和超调量 $\sigma\%$ 两个性能指标来评价时，具有直观和准确的特点，而且系统性能的好坏最终是用时域指标来衡量的，因此，为了用开环频率特性来评价系统的动态性能，就必须找出频率指标与时域指标的关系。

1. 中频段特性对系统动态性能的影响

因为中频段的形状和位置决定了系统的频域指标 ω_c 和 r，所以，这段特性集中反映了闭环系统动态响应的稳定性和快速性。下面在假定闭环系统稳定的条件下，对两种极端情况进行分析。

（1）如果 $L(\omega)$ 曲线的中频段斜率为 -20dB/dec，而且占据的频率区间较宽，如图 5 - 57（a）所示，则从平稳性和快速性着眼，可近似认为开环的整个幅频特性是一条斜率为 -20dB/dec 的直线。其对应的开环传递函数为

$$G_k(s) \approx \frac{K}{s} = \frac{\omega_c}{s}$$

对于单位反馈系统，闭环传递函数为

$$G_B(s) \approx \frac{\dfrac{\omega_c}{s}}{1 + \dfrac{\omega_c}{s}} = \frac{1}{\dfrac{s}{\omega_c} + 1}$$

这相当于一阶系统，其阶跃响应按指数规律变化，没有振荡，超调量 $\sigma\% = 0$，即有较高的稳定程度；而调节时间 $t_s \approx 3T = 3/\omega_c$，可见截止频率 ω_c 越高，t_s 越小，系统的快速性越好。

（2）如果 $L(\omega)$ 曲线的中频段的斜率为 -40dB/dec，而且占据的频率区间较宽，如图

5-57（b)所示，则从平稳性和快速性着眼，可近似认为开环的整个幅频特性是一条斜率为
-40dB/dec 的直线。其对应的开环传递函数为

$$G_k(s) \approx \frac{K}{s^2} = \frac{\omega_c^2}{s^2}$$

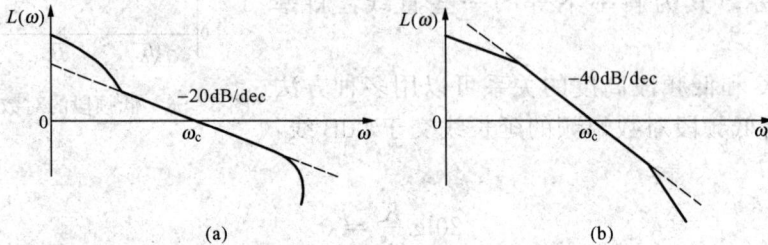

图 5-57　中频段的对数幅频特性曲线

对于单位反馈系统，闭环传递函数为

$$G_B(s) \approx \frac{\dfrac{\omega_c^2}{s^2}}{1 + \dfrac{\omega_c^2}{s^2}} = \frac{\omega_c^2}{s^2 + \omega_c^2}$$

这相当于零阻尼($\xi=0$)的二阶系统。系统处于临界稳定状态，动态过程持续振荡。

因此，如中频段的斜率为 -40dB/dec，则所占频率区不宜过宽。否则，$\sigma\%$ 及 t_s 会显著增大。

中频段的斜率若小于 -40dB/dec，则闭环系统将难以稳定，故通常取 $L(\omega)$ 曲线在截止频率 ω_c 附近的斜率为 -20dB/dec，以期得到良好的平稳性；而以提高 ω_c 来保证要求的快速性。

2. 二阶系统的开环频域指标(γ、ω_c)与动态性能指标($\sigma\%$、t_s)之间的关系

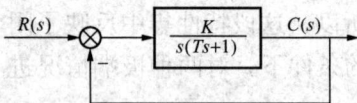

图 5-58　典型二阶系统的结构图

（1）γ 与 $\sigma\%$ 的关系。典型二阶系统的结构如图 5-58 所示，其开环传递函数为

$$G_k(s) = \frac{K}{s(Ts + 1)}$$

或表示为

$$G_k(s) = \frac{\omega_n^2}{s(s + 2\xi\omega_n)} (0 < \xi < 1)$$

其开环频率特性为

$$G_k(j\omega) = \frac{\omega_n^2}{j\omega(j\omega + 2\xi\omega_n)}$$

由相角裕量的定义，有

$$\gamma = 180° + \varphi(\omega_c) = 180° - 90° - \arctan\frac{\omega_c}{2\xi\omega_n} \tag{5-70}$$

当 $\omega = \omega_c$ 时的开环幅值为

$$|G(j\omega_c)| = \frac{\omega_n^2}{\omega_c \sqrt{\omega_c^2 + (2\xi\omega_n)^2}} = 1 \tag{5-71}$$

由式（5-70）解得

$$\frac{\omega_c}{\omega_n} = \sqrt{\sqrt{4\xi^4 + 1} - 2\xi^2}$$

将式（5-71）代入式（5-69）中可得

$$r = \arctan \frac{2\xi}{\sqrt{\sqrt{4\xi^4 + 1} - 2\xi^2}} \tag{5-72}$$

由第三章可知，二阶系统的超调量计算公式是

$$\sigma\% = e^{-\frac{\xi\pi}{\sqrt{1-\xi^2}}} \times 100\%$$

由此可知，频域指标 γ 和时域指标 $\sigma\%$ 都是阻尼比的函数，因此 r 和 $\sigma\%$ 之间必存在函数关系，以 ξ 为参变量，r 和 $\sigma\%$ 的关系如图 5-59 所示，根据给定的 r，可以由曲线直接查得对应的 $\sigma\%$ 值。由图 5-58 可知，r 越大，$\sigma\%$ 越小；r 越小，$\sigma\%$ 越大。因此，相角裕量 γ 可反映时域中超调量 $\sigma\%$ 的大小，是频域中的平稳性指标。

（2）ω_c 与 t_s 的关系。在时域分析中，可知

$$t_s \approx \frac{3}{\xi\omega_n}$$

将式（5-71）代入上式，得

$$t_s\omega_c = \frac{3}{\xi} \sqrt{\sqrt{4\xi^4 + 1} - 2\xi^2} \tag{5-73}$$

将式（5-72）代入式（5-73），得

$$t_s\omega_c = \frac{6}{\tan\gamma} \tag{5-74}$$

将 t_s，ω_c 与 γ 的关系绘成曲线，如图 5-60 所示。

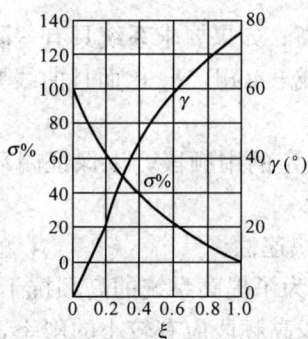

图 5-59 二阶系统 $\sigma\%$、γ 与 ξ 的关系曲线

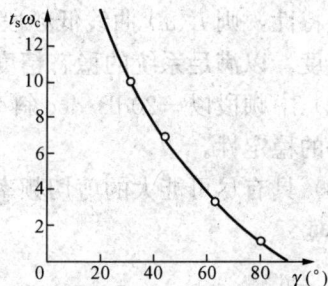

图 5-60 二阶系统 t_s，ω_c 与 γ 的关系

可以看出，如果系统的相角裕量 γ（即 $\sigma\%$）已经给定，那么 t_s 与 ω_c 成反比，ω_c 越大，系统的调节时间越短。

综上所述，开环频域指标 ω_c 可反映系统响应的快速性，是频域中的快速性指标。

3. 高阶系统的开环频率特性与动态性能的关系

对于二阶系统而言，系统的动态性能与 r 和 ω_c 有精确的对应关系。对于高阶系统而言，这种确定的关系并不存在，但是在控制工程实践中，通过对大量系统的研究，已归纳出如下经验公式

$$\sigma\% \approx \left[0.16 + 0.4\left(\frac{1}{\sin\gamma} - 1\right)\right] \times 100\% \ (35° \leqslant \gamma \leqslant 90°) \qquad (5 - 75)$$

$$t_s(5\%) = \frac{k\pi}{\omega_c}$$

其中

$$k = 2 + 1.5\left(\frac{1}{\sin\gamma} - 1\right) + 2.5\left(\frac{1}{\sin\gamma} - 1\right)^2 \ (35° \leqslant \gamma \leqslant 90°) \qquad (5 - 76)$$

根据上述经验公式,若已知开环频域指标 r 和 ω_c,则可求得相应的时域性能指标 $\sigma\%$ 和 t_s。

三、高频段

高频段是指 $L(\omega)$ 曲线在中频段以后 $(\omega > \omega_c)$ 的区段,这部分特性是由系统中时间常数很小、频带很宽的元件决定的。由于远离 ω_c,因此一般分贝值较低,故对系统的动态响应影响不大,近似分析时可以只保留一两个元件的作用,而将其他高频部件当做放大环节处理。

另外,从系统抗干扰性的角度来看,高频段特性是有意义的。由于高频部位的开环幅频一般较低,即 $L(\omega) \ll 0$,$|G_k(j\omega)| \ll 1$,因此对单位负反馈系统,有

$$|G_B(j\omega)| = \frac{|G_k(j\omega)|}{|1 + G_k(j\omega)|} \approx |G_k(j\omega)|$$

即闭环幅频近似等于开环幅频。

因此,系统开环对数幅频在高频段的幅值,直接反映了系统对输入端高频干扰信号的抑制能力。这部分特性的分贝值越低,系统的抗干扰能力越强。

综上所述,对于最小相位系统,系统的性能完全可以由开环对数频率特性反映出来。一个设计合理的系统,其开环对数幅频特性低、中、高三个频段的形状特征应包括以下几个特征。

(1) 低频段的斜率陡、增益大,表明系统的稳态精度高。如果要求系统具有一阶或二阶无静差特性,则 $L(\omega)$ 曲线低频段的斜率应为 -20dB/dec 或 -40dB/dec,而且曲线要保持足够的高度,以满足系统的稳态精度。

(2) 中频段以 -20dB/dec 斜率穿越 0dB 线,且具有一定的中频段,以保证闭环系统具有良好的稳定性。

(3) 具有尽可能大的剪切频率 ω_c,以提高闭环系统的快速性。

(4) 为了提高系统的高频抗干扰能力,$L(\omega)$ 曲线高频段应有较小的斜率,其分贝值应尽可能小。

高阶 I 型系统的开环对数幅频渐近特性曲线的合理分布如图 5-61 所示。

三个频段的划分并没有很严格的确定性准则,但是三频段的概念,为直接运用开环特性判别稳定闭环系统的动态特性性能,指出了原则和方向。

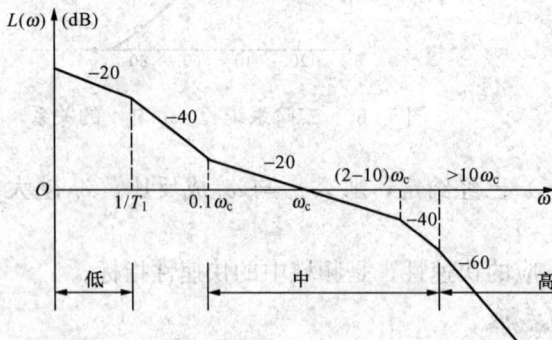

图 5-61　I 型系统的对数幅频曲线的典型分布图

第七节　闭环系统频率特性

系统的闭环频率特性与系统的开环频率特性一样，也可以通过系统的闭环频率特性来对系统进行研究，但是闭环频率特性的作图不太方便。随着计算机技术的发展，近年来，多采用专门的计算工具来解决，而很少用手工作图法来完成了。因此，本节主要定性地叙述系统的闭环频率特性与开环频率特性之间的关系。

一、基本关系

若单位负反馈系统的开环频率特性 $G(j\omega)$ 为

$$G(j\omega) = A(\omega) e^{j\varphi(\omega)}$$

则闭环频率特性可写为

$$G_B(j\omega) = \frac{G(j\omega)}{1 + G(j\omega)} = \frac{A(\omega) e^{j\varphi(\omega)}}{1 + A(\omega) e^{j\varphi(\omega)}} = M(\omega) e^{j\alpha(\omega)} \tag{5-77}$$

由式（5-77）可知，闭环频率特性也可以表示成幅频特性与相频特性。式（5-77）中 $M(\omega)$ 和 $\alpha(\omega)$ 分别为闭环系统的幅频和相频特性。与开环频率特性不同的是，它不便于用渐近线作图。

二、相量表示法

利用开环频率特性的极坐标图，可以得到闭环频率特性与开环频率特性的相量关系，如图 5-62 所示。对某一频率 ω_1，有

$$G(j\omega_1) = \overrightarrow{OA} = |\overrightarrow{OA}| e^{j\varphi(\omega_1)} \tag{5-78}$$

$$1 + G(j\omega_1) = \overrightarrow{PA} = |\overrightarrow{PA}| e^{j\theta(\omega_1)} \tag{5-79}$$

$$G_B(j\omega_1) = \frac{G(j\omega_1)}{1 + G(j\omega_1)} = \frac{|\overrightarrow{OA}| e^{j\varphi(\omega_1)}}{|\overrightarrow{PA}| e^{j\theta(\omega_1)}} = \frac{|\overrightarrow{OA}|}{|\overrightarrow{PA}|} e^{j[\varphi(\omega_1) - \theta(\omega_1)]} = M(\omega) e^{j\alpha(\omega)} \tag{5-80}$$

故有

$$M(\omega_1) = \frac{|\overrightarrow{OA}|}{|\overrightarrow{PA}|} \tag{5-81}$$

$$\alpha(\omega_1) = \varphi(\omega_1) - \theta(\omega_1) \tag{5-82}$$

上述相量关系可以借助计算机绘图工具将闭环频率特性准确地作出。

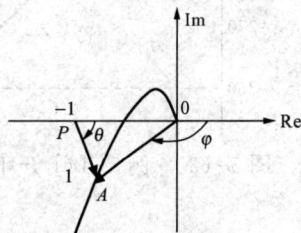

图 5-62　相量图

开环频率特性与闭环频率特性之间的关系，还可以采用尼柯尔斯（Nichols）图线来说明。由于当前计算机辅助工具的普遍应用，基于等 M 圆与等 N 圆的尼柯尔斯图线方法应用日趋减少，因此本书也予以略去。有关该方面的内容，请参阅相关的书籍。

本节从闭环频率特性与开环频率特性在伯德图上的一般关系入手，讲述闭环频率特性的定性分析方法。这样绘制出来的草图虽然不太准确，但是对于定性地说明开环频率特性与闭环频率特性之间的关系是非常有用的。

三、闭环频率特性的一般特征

首先来看一个例子。

【例 5 - 14】 已知单位负反馈系统的开环传递函数为

$$G(s) = \frac{0.86}{s(0.4s+1)(0.625^2 s^2 + 0.75s + 1)}$$

试分别绘制出该系统的开环对数频率特性和闭环对数频率特性草图。

解：绘制开环对数频率特性是

增益为

$$20\lg K = 20\lg 0.86 = -1.2 dB$$

转折频率为

$$\omega_1 = \frac{1}{T_1} = \frac{1}{0.625} = 1.6$$

$$\omega_2 = \frac{1}{T_2} = \frac{1}{0.4} = 2.5$$

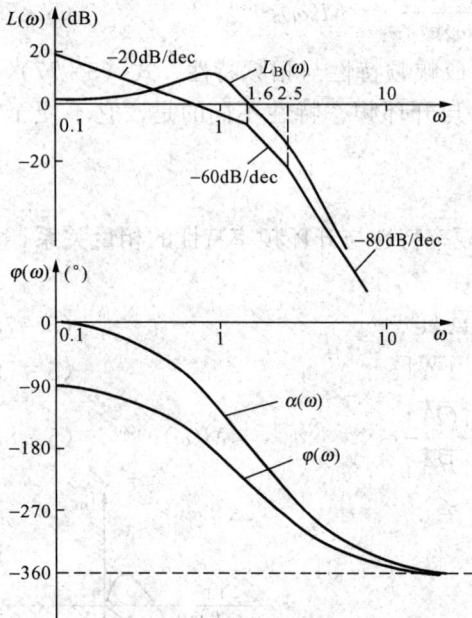

图 5 - 63　［例 5 - 14］开环和闭环频率特性图

开环系统的伯德图如图 5 - 63 所示。同时借助计算机也可绘制出闭环系统的伯德图，可绘制在同一张图上。

将上面开环系统的伯德图和闭环系统的伯德图进行比较，不难发现：

（1）$L_B(\omega)$ 的低频段趋于 0dB 线，$\alpha(\omega)$ 趋于 0°。

（2）$L_B(\omega)$ 的高频段趋于 $L(\omega)$，$\alpha(\omega)$ 也趋于 $\varphi(\omega)$。

（3）$L_B(\omega)$ 的中频段产生了谐振峰值 M_r。

对于上述结论，可进行定性分析如下：

单位反馈时，系统的开环频率特性为 $G(j\omega)$，闭环频率特性为 $|G(j\omega)| \gg 1$ 时，有

$$G_B(j\omega) = \frac{G(j\omega)}{1 + G(j\omega)}$$

在低频段上有 $|G(j\omega)| \gg 1$，得

$$G_B(j\omega) = \frac{G(j\omega)}{1 + G(j\omega)} \approx 1 \qquad (5-83)$$

这说明在开环对数频率特性的低频区，闭环对数幅频特性 $M(dB) \approx 0$，相频特性 $\alpha(\omega) \approx 0°$。也就是上述的结论（1）。

在高频段上有 $|G(j\omega)| \leqslant 1$，因而有

$$G_B(j\omega) = \frac{G(j\omega)}{1 + G(j\omega)} \approx G(j\omega) \qquad (5-84)$$

这就说明，在开环对数频率特性的高频区，闭环频率特性与开环频率特性相近。也就是上述的结论（2）。

在中频段，闭环对数幅频特性明显大于 0dB，若在某一频率 ω_r 下呈现一个峰值，则称作闭环谐振峰值 M_r。闭环谐振峰值 M_r 可反映闭环系统超调量的大小，同时它还与开环稳定裕量有关，开环稳定裕量越小，闭环谐振峰值越大，反之闭环谐振峰值越小，开环稳定裕

量越大。

四、非单位反馈系统

对于非单位反馈系统，如图 5-64 所示，可等效为图 5-65，其闭环频率特性为

$$G_B(j\omega) = \frac{C(j\omega)}{1 + G(j\omega)H(j\omega)} = \frac{1}{H(j\omega)}\left[\frac{G(j\omega)H(j\omega)}{1 + G(j\omega)H(j\omega)}\right] \tag{5-85}$$

其中，单位反馈部分的闭环频率特性可由上述方法求得，然后从对数频率特性中减去环节 $H(j\omega)$ 的对数频率特性，即可得非单位反馈系统的闭环频率特性。

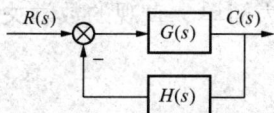

图 5-64 非单位反馈系统

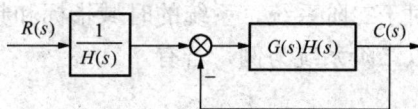

图 5-65 等效图

上述的分析，定性地说明了开环对数频率特性和闭环频率特性之间的关系。

【例 5-15】 已知单位负反馈系统的开环对数幅频特性如图 5-66 所示。试绘制系统的闭环频率特性草图，并确定系统是否产生闭环谐振峰值。

解： 由于在低频段上 $L(\omega) = 26\text{dB} \gg 0\text{dB}$，因此 $L_B(\omega) \approx 0\text{dB}$。

在高频段上，$L(\omega)$ 的斜率为 -40dB/dec，所以当 $\omega \to \infty$ 时，有 $L_B(\omega) \approx L(\omega)$，即 $L_B(\omega)$ 与 $L(\omega)$ 重合。

在中频段，由于该系统是二阶系统，因此可写出开环传递函数为

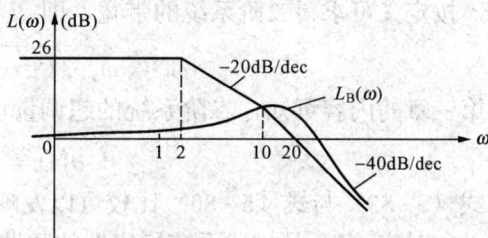

图 5-66 [例 5-15] 的图

$$G(s) = \frac{20}{(0.5s+1)(0.1s+1)}$$

闭环传递函数为

$$G_B(s) = \frac{20}{0.05s^2 + 0.6s + 21}$$

利用式（5-31）和式（5-32），通过计算可得

$$\omega_r \approx 18.5, M_r(\text{dB}) \approx 4.85\text{dB}$$

第八节　闭环频率特性与时域指标间的关系

系统的闭环频率特性在分析系统性能方面也有其特点，其频域指标与时域指标存在直接的对应关系。因此在分析和设计时应用闭环频率特性可以得到准确的结果。

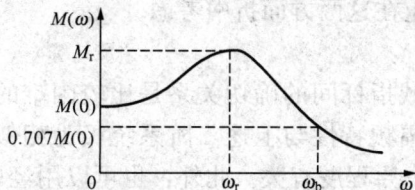

图 5-67 典型的闭环频域特性曲线

图 5-67 所示为控制系统典型的闭环频域特性曲线，根据这种典型的频率特性曲线在数值和形状上的一般特点，通常用以下指标表征闭环系统的性能。

（1）零频值 $M(0)$。$\omega = 0$ 时的闭环幅频特性值，它与系统的稳态精度有关。

(2) 谐振峰值 M_r。闭环幅频特性的最大值。它与系统阶跃响应的超调量相对应，M_r 越大，$\sigma\%$ 越大。

(3) 谐振频率 ω_r。出现闭环谐振峰值时的频率。

(4) 带宽频率 ω_b。为闭环幅频特性衰减至 $0.707M(0)$ 处的频率值。或闭环幅频由 $M(0)$ 下降 3dB 时的频率。频率范围 $0 \leqslant \omega \leqslant \omega_b$ 称为系统的带宽。带宽越宽，过渡过程的时间越短，但对于高频干扰的滤波能力就越差。闭环频域指标与时域指标之间的关系如下：

1. 二阶系统

对于二阶系统，系统的时域指标和频域指标之间存在较为简单、直观的数学关系。

以二阶系统为例，若有

$$G_B(s) = \frac{\omega_n^2}{s^2 + 2\xi\omega_n s + \omega_n^2} \qquad (0 < \xi < 1)$$

则有

$$M_r = \frac{1}{2\xi\sqrt{1-\xi^2}} \qquad (0 \leqslant \xi \leqslant 0.707) \qquad (5-86)$$

$$\omega_r = \omega_n\sqrt{1-2\xi^2} \qquad (0 \leqslant \xi \leqslant 0.707) \qquad (5-87)$$

按定义可求得二阶系统的带宽，即

$$\omega_b = \omega_n\sqrt{(1-2\xi^2) + \sqrt{2-4\xi^2+4\xi^4}} \qquad (5-88)$$

由第三章的内容可知，二阶系统的超调量计算公式为

$$\sigma\% = e^{\frac{-\xi\pi}{\sqrt{1-\xi^2}}} \times 100\% \qquad (5-89)$$

将式 (5-89) 与式 (5-86) 比较可以发现，$\sigma\%$ 和 M_r 都是 ξ 的单值函数，因此 $\sigma\%$ 和 M_r 之间一一对应，M_r 是描述系统稳定性的频域指标。M_r 越小，$\sigma\%$ 也越小，系统的稳定性越好，通常要求 M_r 在 $1\sim1.5$ 之间，对应的 $\sigma\%$ 在 $4.3\%\sim30\%$ 范围内，二阶系统具有较满意的性能指标。

在时域中，描述系统快速性的指标有峰值时间 t_p 和调节时间 t_s，其中

$$t_p = \frac{\pi}{\omega_n\sqrt{1-\xi^2}}, t_s = \frac{3}{\xi\omega_n}(\Delta = \pm5\%)$$

比较式 (5-87)、式 (5-88) 可知，谐振频率和带宽是描述系统快速性的指标。在指定的阻尼比 ξ 值下，t_p、t_s 与谐振频率成反比，这说明谐振频率 ω_r 高的二阶系统，其响应速度也高；反之，谐振频率低，系统响应速度也低。可以证明，在指定的谐振峰值 M_r 下，时域指标 t_p、t_s 与频域指标 ω_b 成反比，系统的响应速度与其频带 ω_b 成正比，若 ω_b 高，则闭环幅频特性由零频幅值 $M(0)$ 到 $0.707M(0)$ 所占据的区间 $(0 \to \omega_b)$ 较宽，系统的快速性好，阶跃响应峰值时间和调节时间短；反之，若频带窄，则系统反应迟钝，失真大。一般情况下为了使系统以满意的速度响应任意形式的输入信号，通常希望系统具有较宽的频带，但从抑制噪声的角度看，系统频带又不宜过宽，在系统设计中应在这两方面折中考虑。

2. 高阶系统

对于高阶系统，用数学解析方法找出频域指标与时域指标间的确切关系是比较困难的，但是，如果高阶系统具有一对主导复数极点，则其闭环幅频特性与上述二阶系统极为相似，可将上述关系用于高阶系统，其近似程度与主导极点的主导程度有关。此外，也可以用经验公式根据闭环幅频来估算时域指标。

经验公式为

$$\sigma\% = \left\{41.1\ln\left[\frac{M_rM(\omega_1/4)}{M^2(0)}\frac{\omega_b}{\omega_2}\right]+17\right\}\%$$

$$t_s \approx \frac{13.6\frac{M_r}{M(0)}\frac{\omega_b}{\omega_2}-2.51}{\omega_2}$$

式中各参数的定义可参阅图 5-66，其中，ω_2 指 $M(\omega)$ 衰减至 $0.5M(0)$ 处的角频率，ω_1 指 $M(\omega)$ 过峰值后衰减至 $M(0)$ 值所对应的频率。

一般来说，采用经验公式估算所得的结论，比用二阶系统公式近似高阶系统估算的结果更为准确。

习　题

5-1　已知某系统在单位阶跃输入作用下的输出为

$$c(t)=1-1.8e^{-4t}+0.8e^{-9t}(t\geqslant 0)$$

试求系统的频率特性表达式。

5-2　已知单位负反馈系统的开环传递函数为

$$G(s)=\frac{4}{s+1}$$

试求当有如下输入信号作用于闭环系统时，系统的稳态输出，即为：

(1) $r(t)=\sin(t+30°)$；

(2) $r(t)=2\cos(2t+45°)$；

(3) $r(t)=\sin(t+30°)-2\cos(2t-45°)$。

5-3　试求图 5-68 所示网络的频率特性，并绘制其幅相频率特性曲线。

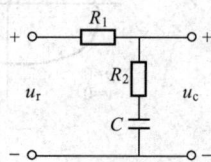

5-4　已知某单位负反馈系统的开环传递函数为 $G(s)=\dfrac{K}{s(Ts+1)}$，在正弦信号 $r(t)=\sin 10t$ 作用下，闭环系统的稳态响应为 $c_s(t)=\sin\left(10t-\dfrac{\pi}{2}\right)$，试计算 K、T 的值。

图 5-68　习题 5-3 图

5-5　已知系统的传递函数如下，试分别概略绘制各系统的幅相频率特性曲线。

(1) $G(s)=\dfrac{K}{(T_1s+1)(T_2s+1)}$　　(2) $G(s)=\dfrac{K}{s(s+1)}$

(3) $G(s)=\dfrac{K(T_1s+1)}{s(T_2s+1)}(T_1<T_2)$　(4) $G(s)=\dfrac{K(T_1s+1)}{s^2(T_2s+1)}(T_1<T_2 \text{ 或 } T_1>T_2)$

(5) $G(s)=\dfrac{250}{s(s+5)(s+15)}$　　(6) $G(s)=\dfrac{50}{s(s^2+s+1)}$

(7) $G(s)=\dfrac{K}{s(s-1)}$　　(8) $G(s)=\dfrac{T_1s-1}{T_2s+1}(T_1>T_2)$

5-6　设系统的开环传递函数如下，试分别绘制各系统的对数幅频特性的渐近线和对数相频特性曲线。

$$(1)\ G(s) = \frac{2}{(2s+1)(8s+1)} \qquad (2)\ G(s) = \frac{10(s+1)}{s^2}$$

$$(3)\ G(s) = \frac{10(s+0.2)}{s^2(s+0.1)} \qquad (4)\ G(s) = \frac{10(s-50)}{s(s+10)}$$

5-7 试概略绘制下列传递函数相应的对数幅频特性的渐近线。

$$(1)\ G(s) = \frac{8(s+0.1)}{s(s^2+4s+25)(s^2+s+1)} \qquad (2)\ G(s) = \frac{10}{s(s-1)(0.2s+1)}$$

$$(3)\ G(s) = \frac{200}{s^2(s+1)(10s+1)} \qquad (4)\ G(s) = \frac{10(s+1)^2}{s^2+\sqrt{2}s+2}$$

5-8 已知系统的传递函数为 $G(s) = \dfrac{K}{s(s+1)(4s+1)}$，试绘制系统的开环幅相频率特性曲线，并求闭环系统稳定的临界增益 K 值。

5-9 设单位负反馈系统开环传递函数分别为：

(1) $G(s) = \dfrac{as+1}{s^2}$，试确定使相角裕量等于 $45°$ 的 a 值；

(2) $G(s) = \dfrac{K}{(0.01s+1)^3}$，试确定使相角裕量等于 $45°$ 的 K 值；

(3) $G(s) = \dfrac{K}{s(s^2+s+100)}$，试确定使幅值裕量等于 20dB 的 K 值。

5-10 已知系统的开环幅相频率特性曲线如图 5-69 所示，试根据奈氏判据判别系统的稳定性，并说明闭环右半平面的极点个数。其中，p 为开环传递函数在 s 右半平面的极点数，v 为开环积分环节的个数。

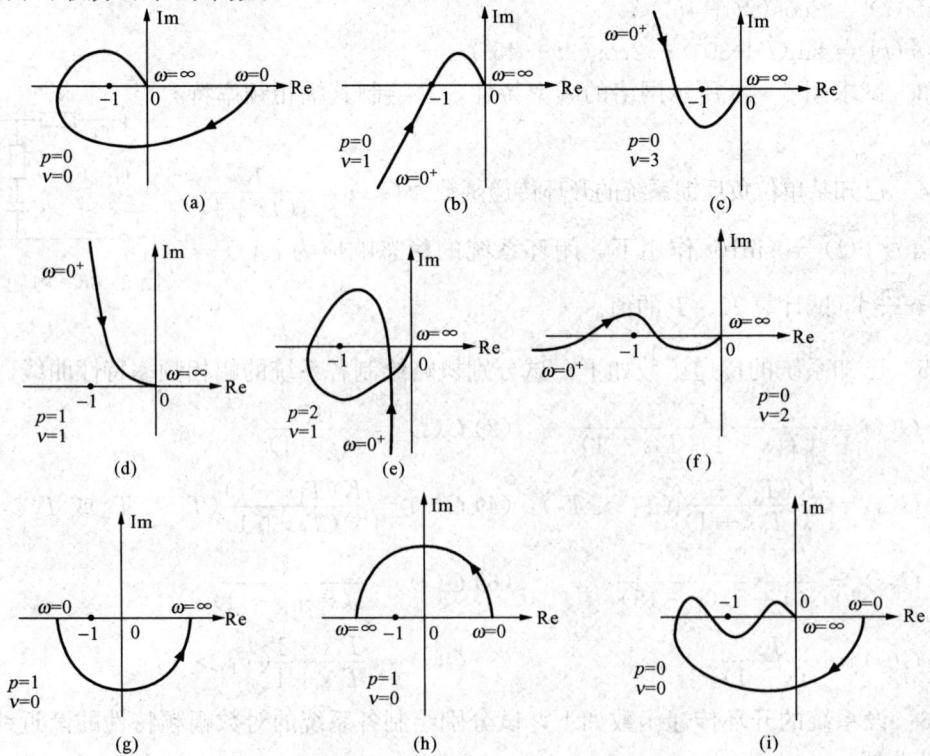

图 5-69 习题 5-10 图

5-11 已知最小相位系统的开环对数幅频特性渐近线如图5-70所示,试求相应的开环传递函数。

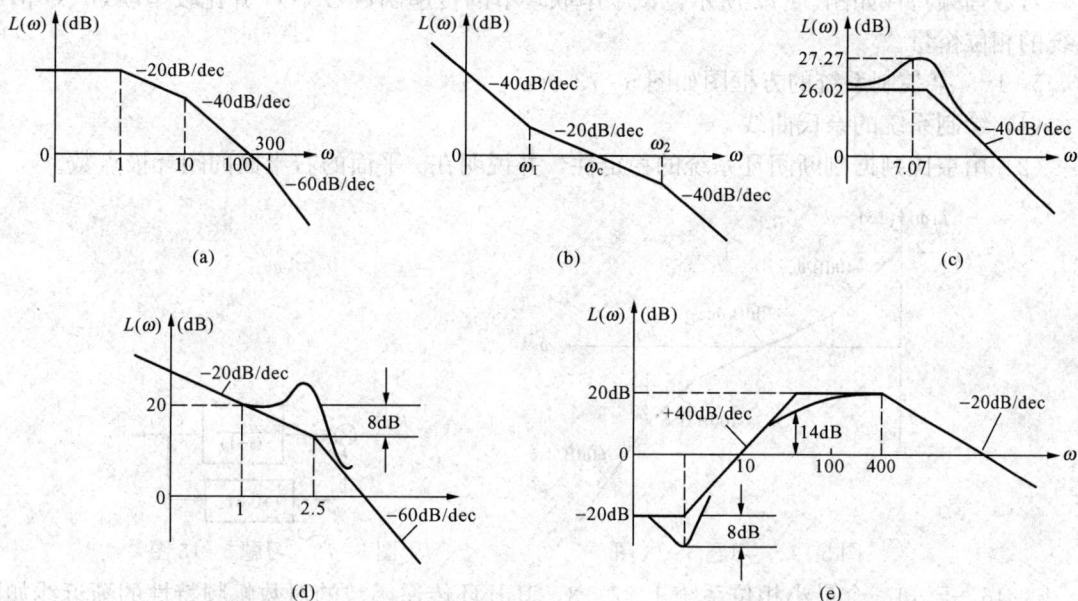

图 5-70 习题 5-11 图

5-12 已知系统的传递函数为

$$G(s) = \frac{4}{s^2(0.2s+1)}$$

试完成:

(1) 绘制系统的伯德图,并求系统的相位裕量;

(2) 在系统中串联一个比例微分环节 $(s+1)$,绘制系统的伯德图,并求系统的相位裕量;

(3) 说明比例—微分环节对系统稳定性的影响;

(4) 说明相对稳定性较好的系统,中频段对数幅频应具有的形状。

5-13 某系统的结构图和开环幅相曲线如图5-71所示,图中 $G(s) = \dfrac{K(T_3 s+1)}{(T_1 s+1)(T_2 s-1)}$, $H(s) = T_2 s - 1$,K、T 为给定正数。试判定系统的闭环稳定性,并求在复平面的左半平面、右半平面、虚轴上的闭环极点数。

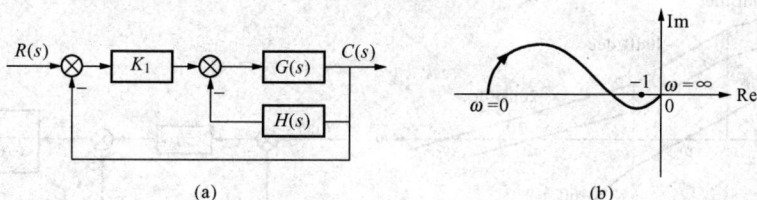

图 5-71 习题 5-13 图

5-14 单位反馈系统的开环传递函数为

$$G(s) = \frac{16}{s^2(0.1s+1)}$$

对数幅频特性如图 5-72 所示，试求串联环节的传递函数 $G_c(s)$，并比较串联 $G_c(s)$ 前后系统的相位裕量。

5-15 某控制系统的方框图如图 5-73 所示。

(1) 绘制系统的奈氏曲线；

(2) 用奈氏判据判断闭环系统的稳定性，并说明在 s 平面的右半面的闭环极点数。

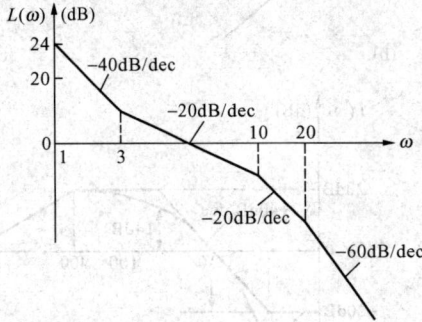

图 5-72 习题 5-14 图

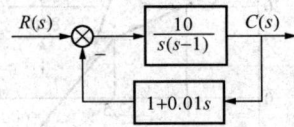

图 5-73 习题 5-15 图

5-16 已知三个最小相位系统 1、2、3，其开环传递函数的对数幅频特性的渐近线如图 5-74 所示，试完成：

(1) 定性分析比较这三个系统对单位阶跃输入响应的上升时间和超调量；

(2) 计算并比较这三个系统对斜坡输入的稳态误差；

(3) 分析并比较系统 1、2 的相位裕量和增益裕量。

5-17 设单位负反馈系统的开环传递函数为

$$G(s) = \frac{K}{s(0.1s+1)(s+1)}$$

试完成：

(1) 求系统相角裕量为 60°时的 K 值；

(2) 求系统幅值裕量为 20dB 时的 K 值；

(3) 估算谐振峰值 $M_r = 1.4$ 时的 K 值。

5-18 小功率随动系统的动态结构图如图 5-75 所示，试用两种方法判别其闭环稳定性。

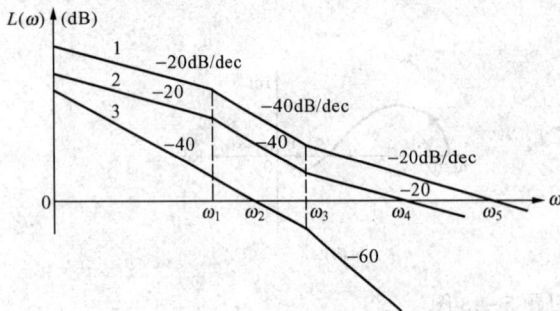

图 5-74 习题 5-16 图

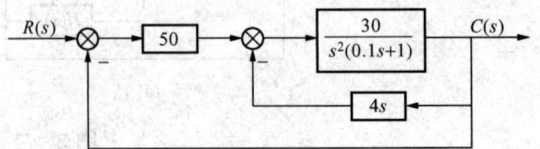

图 5-75 习题 5-18 图

5-19 设最小相位系统的开环对数幅频特性如图 5-76 所示，试完成：

（1）写出系统开环传递函数 $G(s)$。

（2）计算开环截止频率 ω_c。

（3）计算系统的相角裕量。

（4）若给定输入信号 $r(t)=1+0.5t$，则系统的稳态误差为多少？

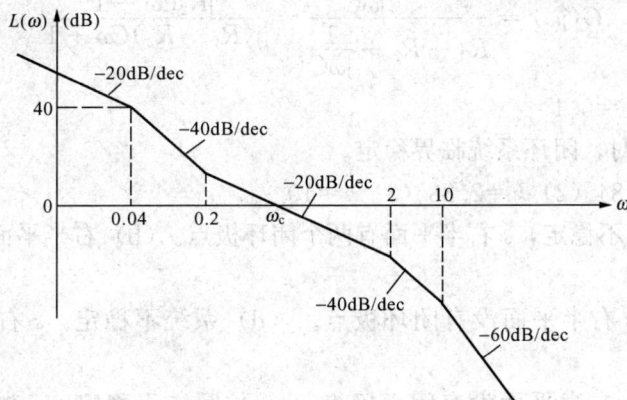

图 5-76 习题 5-19 图

5-20 设单位负反馈系统的开环传递函数为 $G(s)=\dfrac{K}{s(Ts+1)}$，若要求开环截止频率提高 a 倍，相角裕量保持不变，则 K、T 应如何变化？

5-21 设单位反馈系统的开环传递函数为 $G(s)=\dfrac{10(s+1)}{s^2(s-1)}$，依据下述两种曲线判断闭环系统的稳定性，即：

（1）概略幅相频率特性曲线；

（2）对数频率特性曲线。

5-22 已知带有比例—积分调节器的控制系统，其结构如图 5-77 所示，其中，参数 τ、T_a、K_s、T_i 为定值，且 $\tau>T_a$。试证明该系统的相位裕量 r 有最大值 r_{max}，并计算当相位裕量为有最大值 r_{max} 时，系统的开环截止频率 ω_c 和增益 K_c。

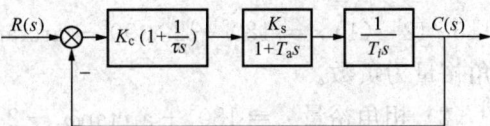

图 5-77 习题 5-22 图

5-23 设单位反馈系统的开环传递函数为 $G(s)=\dfrac{10}{s(0.2s+1)(0.02s+1)}$，试求：

（1）根据相位裕量和幅值裕量分析闭环系统的稳定性；

（2）应用经验公式估算系统的时域指标，即超调量 $\sigma\%$ 和调节时间 t_s。

参 考 答 案

5-1 $G(j\omega)=\dfrac{36}{\sqrt{\omega^2+16}\,\sqrt{\omega^2+81}}e^{-j(\arctan\frac{\omega}{4}+\arctan\frac{\omega}{9})}$

5-2　(1) $c_s(t) = A_c\sin(t+\theta_2) = A_rA(1)\sin[t+\theta_1+\theta(1)] = 0.78\sin(t+18.7°)$

　　　(2) $c_s(t) = 1.48\cos(2t+23.2°)$

　　　(3) $c_s(t) = 0.78\sin(t+18.7°) - 1.48\cos(2t-66.8°)$

5-3　(1) 网络的频率特性为

$$G(j\omega) = \frac{R_2 + \dfrac{1}{j\omega C}}{R_1 + R_2 + \dfrac{1}{j\omega C}} = \frac{jR_2C\omega + 1}{j(R_1+R_2)C\omega + 1}$$

5-4　$K=10$，$T=0.1$

5-8　$K=1.25$ 时，闭环系统临界稳定。

5-9　(1) $\alpha=0.84$　(2) $k=2.83$　(3) $k=10$

5-10　(a) 系统不稳定，s 右半平面有两个闭环极点。(b) 右半平面没有闭环极点。系统临界稳定。

(c) 系统稳定，s 右半平面没有闭环极点。 (d) 系统不稳定，s 右半平面有两个闭环极点。

(e) 系统稳定，s 右半平面没有闭环极点。 (f) 系统不稳定，s 右半平面有两个闭环极点。

(g) 系统稳定，s 右半平面没有闭环极点。(h) 系统稳定，s 右半平面没有闭环极点。

(i) 系统稳定，s 右半平面没有闭环极点。

5-11　(a) $G_k(s) = \dfrac{1000}{(s+1)\left(\frac{1}{10}s+1\right)\left(\frac{1}{300}s+1\right)}$　(b) $G_k(s) = \dfrac{\omega_1\omega_c\left(\frac{1}{\omega_1}s+1\right)}{s^2\left(\frac{1}{\omega_2}s+1\right)}$

　　　(c) $G_k(s) = \dfrac{20}{0.01s^2+0.1s+1}$　(d) $G_k(s) = \dfrac{10}{s(0.16s^2+0.16s+1)}$

　　　(e) $G_k(s) = \dfrac{0.1(0.1s^2+0.13s+1)}{(0.001s^2+0.064s+1)(0.0025s+1)}$

5-12　(1) $r = 180° - 2\times90° - \arctan 0.2\times2 \approx -21.8°$ 系统不稳定 (特征方程漏项)，相角裕量为负数。

(2) 相角裕量 $r = 180° + \arctan\omega_c - 2\times90° - \arctan 0.2\omega_c = \arctan 4 - \arctan 0.2\times4 \approx 37.3°$ 系统稳定。

(3) 一阶微分环节的介入，增加了剪切频率附近的相位，即增加了相位裕量，提高了系统的稳定性。

(4) 期望中频段折线斜率为 -20dB/十倍频程，且该斜线的频宽越大越好。

5-13　系统稳定，复平面的左半平面有两个闭环极点，右半平面、虚轴上均无闭环极点数。

5-14　串联环节的传递函数为

$$G_c(s) = \frac{G'(s)}{G(s)} = \frac{0.99\left(\frac{1}{3}s+1\right)}{0.05s+1}$$

串联 $G_c(s)$ 前 $r = 180° - 180° - \arctan 0.1\times4 = -21.8°$ 系统不稳定。

串联 $G_c(s)$ 后 $r = 180° + \arctan\dfrac{1}{3} \times 5.28 - 180° - \arctan0.1 \times 5.28 - \arctan0.05 \times 5.28 = 17.8°$ 系统稳定。

5-15 （2）s 平面的右半面的闭环极点数为 $z = p - 2(a-b) = 1 - 2(-\dfrac{1}{2}) = 2$，即系统不稳定。

5-16 （1）对于系统（1）、（2），因为有 $r_1 > r_2$ 所以 $\sigma_1\% < \sigma_2\%$。一般情况 $t_{r1} > t_{r2}$。系统（3）不稳定。

（2）因为 $k_2 < k_1$，且（1）、（2）均为 I 型系统，所以 $e_{ss1} < e_{ss2}$。系统（3）不稳定，稳态误差无意义。

（3）因为系统（1）的中频带（-20dB/十倍频程）宽于系统（2），所以 $r_2 < r_1$。但增益裕量均为无穷。

5-17 （1）$K = 0.57$；（2）$K \approx 1.1$；（3）$K = 1.1$

5-18 方法一：时域分析法；方法二：采用频域分析法计算。

5-19 （1）$G_k(s) = \dfrac{4(5s+1)}{s(25s+1)(0.5s+1)(0.1s+1)}$；（2）$\omega_c \approx 0.8$；（3）相角裕量

$r = 180° + \angle G_k(j\omega_c)\big|_{\omega_c=0.8} = 52.45°$ 或 $r = 180° + \angle G_k(j\omega_c)\big|_{\omega_c=0.77} = 53°$；（4）$e_{ss} = \dfrac{r_0}{k_v} = \dfrac{0.5}{4} = 0.125$

5-20 K 扩大 a 倍，T 缩小 a 倍。

5-21 闭环系统不稳定。

5-22 相位裕量为最大值 r_{max} 时，系统的开环截止频率为

$$\omega_c = \frac{1}{\sqrt{\tau T_a}}$$

$$r_{max} = 180° - 180° + \arctan\tau\omega_c - \arctan T_a\omega_c = \arctan\sqrt{\frac{\tau}{T_a}} - \arctan\sqrt{\frac{T_a}{\tau}} = \arctan\frac{\tau - T_a}{2\sqrt{\tau T_a}}$$

$$K_c = \frac{T_i}{K_s\sqrt{T_a\tau}}$$

5-23 （1）系统闭环稳定。（2）$\sigma\% = \left[0.16 + 0.4\left(\dfrac{1}{\sin31.7°} - 1\right)\right] \times 100\% \approx 5.8\%$

$$t_s = \frac{\pi}{\omega_c}\left[2 + 1.5\left(\frac{1}{\sin r} - 1\right) + 2.5\left(\frac{1}{\sin r} - 1\right)^2\right]$$

$$= \frac{\pi}{6.22}\left[2 + 1.5\left(\frac{1}{\sin31.7°} - 1\right) + 2.5\left(\frac{1}{\sin31.7°} - 1\right)^2\right] \approx 2.7s$$

注：由于所用经验公式的适用范围为 $35° \leqslant r \leqslant 90°$，显然本题不在适用范围内，因此所得误差可能较大。

第六章　线性控制系统的设计与校正

第一节　概　　述

一、问题的提出

控制系统的时域分析法、根轨迹分析法和频域分析法都是在已知系统结构和参数的前提条件下，计算或估算出系统的性能指标，这类问题称为系统分析。除此以外，在实际工程中，通常需要将给定的被控对象或生产过程按照一定的性能指标要求，设计为一个控制系统。这就需要对控制系统的结构、控制器的结构和参数进行选型与设计。这类问题称为系统设计。此外，在控制系统的性能分析结果中，若部分性能指标不能满足设计要求，则需要对控制器的结构或参数做适当调整，使之能够达到设计指标的要求，这类问题可称为系统校正。本章主要介绍的内容就是线性控制系统的设计与校正。

研究控制系统的设计与校正问题必然会牵涉对控制系统内部结构特征的了解，包括被控对象的动态特性、控制器的结构特征及其动态特性等。

二、设计与校正的主要内容

本章所要阐述的主要内容可以分为以下几个部分。

（1）线性控制系统设计与校正的基础知识；

（2）控制器（校正装置）的构成及其特性；

（3）根轨迹法设计与校正简单控制系统；

（4）频率特性法设计与校正简单控制系统；

（5）复杂控制系统的综合设计与校正。

第二节　线性控制系统设计与校正的基础知识

一、线性控制系统的性能指标

控制系统的性能指标是用来综合衡量控制系统性能的一组数据。它可以衡量系统的动态性能，也可以衡量系统的静态性能；可以反映系统测量值跟踪给定值的能力，又可以反映系统抗干扰的能力。一般来说，控制系统的性能指标是根据被控对象的特性或工业生产过程的技术要求来确定的，而控制系统的设计结果必须使系统满足这些指标。在控制系统的设计过程中，主要使用的性能指标有以下几种。

1. 时域指标

它包括调节时间 t_s、超调量 $\sigma\%$、峰值时间 t_p、开环增益 K、静态误差系数 K_p、K_v、K_a 和静态误差 e_{ss}。

2. 频域指标

它包括开环增益 K、穿越频率 ω_c、相位裕量 γ 和幅值裕量 K_g。

二、控制系统性能指标与系统结构之间的关系

1. 时域动态指标与主导极点位置的关系

在时域分析法或根轨迹分析法中,控制系统的稳定性及其动态性能指标主要是由特征方程特征根的位置确定的。而对于复杂的高阶控制系统,主导极点的位置是确定系统动态性能的关键所在。一般情况下都是用主导极点的位置来估算系统的动态性能指标的。在第三章介绍的时域分析法中,已经在 s 平面给出了等调节时间线、等超调线和等峰值时间线的概念,并由此引出了满足若干动态性能指标的主导极点允许区域的概念,这些将是系统设计与校正的基础知识,因为系统设计与校正的主要思想是:根据被控对象的动态特性,通过设计系统结构、选择控制装置和调整控制装置的参数来确定主导极点的位置,从而使所设计的控制系统满足动态指标的要求。

2. 频域动态指标与开环频率特性的关系

在频域分析法中,控制系统的稳定性及其动态性能主要取决于开环频率特性曲线在中频段的特性,即穿越频率 ω_c 和相角裕量 γ 的取值。因此系统设计与校正的主要思想是根据被控对象的动态特性,通过设计系统结构、选择控制装置和调整控制装置的参数来确定开环频率特性在中频段的形式,从而使系统的穿越频率 ω_c 和相位裕量 γ 足够大,能够达到满足动态指标的要求。

3. 静态指标与系统型别及开环增益的关系

在时域分析法中,给出了系统静态误差系数 K_p、K_v、K_a 和静态误差 e_{ss} 与系统型别 p 及开环增益 K 之间的关系。在控制系统的设计与校正过程中,一般是通过提高系统的型别及开环增益来达到满足系统静态性能的目的。其方法是:在开环传递函数中增加积分环节或提高开环增益(减小调节器的比例带),但是,与此同时会对系统的动态性能有较大的影响,应该综合考虑。

4. 时域指标与开环频域指标之间的关系

当满足 $35° \leqslant \gamma \leqslant 90°$ 时,控制系统的频域指标和时域指标之间存在下列相互转换关系,即

$$\sigma\% \approx \left[0.16 + 0.4 \left(\frac{1}{\sin\gamma} - 1 \right) \right] \times 100\% \tag{6-1}$$

$$t_s \approx \frac{\pi}{\omega_c} \left[2 + 1.5 \left(\frac{1}{\sin\gamma} - 1 \right) + 2.5 \left(\frac{1}{\sin\gamma} - 1 \right)^2 \right] \tag{6-2}$$

一般情况下,若系统的设计要求给出的是时域指标,系统设计过程在时域进行;若设计要求给出的是频域指标,则系统设计过程则在频域进行。需要时,可以利用式(6-1)、式(6-2)将频域指标转换成相应的时域指标。

三、控制系统中常用设计与校正的基本方法

1. 希望特性法(综合法)

它从闭环系统的性能与开环传递函数有关这一概念出发,根据闭环性能指标的要求,确定期望开环传递函数的结构,将期望开环传递函数与原有部分的传递函数加以比较,得出校正装置的传递函数形式。这种方法计算简单,但是可能会使校正装置的传递函数结构复杂,不便于工程实现或根本无法实现。

【举例1】 图 6-1 所示为系统方框图。已知被控对象的传递函数为 $G_0(s)$,设校正装置的传递函数为 $G_c(s)$ 且待定,又知满足系统设计指标的开环传递函数的形式为 $G(s) = G_0(s)$

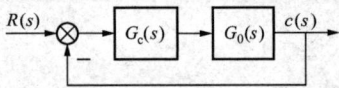

图 6-1 串联校正控制系统
方框图

$G_c(s)$，则有 $G_c(s) = \dfrac{G(s)}{G_0(s)}$，但是 $G_c(s)$ 的结构形式是由 $G(s)$ 和 $G_0(s)$ 直接确定的，当 $G(s)$ 的阶次较高时，工程实现的难度就较大；当 $G(s)$ 分子的阶数高于分母的阶数时，则无法实现。

2. 分析法（试探法）

首先根据经验确定校正的方式，并选择一种校正装置，然后根据性能指标要求和原有部分结构特性，选择校正装置的参数，最后验算性能指标是否满足要求。如果不满足，则改变校正装置参数或校正方式后重新计算，直至校正后的性能指标完全满足给定的性能指标为止。所以，分析法实际上是一种试探的方法。试探成功的次数取决于设计者经验的积累。一般来说，这种方法计算过程比较复杂，但借助于计算机仿真，会大大加快设计的速度。应该指出，这种试探法设计与校正满足性能要求的系统是非唯一的，有许多设计方案可以同时满足性能指标的要求，因此，在实际工程设计过程中，需要对系统各方面的性能、设备的经济性能和可靠性等方面加以综合考虑，以便从各种可能的设计与校正方案中选出较好的设计方案。

【举例 2】 图 6-1 所示为系统方框图。已知被控对象的传递函数为 $G_0(s)$，控制系统的设计指标已经给出，根据设计经验经典理论计算初选校正装置的传递函数 $G_c(s)$，由于 $G(s) = G_0(s)G_c(s)$，因此可以采用时域或频域的方法，计算出系统的性能指标，然后检验指标是否满足设计要求，若不满足，则重新设计校正装置的传递函数 $G_c(s)$，直至满足设计要求为止。

四、控制系统的结构设计

控制系统的结构形式取决于两个方面，一方面是被控对象的动态特性，另外一方面则是控制系统的性能指标要求。一般来说，被控对象的结构越复杂或系统性能指标要求越高，则控制系统的设计难度就越大，系统的结构就会越复杂。

根据设计经验，总结出以下几种工程上常常使用的基本设计方案，而每一种设计方案都具有典型的结构特征。了解其典型的结构特征，会加快系统的设计速度并提高设计表的设计水平。

1. 串联校正控制系统的设计

校正装置 $G_c(s)$ 与被控对象 $G_0(s)$ 串行连接并形成负反馈调节系统，其结构如图 6-1 所示。这种设计与校正的方法是最基本、最广泛被使用的方法，其他复杂的设计方法都是基于这种简单形式而加以局部改造获得的。

设计串联校正控制系统是本章介绍的核心内容。

2. 加局部反馈校正的控制系统的设计

一般来说，当被控对象的结构比较复杂，用串联校正的设计方法很难达到设计要求的性能指标时，通常可以在被控对象的数学模型中选择部分模型形成局部反馈，将其用于改善系统的开环结构特征后，再使用串联校正控制系统的设计方案，这种设计方法称为加局部反馈校正的控制系统，其系统结构如图 6-2 所示。

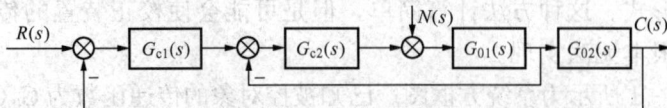

图 6-2 加入局部反馈校正的控制系统结构简图

3. 加前馈的串联校正控制系统的设计

一般来说，当被控对象的结构比较复杂，即便用串联校正的设计方法也很难完全达到设计要求的性能指标时，为进一步提高系统测量值跟踪给定值的能力，可以对给定值加入前馈信号，其系统结构如图 6-3 所示。

而为进一步提高系统抗拒某已知强干扰通路的干扰信号的能力，可以对干扰信号加入前馈信号，其系统结构如图 6-4 所示。这种设计方法对系统动态和静态性能指标所产生的效果，可以通过系统的性能分析得到验证。本章在后续的学习过程中会加以介绍。

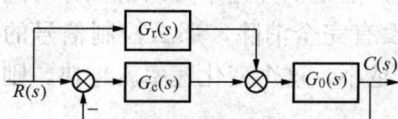

图 6-3 对给定值加入前馈校正后的
系统结构图

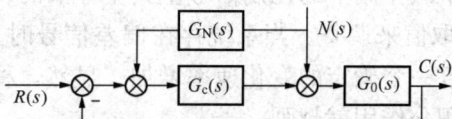

图 6-4 对干扰信号加入前馈校正后的
系统结构简图

第三节 校正装置（控制器）的构成及其特性

通过前面的学习了解到，被控对象的数学模型是固化的，一个自动控制系统的性能好坏，必然取决于控制系统的设计结构、所选用的控制装置的形式以及参数的取值等因素。因此必须对控制装置的形式及其校正功能有一个清楚的了解，才能灵活地应用于系统的设计与校正中。

一、校正装置（控制器）的分类

（1）工业用控制器（PID 调节器）。构成自动控制系统的定型产品。

（2）无源校正装置。由电阻、电容和电感元件构成的校正网络。

（3）有源校正装置。由运算放大器和电阻、电容、电感元件构成的校正网络。

二、PID 调节器的构成及其特性

PID 调节器（以下简称调节器）是指具有比例、积分、微分运算功能的一种工业用控制器。它是人们在长期的生产实际中摸索出来的一种结构简单、实用性极强的校正装置。它作为一种定型产品被广泛地应用在控制系统中。随着计算机技术的飞速发展，控制设备也在不断地更新换代，这仅仅是调节器生产工艺的提高及辅助功能的扩充，但调节器的基本控制规律至今却保持不变。这正是控制器所具有的显著调节能力所决定的。这个规律就是比例、积分、微分的运算功能。

1. 基本控制规律

（1）比例作用（P）。数学模型为

$$G_c(s) = \frac{1}{\delta}$$

控制作用为

$$m(t) = \frac{1}{\delta}e(t)$$

阶跃作用下的控制信号呈典型环节的比例作用形式。当系统存在一个很小的偏差信号

$e(t)$ 时，调节器就会将一个确定幅度的控制信号 $m(t)$ 输出到执行机构。显然，比例带 δ 越小，这个控制信号的幅度越大，即调节器的比例作用就越强。

（2）积分作用（I）。数学模型为

$$G_c(s) = \frac{1}{T_i s}$$

控制作用为

$$m(t) = \frac{1}{T_i} \int e(t) \mathrm{d}t$$

阶跃作用下的控制信号呈典型环节的积分作用形式，但是积分速率可以由积分时间常数 T_i 的取值来调整。当系统存在偏差信号时，只要偏差没有完全消除，那么控制信号的幅度就会以一个确定的变化速率增加。显然，积分时间常数越小，这个变化速率就越快，则调节器的积分作用就越强。

（3）微分作用（D）。数学模型为

$$G_c(s) = T_d s \qquad \text{（理想）}$$

$$G_c(s) = \frac{k_d T_d s}{T_d s + 1} \qquad \text{（实际）}$$

控制作用为

$$m(t) = T_d \frac{\mathrm{d}e(t)}{\mathrm{d}t}$$

阶跃作用下的控制信号形式呈典型环节的微分作用形式，但是微分作用的强弱由微分时间常数 T_d 的取值来调整。实际微分环节微分作用的强弱由 k_d、T_d 取值来调整。当系统存在偏差信号时，在动态调节过程中就会产生一个瞬态的控制信号，控制信号的强度以及作用的时间是由时间常数 T_d 决定的。显然，微分时间常数 T_d 越大，控制信号的作用时间及作用幅度越大，即调节器的微分作用越强。微分作用的工程实现实际上是按照实际微分环节的形式实现的。

2. 调节器在工程应用时的作用形式

调节器在进行控制系统的设计时，可以根据被控对象的动态特性以及系统的设计要求通过人工设定，通常可以选择以下四种作用形式。

（1）比例作用（P）。数学模型为

$$G_c(s) = \frac{1}{\delta} = K_p$$

（2）比例—积分调节作用（PI）。数学模型为

$$G_c(s) = \frac{1}{\delta}\left(1 + \frac{1}{T_i s}\right) = K_p\left(1 + \frac{1}{T_i s}\right)$$

（3）比例—微分调节作用（PD）。数学模型为

$$G_c(s) = K_p(1 + T_d s)$$

（4）比例—积分微分调节（PID）。数学模型为

$$G_c(s) = K_p\left(1 + \frac{1}{T_i s} + T_d s\right)$$

3. PID 调节器产品简介

（1）调节器面板。工业用调节器的面板显示内容包括给定值、测量值和输出值（控制信

号）；操作内容包括手自动切换、控制信号手动操作、给定值设定；其他辅助功能包括测量值上、下限报警指示，偏差报警指示，调节器运行状态指示。

（2）调节器参数设定及基本调节功能的选择方法。调节器内部的核心运算功能模块为 $G_c(s)=K_p\left(1+\dfrac{1}{T_is}+T_ds\right)$，当 $T_i=\infty$，$T_d=0$ 时，为比例调节器；当 $T_d=0$ 时，为比例积分调节器；$T_i=\infty$ 时，为比例微分调节器；否则为比例积分微分调节器。调节器参数的取值则通过数据设定器或参数设定按钮完成。

4. 调节器的工程使用方法

一般情况下，调节器是和被控对象的传递函数串联形成负反馈调节系统的。调节系统的接线方法如图 6-1 所示。使用时应注意调节器的正反作用开关的位置，以保证形成负反馈调节系统。调节系统的性能好坏主要取决于设计人员对调节器形式的选择和调节参数的设定，这也正是本章要阐述的问题。在自动控制系统的专业课程中还将进行详细的介绍。

三、无源校正装置的构成及其特性

无源校正装置的工程实现可采用气动、液动和电动等设备来实现，考虑到各种设备之间的动态特性存在共性，即传递函数、微分方程相似，故以结构形式最简单、造价最低廉的 RC 无源校正装置为例进行分析。

1. 超前网络

（1）其结构组成如图 6-5 所示。

（2）传递函数为

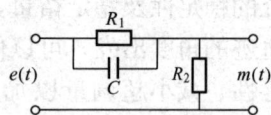

图 6-5　无源超前网络

$$G_c(s)=\frac{M(s)}{E(s)}=\frac{1}{\alpha}\frac{\alpha Ts+1}{Ts+1}$$

其中

$$\alpha=\frac{R_1+R_2}{R_2}>1,\quad T=\frac{R_1R_2}{R_1+R_2}C$$

考虑到比例环节对系统开环增益的衰减作用，一般在使用该环节的同时要串联一个功率放大器，用以抵消比例环节对系统开环增益的衰减作用，所以在研究超前网络的性能时，为了便于分析，取传递函数为

$$G_c(s)=\frac{M(s)}{E(s)}=\frac{\alpha Ts+1}{Ts+1} \tag{6-3}$$

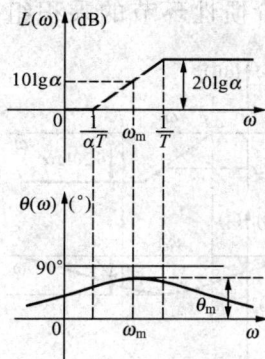

图 6-6　超前校正网络的 Bode 曲线

（3）频率特性。由式（6-3）可知，超前网络从结构上看是由一阶微分环节和一阶惯性环节的乘积组成。根据典型环节的频率特性，绘制式（6-3）所描述的超前网络的 Bode 曲线如图 6-6 所示。

从 Bode 曲线上可以得到，超前网络在全频程范围内的相位是超前的，幅值是增加的。

根据 $G_c(s)$ 的结构形式，经计算可得，产生最大超前角时的频率为

$$\omega_m=\frac{1}{\sqrt{\alpha}T}\text{（转折频率的几何中心点）}$$

最大超前角为

$$\theta_{\mathrm{m}} = \arcsin \frac{\alpha - 1}{\alpha + 1}$$

最大超前频率处的幅值增益为

$$L(\omega_{\mathrm{m}}) = 10\lg\alpha$$

高频段的幅值增益为

$$L(\omega_{\mathrm{m}}) = 20\lg\alpha$$

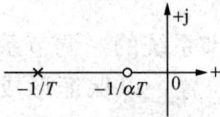

图 6-7　超前网络的
零极点分布

（4）零极点分布。由 $G_{\mathrm{c}}(s) = \dfrac{M(s)}{E(s)} = \dfrac{1}{\alpha}\dfrac{\alpha Tc + 1}{Tc + 1} = \dfrac{s + \dfrac{1}{\alpha T}}{s + \dfrac{1}{T}}$ 可得

零点为 $z_{\mathrm{c}} = -\dfrac{1}{\alpha T}$，极点为 $p_{\mathrm{c}} = -\dfrac{1}{T}$。故在 s 平面上的分布如图 6-7 所示。从图 6-7 中可以得到，零点比极点靠近虚轴，所以零点作用强于极点作用。在工程使用中，一般直接取 $G_{\mathrm{c}}(s) = \dfrac{s + z_{\mathrm{c}}}{s + p_{\mathrm{c}}}$ 的形式（其中，$z_{\mathrm{c}} < p_{\mathrm{c}}$）。

（5）校正效果。使用超前校正装置设计串联校正控制系统时，若合理选择校正装置的参数，则可以改善控制系统的动态特性。从频率特性的角度出发，一般可以通过超前角提高系统的稳定性及稳定裕量，产生的具体校正效果要看校正装置参数 α 和 T 的合理选择。从根轨迹的角度出发，可以使根轨迹向左平面远离虚轴靠近实轴的方向移动，从而加强系统的稳定性、减小超调量以加快调节速度。产生的具体校正效果也要看校正装置零极点位置的确定。

2. 滞后网络

（1）其结构组成如图 6-8 所示。

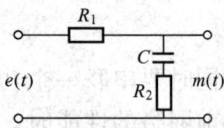

图 6-8　无源滞后网络

（2）传递函数为

$$G_{\mathrm{c}}(s) = \frac{M(s)}{E(s)} = \frac{Ts + 1}{\alpha Ts + 1} \tag{6-4}$$

其中

$$\alpha = \frac{R_1 + R_2}{R_2} > 1, T = R_2 C$$

（3）频率特性。滞后网络从结构上看是由一阶微分环节和一阶惯性环节的乘积组成。根据典型环节的频率特性，绘制式（6-4）所描述的滞后网络的 Bode 曲线如图 6-9 所示。

从 Bode 曲线可以得到，滞后环节在全频程范围的相位是滞后的，幅值是减小的。

产生最大滞后角时的频率为

$$\omega_{\mathrm{m}} = \frac{1}{\sqrt{\alpha} T}（为两个转折频率的几何中心点）$$

最大滞后角为

$$\theta_{\mathrm{m}} = -\arcsin \frac{\alpha - 1}{\alpha + 1}$$

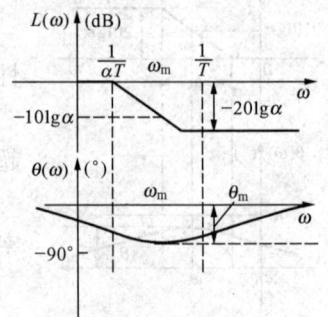

图 6-9　滞后校正网络
Bode 曲线

最大滞后频率处的幅值增益为

$$L(\omega_m) = -10\lg\alpha$$

高频段的幅值增益为

$$L(\omega_m) = -20\lg\alpha$$

(4) 零极点分布。由 $G_c(s) = \dfrac{M(s)}{E(s)} = \dfrac{Ts+1}{\alpha Ts+1} = \dfrac{1}{\alpha}\dfrac{s+\dfrac{1}{T}}{s+\dfrac{1}{\alpha T}}$ 得零点为 $z_c = -\dfrac{1}{T}$，极点

为 $p_c = -\dfrac{1}{\alpha T}$，故在 s 平面上的分布如图 6-10 所示。从图 6-10 中可以看到，极点比零点靠近虚轴，极点作用强于零点作用。在工程使用中，一般直接取 $G_c(s) = \dfrac{s+z_c}{s+p_c}$ 的形式（其中，$p_c < z_c$）。

(5) 校正效果。使用滞后校正装置设计串联校正控制系统时，若合理选择校正装置的参数，则可以改善控制系统的动态特性或静态性能。从频率特性的角度出发，可以通过较高频段的幅值下降 $20\lg\alpha$ 相位滞后幅度较小的特性，减小系统的穿越频率以提高系统的相角裕量，即牺牲调节速度而减小超调量，从而提高系统的稳定性。从根轨迹的角度出发，通过参数选择在左半平面靠近原点附近构成一对偶极子，不改变原系统根轨迹的前提条件下，提高系统的开环增益，从而达到减小系统静态误差的目的。

3. 滞后—超前网络

(1) 其结构组成如图 6-11 所示。

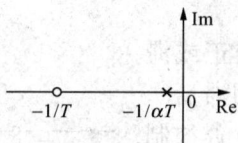

图 6-10　滞后校正网络的零极点分布　　图 6-11　滞后—超前网络

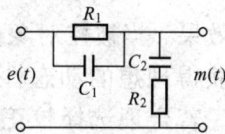

(2) 传递函数（经过化简整理）为

$$G_c(s) = \frac{M(s)}{E(s)} = \frac{(T_1s+1)(T_2s+1)}{(\alpha T_1s+1)\left(\dfrac{1}{\alpha}T_2s+1\right)}$$

$$= G_{c1}(s)G_{c2}(s) \quad (\alpha>1, T_1>T_2) \tag{6-5}$$

或

$$G_c(s) = \frac{M(s)}{E(s)} = \frac{s+z_{c1}}{s+p_{c1}}\frac{s+z_{c2}}{s+p_{c2}}(p_{c1}<z_{c2}<z_{c1}<p_{c2})$$

其中，$G_{c1}(s) = \dfrac{T_1s+1}{\alpha T_1s+1}$ 或 $\dfrac{s+z_{c1}}{s+p_{c1}}$ 为滞后部分；$G_{c2}(s) = \dfrac{T_2s+1}{\dfrac{1}{\alpha}T_2s+1}$ 或 $\dfrac{s+z_{c2}}{s+p_{c2}}$ 为超前部分。

(3) 频率特性。滞后—超前网络从结构上看是由两个一阶微分环节和两个一阶惯性环节的乘积组成。根据典型环节的频率特性，绘制式（6-5）所描述的滞后—超前网络的 Bode 曲线如图 6-12 所示。

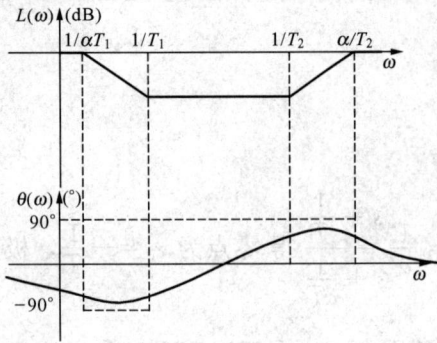

图 6 - 12　滞后超前网络 Bode 曲线

从 Bode 曲线可以得到，在 $\left(\dfrac{1}{\alpha T_1},\ \dfrac{1}{T_1}\right)$ 频段相位是滞后的，幅值是减小的。在 $\left(\dfrac{1}{\alpha T_2},\ \dfrac{1}{T_2}\right)$ 频段的相位是超前的，但幅值却是减小的。

最大滞后频率为

$$\omega_m = \frac{1}{\sqrt{\alpha}\,T_1}\ (\text{为前两个转折频率的几何中心点})$$

最大超前频率为

$$\omega_m = \frac{1}{\sqrt{\alpha}\,T_2}\ (\text{为后两个转折频率的几何中心点})$$

最大滞后角为

$$\theta_m = -\arcsin\frac{\alpha-1}{\alpha+1}\quad T_1 \gg T_2$$

最大超前角为

$$\theta_m = \arcsin\frac{\alpha-1}{\alpha+1}\quad T_1 \gg T_2$$

（4）零极点分布。由 $G_c(s)=\dfrac{M(s)}{E(s)}=\dfrac{(T_1 s+1)(T_2 s+1)}{(\alpha T_1 s+1)\left(\dfrac{1}{\alpha}T_2 s+1\right)}$ 得，两个零点分别为

$Z_{c1}=-\dfrac{1}{T_1}$，$Z_{c2}=-\dfrac{1}{T_2}$。两个极点分别为 $P_{c1}=-\dfrac{1}{\alpha T_1}$，$P_{c1}=-\dfrac{\alpha}{T_2}$，故在 s 平面上的分布如图 6 - 13 所示。

（5）校正效果。当被控对象的频率特性采用超前校正或滞后校正都不能获得理想的动态性能指标时，一般可选用滞后—超前校正装置。若合理选择校正装置的参数，则可以改善控制系统的动态特性和静态性能。从频率特性的角度出发，可以通过相位的超前特性，提高系统的相角裕量，从而提高系统的稳定性。同时，对穿越频率的影响不大。从根轨迹的角度出发，

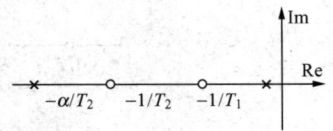

图 6 - 13　滞后超前网络的零极点分布

由于远离虚轴的一对零极点呈超前特性，因此用于进行动态校正，减小超调量和加快调节速度。而靠近虚轴的一对零极点呈滞后特性使之构成一对偶极子，进行静态校正用于提高系统的开环增益。加入滞后—超前校正网络时，系统校正过程的计算量较大，一般可利用计算机软件来实现。

四、有源校正装置的构成及其特性

有源校正装置的工程实现一般是采用理想运算放大器和电阻、电容元件组成的。实际上，工业用调节器的内部运算功能就是用有源网络构成的。在工程上广泛被使用的仍然是下列几种形式。

1. 比例调节

采用理想运算放大器和电阻、电容元件实现比例调节作用的原理如图 6 - 14 所示。装置的输出/输入之间传递函数的求取过程依赖于理想运算放大器的特性及其电路定理。理想运

算放大器的特性是：输入、输出反向、放大倍数无穷、输入电流为零及两个输入端等电位。传递函数的求取过程为

$$\frac{M(s)}{R_2} = -\frac{E(s)}{R_1} \Rightarrow \frac{M(s)}{E(s)} = -\frac{R_2}{R_1} = -K_p \qquad (6-6)$$

2. 比例—积分调节

采用理想运算放大器和电阻、电容元件实现比例积分调节作用的原理如图 6-15 所示。传递函数的求取过程为

$$\frac{M(s)}{R_2 + \dfrac{1}{C_s}} = -\frac{E(s)}{R_1}$$

$$\Rightarrow \frac{M(s)}{E(s)} = -\frac{R_2 + \dfrac{1}{C_s}}{R_1} = -\frac{R_2 C_s + 1}{R_1 C_s} = -\frac{R_2}{R_1}\left(1 + \frac{1}{R_2 C_s}\right) = -K_p\left(1 + \frac{1}{T_i s}\right) \qquad (6-7)$$

其中

$$K_p = \frac{R_2}{R_1}, \quad T_i = R_2 C$$

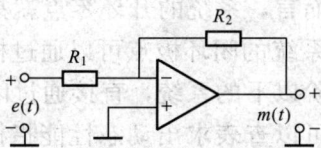

图 6-14　有源网络的比例作用电路　　　　图 6-15　有源网络的比例—积分作用电路

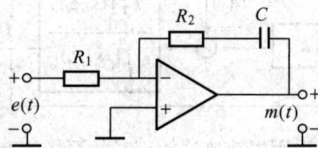

3. 比例—微分调节

采用理想运算放大器和电阻、电容元件实现比例—微分调节作用的原理如图 6-16 所示。装置的传递函数为

$$\frac{M(s)}{E(s)} = -K_p(1 + T_d s) \qquad (6-8)$$

其中

$$K_p = \frac{R_2}{R_1}, \quad T_d = R_1 c$$

4. 比例—积分—微分调节

采用理想运算放大器和电阻、电容元件实现比例—积分—微分调节作用的原理如图 6-17 所示。装置的传递函数为

$$\frac{M(s)}{E(s)} = -K_p\left(1 + \frac{1}{T_i s} + T_d s\right) \qquad (6-9)$$

其中

$$K_p = \frac{C_1}{C_2} + \frac{R_2}{R_1}, \quad T_i = R_2 C_2 + R_1 C_1, \quad T_d = \frac{R_1 R_2 C_1 C_2}{R_2 C_2 + R_1 C_1}$$

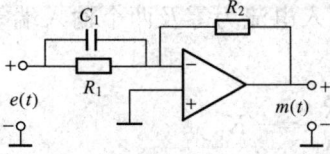

图 6-16　有源网络的比例—微分作用电路　　　　图 6-17　有源网络的比例—积分—微分作用电路

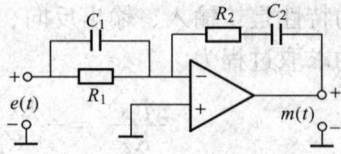

应该指出，除了上述常见的调节作用外，还可以根据设计需要将理想运算放大器的电阻、电容组合成各种形式的校正装置。

第四节　根 轨 迹 法 串 联 校 正

一、基本思想

当系统的性能指标以时域形式给出时，一般采用根轨迹法进行设计与校正比较方便。根轨迹法校正的优点是能根据 s 平面上闭环零极点的分布，直接估算系统的时域性能。而对具有闭环主导极点的高阶系统，主要用主导极点的位置即可以估算系统的时域指标。

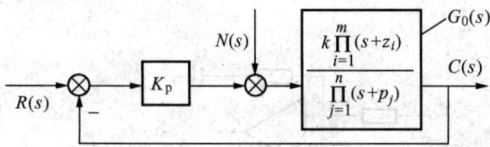

图 6-18　采用根轨迹法校正时的系统规范模式

对于图 6-18 所示的控制系统的标准结构单位负反馈形式而言，系统的开环零点就是系统的闭环零点。而系统的闭环极点可以通过根轨迹的绘制得到。三阶以下的系统，直接通过闭环零极点的位置，就可以查表求出动态性能指标。而高阶系统一般用主导极点位置估算系统的性能指标。

采用根轨迹串联校正时，首先应该获得如图 6-18 所示的系统方框图。其中，被控对象的数学模型 $G_0(s)$ 已知，K_p 是比例调节器的比例作用参数。显然 $k^* = K_p k$ 为该系统的根轨迹增益。

根轨迹串联校正步骤应按照下列顺序进行。

1. 确定满足控制系统设计指标的主导极点的位置

将给定的系统动态设计指标转化成主导极点的允许区域。一般系统的动态设计指标为超调量 $\sigma\%$、调节时间 t_s 和峰值时间 t_p，根据这些约束条件，可以选择系统闭环主导极点的位置（是非唯一的），即给出主导极点在复平面的坐标，$s_A = -\sigma \pm j\omega_d$。

2. 绘制原系统的根轨迹

当 K_p 从 0→∞ 变化时（$k^* = K_p k$ 也从 0→∞ 变化），绘制图 6-18 所示系统的根轨迹。

3. 通过系统性能分析确定校正方案

检验根轨迹中的主导极点是否通过允许区域，若有根轨迹在允许区域里，则确定在该区域 K_p 的取值，无需再加其他校正装置；若没有根轨迹在允许区域里，则该系统需要增加超前校正网络，实施动态校正；若系统设计同时提出静态性能指标，则对满足动态性能指标的系统要根据系统型别和开环增益的取值计算静态性能指标。若不满足，则增加滞后校正网络，实施静态校正。

4. 计算校正装置参数

确定校正网络的零极点位置 z_c 和 p_c 以及根轨迹增益 k^* 的取值，即确定调节器比例参

数 K_p 的取值，得

$$G_c(s) = \frac{K_p(s+z_c)}{(s+p_c)}$$

5. 系统性能指标校验

它是指校验加入校正装置，并确定了调节器比例参数的取值后所设计好的系统的动态性能指标。根据给定值扰动下的闭环传递函数，可以求系统闭环零极点分布，验算是否符合性能指标要求；也可以采用模拟机、数字机进行系统性能指标的校验，在阶跃响应曲线上可以直接获得校正以后的系统动态性能指标。

二、串联超前校正（动态校正）

1. 基本思路

当原系统的根轨迹不通过主导极点的允许区域时，需要在开环传递函数上串联一个超前校正网络，由于零极点的作用强于极点的作用，因此根轨迹会向左半平面靠近实轴的方向移动，从而使系统的动态性能指标得以改善，即超调量减小，调节时间加快。从理论上讲，采用纯零极点校正的方法会更为简单，但工程实现的难度较大，因为微分作用的介入，不但会使系统的抗干扰能力下降，而微分作用过强，还会使系统进入饱和非线性区域，导致系统的动态性能急剧下降。所以在实际工程中一般采用超前校正网络。

满足系统动态性能指标的校正装置是非唯一的，但如何使校正装置的零极点位置既能满足设计要求，又使得计算过程简单，而且便于工程实现，这是本节主要解决的问题。

2. 超前网络零极点的确定方法

假设图 6-18 所示系统的动态性能指标不能满足设计要求，需要在开环传递函数上串联一个超前校正网络 $G_c(s) = \dfrac{s+z_c}{s+p_c}$ 零极点待定，其中 $z_c < p_c$。此时，系统的根轨迹方程为

$$G_0(s)G_c(s) = \frac{K_p k \prod\limits_{i=1}^{m}(s+z_i)}{\prod\limits_{j=1}^{n}(s+p_j)} \frac{(s+z_c)}{(s+p_z)} = -1 \tag{6-10}$$

对应的辐角条件和幅值条件分别为

$$\angle G_0(s) + \angle G_c(s) = \Big[\sum_{i=1}^{m}\angle(s+z_i) - \sum_{j=1}^{n}\angle(s+p_j)\Big] + \big[\angle(s+z_c) - \angle(s+p_z)\big]$$

$$= (2l+1)\pi \quad (l=0,\pm 1,\pm 2,\cdots) \tag{6-11}$$

$$|G_0(s)G_c(s)| = \left|\frac{K_p k \prod\limits_{i=1}^{m}(s+z_i)}{\prod\limits_{j=1}^{n}(s+p_j)}\right| \left|\frac{(s+z_c)}{(s+p_z)}\right| = 1 \tag{6-12}$$

使用根轨迹法实现超前网络校正的理论依据是：若复平面上的任意一点 $s_a = -\sigma_a \pm j\omega_a$ 同时满足根轨迹的辐角条件和幅值条件，则这个点一定在根轨迹上。这两个条件首先应满足的是辐角条件。

确定超前网络零极点位置的思路如下：

设系统希望主导极点的位置在 $s_a = -\sigma_a \pm j\omega_a$ 处，对点 $s_a = -\sigma_a \pm j\omega_a$ 而言，若要通过增

加超前网络，使之成为新根轨迹上的一点，则首先应该使 s_a 满足辐角条件。根据辐角条件式（6-11）可得校正装置对于点 s_a 的辐角增量 ϕ 为

$$\phi = \angle G_c|_{s=s_a}(s) = [\angle(s+z_c) - \angle(s+p_c)]|_{s=s_a}$$
$$= (2l+1)\pi - \angle G_0(s)|_{s=s_a}$$
$$= (2l+1)\pi - \left[\sum_{i=1}^{m} \angle(s+z_i)|_{s=s_a} - \sum_{j=1}^{n} \angle(s+p_j)|_{s=s_a}\right] \quad (6-13)$$

因此，若选择的超前校正网络对点 s_a 的辐角增量为 ϕ，则点 s_a 满足根轨迹的辐角条件。点 s_a 处辐角增量的几何表示形式如图 6-19 所示。考虑超前校正装置的非唯一性，希望寻求一个确定零极点位置的行之有效的方法，既要求易于工程实现，又要求计算过程简单。工程上广泛被使用的方法就是角平分线法。

确定零极点位置的具体步骤如下：

（1）绘制主导极点位置得主导极点 s_a 矢量辐角 ψ 和矢量的模 $\sqrt{\sigma_a^2 + \omega_a^2}$；主导极点矢量构成 $\angle Bs_a0 = \psi$，绘制 $\angle Bs_a0$ 的角平分线 s_aC。

（2）以角平分线为中心向两侧绘制 0.5ϕ 角的射线，射线与实轴的交点分别是校正装置的零极点位置，如图 6-19 所示。

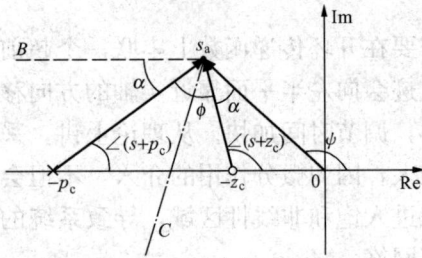

图 6-19　s_a 处辐角增量的几何表示形式

（3）根据三角形正弦定理得零极点坐标的计算公式

$$p_c = \sqrt{\sigma_a^2 + \omega_a^2}\,\frac{\sin(\alpha+\phi)}{\sin\alpha}, \quad z_c = \sqrt{\sigma_a^2 + \omega_a^2}\,\frac{\sin\alpha}{\sin(\alpha+\phi)} \quad (6-14)$$

其中，$\alpha = 0.5(\psi - \phi)$。

最终得校正装置的传递函数为 $G_c(s) = \dfrac{s+z_c}{s+p_c}$。应当指出的是：只有校正装置的辐角增量 $\phi \leqslant \psi$ 时，才可以通过上述方法实现串联超前校正，否则需要增加一个超前网络。

3. 确定主导极点处根轨迹增益、调节器比例参数及系统开环增益的取值

根据式（6-12），可确定根轨迹过点 s_a 时，根轨迹增益的取值 K_pk 的值，即

$$K_pk = \left|\frac{(s+p_c)}{(s+z_c)}\right|_{s=s_a} \frac{\prod_{j=1}^{n}|(s+p_j)|_{s=s_a}}{\prod_{i=1}^{m}|(s+z_i)|_{s=s_a}} \quad (6-15)$$

由此可以计算出经过校正以后调节器比例作用参数 K_p 的取值，并由开环传递函数导出系统的开环增益 $K = K_pk\dfrac{z_cz_1z_2\cdots z_m}{p_cp_1p_2\cdots p_n}$（不包括在原点处的零极点），因此可以根据系统型别及开环增益来计算系统的静态性能指标。

4. 应用举例

【例 6-1】　如图 6-18 所示的系统，已知 $G_0(s) = \dfrac{1}{s\left(\frac{1}{a}s+1\right)\left(\frac{1}{4a}s+1\right)}$，调节器比例作用参数 K_p 的取值范围是 $0 \rightarrow +\infty$，要求系统的性能指标为 $\sigma\% \leqslant 30\%$，$t_s \leqslant \dfrac{4}{a}$，试设计一个

串联校正装置。

解：（1）根据系统动态性能指标可绘制主导极点允许区域。

设系统的主导极点坐标为 $s = -\sigma \pm j\omega_a = -\xi\omega_n \pm \sqrt{1-\xi^2}\,\omega_n$，根据超调量计算公式 $\sigma\% =$ $\mathrm{e}^{-\frac{\xi\pi}{\sqrt{1-\xi^2}}} \times 100\%$ 和约束条件 $\sigma\% \leqslant 30\%$，得 $\xi \geqslant 0.36$，因为 $\cos\theta = \xi$，所以 $\theta \leqslant$ $68.9°$，根据调节时间计算公式 $t_s = \frac{3}{\sigma} =$ $\frac{3}{\xi\omega_n}$ 和约束条件 $t_s \leqslant \frac{4}{a}$ 得 $\sigma \geqslant \frac{3}{4}a$。

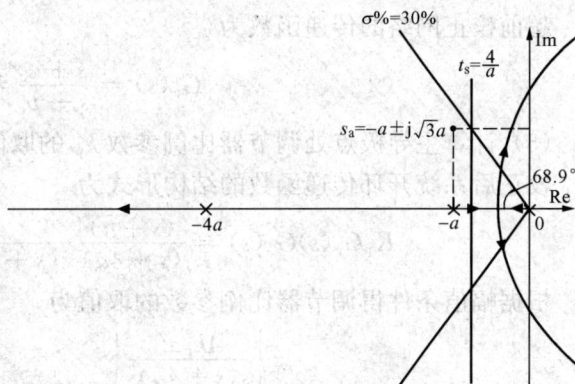

满足系统动态性能指标要求的主导极点允许区域如图 6-20 所示的阴影部分。

（2）绘制原系统的根轨迹。将系统开环传递函数写为零极点分布的形式，并在图 6-20 上绘制原系统的根轨迹草图，即

图 6-20　［例 6-1］的根轨迹图

$$K_p G_0(s) = \frac{K_p}{s\left(\frac{1}{a}s+1\right)\left(\frac{1}{4a}s+1\right)}$$
$$= \frac{4K_p a^2}{s(s+a)(s+4a)}$$

其中，分离点为 $s = -0.46a$；渐近线为三条，与实轴交点坐标为 $-\sigma = -\frac{5}{3}a$，倾角为 $\pm 60°$、$180°$；根轨迹与虚轴的交点坐标为 $s = \pm 2aj$。显然，无论 K_p 取何值，根轨迹都不能进入满足性能指标的阴影区域。

（3）确定校正方案及主导极点的位置。可以通过增加串联超前校正网络，使根轨迹向左靠近实轴的方向移动。校正后的主导极点只要在阴影区域内即可，但是考虑到其他闭环零极点对系统性能指标的影响，故取主导极点离边界有一定裕量。为便于计算，需在阴影区域里选择主导极点的位置，即 $s_a = -\sigma_a \pm j\omega_a = -a \pm j\sqrt{3}a$。

（4）计算校正装置的零极点坐标。

1）求主导极点矢量的模 $\sqrt{\sigma_a^2 + \omega_a^2}$ 和幅角 ψ，即

$$\sqrt{\sigma_a^2 + \omega_a^2} = \sqrt{a^2 + 3a^2} = 2a, \psi = 180° - \arctan\frac{\sqrt{3}a}{a} = 120°$$

2）求幅角增量 ϕ，即

$$\phi = (2l+1)\pi - \angle G_0(s)\big|_{s=s_a}$$
$$= (2l+1)\pi - \left[\sum_{i=1}^{m}\angle(s+z_i)\big|_{s=s_a} - \sum_{j=1}^{n}\angle(s+p_i)\big|_{s=s_a}\right]$$
$$= -180° - \left[0° - \angle s\big|_{s=-a+j\sqrt{3}a} - \angle(s+a)\big|_{s=-a+j\sqrt{3}a} - \angle(s+4a)\big|_{s=-a+j\sqrt{3}a}\right]$$
$$= -180° + (120° + 90° + 30°) = 60°$$

3）计算零极点坐标（如图 6-19 所示），即

$$\alpha = 0.5(\psi - \phi) = 0.5(120° - 60°) = 30°$$

$$p_{c} = \sqrt{\sigma_{a}^2 + \omega_{a}^2} \frac{\sin(\alpha + \phi)}{\sin\alpha} = 2a \frac{\sin90°}{\sin30°} = 4a$$

$$z_{c} = \sqrt{\sigma_{a}^2 + \omega_{a}^2} \frac{\sin\alpha}{\sin(\alpha + \phi)} = 2a \frac{\sin30°}{\sin90°} = a$$

超前校正网络的传递函数为

$$G_{c}(s) = \frac{s + z_{c}}{s + p_{c}} = \frac{s + a}{s + 4a}$$

(5) 计算主导极点处调节器比例参数 k_{p} 的取值。

校正后系统开环传递函数的结构形式为

$$K_{p}G_{c}(s)G_{0}(s) = \frac{(s + a)}{(s + 4a)} \frac{4K_{p}a^2}{s(s + a)(s + 4a)} = \frac{4K_{p}a^2}{s(s + 4a)^2}$$

根据幅值条件得调节器比例参数的取值为

$$\left| \frac{4k_{p}a^2}{s(s + 4a)^2} \right|_{s = -a + j\sqrt{3}a} = 1 \Rightarrow K_{p} = 6a$$

校正后系统的开环传递函数为

$$6aG_{c}(s)G_{0}(s) = 6a \frac{4a^2}{s(s + 4a)^2} = \frac{24a^3}{s(s + 4a)^2}$$

控制系统的型别是 I 型,由开环传递函数得系统的开环增益 K 为

$$\frac{24a^3}{s(s + 4a)^2} = \frac{24a^3}{(4a)^2 s \left(\frac{1}{4a}s + 1 \right)^2} = \frac{\frac{3}{2}a}{s \left(\frac{1}{4a}s + 1 \right)^2} \Rightarrow K = \frac{3}{2}a$$

(6) 性能指标校验。获得了校正后的控制系统数学模型后,可根据系统闭环零极点分布计算校正后的系统性能指标。由于解题过程计算复杂,因此可以借助计算机进行仿真试验以获得性能指标。有关校验过程不再赘述。

三、串联滞后校正

1. 基本思路

控制系统的设计与校正的任务首先是使系统满足动态性能指标。此时,系统的结构与参数已经全部确定。根据系统型别 ν 和开环增益 K,可以确定此时系统的静态性能指标。当系统的型别满足设计要求,但开环增益太小时,可以通过滞后校正网络,进行零极点配置。其校正思路是:在实轴靠近原点的附近构成一对偶极子。它可以在不改变动态性能指标的前提下,减小系统的静态误差。

静态校正的原理为:取滞后校正装置 $G_{c}(s) = \frac{s + z_{c}}{s + p_{c}}$,其中 $z_{c} > p_{c}$。选择零点和极点的位置非常接近且数值也非常小(靠近虚轴)。假设满足系统动态性能指标的开环传递函数为

$G(s) = \dfrac{k \prod\limits_{i=1}^{m} (s + z_{i})}{\prod\limits_{j=1}^{n} (s + p_{j})}$,显然,系统的开环增益为 $K = k \dfrac{z_{1}z_{2}\cdots z_{m}}{p_{1}p_{2}\cdots p_{n}}$,若 K 值太小,则会导致系

统有差时静态误差过大。此时,若在开环传递函数上串联一个滞后网络,则开环传递函数变

为 $G(s)G_c(s) = \dfrac{K_p k \prod\limits_{i=1}^{m}(s+z_i)}{\prod\limits_{j=1}^{n}(s+p_j)} \dfrac{(s+z_c)}{(s+p_c)}$。若滞后网络的零极点非常接近，则对开环传递函

数的幅值和幅角的影响可以忽略不计，因此不会影响原系统的闭环零极点分布，所以也就不

会影响系统原有的动态性能指标。但是，此时系统的开环增益则由原来的 $K = k\dfrac{z_1 z_2 \cdots z_m}{p_1 p_2 \cdots p_n}$ 变

成 $K = k\dfrac{z_1 z_2 \cdots z_m}{p_1 p_2 \cdots p_n}\dfrac{z_c}{p_c}$，即扩大了 $\dfrac{z_c}{p_c}$ 倍 $\left(\dfrac{z_c}{p_c} > 1\right)$。假设在原点附近取 $z_c = 0.1$，$p_c = 0.01$，则

会使系统在不改变动态性能的前提条件下，开环增益扩大 10 倍，即系统的稳态误差缩小了

10 倍。从而达到了改善系统静态性能的目的。

　　滞后校正网络零极点位置的选择显然是非唯一的。只要 $\dfrac{z_c}{p_c}$ 比值等于所需增益扩大的倍

数，就可以满足静态指标要求。所以如何使校正装置的零极点位置既能满足设计要求，又使

得计算过程简单，而且便于工程实现，这就是本节主要解决的问题。

　　2. 滞后网络零极点的确定

　　从宏观上讲，零极点越靠近虚轴，对系统静态指标的校正能力越强。但从工程实现的角

度出发，极点离虚轴太近，由于实际系统和数学模型之间多少会存在差异，因此对系统的稳

定性可能造成威胁，另外，考虑到系统存在的饱和非线性，一阶微分环节的时间常数太大，

容易使控制信号过大，导致执行器进入非线性区域。

　　根据实际经验，可以采用下列几种几何作图方法，确定滞后网络的零极点位置。

　　确定零极点位置的具体步骤如下：

　　(1) 已知被校正系统的开环增益为 K。依据系统静态性能指标要求，计算系统开环增益

的希望值 K^*。

　　(2) 加入滞后校正网络后，$K^* = K\dfrac{z_c}{p_c}$。显然，确定了校正装置

的零点 z_c，极点 p_c 也会随之确定。因此，在希望主导极点 $s_a = -\sigma_a \pm$

$j\omega_a$ 处，主导极点对应的矢量向外取角 $\alpha = 10°$ 引一射线与实轴的交点

坐标，取为零点位置 z_c，如图 6-21 所示，图 6-21 中 $\Psi = 180° -$

$\arctan\dfrac{\omega_a}{\sigma_a}$。零点坐标的计算过程如下：

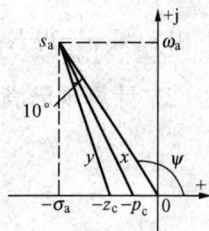

图 6-21　根轨迹图

　　利用三角形的正弦定理得

$$\dfrac{z_c}{\sin 10°} = \dfrac{\sqrt{\sigma_a^2 + \omega_a^2}}{\sin\left(180° - 10° - \arctan\dfrac{\omega_a}{\sigma_a}\right)}$$

$$z_c = \dfrac{\sqrt{\sigma_a^2 + \omega_a^2}}{\sin\left(10° + \arctan\dfrac{\omega_a}{\sigma_a}\right)}\sin 10° \tag{6-16}$$

　　(3) 计算极点坐标，由

$$K^* = K\dfrac{z_c}{p_c}$$

得

$$\frac{z_c}{p_c} = \frac{K^*}{K} \Rightarrow p_c = \frac{K}{K^*}z_c \tag{6-17}$$

进而得到滞后校正网络为

$$G_c(s) = \frac{s+z_c}{s+p_c}$$

（4）校验滞后校正网络的可实用性。一般以零极点对主导极点的两直线夹角 $\beta \leqslant 3°$ 为可使用准则。若大于 $3°$，则由于零极点之间距离过大，可能会影响系统的动态性能。

如图 6-21 所示，利用三角形的余弦定理，求上述夹角，即

$$(z_c - p_c)^2 = x^2 + y^2 - 2xy\cos\beta$$
$$x = \sqrt{\omega_a^2 + (\sigma_a - p_c)^2}$$
$$y = \sqrt{\omega_a^2 + (\sigma_a - z_c)^2}$$
$$\beta = \cos^{-1}\left[\frac{x^2+y^2-(z_c-p_c)^2}{2xy}\right] \tag{6-18}$$

若 $\beta > 3°$，则适当缩小初设的 $10°$ 角，重复上述计算过程，再次确定零极点分布，直至满足 $\beta \leqslant 3°$ 的要求为止。

3. 应用举例

【例 6-2】　由 ［例 6-1］进行超前校正后的系统，现要求系统在单位斜坡扰动输入下的稳态误差 $e_{ss} \leqslant \frac{1}{15a}$，试设计一个滞后串联校正装置。

解：（1）计算满足静态性能指标的开环增益的希望值 K^*。该系统为 Ⅰ 型系统，斜坡扰动输入时系统有误差，单位斜坡扰动时的稳态误差与系统开环增益的关系为 $e_{ss} = \frac{1}{K^*}$，所以，由 $e_{ss} \leqslant \frac{1}{15a}$ 得 $K^* \geqslant 15a$。

（2）计算现已满足动态性能指标的开环增益。根据动态校正后的系统开环传递函数得

$$\frac{24a^3}{s(s+4a)^2} = \frac{\frac{3}{2}a}{s\left(\frac{1}{4a}s+1\right)^2} \Rightarrow K = \frac{3}{2}a$$

显然不能满足静态指标要求，需要增加串联滞后校正网络。

（3）根据系统设计的主导极点 $s_a = -\sigma_a \pm j\omega_a = -a \pm j\sqrt{3}a$ 作图并计算滞后网络的零点坐标 z_c。初取 $\alpha = 10°$，由式（6-16）得

$$z_c = \frac{\sqrt{\sigma_a^2 + \omega_a^2}}{\sin\left(10° + \arctan\frac{\omega_a}{\sigma_a}\right)}\sin10° = \frac{\sqrt{a^2+3a^2}}{\sin\left(10° + \arctan\frac{\sqrt{3}a}{a}\right)}\sin10° \approx 0.327a$$

（4）计算极点坐标。由式（6-17）得

$$\frac{z_c}{p_c} = \frac{K^*}{K} = \frac{15a}{1.5a} = 10 \Rightarrow p_c = \frac{K}{K^*}z_c = 0.1z_c = 0.0327a$$

（5）检验零极点对主导极点的夹角。由式（6-18）得

$$x = \sqrt{\omega_a^2 + (\sigma_a - p_c)^2} = 1.98a$$

$$y = \sqrt{\omega_a^2 + (\sigma_a - z_c)^2} = 1.86a$$

$$\beta = \cos^{-1}\left[\frac{x^2 + y^2 - (z_c - p_c)^2}{2xy}\right] \approx 8° \geqslant 3°$$

不满足要求，再取 $\alpha = 4°$，重复上述计算过程得

$$z_c = \frac{\sqrt{\sigma_a^2 + \omega_a^2}}{\sin\left(4° + \arctan\dfrac{\omega_a}{\sigma_a}\right)}\sin 4° = \frac{\sqrt{a^2 + 3a^2}}{\sin\left(4° + \arctan\dfrac{\sqrt{3}a}{a}\right)}\sin 4°$$

$$\approx 0.08a$$

$$p_c = \frac{K}{K^*}z_c = 0.1z_c = 0.008a$$

$$x = \sqrt{\omega_a^2 + (\sigma_a - p_c)^2} = 1.996a$$

$$y = \sqrt{\omega_a^2 + (\sigma_a - z_c)^2} = 1.961a$$

$$\beta = \arccos\left[\frac{x^2 + y^2 - (z_c - p_c)^2}{2xy}\right] \approx 2.9° \leqslant 3°$$

结论：串联滞后校正网络的传递函数为

$$G_c(s) = \frac{s + z_c}{s + p_c} = \frac{s + 0.08a}{s + 0.008a}$$

四、串联滞后—超前校正

当系统的设计要求既包括动态指标又包括静态指标时，首先利用串联超前校正满足动态指标要求，然后检验满足动态指标要求的系统的静态性能，若不满足设计指标，再用串联滞后校正网络，进行静态性能校正。解题过程综合上述两个步骤进行，在此不再赘述。

第五节　频率法串联校正

一、基本思想

当设计要求所提供的技术指标是频域指标时，通常采用频率法进行系统的串联校正。频率法串联校正的最大优点是可以用图示的方法直观地展现出校正前后系统的性能指标和校正装置产生的校正效果。而且，其在理论上便于理解，在工程上便于实现，校正效果便于检验。

在频率特性分析法一章中提出，闭环控制系统的性能指标可以通过开环频率特性曲线的形式获得。对于最小相位系统而言，Bode 曲线中频段的穿越频率 ω_c 和相角裕量 γ 的取值，直接反映了系统的动态性能；Bode 曲线低频段的斜率反映了系统的型别，而低频段斜线（或斜线的延长线）与 $\omega = 1$ 处所引垂线的交点纵坐标，则是 $20\lg K$，其中，K 是系统的开环增益，所以 Bode 曲线低频段的形式决定了系统的静态性能；Bode 曲线的高频段反映了系统抗拒高频干扰的能力。

从宏观上讲，校正的目的是希望低频段有较负的斜率和较大的开环增益，用于提高系统的型别以及消除和减小静态偏差。在中频段希望有合适的穿越频率 ω_c，并保持穿越频率 ω_c 在斜率为 $-20\mathrm{dB/dec}$ 的折线上，且该折线应该具有一定的频带宽度，使两侧折线斜率对中频段的影响尽可能地小，从而确保系统有足够的相角裕量 γ 和幅值裕量 k_g。在高频段应该使折线的斜率有足够的负斜率，对高频信号的衰减足够大，有较好的抗干扰能力。

控制系统的串级定量校正可以按照以下步骤进行：

控制系统的设计结构如图 6-22 所示，当被控对象的数学模型 $G_0(s)$ 已知，且为典型环节的乘积形式时，$\dfrac{K_p}{s^N} \cdot G_c(s)$ 为校正环节的传递函数。

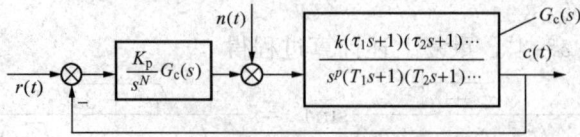

图 6-22 采用频率法校正时的系统规范模式

1. 确定校正环节中积分环节的个数及比例参数的取值

根据系统的静态指标要求，确定校正环节中的积分环节个数 N 以及比例作用参数 K_p 的取值，$G_c(s)$ 的形式待定。

2. 绘制满足静态指标要求的系统开环 Bode 曲线

根据 $\dfrac{K_p}{s^N} \dfrac{k(\tau_1 s+1)(\tau_2 s+1)\cdots}{s^p(T_1 s+1)(T_2 s+1)\cdots} = \dfrac{kK_p(\tau_1 s+1)(\tau_2 s+1)\cdots}{s^{p+N}(T_1 s+1)(T_2 s+1)\cdots}$ 绘制满足静态性能指标的系统开环 Bode 曲线，计算穿越频率 ω_c 和相角裕量 γ，若满足动态性能指标，则设计与校正工作结束。此时，取 $G_c(s) = 1$。反之则需要再串联校正装置。

3. 设计校正网络，改变中频段形式，提高动态性能指标

当设计系统不能满足动态性能指标时，可以根据上述系统开环 Bode 曲线的形式及穿越频率 ω_c 和相角裕量 γ 取值，选择 $G_c(s)$ 为超前—滞后或滞后—超前网络，主要用于改善中频段频率特性曲线的形式，以提高系统的动态性能指标为最终目的。

显然，选用校正装置进行系统的动态性能校正的方法不是唯一的。根据满足静态要求的系统开环 Bode 曲线，如何选择校正网络的形式，如何确定校正网络的参数，才能够既较好地改善系统的动态性能指标又便于工程实现，这是本节要介绍的内容。

二、串联超前校正

1. 采用串联超前校正网络的条件

根据满足静态性能指标的系统开环 Bode 曲线，计算穿越频率 ω_c 和相角裕量 γ。计算结果为穿越频率 ω_c 和相角裕量 γ 都偏小且不能满足设计要求，另外，穿越频率 ω_c 在斜率为 -40dB/dec 的折线上或附近时，通常选择超前校正网络来实现动态校正。利用串联超前校正网络的相位超前和幅值增加特性使穿越频率 ω_c 和相位裕量同时有所增大。

2. 串联超前校正的一般校正步骤

(1) 计算原系统动态指标。根据静态指标要求，确定积分环节的个数和开环增益的取值，并绘制 Bode 曲线，包括 $L(\omega)$ 和 $\theta(\omega)$，求出穿越频率 ω_c 和相角裕量 γ。当相角裕量 γ 和穿越频率 ω_c 都不满足设计指标要求，且穿越频率 ω_c 在 -40dB/dec 的折线或附近时，可以选择超前校正网络。

(2) 计算超前网络的补偿角 ϕ。根据设计指标 γ^* 和系统原有指标 γ（可能是正也可能是负），得超前网络的补偿角，即

$$\phi = \gamma^* - \gamma + \Delta \tag{6-19}$$

其中，Δ 为计算时所保留的裕量。主要考虑到校正后穿越频率的后移使校正前 $\theta(\omega_c)$ 和 $\theta(\omega_c')$ 存在的相位差以及中频段两侧折线对计算精度的影响，工程上一般可以取 Δ 为 5° 左右。

（3）计算校正装置的参数 α。由超前网络最大超前角的计算公式得

$$\alpha = \frac{1+\sin\phi}{1-\sin\phi} \tag{6-20}$$

（4）计算校正后的穿越频率 ω_c'。为使超前网络产生的超前校正幅度最大，特选择超前网络的最大超前角频率 ω_m 发生在校正后的穿越频率 ω_c' 处，取 $\omega_m = \omega_c'$。由此可由

$$L(\omega_c') + 10\lg\alpha = 0 \tag{6-21}$$

计算出校正后的穿越频率 ω_c'。

（5）计算校正装置的时间常数 T。根据 $\omega_c' = \omega_m = \frac{1}{\sqrt{\alpha}T}$ 得

$$T = \frac{1}{\sqrt{\alpha}\omega_m} = \frac{1}{\sqrt{\alpha}\omega_c'} \tag{6-22}$$

（6）获得超前校正网络传递函数为 $G_c = \dfrac{\alpha Ts+1}{Ts+1}$。

（7）动态性能校验。

计算加入校正装置后系统开环传递函数 $\dfrac{K_P}{s^N}G_c(s)G_0(s)$ 的 Bode 曲线，计算校正后的 ω_c' 及 γ'，检验其是否满足设计指标。若满足，则校正结束；若不满足，则增加 ϕ，重复上述过程。

3. 应用举例

【例 6-3】 系统方框图如图 6-23 所示，其被控对象的传递函数 $G_0(s) = \dfrac{10}{(0.1s+1)(0.001s+1)}$ 对系统的要求为：单位斜坡扰动下的稳态误差 $e_{ss}\leqslant 0.1\%$，穿越频率 $\omega_c\geqslant 150\text{rad/s}$，相角裕量 $\gamma\geqslant 45°$。试确定校正网络的形式及参数。

解：（1）根据静态指标确定系统型别及开环增益。题意要求系统型别为 Ⅰ 型，由 $e_{ss}\leqslant 0.1\%$ 得

$$e_{ss} = \frac{1}{K} \leqslant 0.1\% \Rightarrow K \geqslant 1000$$

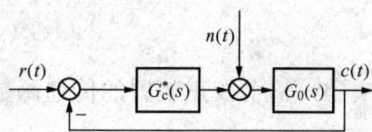

图 6-23 ［例 6-3］的系统方框图

因此，取满足静态要求的校正装置形式为

$$G_c^*(s) = \frac{100}{s}G_c(s)$$

（2）根据 $\dfrac{1000}{s(0.1s+1)(0.001s+1)}$ 绘制 Bode 曲线如图 6-24 曲线① 所示。计算穿越频率 ω_c 和相角裕量 γ 并确定校正装置形式如下：

1）根据 Bode 曲线确定的中频段所在区域，可以利用对数幅频特性曲线的渐近线，得

$$20\lg\frac{1000}{\omega_c 0.1\omega_c} = 0$$

$$\Rightarrow \frac{1000}{\omega_c 0.1\omega_c} = 1$$

$$\Rightarrow \omega_c = 100(1/s)$$

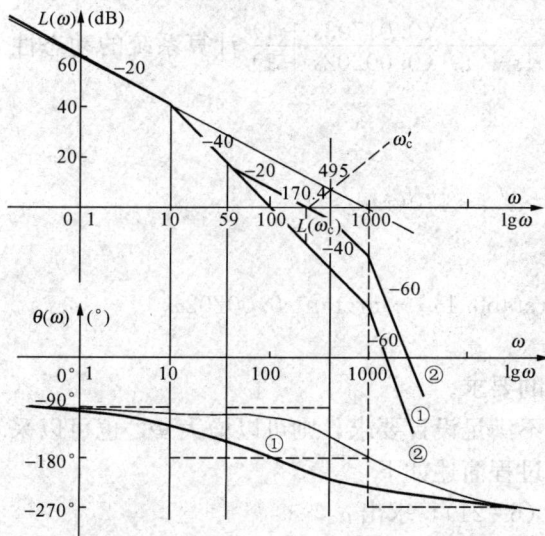

图 6-24 ［例 6-3］的 Bode 曲线

2）计算相角余量，即

$$\gamma = 180° + (-90° - \arctan 0.1\omega_c - \arctan 0.001\omega_c)\big|_{\omega_c=100}$$
$$\approx 0°$$

显然这两项指标都不满足设计要求，根据指标要求和原 Bode 曲线形式需要加入串联超前网络进行动态校正。

（3）计算校正装置参数。具体步骤如下：

1）已知 $\gamma = 0°$，取 $\gamma^* = 45°$，得

$$\Phi = \gamma^* - \gamma + \Delta = 45° - 0° + 7° = 52°$$

2）$\alpha = \dfrac{1 + \sin\phi}{1 - \sin\phi} = \dfrac{1 + \sin 52°}{1 - \sin 52°} = 8.43$

3）由 $L(\omega_c') + 10\lg\alpha = 0$ 利用 Bode 曲线的折线得 ω_c' 计算方法，即

$$20\lg \frac{1000}{\omega_c' 0.1\omega_c'} = 10\lg \frac{1}{\alpha} \Rightarrow \frac{10000^2}{\omega_c'^4} = \frac{1}{8.43} \Rightarrow \omega_c' \approx 170.4 (\text{rad/s})$$

或直接从 Bode 曲线上的三角关系可得

$$10\lg\alpha = 40\lg \frac{\omega_c'}{100}$$

同样求出 ω_c'。

4）根据式（6-22）得

$$T = \frac{1}{\sqrt{\alpha}\omega_m} = \frac{1}{\sqrt{\alpha}\omega_c'} = \frac{1}{\sqrt{8.43 \times 170.4}} = 0.00202$$

5）超前校正装置的传递函数为

$$G_c(s) = \frac{\alpha Ts + 1}{Ts + 1} = \frac{0.01703s + 1}{0.00202s + 1}$$

（4）整个校正装置的传递函数为

$$G_c^*(s) = \frac{100}{s} G_c(s) = \frac{100}{s} \frac{0.01703s + 1}{0.00202s + 1}$$

（5）根据校正后开环传递函数绘制 Bode 曲线如图 6-24 曲线②所示。利用校正后系统的开环传递函数 $G_c^*(s)G(s) = \dfrac{1000}{s(0.1s+1)(0.001s+1)} \dfrac{(0.01703s+1)}{(0.00202s+1)}$ 计算系统的动态性能指标，校验校正效果。

由图 6-24 曲线②得

$$\lg \frac{1000 \times 0.017\omega_c'}{\omega_c' \times 0.1\omega_c'} = 0 \Rightarrow \omega_c' \approx 170 (\text{rad/s})$$

$$\gamma' = 180° + \angle G_c^*(j\omega)G(s)\big|_{\omega_c'}$$
$$= 180° - 90° + \arctan 0.017\omega_c' - \arctan 0.1\omega_c' - \arctan^{-1} 0.00202\omega_c'$$
$$= 45.7°$$

结论：该系统经校验满足系统所有设计指标的要求。

若根据相角裕量要求计算出的穿越频率仍然不满足设计要求，则可以增大 Φ，也可以采用反推方法进行超前校正网络的参数确定。计算过程简述如下：

（1）依据设计要求的穿越频率 ω_c^* 和根据式（6-21），求出 α。

（2）根据式（6-22），求出校正网络的时间常数 T。

（3）依据穿越频率 ω_c^*，根据校正后系统的开环传递函数，计算相角裕量。

（4）若相角裕量满足指标要求，则校正结束。若仍然不能满足，则重新选择穿越频率，重复上述校正过程，或选择新的设计方案，直至达到所有性能指标的要求为止。

【例 6 - 4】　设单位负反馈系统的开环传递函数为 $G(s) = \dfrac{k}{s(0.1s+1)}$，其中，$k$ 待定，设计一个串联校正网络，使校正后的系统相位裕量 $\gamma \geqslant 45°$，穿越频率 $\omega_c \geqslant 50\mathrm{rad/s}$，速度误差系数 $k_v = 200$，试确定校正网络的形式及参数。

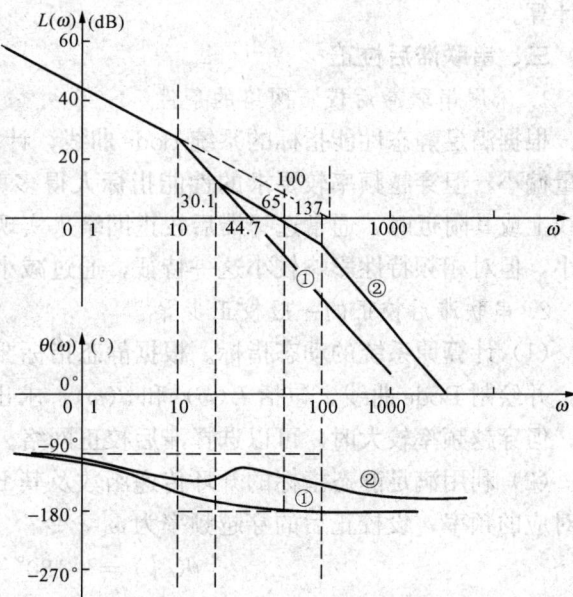

图 6 - 25　[例 6 - 4] 的 Bode 曲线

解：（1）根据静态指标确定系统型别及开环增益。题意要求系统型别为 Ⅰ 型，由 $K_v = 200$ 得开环增益 $K = 200$，满足静态性能指标。

（2）根据 $\dfrac{200}{s(0.1s+1)}$ 绘制 Bode 曲线，如图 6 - 25 曲线①所示。计算穿越频率 ω_c 和相角裕量 γ，并确定校正装置形式。

1）根据 Bode 曲线确定的中频段所在区域，可以利用对数幅频特性曲线的渐近线，得

$$20\lg\frac{200}{\omega_c \times 0.1\omega_c} = 0 \Rightarrow \frac{200}{\omega_c \times 0.1\omega_c}$$
$$= 1 \Rightarrow \omega_c = 44.72 \ (1/s)$$

2）计算相角裕量，即

$$\gamma = 180° + (-90° - \arctan 0.1\omega_c)\big|_{\omega_c = 44.72} \approx 12.6°$$

显然这两项指标都不满足设计要求，根据指标要求和原 Bode 曲线形式需要加入串联超前网络进行动态校正。

（3）计算校正装置参数（采用反推法计算）。具体计算如下：

1）由动态设计指标要求选择 $\omega_c' \approx 65$。

2）由 $L(\omega_c') + 10\lg\alpha = 0$，求 α。得

$$20\lg\frac{200}{\omega_c' \times 0.1\omega_c'} = 10\lg\frac{1}{\alpha} \Rightarrow \alpha = 4.46$$

3）由 $\omega_c' = \omega_m = \dfrac{1}{\sqrt{\alpha}T}$，求 T 取值。得

$$T = \frac{1}{\sqrt{4.46 \times 65}} = 0.0073$$

4）计算校正后的 γ'。得

$$\gamma' = 180° - 90° - \arctan\omega_c' + \arctan\alpha T\omega_c' - \arctan T\omega_c'$$
$$= 90° - 81.25° + 64.71° - 25.38° T\omega_c'$$
$$= 48.1°$$

5）超前校正装置的传递函数为

$$G_c(s) = \frac{\alpha Ts+1}{Ts+1} = \frac{0.03256s+1}{0.0073s+1}$$

校正后的 Bode 曲线如图 6-25 曲线②所示。

结论：加动态超前网络后，系统指标满足设计要求。若 γ' 不足，则可适当增加 ω_c'，重复计算。

三、串联滞后校正

1. 采用串联滞后校正网络的条件

根据满足静态性能指标的系统 Bode 曲线，计算穿越频率和相角裕量。计算结果为相角裕量偏小，但穿越频率较要求的性能指标大得多。另外，穿越频率在斜率为 -40dB/dec 的折线上或其附近时，通常选择滞后校正网络来实现动态校正。利用滞后校正网络高频段幅值减小，但对相频特性影响较小这一特征，通过减小穿越频率达到提高系统相位裕量的目的。

2. 串联滞后校正的一般校正步骤

（1）计算原系统的动态指标。根据静态指标要求，确定积分环节的个数和开环增益的取值，并绘制 Bode 曲线，包括 $L(\omega)$ 和 $\theta(\omega)$，求出穿越频率 ω_c 和相角裕量 γ。当相角裕量小，但穿越频率较大时，可以选择滞后校正网络。

（2）利用满足静态指标的开环传递函数及其 Bode 曲线，计算辐角条件满足相角裕量时所对应的频率，设校正后的穿越频率为 ω_c'，令

$$\theta(\omega_c') = -180° + \gamma^* + \Delta \tag{6-23}$$

求出 ω_c'。其中，Δ 为计算时所保留的裕量，主要考虑到校正后穿越频率的后移以及中频段两侧折线对计算精度的影响。工程上一般可以取 Δ 为 $5° \sim 10°$。

（3）计算校正装置的参数 α。即

$$L(\omega_c') - 20\lg\alpha = 0 \tag{6-24}$$

（4）计算校正装置的时间常数 T。为使滞后校正网络在穿越频率 ω_c' 处的相位滞后足够小，一般取

$$\frac{1}{T} = \left(\frac{1}{5} - \frac{1}{10}\right)\omega_c' \tag{6-25}$$

（5）获得滞后校正网络传递函数如式（6-4）所示。

（6）动态性能校验。

3. 应用举例

【例 6-5】 设单位负反馈系统的开环传递函数为 $G(s) = \dfrac{10}{(0.2s+1)(0.1s+1)}$，要求进行串联校正，使校正后的系统相位裕量 $\gamma \geqslant 40°$，在 $r(t) = t$ 时，$e_{ss} \leqslant \dfrac{1}{30}$，试确定校正网络的形式及参数。

解：（1）根据静态指标确定系统型别及开环增益。根据题意要求系统型别为 Ⅰ 型，由 $e_{ss} \leqslant \dfrac{1}{30}$ 得

$$e_{ss} = \frac{1}{K} \leqslant \frac{1}{30} \Rightarrow K \geqslant 30$$

因此，取满足静态要求的校正装置形式为

$$G_c^*(s) = \frac{3}{s}G_c(s)$$

（2）根据 $\dfrac{30}{s(0.1s+1)(0.2s+1)}$ 绘制 Bode 曲线如图 6-26 曲线①所示。计算穿越频率 ω_c 和相角裕量 γ 并确定校正装置形式。具体步骤如下：

1）根据 Bode 曲线确定的中频段所在区域，可以利用对数幅频特性曲线的渐近线，得

$$20\lg \frac{30}{\omega_c \times 0.1\omega_c \times 0.2\omega_c} = 0 \Rightarrow \frac{30}{\omega_c \times 0.1\omega_c \times 0.2\omega_c} = 1 \Rightarrow \omega_c = 11.45(1/s)$$

2）计算相角裕量，即

$$\gamma = 180° + (-90° - \arctan 0.1\omega_c - \arctan 0.2\omega_c)\,|_{\omega_c=11.45} \approx -25.3°$$

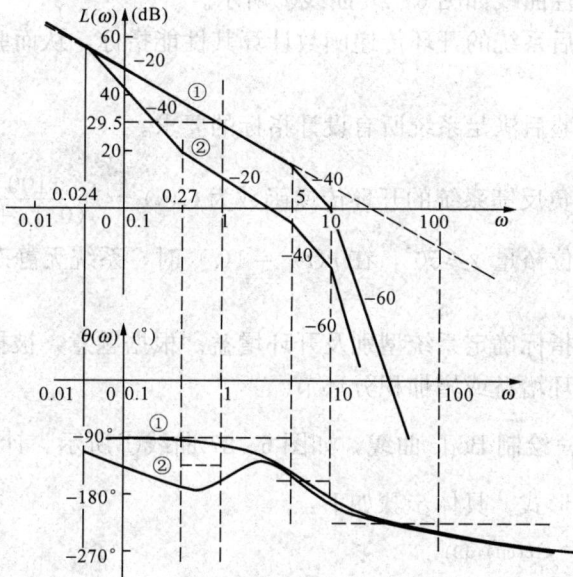

图 6-26 ［例 6-5］的 Bode 曲线

显然，系统不稳定，由于设计指标对穿越频率无具体要求，又根据 Bode 曲线形式来看，采用一级超前校正网络无法使穿越频率从 -60dB/dec 斜率转换到 -20dB/dec 斜率的折线上，因此加入串联滞后网络实现动态校正。

（3）计算校正装置参数具体计算如下：

1）由 $\theta(\omega_c') = -180° + \gamma^* + \Delta = -180° + 40° + 7° = -133°$

得 $\qquad\qquad\qquad\qquad \omega_c' \approx 2.7(\text{rad/s})$

2）由 $L(\omega_c') - 20\lg\alpha = 0$

根据 Bode 曲线在转折频率处的幅频特性折线形式，得

$$20\lg\frac{30}{\omega_c'} = 20\lg\alpha \Rightarrow \frac{30}{\omega_c'} = \frac{30}{2.7} = \alpha \Rightarrow \alpha \approx 11.1$$

3）由 $\dfrac{1}{T} = \left(\dfrac{1}{5} - \dfrac{1}{10}\right)\omega_c'$

得
$$\frac{1}{T} = \frac{1}{10}\omega_c' = 0.27 \Rightarrow T = 3.7, \alpha T = 11.1 \times 3.7 = 41.15$$

4）校正装置的传递函数为

$$G_c(s) = \frac{3.7s + 1}{41.15s + 1}$$

（4）整个校正装置的传递函数为

$$G_c^*(s) = \frac{3}{s}G_c(s) = \frac{3}{s}\frac{3.7s + 1}{41.15s + 1}$$

（5）校正后系统的开环传递函数为

$$\frac{30}{s(0.1s + 1)(0.2s + 1)}\frac{(3.7s + 1)}{(41.15s + 1)}$$

对应的对数频率特性曲线如图 6-26 曲线②所示。

（6）可以利用校正后系统的开环传递函数计算其性能指标，从而验算校正的效果。验算过程在此不再赘述。

结论：该系统经校验后满足系统所有设计指标的要求。

【例 6-6】　设单位负反馈系统的开环传递函数为 $G(s) = \dfrac{100}{s(0.1s + 1)}$，要求进行串联校正，使校正后的系统相位裕量 $\gamma \geqslant 50°$，在 $r(t) = 1(t)$ 时，系统无静态误差。试确定校正网络的形式及参数。

解：（1）根据静态指标确定系统型别及开环增益。根据题意，被控对象本身已经满足静态要求，不需要改变开环增益或增加积分环节。

（2）根据 $\dfrac{100}{s(0.1s + 1)}$ 绘制 Bode 曲线，如图 6-27 曲线①所示。计算穿越频率 ω_c 和相角裕量 γ 并确定校正装置形式。具体步骤如下：

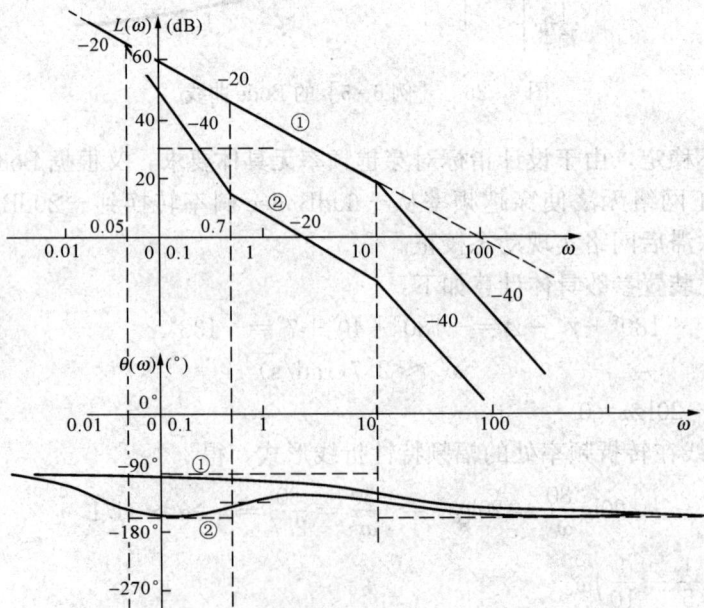

图 6-27　［例 6-6］的 Bode 曲线

1）根据 Bode 曲线确定的中频段所在区域，可以利用对数幅频特性曲线的渐近线，得

$$20\lg \frac{100}{\omega_c \times 0.1\omega_c} = 0 \Rightarrow \frac{100}{\omega_c \times 0.1\omega_c} = 1 \Rightarrow \omega_c = 31.62(1/s)$$

2）计算相角裕量，即

$$\gamma = 180° + (-90° - \arctan 0.1\omega_c)\big|_{\omega_c=31.62} \approx 17.55°$$

显然，系统不满足动态性能指标要求，由于设计指标对穿越频率无具体要求，又根据 Bode 曲线形式来看，采用一级超前校正网络会使穿越频率为 -20dB/dec 斜率的折线频带很窄，因此选择加入串联滞后网络实现动态校正。

（3）计算校正装置参数。具体计算如下：

1）由 $\theta(\omega_c') = -180° + \gamma^* + \Delta = -180° + 50° + 5° = -125°$ 得，$-90° - \arctan 0.1\omega_c' = -125° \Rightarrow$ $\arctan 0.1\omega_c' = 35° \Rightarrow \omega_c' \approx 7(\text{rad/s})$

2）由 $L(\omega_c') - 20\lg\alpha = 0$，根据 Bode 曲线在转折频率处的幅频特性折线形式，得

$$20\lg \frac{100}{\omega_c'} = 20\lg\alpha \Rightarrow \frac{100}{\omega_c'} = \frac{100}{7} = \alpha \Rightarrow \alpha \approx 14.29$$

3）由 $\dfrac{1}{T} = \left(\dfrac{1}{5} - \dfrac{1}{10}\right)\omega_c'$

得

$$\frac{1}{T} = \frac{1}{10}\omega_c' = \frac{7}{10} \Rightarrow T = 1.429, \alpha T = 7 \times 1.429 = 20.42$$

4）校正装置的传递函数为

$$G_c(s) = \frac{1.429s + 1}{20.42s + 1}$$

（4）校正后系统的开环传递函数为

$$\frac{100}{s(0.1s+1)} \frac{(1.429s+1)}{(20.42s+1)}$$

对应的对数频率特性曲线如图 6-27 曲线②所示。

（5）可以利用校正后系统的开环传递函数计算性能指标，从而验算校正的效果。验算过程在此不再赘述。

结论：该系统经校验后满足设计指标的要求。

四、串联滞后—超前校正

当超前校正或滞后校正都不能同时满足相角裕量和穿越频率的要求时，可以考虑选择滞后-超前网络实现系统的动态校正。

采用这种校正网络的具体校正思路是，利用超前频段处相位超前但幅值却下降的这一规律，较纯超前网络对相位裕量的校正幅度要大，与此同时，对高频和低频段影响又不大。

对滞后-超前网络的具体校正过程，本书不要求做定量计算。

第六节　局部反馈校正

一、局部反馈校正的形式

工程实践中，当被控对象的数学模型比较复杂，即微分方程的阶次较高、延迟和惯性较

大时，采用串联校正的方法通常无法满足设计要求，此时，一般先选择局部反馈的设计方法，用于改变被控对象的动态特性（降低阶次或减小惯性与延迟），然后再进行串联校正。

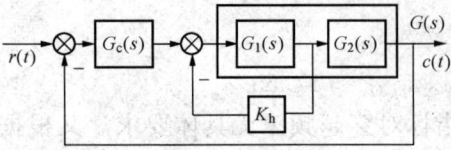

图 6-28　局部反馈校正

局部反馈校正的设计形式如图 6-28 所示。$G(s)$ 为被控对象传递函数，$G_1(s)$ 为被控对象导前区传递函数，$G_2(s)$ 为被控对象惰性区传递函数，K_h 为局部反馈系数，$G_c(s)$ 为串联校正装置的传递函数。

从宏观上看，在没有加入局部反馈校正之前，被控对象的传递函数为 $G(s) = G_1(s)G_2(s)$，系统的开环传递函数为 $G_1(s)G_2(s)G_c(s)$。根据串联校正的设计思想，通常是依据 $G(s)$ 的动态特性选择 $G_c(s)$ 的形式以及参数的取值。但加入局部反馈校正后，被控对象的数学模型改变成为 $\dfrac{G_1(s)}{1+G_1(s)K_h}G_2(s)$，而系统的开环传递函数变成 $\dfrac{G_1(s)}{1+G_1(s)K_h}G_2(s)G_c(s)$，则选择 $G_c(s)$ 的形式以及参数的取值是依据新的被控对象 $\dfrac{G_1(s)}{1+G_1(s)K_h}G_2(s)$ 的动态特性来确定的。所以局部反馈的加入，会使被控对象的数学模型发生变化，解题的关键在于选择局部反馈回路的结构和参数，使被控对象动态特性得以改善。

二、局部反馈校正的形式及作用

1. 比例反馈包围积分环节可以将积分环节变成一阶惯性环节

如图 6-28 所示，当 $G_1(s) = \dfrac{k}{s}$，K_h 为局部反馈比例系数，等效内回路的传递函数为

$$\dfrac{\dfrac{k}{s}}{1+\dfrac{kK_h}{s}} = \dfrac{\dfrac{1}{K_h}}{\dfrac{1}{kK_h}s+1}$$ 时，由原来的积分环节变成了惯性环节，降低了系统的型别，有利于提

高系统的稳定性。惯性环节的时间常数由 K_h 调整。

2. 比例反馈包围惯性环节可以减小惯性时间常数

如图 6-28 所示，当 $G_1(s) = \dfrac{k}{Ts+1}$，K_h 为局部反馈比例系数，等效内回路的传递函数

为 $\dfrac{\dfrac{k}{Ts+1}}{1+\dfrac{kK_h}{Ts+1}} = \dfrac{\dfrac{k}{kK_h+1}}{\dfrac{T}{kK_h+1}s+1}$ 时，加入局部比例反馈后，仍然是惯性环节，但惯性环节的

时间常数减小。局部反馈比例系数越大，惯性时间常数越小。

3. 微分反馈包围惯性环节可以增大惯性时间常数

如图 6-28 所示，当 $G_1(s) = \dfrac{k}{Ts+1}$，K_hs 为局部微分反馈的传递函数，等效内回路的

传递函数为 $\dfrac{\dfrac{k}{Ts+1}}{1+\dfrac{kK_hs}{Ts+1}} = \dfrac{k}{(T+kK_h)s+1}$ 时，加入局部微分反馈后，仍然是惯性

环节的时间常数增大。局部反馈系数 K_h 越大，惯性时间常数越大。

4. 微分反馈包围二阶振荡环节可以使阻尼系数增大

如图 6-28 所示，当 $G_1(s) = \dfrac{k}{T^2 s^2 + 2\xi Ts + 1}$，$K_h s$ 为局部微分反馈的传递函数，等效

内回路的传递函数为 $\dfrac{\dfrac{k}{T^2 s^2 + 2\xi Ts + 1}}{1 + \dfrac{kK_h s}{T^2 s^2 + 2\xi Ts + 1}} = \dfrac{k}{T^2 s^2 + (2\xi T + kK_h)s + 1}$ 时，加入局部微分反

馈后，仍然是二阶振荡环节，但阻尼系数增大。局部反馈系数 K_h 越大，阻尼系数越大。

综上所述，局部反馈对被控对象的修正作用取决于局部反馈的形式和被控对象被包围部分的形式。在工程实际应用中，应该了解怎样改变被控对象的结构，才能有利于串联校正装置的选择，有利于满足控制系统性能指标的要求。

三、局部反馈校正举例

【例 6-7】 原系统方框图如图 6-29（a）所示，增加内回路后的系统方框图如图 6-29（b）所示，当根轨迹增益从 $0 \to \infty$ 变化时，试通过根轨迹，分析增加局部反馈校正对系统性能的影响。

解： 原系统根轨迹方程为 $\dfrac{K^*}{(s+2)^2} = -1$，根轨迹草图如图 6-30（a）所示。加入内回路经过简化后的系统根轨迹方程改变成 $\dfrac{K^*}{(s+k_2+2)(s+2)} = -1$，取 $k_2 = 2$ 时，对应的系统根轨迹草图如图 6-30（b）所示；取 $k_2 = 4$ 时，对应的系统根轨迹草图如图6-30（c）所示。

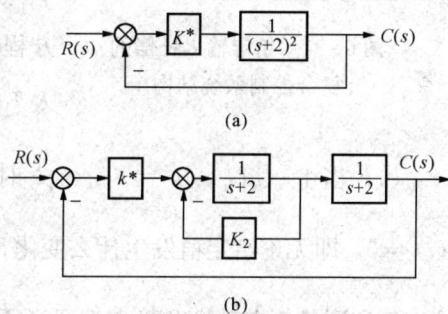

图 6-29 系统方框图

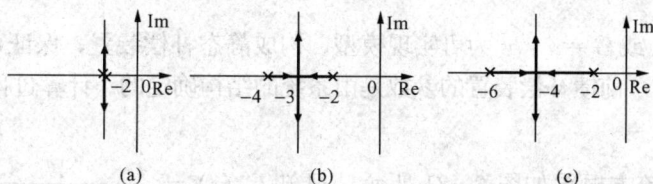

图 6-30 ［例 6-7］根轨迹草图
(a) 原系统；(b) $k_2 = 2$；(c) $k_2 = 4$

显然，加入局部比例反馈校正对系统根轨迹的影响是使根轨迹向左移动。因此，它对系统的稳定性和动态性能都有所改善。并且，反馈比例系数的开环增益 k_2 越大，根轨迹向左移动的幅度越大。但是，在工程使用中，反馈比例系数 k_2 过大，可能造成执行机构进入饱和非线性区域，而使系统性能急剧下降。所以，对于反馈比例系数 k_2 的取值，实际上要根据具体工程情况兼顾选择。

第七节 复合控制校正

所谓复合控制校正，是指在串联校正或局部反馈加串联校正的前提下，对控制系统存在

的给定值扰动信号或已知的干扰通道的强干扰信号实施前馈补偿，组成一个前馈控制和反馈控制相结合的系统。

复合控制利用开环的方式补偿系统的任何一种可以测量的输入信号对系统被调量的影响，可以在不必提高系统型别和提高系统的开环增益的前提下，减小甚至消除稳态误差。这种提高系统静态性能指标的方法不会影响系统的动态性能。

一、按给定输入补偿的复合控制系统

1. 校正的结构形式

给定输入补偿的复合控制系统结构如图 6-31 所示，其中，$G_0(s)$ 为被控对象传递函数，$G_c(s)$ 为串联校正装置的传递函数，$G_r(s)$ 为给定输入的前馈补偿器的传递函数。

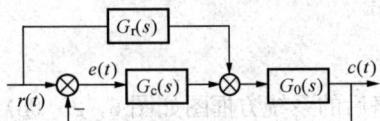

图 6-31 给定输入补偿的
复合控制系统结构

2. 校正的特点

没有增加前馈补偿时，系统给定输入下的误差传递函数为 $\dfrac{E(s)}{R(s)} = \dfrac{1}{1+G_0G_c}$，加入前馈补偿装置后，系统的特征方程不变，故前馈补偿对系统的稳定性无影响，但给定输入下的误差传递函数变为 $\dfrac{E(s)}{R(s)} = \dfrac{1-G_0G_r}{1+G_0G_c}$。

（1）当 $1-G_0G_r=0 \Rightarrow G_r=\dfrac{1}{G_0}$ 时，可以实现给定输入时的动静态全补偿 $e(t)=r(t)-c(t)=0$，即无论给定值发生什么变化，测量值始终跟踪给定值，因为此时 $\dfrac{C(s)}{R(s)}=1$，系统的给定值和测量值在动态和静态都保证无误差。但是前馈补偿装置 $G_r=\dfrac{1}{G_0}$ 的工程实现难度太大，对于高阶的被控对象根本无法实现。因此，这种动静态全补偿的方法一般只具有指导意义。

（2）选定 $G_r=a$ 或 $G_r=a+bs$ 为可实现模型，构成静态补偿装置，保证系统在阶跃扰动或斜坡扰动下无静态误差。前馈补偿装置的参数是由系统的结构确定的。计算过程须使用终值定理。

3. 校正举例

【例 6-8】 系统方框图如图 6-31 所示。已知 $G_0(s)=\dfrac{1}{(s+1)(s+2)}$，$G_c(s)=1$。设 $G_r(s)=a+bs$，试确定系统在给定值扰动下的静态误差与前馈校正装置的形式及参数取值的关系。

解：
$$E(s)=\frac{1-\dfrac{bs+a}{s^2+3s+2}}{1+\dfrac{1}{s^2+3s+2}}R(s)=\frac{s^2+3s+2-bs-a}{s^2+3s+3}$$

$$R(s)=\frac{s^2+(3-b)s+(2-a)}{s^2+3s+3}$$

（1）当 $a=2$，$b=0$ 时，$G_r(s)=2$，系统在阶跃扰动信号作用下的稳态误差为
$$e_{ss}=\lim_{s\to0}sE(s)=\lim_{s\to0}s\frac{s^2+(3-b)s}{s^2+3s+3}R(s)=\lim_{s\to0}s\frac{s^2+(3-b)s}{s^2+3s+3}\frac{r_0}{s}=0$$

（2）当 $a=2$，$b=3$ 时，$G_r(s)=2+3s$，系统在阶跃扰动信号作用下的稳态误差也为 0，斜坡扰动信号作用下的稳态误差为

$$e_{ss} = \lim_{s \to 0} sE(s) = \lim_{s \to 0} s \frac{s^2}{s^2 + 3s + 3} R(s) = \lim_{s \to 0} s \frac{s^2}{s^2 + 3s + 3} \frac{r_0}{s} = 0$$

结论：当 $a=2$，$b=0$ 时能保证系统阶跃扰动下无静态误差，当 $a=2$，$b=3$ 时能保证系统阶跃扰动或斜坡扰动均无误差。

二、扰动输入补偿的复合控制系统

1. 校正的结构形式

扰动输入补偿的复合控制系统结构如图 6-32 所示，其中，$G_{01}(s)$ 为被控对象主通道的传递函数，$G_{02}(s)$ 为被控对象干扰通道的传递函数，$G_c(s)$ 为串联校正装置的传递函数，$G_n(s)$ 为扰动输入的前馈补偿器的传递函数。

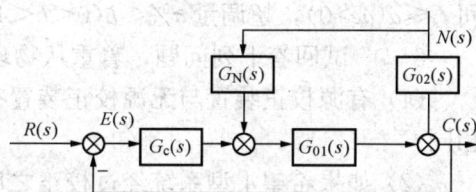

图 6-32　扰动输入补偿的复合控制系统结构

2. 校正的特点

加入前馈补偿装置后，系统的特征方程没有改变，则系统的稳定性没有变化。仅仅对扰动信号输入时，系统的动静态性能有所改善。

（1）动静态全补偿。选择 $G_n(s)$ 使得 $G_n(s) G_{01}(s) + G_{02}(s) = 0$，即取 $G_n(s) = -\dfrac{G_{02}(s)}{G_{01}(s)}$，则无论扰动信号如何变化，由于从扰动到被调量之间的传递函数为 0，因此，此时扰动信号对被调量在动静态都没有影响。但前馈补偿装置的工程实现难度太大。

（2）静态补偿。选择 $G_n(s)$ 使得 $G_n(0) G_{01}(0) + G_{02}(0) = 0$，即取 $G_n(s) = -\dfrac{G_{02}(0)}{G_{01}(0)}$ 为常数，则系统在干扰信号作用下，待进入稳态时，无静态误差。

3. 校正举例

【例 6-9】 系统结构如图 6-32 所示。已知 $G_{01}(s) = \dfrac{k_1}{T_1 s + 1}$，$G_{02}(s) = k_2$，试确定干扰作用下的系统静态误差与前馈校正装置 $G_n(s)$ 的形式和参数取值之间的关系。

解：（1）动静态全补偿为

$$G_n(s) = -\frac{G_{02}(s)}{G_{01}(s)} = -\frac{k_2}{k_1}(T_1 s + 1)$$

（2）静态补偿为

$$G_n(s) = -\frac{G_{02}(0)}{G_{01}(0)} = -\frac{k_2}{k_1}$$

习　题

6-1　在根轨迹校正法中，当系统的动态性能不足时，通常选择什么形式的串联校正网络？网络参数取值与校正效果之间有什么关系？

6-2　在根轨迹校正法中，当系统的静态性能不足时，通常选择什么形式的串联校正网络？网络参数取值与校正效果之间有什么关系？

6-3　对于最小相位系统而言，采用频率特性法实现控制系统的动静态校正的基本思路是什么？静态校正的理论依据是什么？动态校正的理论依据是什么？

6-4　复合校正中的动静态全补偿方法在工程应用中有哪些困难？

6-5　局部反馈校正在控制系统的设计过程中起什么作用？

6-6　某闭环系统有一对闭环主导极点，若要求该系统的动态性能指标满足过渡过程时间 $t_s \leqslant a(a>0)$，超调量 $\sigma\% \leqslant b(0<b<100)$，试在复平面上画出闭环主导极点的允许区域。

6-7　试回答下列问题，着重从物理概念说明。

（1）有源校正装置与无源校正装置有何不同特点？在实现校正规律时，它们的作用是否相同？

（2）如果希望Ⅰ型系统经过校正之后成为Ⅱ型系统，应该采用哪种校正规律才能保证系统的稳定性？

（3）串联超前校正为什么可以改善系统的动态性能？

（4）从抑制噪声的角度考虑，最好采用哪种校正形式？

6-8　单位负反馈系统开环传递函数 $G(s) = \dfrac{400}{s^2(0.01s+1)}$，若采用串联最小相位校正装置，则图 6-33（a）、（b）、（c）分别为三种推荐的串联校正装置。试问：

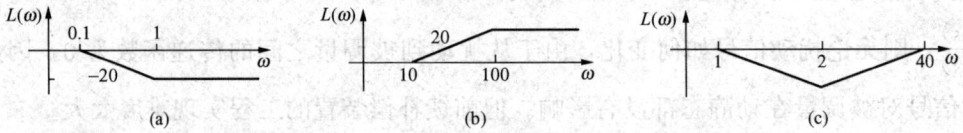

图 6-33　习题 6-8 图

（1）写出校正装置所对应的传递函数，绘制对数相频特性草图；

（2）在这些校正装置中，哪一种可以使校正后的系统稳定性最好？

（3）哪一种校正装置对高频信号的抑制能力最强？

6-9　已知最小相位系统的开环对数幅频特性曲线如图 6-34 所示。

（1）写出开环传递函数；

（2）确定使系统稳定的 K 的取值区间；

（3）分析系统是否存在闭环主导极点，若有，则利用主导极点的位置确定是否通过 K 的取值，使动态性能指标同时满足 $t_s \leqslant 8s$，$\sigma\% \leqslant 30\%$，并说明理由。

（4）若系统动态性能指标满足要求，但 K_v 较小，则试考虑增加什么校正环节，可以在保证系统动态性能的前提条件下，满足对 K_v 的要求，并说明理由。

6-10　已知某系统的根轨迹草图如图 6-35 所示。

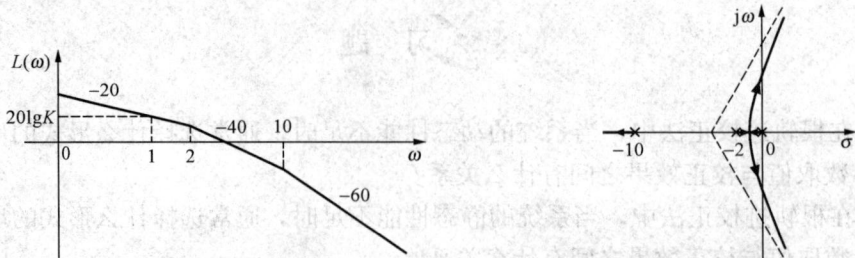

图 6-34　习题 6-9 图

图 6-35　习题 6-10 图

(1) 写出开环传递函数 $G(s)$；

(2) 确定使系统稳定的 K 的取值区间，确定使系统动态过程产生衰减振荡的 K 的取值区间；

(3) 利用主导极点的位置，确定是否通过 K 的取值使动态性能指标同时满足 $t_s \leqslant 8s$，$\sigma\% \leqslant 30\%$；

(4) 若该系统的动态性能指标不能满足设计要求，则试考虑增加什么校正环节，可以改善系统的动态性能？写出校正环节的形式（不需要具体数据），绘制校正后的根轨迹草图，并说明理由。

6-11　超前校正装置的传递函数分别为

(1) $G_1(s) = 0.1\left(\dfrac{s+1}{0.1s+1}\right)$

(2) $G_2(s) = 0.3\left(\dfrac{s+1}{0.3s+1}\right)$

绘制 Bode 图，并进行比较。

6-12　滞后校正装置的传递函数分别为

(1) $G_1(s) = \dfrac{s+1}{5s+1}$

(2) $G_2(s) = \dfrac{s+1}{10s+1}$

绘制 Bode 图，并进行比较。

6-13　控制系统的开环传递函数为 $G(s) = \dfrac{10}{s(0.5s+1)(0.1s+1)}$

(1) 绘制系统 Bode 图，并求取穿越频率和相角裕量；

(2) 采用传递函数为 $G_c(s) = \dfrac{0.37s+1}{0.049s+1}$ 的串联超前校正装置，绘制校正后系统的 Bode 图，并求取穿越频率和相角裕量，讨论校正后系统性能有何改进。

6-14　设一单位负反馈系统的开环传递函数为 $G(s) = \dfrac{100e^{-0.01s}}{s(0.1s+1)}$，现有三种串联最小相位校正装置，它们的 Bode 图如图 6-36（a）、（b）、（c）所示。试问：

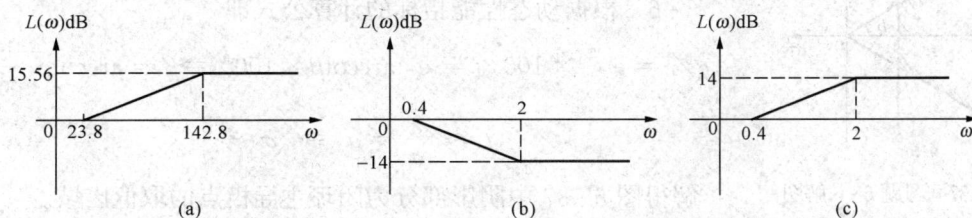

图 6-36　习题 6-14 图

(1) 若要使系统的稳态误差不变，而减小超调量，加快系统的动态响应速度，则应选取哪种校正装置？为什么？系统的相位裕量最大可以增加多少？

(2) 若要减小系统的稳态误差，并保持系统的超调量和动态响应速度不变，则应选取哪种校正装置？为什么？系统的稳态误差可以减小多少？

参 考 答 案

6-1　可以采用的校正装置的形式如下：

单零点校正：$G_c(s) = K_c(s + z_c)$，零点 $-z_c$ 在 s 平面的负实轴上；

零极点校正：$G_c(s) = \dfrac{K_c(s + z_c)}{(s + p_c)}(p_c > z_c)$，零极点均在负实轴上，零点比极点靠近原点（即超前校正）。

零点越靠近原点，极点越远离原点，校正作用越强。

6-2　校正装置的形式为 $G_c(s) = \dfrac{K_c(s + z_c)}{(s + p_c)}(z_c > p_c)$，即滞后校正装置，零极点均在负实轴上，零极点非常靠近虚轴，且与受控对象的其他零极点相比可以构成一对偶极子。由于增加一对偶极子基本不改变系统的动态性能，但可以增大系统的开环增益，从而达到减小系统静态误差的目的。因此零极点之比 z_c/p_c 的取值越大，系统开环增益的增加幅度就越大，这是因为校正后的开环增益是校正前开环增益的 z_c/p_c 倍。

6-3　设校正装置的形式为 $G_c(s) = \dfrac{K_c}{s^p}G'_c(s)$。根据开环传递函数的形式以及对系统静态指标的具体要求，确定校正装置中积分环节 p 的个数，以及比例环节 K_c 的取值；然后再根据系统的动态指标的要求，根据受控对象的结构特征，选择超前校正网络、滞后校正网络或滞后-超前校正网络，实施动态校正。

静态校正的理论依据：通过改变低频特性，提高系统型别和开环增益，以达到满足系统静态性能指标要求的目的。

动态校正的理论依据：通过改变中频段特性，使穿越频率和相角裕量足够大，以达到满足系统动态性能要求的目的。

6-4　由于在复合校正的前馈校正装置中，往往出现传递函数分子的阶数高于分母的阶数，因此工程难以实施。

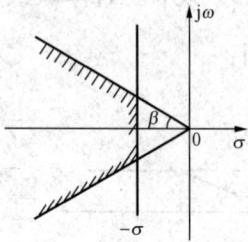

6-5　局部反馈校正在控制系统中的应用可以减小系统的惯性，加快系统的反应速度，从而提高系统的调节品质。

6-6　根据动态性能指标的计算公式即

$$\sigma\% = e^{-\frac{\sigma\pi}{\omega_d}} \times 100\% = e^{-\pi\,\mathrm{arccot}\beta} \times 100\% \Rightarrow \beta = \mathrm{arccot}\frac{-\ln b}{\pi}$$

$$t_s \approx \frac{3}{\sigma} = a \Rightarrow \sigma \approx \frac{3}{a}$$

图 6-37　习题 6-6 解图

解得图 6-37 中阴影部分为闭环主导极点的取值区域。

6-7　（1）无源校正装置的输出信号的幅值总是小于输入信号的幅值，即传递过程只能衰减不能放大。而有源校正装置则可以根据用户的要求放大或缩小。在实现校正规律时，它们的作用是相同的。

（2）为保证加入积分环节后，特征方程不出现漏项，一般选择校正装置的形式为 $G_c(s) = \dfrac{k(\tau s + 1)}{s}$。

(3) 适当选取校正装置的参数，可以有效改变开环系统中频段的特性：提高系统的稳定裕量，以减小超调；提高穿越频率，以加快调节速度。

(4) 选择滞后校正装置，可以减小系统高频段的幅值，从而削弱高频干扰信号对系统的影响。

6-8 (1) (a) $G_c(s) = \dfrac{s+1}{10s+1}$ (b) $G_c(s) = \dfrac{0.1s+1}{0.01s+1}$

(c) $G_c(s) = \dfrac{(0.5s+1)^2}{(10s+1)(0.025s+1)}$

校正装置的对数相频特性草图如图 6-38 所示。

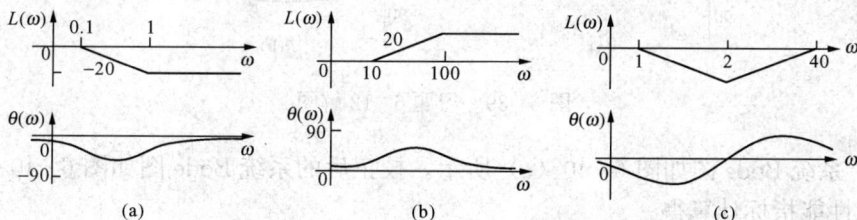

图 6-38 习题 6-8 解的图

(2) 校正后的 Bode 曲线如图 6-38（b）、（c）所示。由图 6-38 可知，装置（c）使校正后的系统稳定性最好。

(3) 校正装置（a）对高频段信号是衰减的，因此，从抑制高频干扰的角度出发其效果最好。

6-9 (1) $G_k(s) = \dfrac{K}{s(0.5s+1)(0.1s+1)}$

(2) $\begin{cases} K > 0 \\ 0.05K < 0.6 \end{cases} \Rightarrow 0 < K < 12$

(3) 系统存在两个主导极点。$t_s = \dfrac{4}{\sigma} \leqslant 8s \Rightarrow \sigma \geqslant 0.5$，$\sigma\% = e^{-\frac{\pi\zeta}{\sqrt{1-\zeta^2}}} \leqslant 30\% \Rightarrow \beta = \cos^{-1}\xi \leqslant 69°$。按照此条件在根轨迹图上画出主导极点允许区域。可见有部分根轨迹在允许区域内，选择 K 的取值，能使动态性能指标满足要求。

(4) 增加一个滞后校正环节，传递函数为 $\dfrac{s+z_c}{s+p_c}(z_c > p_c)$，使其在负实轴上靠近原点处构成一对偶极子。偶极子对系统动态性能影响较小，但可使速度误差系数扩大 z_c/p_c 倍。

6-10 (1) $G(s) = \dfrac{K}{s(s+2)(s+10)}$

(2) 使系统稳定 K 的取值区间为 $0 < K < 240$，使系统产生衰减振荡的 K 的取值区间为 $9.03 < K < 240$。

(3) 可以。理由同习题 6-9。

(4) 串联一个比例微分环节 $G_c(s) = (s+z_c)$，$z_c > 0$，由于增加了一个开环零点，使根轨迹左移，调整零点位置，可使根轨迹在要求的区域内；串联一超前校正环节 $G_c(s) = \dfrac{(s+z_c)}{(s+p_z)}$，$p_c > z_c > 0$，由于零点更靠近原点，零点的作用强于极点的作用，渐近线交点左移，根轨迹整体趋势左移。调整零极点位置，可使根轨迹在要求的区域内。

6-11　两个校正装置都是超前校正装置。但装置（1）超前频段较（2）要宽，但（1）的超前幅度比（2）的超前幅度要大。

6-12　校正装置 Bode 图如图 6-39 所示。$T=1$，$\alpha_1=5$，$\alpha_2=10$。因为 $\alpha_2 > \alpha_1$，所以装置（b）的滞后校正作用比装置（a）强。

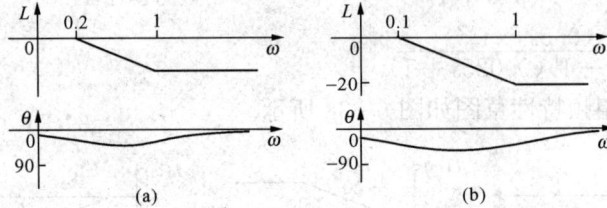

图 6-39　习题 6-12 解图

6-13　系统 Bode 图如图 6-40（a）所示。校正后的系统 Bode 图如图 6-40（b）所示。校正前性能指标计算得

$$\omega_c = 4.47(2 \leqslant \omega_c \leqslant 10), \ \gamma \approx 0°$$

校正后性能指标计算得

$$\omega_c = 7.4, \ \gamma \approx 28.6°$$

加入超前校正网络后，在不改变系统的静态指标的前提下，系统的动态性能指标有了明显的改善，相角裕量增加，穿越频率增大，因此系统的超调量减小，调节时间缩短。

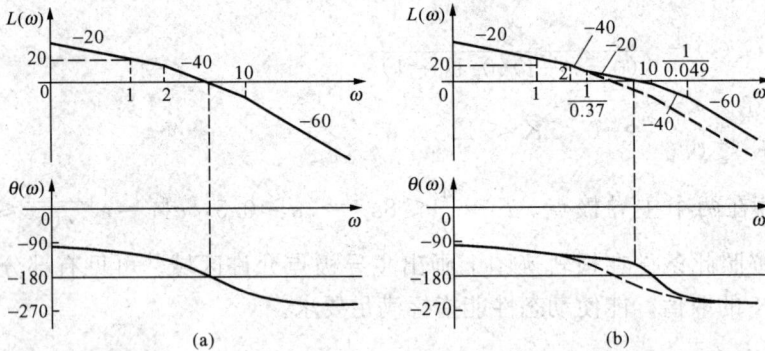

图 6-40　习题 6-13 解图

6-14　（1）校正前性能指标为

$$\omega_c = 30.84, \ \gamma = 0.35°$$

装置（b）为滞后校正网络，它在提高系统稳定性的同时，会使调节时间增加，所以不符合校正要求。

装置（a）、（c）为超前校正网络，原系统的穿越频率正好在装置（a）的超前频段范围内，故装置（a）对此系统的校正效果应该最好。

校正效果计算得

$$\omega_c = 42, \ \gamma = 33.48°$$

（2）三个校正环节都不能改变系统的低频特性，因此对系统的静态性能无影响。

第七章　非线性系统分析

第一节　概　　述

前面章节主要研究的是线性定常连续系统的建模、分析与设计。以上述研究思路及理念作为铺垫，本章将阐述非线性连续系统的建模与性能分析问题。

一、研究非线性系统的重要性

1. 非线性问题在实际系统的普遍存在性

严格地讲，实际应用的控制系统或多或少都存在一定的非线性。换言之，所谓线性是相对的，而非线性的存在则是绝对的。被控对象和控制设备本身都难免存在一些非线性。因此，对线性定常控制系统的建模及分析方法需要在一定的约束条件下才能够用于实际控制系统的性能研究中。

2. 线性化方法存在的局限性

对于被控对象动态特性存在的非线性，通常采用在静态工作点附近线性化的方法来处理，即在局部范围内等效成线性模型。但这必须保证该非线性模型的输入信号在小范围内变化，即在工作点附近的小区域内，否则线性化以后的模型将与原非线性模型之间的差距太大，严重时，会造成系统性能指标的急剧下降，甚至会导致系统的不稳定。而在工程实际中，由于被控对象本身的原因，或者由于对控制系统控制水平的要求所致，往往会使被调量的静态工作点变化范围较大，特别是执行机构的调节范围。如随动控制系统和程序控制系统等。解决这类问题，一定要考虑到系统存在的非线性因素。

3. 控制设备存在的本质非线性

控制设备本身存在的非线性通常称为本质非线性。如执行机构和调节器存在的饱和非线性、阀门的死区和间隙非线性以及继电器存在的死区及滞环非线性等。这种非线性不是简单地用线性化的方法能够解决的问题，因此，解决这类控制系统的分析和设计的问题也一定要考虑到实际存在的非线性因素。

4. 针对某些被控对象，加入一定的非线性可以提高控制系统的控制水平

在控制系统的设计过程中，根据被控对象的动态特性以及考虑到所设计控制系统的控制水平，在系统中适当地增加一些本质非线性元件，可以提高系统的性能。如为提高系统稳定性以及减少执行机构的频繁动作，通常可以考虑在调节器的输入端串入一个合适的死区非线性环节以阻止小偏差信号的进入。另外，在调节器的输出端串入一个饱和非线性元件可以防止执行机构进入死区而失去快速反向调节的能力。

二、非线性系统的特点

1. 系统的响应具有和输入不同的函数结构

对于线性系统，当输入为正弦周期信号时，其稳态输出仍然为同频率且振幅、相位有所不同的正弦周期信号。而对于非线性系统，其稳态输出周期信号的形式与输入为正弦周期信号的形式截然不同，其具体形式由非线性环节的本质特性决定。

2. 系统的性能不仅与系统本身的参数有关而且与初始条件和输入有关

线性系统稳定性仅仅由系统本身的结构参数（闭环极点）唯一确定，而与初始条件和输入无关。而非线性系统的稳定性除了与系统的结构有关外，与系统所处的初始状态和输入也有关。换言之，同一个系统不同的初始状态或不同的输入可能出现稳定与不稳定这两种不同的结论。而且当初始条件或输入不同时，系统的运动规律也可能有本质上的区别。

3. 系统可能出现平衡状态的非唯一性

按照平衡状态的定义，在无外作用且系统输出的各阶导数为零时，系统处于平衡状态。显然，对于线性微分方程描述的线性系统而言，仅存在一个在原点的平衡状态，而对于非线性系统而言，则可能出现多个平衡状态。因此对于非线性系统的稳定性分析问题会变得更为复杂。

4. 不能应用叠加原理

线性系统可以应用叠加定理。因此分析线性系统时，只需分析一些典型输入的响应，对于任意输入，可以利用叠加原理求其响应。而对于非线性系统则不能。因此没有一种通用的方法来处理所有的非线性问题，需要具体问题具体分析。

5. 有自振荡或极限环

对于线性系统，其参数使系统处于临界稳定时，可能有等幅振荡现象出现。但这种状态是不能持久的，只要系统参数稍有变动，系统立即将变为收敛或发散，即变为稳定或不稳定。而对于非线性系统，除了稳定和不稳定这两种运动状态外，往往还会产生具有一定振幅和频率的振荡，这种振荡具有持续性，一般称为稳定的自振荡或极限环。改变系统的结构和参数，可以改变自振荡的振幅和频率。有时也可设法消除自振荡。

此外，非线性系统还拥有一些典型特征，在此就不再一一列举。

三、控制系统中常见的非线性类型

非线性元件有很多，本书通过研究下列典型本质非线性元件的输入输出特性及建模的基本方法，为非线性控制系统的建模奠定基础。

1. 理想继电器

（1）数学表达式为

$$m(t) = \begin{cases} b & e(t) > 0 \\ -b & e(t) < 0 \end{cases} \tag{7-1}$$

式中　e——输入；

　　m——输出。

（2）输入输出静态特性曲线如图 7-1 所示。

2. 死区继电器

（1）数学表达式为

$$m(t) = \begin{cases} b & e(t) > a \\ 0 & |e(t)| < a \\ -b & e(t) < -a \end{cases} \tag{7-2}$$

（2）输入输出静态特性曲线如图 7-2 所示。

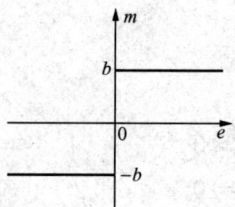

图 7-1　理想继电器的输入输出静态特性曲线　　　图 7-2　死区继电器的输入输出静态特性曲线

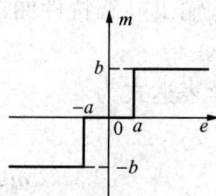

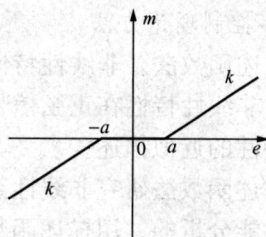

3. 滞环继电器

(1) 数学表达式为

$$m(t) = \begin{cases} b & e(t) > a, \dot{e}(t) > 0 \\ & e(t) > -a, \dot{e}(t) < 0 \\ -b & e(t) < a, \dot{e}(t) > 0 \\ & e(t) < -a, \dot{e}(t) < 0 \end{cases} \tag{7-3}$$

(2) 输入输出静态特性曲线如图 7-3 所示。

4. 死区

(1) 数学表达式为

$$m(t) = \begin{cases} 0 & |e(t)| \leqslant a \\ K\{e(t) - a\mathrm{Sign}[e(t)]\} & |e(t)| > a \end{cases} \tag{7-4}$$

式中　　$\mathrm{Sign}[e(t)] = \begin{cases} 1 & e(t) > 0 \\ -1 & e(t) < 0 \end{cases}$

(2) 输入输出静态特性曲线如图 7-4 所示。

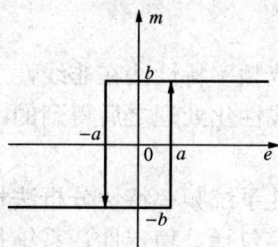

图 7-3　滞环继电器的输入输出静态特性曲线　　　图 7-4　死区的输入输出静态特性曲线

5. 饱和

(1) 数学表达式为

$$m(t) = \begin{cases} Ke(t) & |e(t)| \leqslant a \\ Ka\mathrm{Sign}[e(t)] & |e(t)| > a \end{cases} \tag{7-5}$$

(2) 输入输出静态特性曲线如图 7-5 所示。

6. 非线性增益（分段线性）

(1) 数学表达式为

$$m(t) = \begin{cases} K_1 e(t) & |e(t)| \leqslant a \\ K_2 e(t) + (K_1 - K_2)a\mathrm{Sign}[e(t)] & |e(t)| > a \end{cases} \tag{7-6}$$

（2）输入输出静态特性曲线如图 7-6 所示。

7. 间隙

（1）数学表达式为

$$m(t) = \begin{cases} K[e(t) - a] & \dot{m} > 0 \\ m_0 & \dot{m} = 0 \\ K[e(t) + a] & \dot{m} < 0 \end{cases} \tag{7-7}$$

（2）输入输出静态特性曲线如图 7-7 所示。

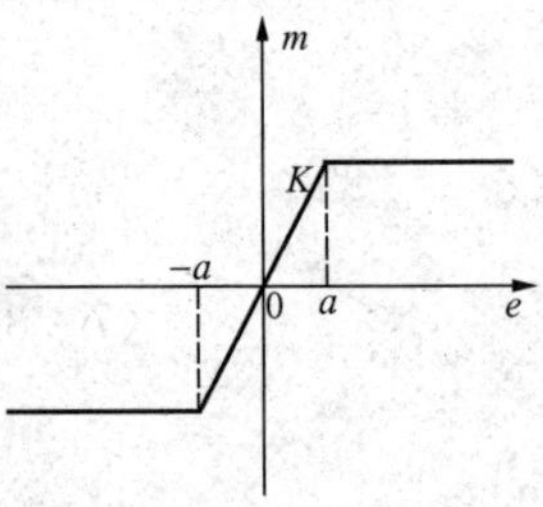

图 7-5 饱和的输入输出
静态特性曲线

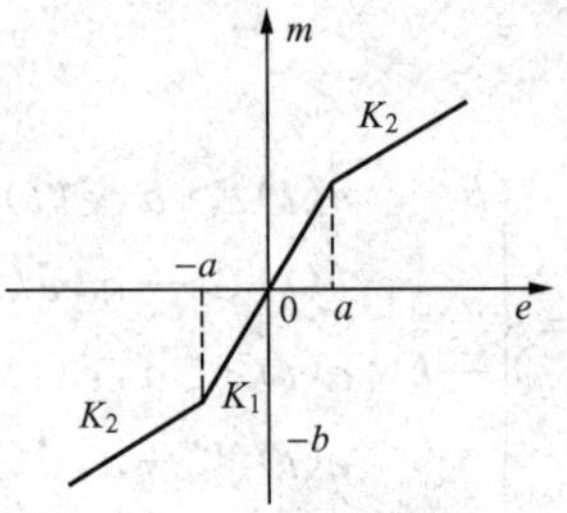

图 7-6 非线性增益的输入
输出静态特性曲线

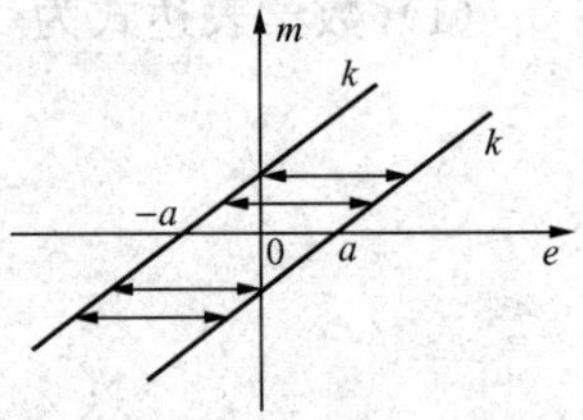

图 7-7 间隙的输入
输出静态特性曲线

这种非线性元件由初值为零开始，$e(t)$ 增加至 $e(t) > a$ 时，输出 $m(t)$ 才随着 $e(t)$ 的增加按 $k[(e(t) - a)]$ 线性增加。若达到某一值开始减小（反向运动）时，起初维持输出不变 $m = m_0 = \text{const}$（有间隙），当 $e(t)$ 减小超过 $2a$ 时，开始按 $k[e(t) + a]$ 线性减小。

在工程实际中，见到的主要是上述一些本质非线性元件，但还有一些由典型非线性元件静态特性组合的非线性环节，其特性分析在此不再赘述。

四、非线性系统的分析方法

1. 古典控制理论方法

（1）描述函数法。非线性特性的描述函数法是线性系统频率特性法在非线性系统中的推广。它是对非线性特性在正弦信号作用下的输出进行谐波线性化处理之后得到的。这是一种对非线性特性的近似描述。

采用描述函数法研究非线性系统的主要研究手段和线性系统频率特性分析法相似，是用图形进行性能分析的。用描述函数法研究非线性系统的内容包括：稳定性；系统是否可能产生自振荡以及稳定自振荡的振荡幅值和频率的确定；提出消除或减小自振荡幅值的一般方法。描述函数法不受系统阶次的限制，但它必须在满足一定的假设条件下才能使用。

（2）相平面法。相平面法是一种基于时域分析法的求解一阶、二阶非线性系统的图解方法。它是时域分析法在非线性系统中的应用和推广。

相平面法是应用相平面上的曲线（相轨迹或相轨迹族）描述系统的运动过程。相平面法既可以用来分析系统稳定性问题，又可以用来分析时间响应，求稳态、动态性能指标。但是它只能用于对一、二阶非线性系统的分析，而不能用于高阶系统。

2. 现代控制理论的方法

（1）李雅普诺夫方法。李雅普诺夫方法是基于时域分析的一种方法。从系统运动需要能量的角度出发，寻求李雅普诺夫函数，来描述系统在运动过程中能量的变化规律，从而确定系统的稳定性和稳定条件。在原则上它可以适用于任意阶系统的稳定性分析，但实际上由于复杂系统寻求李雅普诺夫函数往往很困难，因此其应用也受到了一定的限制。

（2）计算机求解法。利用模拟计算机和数字计算机，将非线性系统的数学模型、初始状态和输入信号，按一定的模式输入计算机，则可以在较短时间内处理复杂的非线性系统，从而获得系统设计必需的信息。这一方法由于计算机的普及以及软件技术的迅速发展，目前已经被广泛应用于工程实际中。

五、非线性系统的主要研究内容

（1）系统的稳定性以及系统稳定的条件；

（2）系统是否产生稳定的自振荡及自振荡参数的求取；

（3）讨论消除自振荡或减小稳定自振荡幅值及提高自振荡频率的方法。

本章主要介绍描述函数法和相平面法，包括以下内容：

（1）描述函数的概念、典型非线性元件的描述函数、负倒描述函数曲线的绘制、用描述函数分析非线性系统性能；

（2）相平面图的概念、绘制相轨迹和相平面图的方法、用相轨迹或相平面图分析非线性系统性能。

第二节　典型本质非线性环节的描述函数

一、基本思想

描述函数法是研究当控制系统存在本质非线性环节时其性能的一种方法。它运用等效近似方法将本质非线性元件线性化，用线性模型建立描述本质非线性元件的数学表达式。从而用线性系统频率响应分析法的基本理念来研究非线性系统的稳定性及相关问题。

图 7-8 所示为非线性系统。其中，N 为非线性环节，$G(s)$ 为线性环节的传递函数。研究这种类型的系统性能时，首先要解决的问题是非线性环节数学模型——描述函数的求取。

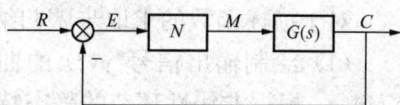

图 7-8　非线性系统

二、非线性环节描述函数的定义及求取

1. 描述函数定义

当非线性元件 N 的输入为一正弦信号 $x(t) = X\sin\omega t$ 时，非线性元件的输出 $y(t)$ 为相同周期的非正弦信号。利用傅里叶级数展开的方法可以将输出 $y(t)$ 描述成不同频率、不同幅值正弦信号的级数求和形式。

如，已知输入 $x(t) = X\sin\omega t$，则有

$$y(t) = \frac{A_0}{2} + \sum_{n=1}^{\infty}(A_n\cos n\omega t + B_n\sin n\omega t) = \frac{A_0}{2} + \sum_{n=1}^{\infty}Y_n\sin(n\omega t + \varphi_n) \quad (n = 1,2,\cdots,\infty)$$

其中，系数 $A_0 = \frac{1}{\pi}\int_0^{2\pi}y(t)\mathrm{d}(\omega t)$；$A_n = \frac{1}{\pi}\int_0^{2\pi}y(t)\cos(n\omega t)\mathrm{d}(\omega t)$；$B_n = \frac{1}{\pi}\int_0^{2\pi}y(t)\sin(n\omega t)\mathrm{d}(\omega t)$。

考虑到绝大多数控制系统的线性部分一般都具有低通高滤特性，对于 $y(t)$ 所含的高频信号，因高次谐波信号频率高、幅值小，故可在系统输出信号的数学描述中略去高频谐波信号，而仅仅考虑基波信号即一次谐波信号。这样便可简化对非线性环节输入输出的特性描述。

综上所述，用描述函数法分析非线性系统时，线性部分的惯性越大阶次越高，其简化模型的精度便越高，对系统性能分析的精度也越高。

输出信号 $y(t)$ 的直流分量和基波分量为

$$y_1(t) = \frac{A_0}{2} + A_1\cos\omega t + B_1\sin\omega t = \frac{A_0}{2} + Y_1\sin(\omega t + \varphi_1)$$

其中：$A_0 = \frac{1}{\pi}\int_0^{2\pi} y(t)\mathrm{d}(\omega t)$；$A_1 = \frac{1}{\pi}\int_0^{2\pi} y(t)\cos(\omega t)\mathrm{d}(\omega t)$；$B_1 = \frac{1}{\pi}\int_0^{2\pi} y(t)\sin(\omega t)\mathrm{d}(\omega t)$

根据非线性元件的静态特性一般对称于原点，可以推导出 $A_0 = 0$，则输出信号中的直流分量为 0。由此得出输出信号的基波分量为

$$y(t) = A_1\cos\omega t + B_1\sin\omega t = Y_1\sin(\omega t + \varphi_1)$$

根据频率特性的幅值比与相位差定义可得非线性环节的描述函数定义为

$$N = \frac{Y_1}{X}\mathrm{e}^{\mathrm{j}\varphi_1} = \frac{\sqrt{A_1^2 + B_1^2}}{X}\mathrm{e}^{\mathrm{jarctan}\frac{A_1}{B_1}} = \frac{B_1}{X} + \mathrm{j}\frac{A_1}{X} \tag{7-8}$$

式中　　N——描述函数，是以输入正弦信号的振幅 X 为自变量的复函数；

　　　　Y_1——非线性元件、非正弦同频率周期函数输出基波分量的振幅；

　　　　X——输入正弦函数的振幅；

　　　　φ_1——输出非正弦同频率周期函数基波分量和输入正弦信号的相位差。

当本质非线性环节呈单值函数特性时，可以证明 $A_1 = 0$，此时描述函数是实数。则式 (7-8) 又被简化成为

$$N = \frac{B_1}{X} \tag{7-9}$$

2. 典型非线性元件描述函数的求取步骤

对于描述函数的求取步骤归纳如下：

(1) 绘制输出信号 $y(t)$ 的曲线形式，由此写出 $y(t)$ 的解析式。取输入信号 $x(t) = X\sin\omega t$，根据非线性环节的静态特性绘制输出非正弦同周期信号的曲线形式，根据曲线形式写出输出 $y(t)$ 在一周期内的解析式。

(2) 根据非线性环节的静态特性及输出 $y(t)$ 的解析式求相关系数。

$A_0 = 0$（条件是非线性环节静态特性对称于原点）

$$A_1 = \begin{cases} \dfrac{1}{\pi}\displaystyle\int_0^{2\pi} y(t)\cos(\omega t)\mathrm{d}(\omega t) \\ 0 \quad \text{（非线性环节的输入输出静态特性呈单值函数）} \end{cases}$$

$$B_1 = \frac{1}{\pi}\int_0^{2\pi} y(t)\sin(\omega t)\mathrm{d}(\omega t)$$

(3) 利用式 (7-8) 计算描述函数。

三、非线性环节描述函数的求取举例

【例 7-1】　求理想继电器的描述函数。

解：(1) 绘制输入输出曲线如图 7-9 所示。根据输出曲线形式得输出函数在一个周期内的解析式为

$$y(t) = \begin{cases} M & (0 \leqslant \omega t \leqslant \pi) \\ -M & (\pi < \omega t \leqslant 2\pi) \end{cases}$$

（2）求相关系数。

该非线性环节的输入输出静态特性对称于原点，所以 $A_0=0$。

该非线性环节的输入输出静态特性呈单值函数，所以 $A_1=0$。

$$B_1=\frac{1}{\pi}\int_0^{2\pi}y(t)\sin(\omega t)\mathrm{d}(\omega t)$$

$$=\frac{4}{\pi}\int_0^{\frac{\pi}{2}}M\sin(\omega t)\mathrm{d}(\omega t)=-\frac{4M}{\pi}\cos\omega t\Big|_0^{\frac{\pi}{2}}=\frac{4M}{\pi}$$

（3）理想继电器描述函数为

$$N=\frac{B_1}{X}=\frac{4M}{\pi X}$$

【例 7 - 2】   求带有死区继电器的描述函数。

解：（1）绘制输入输出曲线如图 7 - 10 所示。根据输出曲线形式得出输出函数在 1/4 周期内的解析式为

$$y(t)=\begin{cases}0 & (0\leqslant\omega t\leqslant\varphi_1)\\ M & \left(\varphi_1<\omega t\leqslant\dfrac{\pi}{2}\right)\end{cases}$$

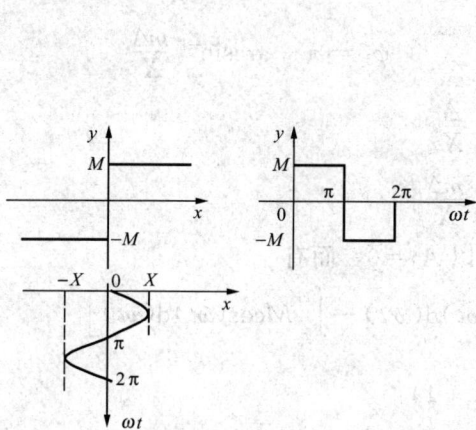

图 7 - 9　理想继电器特性和正弦响应曲线　　　　　图 7 - 10　死区继电器特性和正弦响应曲线

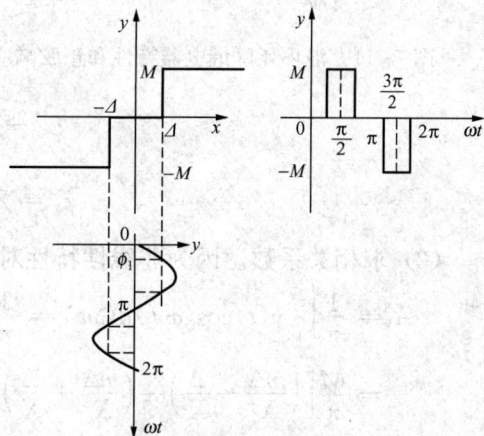

（2）求相关系数。

该非线性环节的静态特性对称于原点，所以 $A_0=0$。

该非线性环节的静态特性是单值函数，所以 $A_1=0$。

$$B_1=\frac{1}{\pi}\int_0^{2\pi}y(t)\sin(\omega t)\mathrm{d}(\omega t)=\frac{4}{\pi}\int_{\arcsin\frac{\Delta}{X}}^{\frac{\pi}{2}}M\sin(\omega t)\mathrm{d}(\omega t)=-\frac{4M}{\pi}\cos\omega t\Big|_{\arcsin\frac{\Delta}{X}}^{\frac{\pi}{2}}$$

$$=-\frac{4M}{\pi}\sqrt{1-\sin^2\omega t}\Big|_{\arcsin\frac{\Delta}{X}}^{\frac{\pi}{2}}=\frac{4M}{\pi}\sqrt{1-\frac{\Delta^2}{X^2}}$$

由图 7 - 10 可得

$$\Delta=X\sin\varphi_1\quad\Rightarrow\quad\varphi_1=\sin^{-1}\frac{\Delta}{X}$$

（3）带死区继电器的描述函数为

$$N = \frac{B_1}{X} = \begin{cases} \dfrac{4M}{\pi X}\sqrt{1-\dfrac{\Delta^2}{X^2}} & (X \geqslant \Delta) \\ 0 & (X < \Delta) \end{cases}$$

【例 7-3】 求滞环死区继电器的描述函数。

解：（1）绘制输入输出曲线如图 7-11 所示。

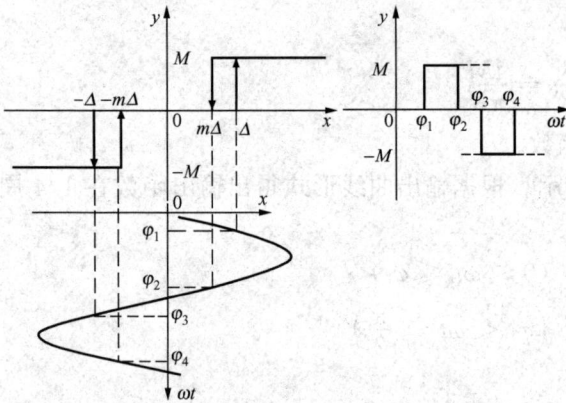

图 7-11 滞环死区继电器特性和正弦响应曲线

根据输出曲线形式得出输出函数在一个周期内的解析式为

$$y(t) = \begin{cases} 0 & (0 < \omega t \leqslant \varphi_1) \\ M & (\varphi_1 < \omega t \leqslant \varphi_2) \\ 0 & (\varphi_2 < \omega t \leqslant \varphi_3) \\ -M & (\varphi_3 < \omega t \leqslant \varphi_4) \\ 0 & (\varphi_4 < \omega t \leqslant 2\pi) \end{cases}$$

由图 7-11 可得

$$\varphi_1 = \arcsin^{-1}\frac{\Delta}{X}$$

$$\varphi_2 = \pi - \arcsin^{-1}\frac{m\Delta}{X}$$

$$\varphi_3 = \pi + \arcsin^{-1}\frac{\Delta}{X}$$

$$\varphi_4 = 2\pi - \arcsin^{-1}\frac{m\Delta}{X}$$

（2）求相关系数。因为非线性特性对称原点，所以 $A_0 = 0$，而有

$$A_1 = \frac{1}{\pi}\int_0^{2\pi} y(t)\cos(\omega t)\,\mathrm{d}(\omega t) = \frac{1}{\pi}\left[\int_{\varphi_1}^{\varphi_2} M\cos(\omega t)\,\mathrm{d}(\omega t) - \int_{\varphi_3}^{\varphi_4} M\cos(\omega t)\,\mathrm{d}(\omega t)\right]$$

$$= \frac{M}{\pi}\left[\left(\frac{m\Delta}{X} - \frac{\Delta}{X}\right) - \left(\frac{m\Delta}{X} + \frac{\Delta}{X}\right)\right] = \frac{2M\Delta}{\pi X}(m-1)$$

$$B_1 = \frac{1}{\pi}\int_0^{2\pi} y(t)\sin(\omega t)\,\mathrm{d}(\omega t) = \frac{1}{\pi}\left[\int_{\varphi_1}^{\varphi_2} M\sin(\omega t)\,\mathrm{d}(\omega t) - \int_{\varphi_3}^{\varphi_4} M\sin(\omega t)\,\mathrm{d}(\omega t)\right]$$

$$= \frac{M}{\pi}\left[\sqrt{1-\left(\frac{m\Delta}{X}\right)^2} + \sqrt{1-\left(\frac{\Delta}{X}\right)^2} + \sqrt{1-\left(\frac{m\Delta}{X}\right)^2} + \sqrt{1-\left(\frac{\Delta}{X}\right)^2}\right]$$

$$= \frac{2M}{\pi}\left[\sqrt{1-\left(\frac{m\Delta}{X}\right)^2} + \sqrt{1-\left(\frac{\Delta}{X}\right)^2}\right]$$

（3）滞环死区继电器的描述函数为

$$N = \frac{B_1}{X} + \mathrm{j}\frac{A_1}{X} = \begin{cases} \dfrac{2M}{\pi X}\left[\sqrt{1-\left(\dfrac{m\Delta}{X}\right)^2} + \sqrt{1-\left(\dfrac{\Delta}{X}\right)^2} + \mathrm{j}\dfrac{\Delta}{X}(m-1)\right] & (X \geqslant \Delta) \\ 0 \quad (X < 0) \end{cases}$$

其他常见本质非线性元件的描述函数见表 7-1。

表 7 - 1　　　　　　　　　　　非线性特性及其描述函数

非线性特性	描述函数
1	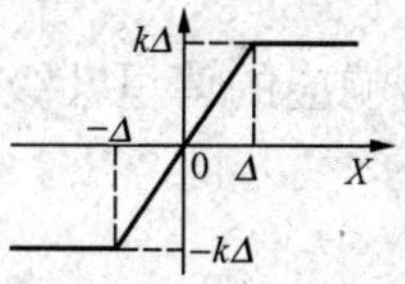 $N(X) = \begin{cases} \dfrac{2k}{\pi}\left[\arcsin^{-1}\dfrac{\Delta}{X} + \dfrac{\Delta}{X}\sqrt{1-\left(\dfrac{\Delta}{X}\right)^2}\right] & (X \geqslant \Delta) \\ k & (X < \Delta) \end{cases}$
2	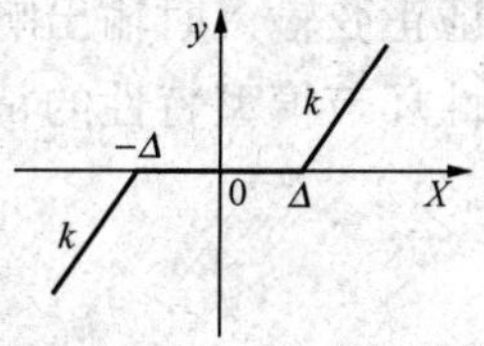 $N(X) = \begin{cases} \dfrac{2k}{\pi}\left[\dfrac{\pi}{2} - \arcsin^{-1}\dfrac{\Delta}{X} - \dfrac{\Delta}{X}\sqrt{1-\left(\dfrac{\Delta}{X}\right)^2}\right] & (X \geqslant \Delta) \\ 0 & (X < \Delta) \end{cases}$
3	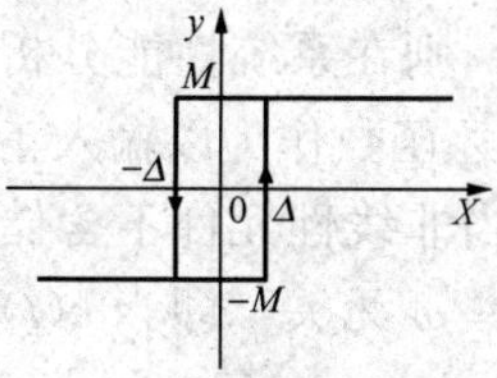 $N(X) = \dfrac{4M}{\pi X}\sqrt{1-\left(\dfrac{\Delta}{X}\right)^2} - \mathrm{j}\dfrac{4M\Delta}{\pi X^2} \quad (X \geqslant \Delta)$
4	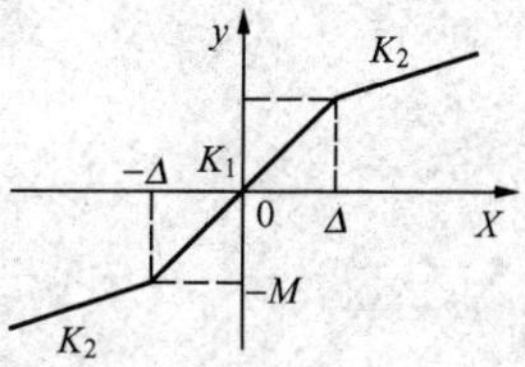 $N(X) = \begin{cases} K_2 + \dfrac{2(K_1-K_2)}{\pi}\left[\arcsin^{-1}\dfrac{\Delta}{X} + \dfrac{\Delta}{X}\sqrt{1-\left(\dfrac{\Delta}{X}\right)^2}\right] & (X \geqslant \Delta) \\ K_1 & (X < \Delta) \end{cases}$
5	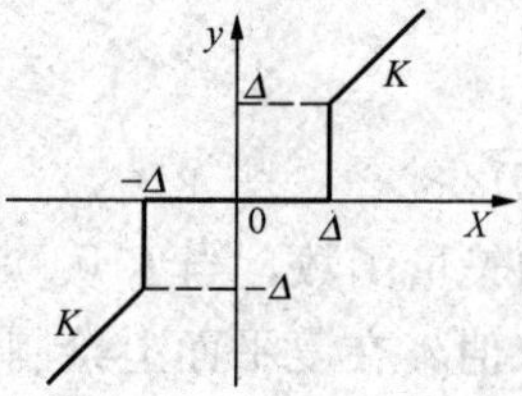 $N(X) = \begin{cases} K - \dfrac{2K}{\pi}\arcsin^{-1}\dfrac{\Delta}{X} + \dfrac{(4-2K)\Delta}{\pi X}\sqrt{1-\left(\dfrac{\Delta}{X}\right)^2} & (X \geqslant \Delta) \\ 0 & (X < \Delta) \end{cases}$
6	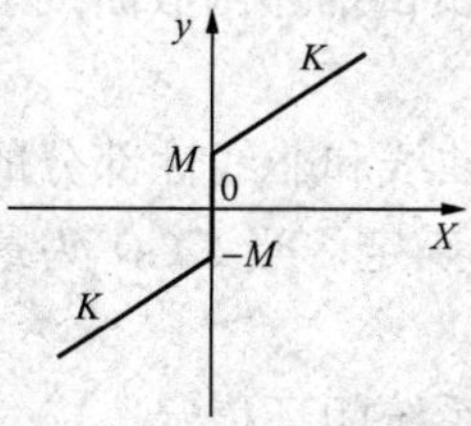 $N(X) = K + \dfrac{4M}{\pi X}$

第三节　用描述函数法分析系统的稳定性

一、用描述函数法分析非线性系统的前提条件

1. 非线性系统数学模型的规范化

无论控制系统的原形结构如何，都必须通过等效变换或非线性归化的方法简化成如图 7-8 所示的标准形式。其中，$N(E)$ 表示非线性元件的描述函数，$G(s)$ 或 $G(\mathrm{j}\omega)$ 表示线性

部分的传递函数或频率特性，参考输入 $R=0$。只有具备这种结构形式的控制系统才能用描述函数分析法进行系统性能分析。

2. 非线性环节应具有奇对称性

当非线性环节的静态特性对称于坐标原点时，正弦输入时输出响应的傅里叶级数中的直流分量为零，即 $A_0=0$。由此才能获得该环节的描述函数。

3. 线性部分的频率特性具有良好的低通高滤特性

当线性部分的频率特性具有良好的低通高滤性能时，才能保证正弦输入时输出响应的傅里叶级数中的基波分量最强。这样才能保证用描述函数表示非线性环节模型特性的精度，即一般要求线性部分的 $G(j\omega)$ 的高频衰减幅度较大，剪切频率较小。

二、非线性系统的稳定性判据

1. 闭环系统稳定性分析

若图 7-8 所示的非线性系统的结构特征满足上述前提条件，则在系统性能分析时，非线性元件在只考虑基波情况下用描述函数表示其特性，即可把描述函数作为以输入正弦的幅值为自变量的实函数或复函数。如图 7-8 所示的非线性系统，当非线性元件不含储能特性时，描述函数只是输入振幅 E 的单值函数，而与正弦信号的频率 ω 无关，即当 $e(t) = E \cdot \sin(\omega t)$ 时，描述函数记为 $N(E)$。

此时闭环传递函数为

$$\frac{C(s)}{R(s)} = \frac{N(E)G(s)}{1 + N(E)G(s)}$$

特征方程为

$$1 + N(E)G(s) = 0$$

由特征方程可得

$$G(s) = -\frac{1}{N(E)} \quad \Rightarrow \quad G(j\omega) = -\frac{1}{N(E)}$$

$-1/N(E)$ 为负倒描述函数。视负倒描述函数为自变量 E 的矢量函数，当 E 从 $0 \rightarrow +\infty$ 变化时，可按负倒描述函数的实部和虚部（或模和相角）对应取值，在复平面上绘制矢量运动的轨迹，即负倒描述函数曲线。为了后续的系统性能分析，在负倒描述函数曲线上要标出自变量 E 增加的方向及曲线的起点和终点。

在同一复平面上分别绘制非线性系统中线性部分的 Nyquist 曲线和非线性部分的负倒描述函数曲线，则非线性系统的稳定性完全由两条曲线的相互关系确定。当 $G(s)$ 为最小相位时，有下列结论存在：

（1）若 Nyquist 曲线不包围负倒描述函数曲线，则此非线性系统闭环稳定；

（2）若 Nyquist 曲线包围整个负倒描述函数曲线，则此非线性系统闭环不稳定；

（3）若 Nyquist 曲线和负倒描述函数曲线相交，则此非线性系统闭环临界稳定。非线性系统的这种临界稳定与线性系统所述的临界稳定不同，它产生的将是一种持续的自振荡，又称为极限环。一般来说，极限环具有非正弦的持续振荡特性，一般可以用正弦振荡近似描述。若这种自振荡是稳定的（既不收敛又不发散），则可以用交点处负倒描述函数的幅值取值 E 和 Nyquist 曲线的频率取值 ω 分别表示这一稳定自振荡的幅值和频率。

当 $G(s)$ 为非最小相位时，系统的稳定性判别规则会有相应的变化。

2. 自振荡的稳定性分析

当 Nyquist 曲线和负倒描述函数曲线相交时，非线性系统会出现自振荡。非线性系统的自振荡存在以下两种类型：

(1) 稳定的自振荡：能继续保持的一种周而复始的等幅振荡。

(2) 不稳定的自振荡：自振荡的幅值随时间发散或收敛。

由非线性系统来分析自振荡的稳定性，如图 7-12 所示。线性部分的 Nyquist 曲线和非线性部分的负倒描述函数曲线相交于 a、b 两点，则在 a、b 两点产生自振荡。

(1) a 点处自振荡类型分析：当扰动使自振荡振幅增加，即 $E_c > E_a$ 时，运动过程由 a 点移至 c 点。因 $G(j\omega)$ 曲线包围 c 点，c 点位于不稳定区域内，则自振荡振幅将继续增加，运动至 b 点。当扰动使自振荡振幅减小，即 $E_d < E_a$ 时，运动过程由 a 点移至 d 点。因 $G(j\omega)$ 曲线不包围 d 点，d 点在稳定区域内，则自振荡振幅将继续减小直至为 0。故该非线性系统在 a 点处产生的是不稳定的自振荡。

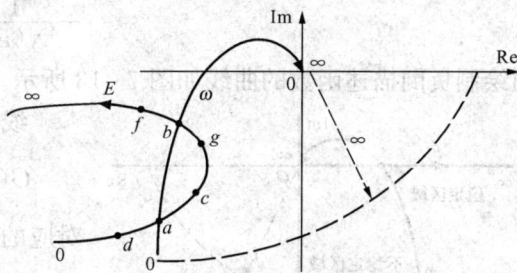

图 7-12　非线性系统 Nyquist 曲线和负倒描述函数曲线

(2) b 点处自振荡类型分析：当扰动使自振荡振幅增加，即 $E_f > E_b$ 时，运动过程由 b 点移至 f 点。因 $G(j\omega)$ 曲线不包围 f 点，f 点位于稳定区域内，则自振荡振幅将减小，运动过程将从 f 点返回 b 点。当扰动使自振荡振幅减小，即 $E_g < E_b$ 时，运动过程由 b 点移至 g 点。因 $G(j\omega)$ 曲线包围 g 点，g 点在不稳定区域内，则自振荡振幅将增大，运动过程将从 g 点返回 b 点。故该非线性系统在 b 点处产生的是稳定的自振荡。

对于不稳定自振荡，在实际系统中不一定能观察到，因为这个过程会在很短的时间内消失或发散，而在实际中能观察到的自振荡都是稳定的自振荡。

当 $G(s)$ 为最小相位时，$G(j\omega)$ 的 Nyquist 曲线把复平面分成稳定和不稳定两个区域，包围在 $G(j\omega)$ 内的部分为不稳定区域。对非线性系统的自振荡特性分析可以作以下化简：

(1) 负倒描述函数曲线在交点处箭头指向稳定区域则为稳定的自振荡；

(2) 负倒描述函数曲线在交点处箭头指向不稳定区域则为不稳定的自振荡。

3. 稳定自振荡振幅和频率的计算

若系统在 x 交点处产生稳定的自振荡，则自振荡的频率 ω_x 即为 $G(j\omega)$ 在交点处的频率，自振荡的幅值 E_x 即为 $-1/N(E)$ 在交点处的幅值。计算交点处的自振荡频率和幅值是根据两条曲线在交点处的幅值和相位（或实部和虚部）特征求出的。

在非线性系统的设计过程中，首先应该考虑设计 Nyquist 曲线不包围负倒描述函数曲线的系统稳定情形。若由于实际情况无法做到，则应该考虑使系统出现稳定的自振荡，而且尽可能使自振荡振幅足够的小、自振荡频率足够的高，以不影响系统的正常工作为准则。

三、应用举例

【例 7-4】　某非线性系统的方框图如图 7-8 所示。本质非线性环节为理想继电器特性。其中，$M=1$，线性部分的传递函数为 $G(s) = \dfrac{1}{s(s+1)(s+2)}$。

（1）分析该系统的稳定性；

（2）若产生稳定的自振荡，则求出自振荡的频率和幅值；

（3）简述改善该系统性能的措施。

解：理想继电器的描述函数为

$$N(E) = \frac{4M}{\pi E} = \frac{4}{\pi E}$$

负倒描述函数为

$$-\frac{1}{N(E)} = -\frac{\pi E}{4}$$

则绘制负倒描述函数的曲线如图 7 - 13 所示。

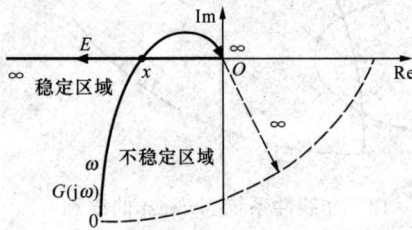

图 7 - 13　［例 7 - 4］的负倒描述函数
曲线和 Nyquist 曲线

线性部分的传递函数为

$$G(s) = \frac{1}{s(s+1)(s+2)} = \frac{0.5}{s(s+1)(0.5s+1)}$$

对应的频率特性为

$$G(j\omega) = \frac{0.5}{j\omega(j\omega+1)(j0.5\omega+1)}$$

则绘制 Nyquist 曲线如图 7 - 13 所示。

因为两条曲线在 x 处相交，系统将出现自振荡（或极限环）。由交点特性可知，当 E 增加时，负倒描述函数曲线箭头指向稳定区域，所以 x 点处产生的是稳定的自振荡。

计算自振荡的频率 ω_x 和幅值 E_x。

由 $G(j\omega) = \dfrac{0.5}{j\omega(j\omega+1)(j0.5\omega+1)}$ 得 x 点处的相位为

$$\angle G(j\omega_x) = -90° - \arctan\omega_x - \arctan 0.5\omega_x = -180°$$

$$\omega_x = \pm\frac{1}{\sqrt{0.5}} = \pm\sqrt{2}(\text{rad/s}),\text{取 }\omega_x = \sqrt{2}(\text{rad/s})$$

由 $G(j\omega) = \dfrac{0.5}{j\omega(j\omega+1)(j0.5\omega+1)}$ 得在 x 点处的幅值为

$$|G(j\omega)|_{\omega=\sqrt{2}} = \frac{0.5}{\omega\sqrt{1+\omega^2}\ \sqrt{1+(0.5\omega)^2}}$$

$$= \frac{0.5}{\sqrt{2}\ \sqrt{1+(\sqrt{2})^2}\ \sqrt{1+(0.5\sqrt{2})^2}} = \frac{1}{6}$$

由负倒描述函数与频率特性在交点处幅值相等的条件得

$$-\frac{1}{N(E_x)} = -|G(j\omega_x)|$$

$$\frac{\pi E_a}{4} = \frac{1}{6}$$

$$E_a = \frac{4}{\pi} \times \frac{1}{6} = \frac{2}{3\pi} \approx 0.212$$

结论：该系统产生稳定的自振荡，振荡角频率 $\omega_x = \sqrt{2}$（rad/s）、振幅 $E_x \approx 0.212$。

改善非线性系统性能的措施有以下几种方法：①可以减小线性部分的开环增益，从而减小自振荡的幅值；②通过增加适当的超前校正网络，可以使交点处自振荡的幅值减小、频率提高；③合理串联一个一阶微分环节可以使两条曲线不产生交点，且 Nyquist 曲线不包围负倒描述函数曲线，系统稳定；④降低非线性环节的 M 取值，会使自振荡的幅值减小。

【例 7 - 5】 某非线性系统方框图如图 7 - 14 所示，试分析系统的稳定性。

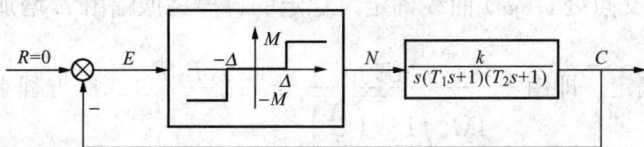

图 7 - 14 ［例 7 - 5］的非线性系统方框图

解： 查表得非线性部分带有死区继电器的描述函数并求其负倒描述函数，即

$$N = 0 \quad \Rightarrow \quad -\frac{1}{N(E)} = -\infty \quad (E \leqslant \Delta)$$

$$N = \frac{4M}{\pi E}\sqrt{1-\left(\frac{\Delta}{E}\right)^2} \quad \Rightarrow \quad -\frac{1}{N(E)} = -\frac{\pi E}{4M\sqrt{1-\left(\frac{\Delta}{E}\right)^2}} \quad (E \geqslant \Delta)$$

线性部分的频率特性为

$$G(j\omega) = \frac{k}{j\omega(1+j\omega T_1)(1+j\omega T_2)}$$

绘制 Nyquist 曲线和负倒描述函数曲线的草图如图 7 - 15 所示。

计算线性部分的频率特性与负实轴交点 A 处的频率取值 ω_A 和对应的幅值 $|G(j\omega_A)|$ 得

$$\angle G(j\omega_A) = -90° - \arctan^{-1} T_1\omega_A - \arctan^{-1} T_2\omega_A = -180°$$

$$\omega_A = \pm\frac{1}{\sqrt{T_1 T_2}}(\text{rad/s}), \text{ 取 } \omega_A = \frac{1}{\sqrt{T_1 T_2}}(\text{rad/s})$$

$$|G(j\omega_A)| = \frac{k}{\omega\sqrt{1+(T_1\omega_A)^2}\sqrt{1+(T_2\omega_A)^2}} = \frac{kT_1 T_2}{T_1 + T_2}$$

分析负倒描述函数特性可得，曲线的起点、终点都在负实轴的负无穷远处。则在实轴上必

产生一个极值点，即 $-1/N(E)$ 的转折点，记为 B 点。由 $\dfrac{\mathrm{d}\left[-\dfrac{1}{N(E)}\right]}{\mathrm{d}E} = 0$ 求得转折点的自变

量取值 $E_B = \sqrt{2}\Delta$，转折点处 $-\dfrac{1}{N(E_B)} = -\dfrac{\pi\Delta}{2M}$。

结论：（1）当 $\dfrac{\pi\Delta}{2M} > \dfrac{KT_1 T_2}{T_1 + T_2}$ 时，$G(j\omega)$ 曲线和 $-1/N(E)$ 不相交，即 $G(j\omega)$ 曲线不包围 $-1/N(E)$，如图 7 - 15 中的曲线①所示，系统稳定；

（2）当 $\dfrac{\pi\Delta}{2M} = \dfrac{KT_1 T_2}{T_1 + T_2}$ 时，$G(j\omega)$ 曲线和 $-1/N(E)$ 曲线相切，在切点处出现半稳定的自振荡，如图 7 - 15 中的曲线②所示。在这一点，当扰动使振荡幅值增加时，进入稳定区域会使幅值减小，回到原自振荡状态。

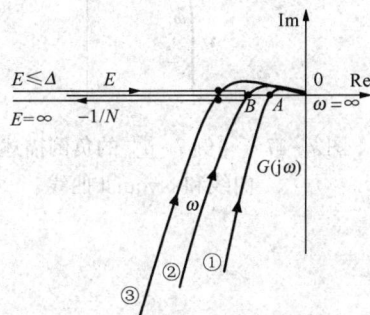

图 7 - 15 ［例 7 - 5］的负倒描述函数曲线和 Nyquist 曲线

但当扰动使振荡幅值减小时，也进入稳定区域并且自振荡消失。

（3）当 $\dfrac{\pi\Delta}{2M} < \dfrac{KT_1T_2}{T_1+T_2}$ 时，$G(j\omega)$ 曲线和 $-1/N(E)$ 曲线出现两个交点，一个是稳定的自振荡，另一个为不稳定的自振荡，如图 7 - 15 中的曲线③所示。稳定的自振荡角频率 $\omega_B = \dfrac{1}{\sqrt{T_1T_2}}$（rad/s），由交点处 $G(j\omega)$ 曲线确定。稳定的自振荡振幅由 E 增加时 $-1/N(E)$ 指向稳定区对应的 E 值确定，即由 $-\dfrac{\pi E}{4M\sqrt{1-\left(\dfrac{\Delta}{E}\right)^2}} = -\dfrac{KT_1T_2}{T_1+T_2}$ 二次方程求出两个解，两个 E 值取大者为稳定的自振荡振幅。

【例 7 - 6】 系统方框图如图 7 - 16 所示，试分析系统的稳定性。

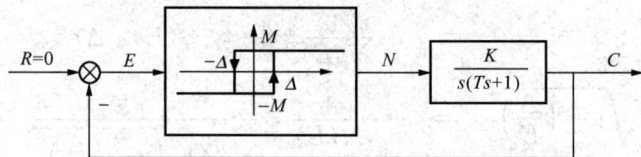

图 7 - 16 ［例 7 - 6］的非线性系统方框图

解： 查表得非线性部分带滞环继电器的描述函数并求其负倒描述函数，即

$$N(E) = \frac{4M}{\pi E}\sqrt{1-\left(\frac{\Delta}{E}\right)^2} - j\,\frac{4M\Delta}{\pi E^2} \;\Rightarrow\; -\frac{1}{N(E)}$$

$$= -\frac{\pi E}{4M}\sqrt{1-\left(\frac{\Delta}{E}\right)^2} - j\,\frac{\pi\Delta}{4M}$$

线性部分的频率特性为

$$G(j\omega) = \frac{K}{j\omega(1+j\omega T)}$$

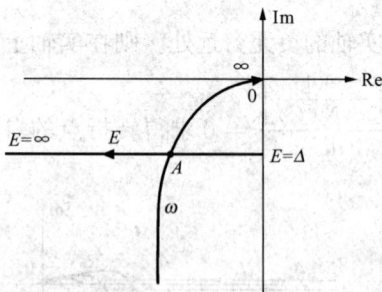

图 7 - 17 ［例 7 - 6］的负倒描述函数曲线和 Nyquist 曲线

绘制 Nyquist 曲线和负倒描述函数曲线的草图如图 7 - 17 所示。两曲线相交于 A 点，当 A 点振幅 E 增加时指向稳定区，因此 A 点为稳定的自振荡。

$$G(j\omega) = \frac{K}{j\omega(1+T\omega j)}$$

$$= -\frac{KT}{1+T^2\omega^2} - \frac{K}{\omega(1+T^2\omega^2)}j$$

利用 $G(j\omega)$ 和 $-1/N(E)$ 在交点处的实部和虚部分别对应相等得

$$\begin{cases} -\dfrac{K}{\omega_A(1+T^2\omega_A^2)} = -\dfrac{\pi\Delta}{4M} \\[4mm] -\dfrac{KT}{1+T^2\omega_A^2} = -\dfrac{\pi E_A}{4M}\sqrt{1-\left(\dfrac{\Delta}{E_A}\right)^2} \end{cases}$$

联立求解得自振荡频率 ω_A 及幅值 E_A。计算过程可由读者自己导出。

【例 7 - 7】 系统方框图如图 7 - 18 所示，试分析系统的稳定性。

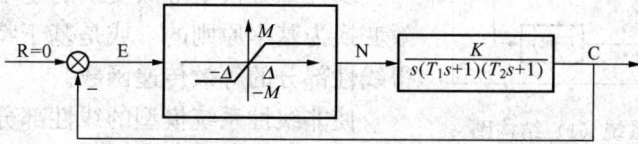

图 7 - 18 ［例 7 - 7］的非线性系统方框图

解： 查表得非线性部分带滞环继电器的描述函数并求其负倒描述函数，即

$$N(E) = \begin{cases} \dfrac{2M}{\pi\Delta}\left[\arcsin^{-1}\dfrac{\Delta}{E} + \dfrac{\Delta}{E}\sqrt{1-\left(\dfrac{\Delta}{E}\right)}\right] & (E \geqslant \Delta) \\ \dfrac{M}{\Delta} & (E < \Delta) \end{cases}$$

$$-\frac{1}{N(E)} = \begin{cases} -\dfrac{\pi\Delta}{2M}\dfrac{1}{\arcsin^{-1}\dfrac{\Delta}{E} + \dfrac{\Delta}{E}\sqrt{1-\left(\dfrac{\Delta}{E}\right)^2}} \\ -\dfrac{\Delta}{M} \end{cases}$$

绘制 Nyquist 曲线和负倒描述函数曲线的草图如图 7 - 19 所示。

由 ［例 7 - 5］结论可得

（1）当 $\dfrac{\Delta}{M} > \dfrac{KT_1T_2}{T_1+T_2}$ 时，$G(j\omega)$ 和 $-1/N(E)$ 无交点，且 $G(j\omega)$ 曲线不包围 $-1/N(E)$ 曲线，系统稳定。

（2）当 $-\dfrac{\Delta}{M} < \dfrac{KT_1T_2}{T_1+T_2}$ 时，$G(j\omega)$ 曲线和 $-1/N(E)$ 相交于 A 点，可判定 A 点为稳定自振荡，振荡角频率为

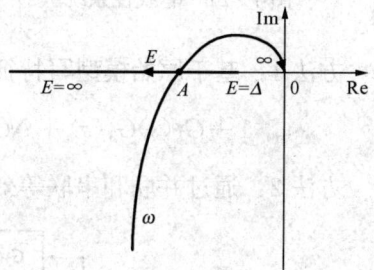

图 7 - 19 ［例 7 - 7］的负倒描述函数曲线和 Nyquist 曲线

$$\omega_A = \frac{1}{\sqrt{T_1T_2}}(\text{rad/s})$$

振幅由 $\dfrac{\dfrac{\pi\Delta}{2M}}{\sin^{-1}\dfrac{\Delta}{E_A} + \dfrac{\Delta}{E_A}\sqrt{1-\left(\dfrac{\Delta}{E_A}\right)^2}} = \dfrac{KT_1T_2}{T_1+T_2}$ 确定。

四、描述函数法在复杂非线性系统中的应用

基于描述函数法分析非线性系统的前提条件，非线性系统应为如图 7 - 8 所示的结构形式，然后用线性部分的 Nyquist 曲线和非线性部分的负倒描述函数曲线共同确定该系统的性能。而在工程实际中，在一个控制系统中可能存在不止一处的非线性环节，线性部分的结构也会存在一定的复杂性。有时为了改善控制系统的性能，也可以增加非线性环节或改变系统结构。因此，不规范的系统结构形式需要在一定的前提下作数学处理，以达到其规范结构形式，才能应用描述函数法分析解题。

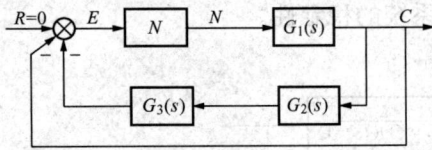

图 7-20 非线性系统 (1) 结构图

1. 线性部分模型的等效变换

线性部分模型等效变换的基本思想是以方框图等效变换为基本原则的，或是基于特征方程的求取，获得线性部分的等效传递函数。

使非线性系统模型的线性部分结构规范化的举例如下：

简化图 7-20 所示的非线性系统 (1)。

方法 1：基于原始模型写特征方程后结构规范。

$$1 + NG_1(s) + NG_1(s)G_2(s)G_3(s) = 0 \quad \Rightarrow \quad -1/N = G_1(s)[1 + G_2(s)G_3(s)]$$

方法 2：通过并联和串联等效变换的简化模型过程如图 7-22 所示。

简化图 7-21 所示的非线性系统 (2)。

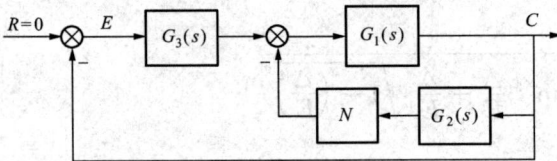

图 7-21 非线性系统 (2) 结构图

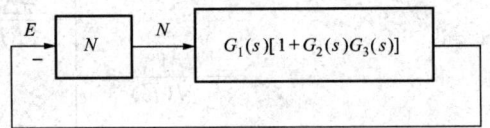

图 7-22 非线性系统 (1) 等效变换过程

方法 1：基于原始模型写特征方程后结构规范。

$$1 + G_1(s)G_3(s) + NG_1(s)G_2(s) = 0 \quad \Rightarrow \quad -\frac{1}{N} = \frac{G_1(s)G_2(s)}{1 + G_1(s)G_3(s)}$$

方法 2：通过并联和串联等效变换的简化模型过程如图 7-23 所示。

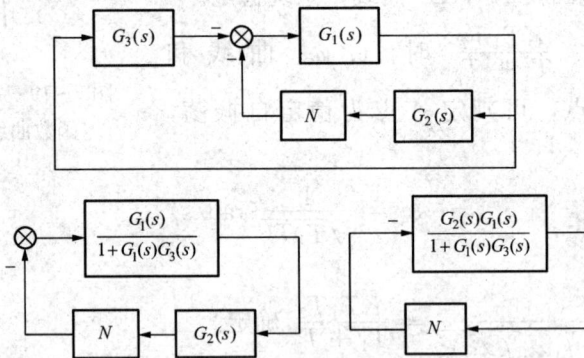

图 7-23 非线性系统 (2) 等效变换过程

2. 非线性部分模型的归并

(1) 非线性模型的并联举例，如图 7-24 所示。

(2) 非线性模型的串联举例，如图 7-25、图 7-26 所示。

简化图 7-25 所示的非线性系统 (1)。

归并过程如图 7-27 所示，串联后得到等效非线性环节为理想继电器，幅值为 M_2。

简化图 7-26 所示的非线性系统 (2)。

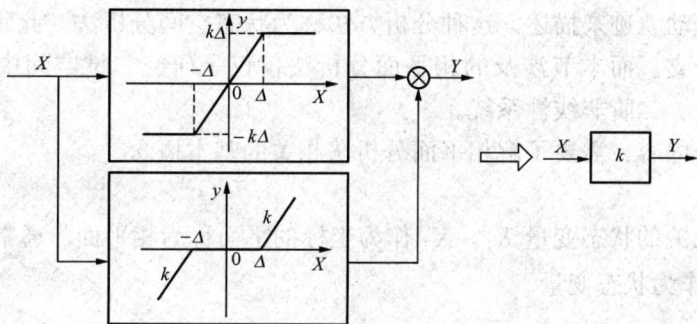

图 7 - 24　并联结构及归并

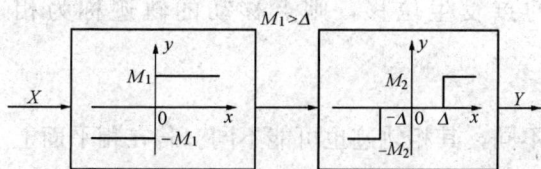

图 7 - 25　非线性系统（1）的串联结构图　　　图 7 - 26　非线性系统（2）的串联结构图

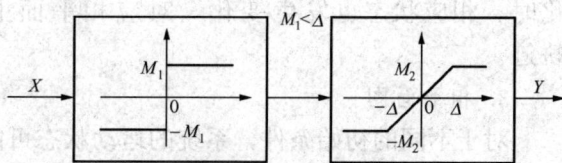

归并过程如图 7 - 28 所示，串联后得到等效非线性环节为理想继电器，幅值为 $\dfrac{M_1 M_2}{\Delta}$。

注意：非线性环节的串联及归并结果与这两个串联环节的先后顺序有关。

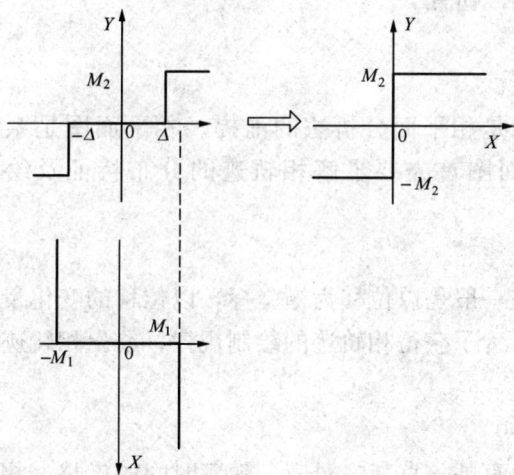

图 7 - 27　非线性系统（1）的归并过程　　　图 7 - 28　非线性系统（2）的归并过程

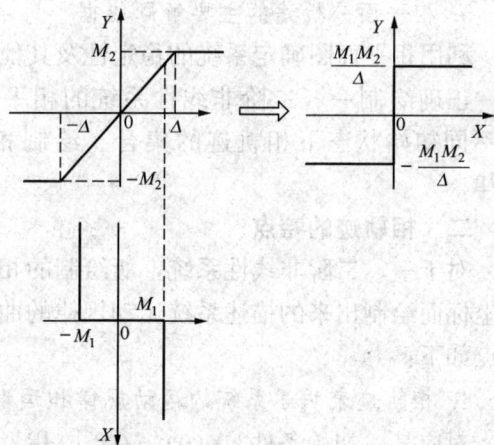

第四节　相　平　面　图

一、问题的提出

线性控制系统可以用 n 阶线性微分方程或 n 个线性无关的一阶微分方程组（状态方程）来描述。n 个线性无关的状态变量可以用 n 维状态空间中的点表示。系统的运动可以用 n 维状态空间中点的运动轨迹来描述。这种分析方法称为状态空间分析法。此研究方法属于现代控制理论的一个分支。而本节涉及的相平面分析法仅仅是研究二维空间中点的运动轨迹问题，研究对象为一、二阶非线性系统。

为掌握这部分内容，需要了解相平面分析法相关的基本概念。

1. 相平面

用两个线性无关的状态变量 X_1，X_2 作为坐标的平面称为相平面。通常采用位移 x 和位移 X 的变化率 $\dot{x}$ 作为状态变量。

2. 相轨迹

对于二阶系统，相平面上的点和系统某一时刻的运动状态相对应。当系统随时间变化时，相应状态也发生变化，对应相平面上的点发生位移，则点移动的轨迹称为相轨迹。

3. 相平面图

对于不同的初始条件，系统的运动状态可能不同，其相轨迹也可能不同。若在相平面上绘制出不同初始条件的一族相轨迹，则该族相轨迹的集合称为相平面图。相平面图表示了系统全部可能的状态变化规律。

4. 相平面分析法的特点及局限性

由于系统的响应特性直接用相平面上的相轨迹表示，因此相平面分析法概念清楚、计算简单，但它只限于研究一、二阶非线性系统。高阶系统为 N 维空间的点，绘制相轨迹是很困难的。对于高阶系统，将用状态空间分析法加以研究。

5. 相平面分析法的主要解题依据

利用相平面图确定系统的稳定性及其他性能。

正确绘制一、二阶非线性系统的相平面图是相平面分析法的前提。相平面图是系统在不同初始状态下相轨迹的集合。绘制相平面图首先要了解相轨迹的分布特征及绘制规律。

二、相轨迹的特点

对于一、二阶非线性系统，所绘制的相轨迹一般是以位移为横坐标，以位移的变化量为纵坐标而绘制出来的描述系统运动规律的曲线。为了获得相轨迹的绘制规律，给出相轨迹的特点如下：

1. 相轨迹表明了系统的运动规律和运动方向

对应某一初始条件 $[X(0),\dot{x}(0)]$，相平面上有某一点与之对应，随着时间的推移，相平面上点沿某一条相轨迹移动。它表示了在这一初始条件下，系统状态的变化规律（系统的运动过程）。通常相轨迹要用箭头标出随时间 t 的推移系统状态转移的方向。

2. 相轨迹族（相平面图）

初始条件不同，相轨迹也不同。相轨迹分布在整个相平面上。相平面图反映了所有初始条件下系统的运动过程。相平面图由系统本身参数确定，给定系统参数即可绘制相平面图，它和初始条件无关（初始条件不同，只是对应于相平面图上不同的相轨迹）。换言之，相平面图反映了系统运动规律的共性，而相轨迹反映的则是在某一初始条件下系统运动的个性。

3. 在 $x-\dot{x}$ 相平面上的相轨迹的方向

上半平面 $\dot{x}>0$，即 $\mathrm{d}x/\mathrm{d}t>0$，$t$ 增加 x 也应增加，所以相轨迹随时间推移向右移动；

下半平面 $\dot{x}<0$，即 $\mathrm{d}x/\mathrm{d}t<0$，$t$ 增加 x 应减小，所以相轨迹随时间推移向左移动。

4. 平衡点

相平面上有两条以上相轨迹相交的点称为系统的平衡点。平衡点均位于 $\dot{x}=0$，即 x 轴上。

5. 奇点

相平面上若有 $\dfrac{\mathrm{d}\dot{x}}{\mathrm{d}x}=\dfrac{\dfrac{\mathrm{d}\dot{x}}{\mathrm{d}t}}{\dfrac{\mathrm{d}x}{\mathrm{d}t}}=\dfrac{0}{0}$ 的点，即有相轨迹的斜率不确定的点，则把此点定义为系统的奇点，奇点也是平衡点。确定奇点的位置是相平面图绘制的关键问题之一。系统的相平面图在奇点附近的分布是有规律可循的，奇点的种类一旦确定，奇点附近相平面图的形式就会随之确定。

奇点坐标的确定方法如下：已知运动方程为 $\ddot{x}=f(x,\dot{x})$ 的非线性系统，得

$$\ddot{x}=\dot{x}\frac{\mathrm{d}\dot{x}}{\mathrm{d}x}=f(x,\dot{x})\ \Rightarrow\ \frac{\mathrm{d}\dot{x}}{\mathrm{d}x}=\frac{f(x,\dot{x})}{\dot{x}}$$

令 $\dfrac{\mathrm{d}\dot{x}}{\mathrm{d}x}=\dfrac{f(x,\dot{x})}{\dot{x}}=\dfrac{0}{0}$

则联立

$$\begin{cases}\ddot{x}=f(x,\dot{x})=0\\ \dot{x}=0\end{cases}$$

求得的解即为奇点坐标。

6. 在 $x-\dot{x}$ 相平面图上，相轨迹与 x 轴垂直相交

当相轨迹通过横坐标时，由于 $\dot{x}=0$，因此根轨迹的位移既不增大也不减小，只能垂直通过横轴。但应除去交点为平衡点时的特殊情况。

7. 相轨迹的对称性

某些系统相平面图上的相轨迹对称于横轴、纵轴或坐标原点，按其对称性可以简化作图。通常相轨迹的对称性可基于运动方程的结构特征确定。

已知运动方程为 $\ddot{x}=f(x,\dot{x})$ 的非线性系统，确定相轨迹的对称条件。

（1）相轨迹对称于横轴（x 轴）的条件为 $f(x,\dot{x})=f(x,-\dot{x})$。即当 $f(x,\dot{x})$ 为 $\dot{x}$ 的偶函数时，相轨迹对称于横轴。

由相轨迹对称于横轴的条件导出

$$\ddot{x}=\dot{x}\frac{\mathrm{d}\dot{x}}{\mathrm{d}x}=f(x,\dot{x})\ \Rightarrow\ \frac{\mathrm{d}\dot{x}}{\mathrm{d}x}\Big|_{(x,\dot{x})}=\frac{f(x,\dot{x})}{\dot{x}},\quad \frac{\mathrm{d}\dot{x}}{\mathrm{d}x}\Big|_{(x,-\dot{x})}=\frac{f(x,-\dot{x})}{\dot{x}}$$

令 $\dfrac{\mathrm{d}\dot{x}}{\mathrm{d}x}\Big|_{(x,\dot{x})}=-\dfrac{\mathrm{d}\dot{x}}{\mathrm{d}x}\Big|_{(x,-\dot{x})}$

得相轨迹对称于横轴的条件为

$$f(x,\dot{x})=f(x,-\dot{x})$$

（2）相轨迹对称于纵轴（$\dot{x}$ 轴）的条件为 $f(x,\dot{x})=-f(-x,\dot{x})$。即当 $f(x,\dot{x})$ 为 x 的奇函数时，相轨迹对称于纵轴。

（3）相轨迹对称于坐标原点的条件为 $f(x,\dot{x})=-f(-x,-\dot{x})$。即当 $f(x,\dot{x})$ 为 x、$\dot{x}$ 的奇函数时，相轨迹对称于坐标原点。

三、相轨迹和相平面图的绘制方法

1. 解析法

（1）消除变量法。根据输入 $r(t)$ 和初始状态 $[x(0),\dot{x}(0)]$ 求二阶微分方程的解 $x(t)$ 及 $\dot{x}(t)$，再通过代入消元的方法，消除时间变量 t，得到输出和输出变化率之间的解析式 $\dot{x}=f(x)$，即为相轨迹方程，然后在相平面上绘制相轨迹。

这种绘制相轨迹的方法原理简单，但一般情况下求取相轨迹方程的难度较大。

【例 7-8】 已知系统的微分方程为 $\ddot{c}(t)+c(t)=r(t)$，当 $r(t)=0$，$[c(0)=1,\dot{c}(0)=0]$ 时，试在 $c-\dot{c}$ 相平面上绘制相轨迹。

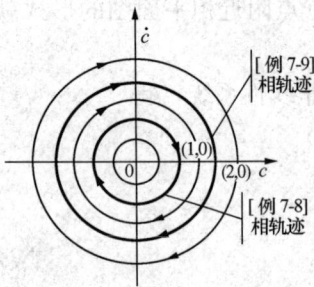

图 7-29 　[例 7-8] 与 [例 7-9] 的相平面图

解： $\ddot{c}(t)+c(t)=0 \Rightarrow [s^2c(s)-sc(0)-\dot{c}(0)]+c(s)=0$

$\Rightarrow [s^2c(s)-s]+c(s)=0 \Rightarrow c(s)=\dfrac{s}{s^2+1}$

$\Rightarrow c(t)=\cos t \Rightarrow \dot{c}(t)=-\sin t \Rightarrow c^2+\dot{c}^2=1$

显然，系统的相轨迹是一个单位圆。相轨迹的起点在 $[c(0)=1,\dot{c}(0)=0]$ 处，选择不同的初始条件，可以获得系统的其他相轨迹为同心不同半径的圆。相轨迹的集合（同心圆族）构成的便是相平面图，如图 7-29 所示。

（2）直接积分法。对于二阶系统的数学模型，若可以描述为 $\ddot{x}=f(x,\dot{x})$ 形式，则化为 $\dot{x}\dfrac{\mathrm{d}\dot{x}}{\mathrm{d}x}=f(x,\dot{x})$，若能够将其分解为 $g(\dot{x})\mathrm{d}\dot{x}=h(x)\mathrm{d}x$，根据初始条件，可以采用同时求定积分的方法得到输出和输出变化率之间的解析式为 $\displaystyle\int_{\dot{x}_0}^{\dot{x}} g(\dot{x})\mathrm{d}\dot{x}=\int_{x_0}^{x} h(x)\mathrm{d}x$，即得到以 $(x_0,\dot{x}_0)$ 为初始条件的相轨迹方程。改变初始条件重复绘制相轨迹即得相平面图。

【例 7-9】 已知系统的微分方程为 $\ddot{c}(t)+c(t)=r(t)$，当 $r(t)=0$，初始条件为 $c(0)=2,\dot{c}(0)=0$ 时，试在 $c-\dot{c}$ 相平面上绘制相轨迹。

解： $\ddot{c}(t)=-c(t) \Rightarrow \dot{c}\dfrac{\mathrm{d}\dot{c}}{\mathrm{d}c}=-c \Rightarrow \dot{c}\mathrm{d}\dot{c}=-c\mathrm{d}c$

$\Rightarrow \displaystyle\int_0^{\dot{c}}\dot{c}\mathrm{d}\dot{c}\int_2^c -c\mathrm{d}c \Rightarrow 0.5\dot{c}^2+0.5c^2=2$

$\Rightarrow \dot{c}^2+c^2=4$

相轨迹的起点在相平面上的（2，0）处。该系统在上述条件下的相轨迹是半径为 2，圆心在原点的圆。显然，初始条件不同，相轨迹可能也不同，因此根据不同初始条件可以绘出同心不同半径的相轨迹族，即相平面图，如图 7-29 所示。

2. 作图法

（1）等倾线法。若能求得相平面上任意一点相轨迹的斜率，则可作出这点相轨迹的切线，用一系列相邻的相轨迹的切线来代替相轨迹曲线，将折线各点连成圆滑曲线即为相轨迹草图。

等倾线绘制方法的导出如下所述：

所谓等倾线，就是指相平面上斜率相同的点连成的线。

若系统的微分方程为 $\ddot{x} + f(x,\dot{x}) = 0$，则可得

$$\frac{\mathrm{d}\dot{x}}{\mathrm{d}x} = -\frac{f(x,\dot{x})}{\dot{x}}$$

$\frac{\mathrm{d}\dot{x}}{\mathrm{d}x}$ 为 $x - \dot{x}$ 平面上相轨迹的斜率。令 $\frac{\mathrm{d}\dot{x}}{\mathrm{d}x} = a$，可得等倾线方程为

$$-\frac{f(x,\dot{x})}{\dot{x}} = a$$

任取一个常数 a 值，可由等倾线方程在相平面上绘制一条曲线。在此曲线上，相轨迹的斜率均为 a。取 a 为一系列不同的值，绘制等倾线族（注意要对 x、$\dot{x}$ 取相同的比例尺，当取不同比例尺时等倾线方程也不相同）。

根据等倾线方程在相平面上绘制等倾线族，再根据初始条件确定相轨迹的起点，按该点处（也可取该点和下一条等倾线斜率的平均值）的斜率 a 画一条短折线，相轨迹的方向仍然是上半平面向右、下半平面向左。短折线和下一条等倾线交于一点，然后在该点处按同样方法画出短折线。重复此过程，最后连成圆滑曲线可得一条相轨迹。另选择一个初始条件按这种方法可再画出另一条相轨迹。依次画出相轨迹，组成相平面图。

【例 7 - 10】　微分方程为 $\ddot{x} + |\dot{x}| + x = 0$，绘制相平面图。

解： $\ddot{x} + |\dot{x}| + x = 0 \Rightarrow \ddot{x} = f(x,\dot{x}) = -|\dot{x}| - x$

因 $f(x,\dot{x}) = f(x,-\dot{x})$，故 $f(x,-\dot{x})$ 是 $\dot{x}$ 的偶函数，相平面图上的相轨迹对称于横轴。可先绘制上半平面相轨迹，由对称性绘制下半平面相轨迹。

$\dot{x} > 0$ 时，有

$$\frac{\mathrm{d}\dot{x}}{\mathrm{d}x} = -\frac{f(x,\dot{x})}{\dot{x}} = -\frac{|\dot{x}| + x}{\dot{x}} = \frac{-\dot{x} - x}{\dot{x}} = -1 - \frac{x}{\dot{x}}$$

奇点为 $\begin{cases} x = 0 \\ \dot{x} = 0 \end{cases}$

令 $\frac{\mathrm{d}\dot{x}}{\mathrm{d}x} = a$ 代入上式，得等倾线方程为

$$\dot{x} = -\frac{1}{a+1}x$$

该等倾线为过坐标原点、斜率 $-\frac{1}{a+1}$ 的直线。

选择不同的 a 值，绘制等倾线族，并在每条等倾线上绘制斜率为 a 的平行线。逐个绘制相轨迹并得相平面图，如图 7 - 30 所示。

[例 7 - 10] 中等倾线为直线，其斜率为 $-\frac{1}{a+1}$，等倾线仅表示相轨迹在等倾线上的斜率为 a。

一般情况下等倾线不是直线。

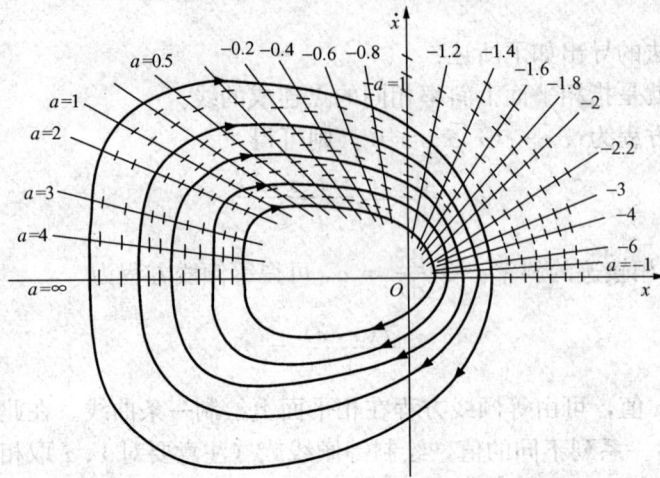

图 7 - 30　　［例 7 - 10］的相轨迹

【例 7 - 11】　范德波耳方程为 $\ddot{x} - \mu(1 - x^2)\dot{x} + x = 0$。绘制 $\mu = 1$ 时的相平面图。

解： 由 $\ddot{x} - (1 - x^2)\dot{x} + x = 0$

可得

$$\frac{\mathrm{d}\dot{x}}{\mathrm{d}x} = \frac{(1 - x^2)\dot{x} - x}{\dot{x}}$$

奇点为

$$\begin{cases} x = 0 \\ \dot{x} = 0 \end{cases}$$

令 $\dfrac{\mathrm{d}\dot{x}}{\mathrm{d}x} = a$

可得等倾线方程为

$$\dot{x} = \frac{x}{1 - x^2 - a}$$

由 a 取不同值可绘制等倾线族如图 7 - 31 所示。在等倾线上绘制相轨迹斜率为 a 的平行线。选 A、B、C、D 为起点分别绘制相轨迹如图 7 - 31 所示。

由以上两例可看出，用作图法绘制相轨迹的精度取决于等倾线密度、相轨迹斜率变化的快慢以及图形的大小等。等倾线越密、相轨迹斜率变化越小，作图误差越小。但因为等倾线越密作图步数越多，工作量也越大，累积误差将增加，所以等倾线密度应适当选择，一般情况下每隔 5°~10° 作一条等倾线。当图形较大时，等倾线还可适当加密。

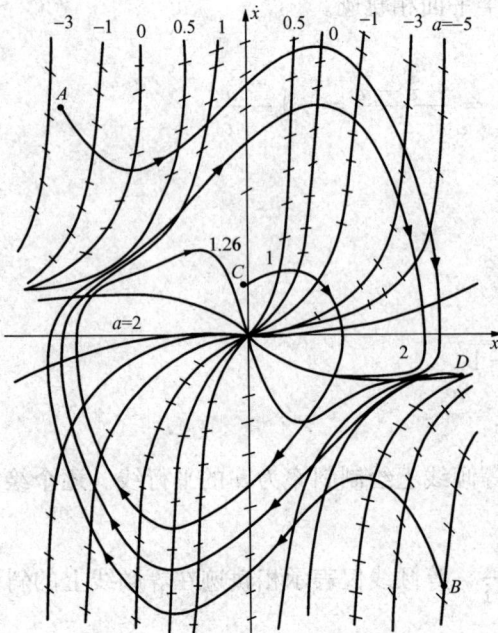

图 7 - 31　　［例 7 - 11］的相轨迹

（2）圆弧近似法（δ 法）绘制相轨迹。圆弧近似法可以适用于微分方程为 $\ddot{x} + f(x, \dot{x}) = 0$ 且 $f(x, \dot{x})$ 是单值连续函数的情况。

绘图的基本思路为：若能求得相轨迹上任意确定点的曲率（相轨迹在这点圆弧的圆心和半径），则可作出通过这点的小圆弧代替这点附近的相轨迹，即用一系列衔接的小圆弧来代替相轨迹。选择不同的初始状态，重复绘制相轨迹，即可获得相平面图。

绘制圆弧需要确定圆心和半径。如果确定了相平面上确定点的相轨迹对应圆弧的圆心，那么圆弧的半径也就确定了，它等于圆心到该点的距离。因此，确定圆弧的圆心是绘图的关键。

$$\ddot{x} + f(x, \dot{x}) = 0 \Rightarrow \ddot{x} + x + f(x, \dot{x}) - x = 0 \Rightarrow \ddot{x} + x = x - f(x, \dot{x})$$

令 $\delta(x, \dot{x}) = x - f(x, \dot{x})$，代入上式得

$$\ddot{x} + x - \delta(x, \dot{x}) = 0$$

若在相平面上相轨迹确定点 $(x_i, \dot{x}_i)$ 附近，相轨迹单值连续且变化范围较小时，可视 $(x_i, \dot{x}_i)$ 处的 $\delta_i = x_i - f(x_i, \dot{x}_i)$ 为常量，即得

$$\ddot{x} + x - \delta_i = 0$$

利用直接积分法可得

$$\ddot{x} + x - \delta_i = 0 \Rightarrow \dot{x}^2 + (x - \delta_i)^2 = R_i^2$$

定义 $\delta_i = x_i - f(x_i, \dot{x}_i)$ 为点 $(x_i, \dot{x}_i)$ 处的圆心方程。因此在点 $(x_i, \dot{x}_i)$ 处的相轨迹是以 $(\delta_i, 0)$ 为圆心、R_i 为半径的圆弧，而 R_i 等于圆心到点 $(x_i, \dot{x}_i)$ 的距离。

圆弧近似法（δ 法）绘制相轨迹条件及步骤如下：

条件为

$$\ddot{x} + f(x, \dot{x}) = 0 \Rightarrow \begin{cases} (x_0, \dot{x}_0) & \text{（初始状态）} \\ \delta_i = x_i - f(x_i, \dot{x}_i) & \text{（圆心方程）} \\ \dot{x}^2 + (x - \delta_i)^2 = R_i^2 & \text{（相轨迹方程）} \end{cases}$$

步骤为：①由初始状态 $A(x_0, \dot{x}_0)$ 代入圆心方程得圆心坐标 $(\delta_0, 0)$，代入相轨迹方程得圆的半径 R_0；②以 $(\delta_0, 0)$ 为圆心，R_0 即圆心到 $A(x_0, \dot{x}_0)$ 的距离为半径顺时针画圆弧至 $B(x_1, \dot{x}_1)$，B 点坐标的具体数值待定；③选择一个适当的 x_1 或 $\dot{x}_1$ 取值，代入相轨迹方程 $\dot{x}_1^2 + (x_1 - \delta_0)^2 = R_0^2$ 确定 $\dot{x}_1$ 或 x_1，由此确定 B 点坐标 $(x_1, \dot{x}_1)$。以 $B(x_1, \dot{x}_1)$ 为新的初始状态重复前三步，获得相轨迹上下一点 $C(x_2, \dot{x}_2)$。以此类推，绘制出初始状态为 $A(x_0, \dot{x}_0)$ 的一支相轨迹。绘图过程如图 7-32 所示。选择不同的初始状态即可绘制出相平面图。

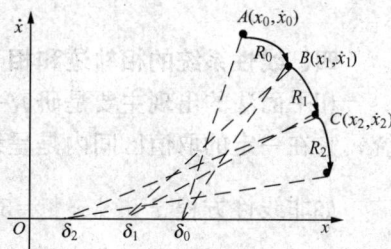

图 7-32 ［例 7-11］的相轨迹

在作图中，有时由给定点求得的圆心和给定点相距甚远（圆弧半径较大），这是因为 t 变化时，x 增量较小而 $\dot{x}$ 增量较大。这种情形下，会给作图过程带来不便。此时可对坐标进行变换。将 $x - \dot{x}$ 相平面变换为标幺化相平面 $x - \dot{x}/\omega$。合理选择标幺值会使绘制的相轨迹的横纵坐标的增量比例适当，也方便作图。

由 $x - \dot{x}$ 相平面变换为标幺化相平面 $x - \dot{x}/\omega$ 的过程如下：

$$\ddot{x} + f(x, \dot{x}) = 0 \Rightarrow \ddot{x} + \omega^2 x + f(x, \dot{x}) - \omega^2 x = 0$$

$$\Rightarrow \quad \frac{\ddot{x}}{\omega^2} + x - \frac{x - f(x,\dot{x})}{\omega^2} = 0$$

令 $\delta_i = x_i - \dfrac{f(x_i,\dot{x}_i)}{\omega^2}$ 为圆心方程，得运动方程为

$$\frac{\ddot{x}}{\omega^2} + x - \delta_i = 0$$

由直接积分法求得相轨迹方程为

$$\left(\frac{\dot{x}}{\omega}\right)^2 + (x - \delta_i)^2 = R_i^2$$

【例 7 - 12】 已知微分方程 $\ddot{x} + \dot{x} + x^3 = 0$，采用圆弧近似法绘制相轨迹，初始状态为 $[x(0),\dot{x}(0)] = (1,0)$。

解： $\ddot{x} + x - (x - \dot{x} - x^3) = 0 \quad \Rightarrow \quad \begin{cases} (x_0,\dot{x}_0) = (1,0) \\ \delta_i = x_i - f(x_i,\dot{x}_i) = x_i - \dot{x}_i - x_i^3 \\ \dot{x}^2 + (x - \delta_i)^2 = R_i^2 \end{cases}$

①把 A（1，0）代入圆心方程 $\delta_i = x_i - \dot{x}_i - x_i^3$ 得圆心坐标（0，0），代入相轨迹方程 $\dot{x}^2 + x^2 = R_i^2$ 得圆的半径 $R_0 = 1$；②以（0,0）为圆心，$R_0 = 1$ 为半径过 A（1，0）顺时针画圆弧至 $B(x_1,\dot{x}_1)$ 坐标的具体数值待定；③取 $\dot{x}_1 = -0.1$，由相轨迹方程求得 $x_1 \approx 0.99$，得 $B(x_1,\dot{x}_1) = B$（0.99，-0.1）。重复上述三步逐点绘图即可得到相轨迹，如图 7 - 33 所示。

（3）利用计算机绘制相平面图。对于上面介绍的相轨迹绘制方法，随微分方程的结构难度增大，绘制过程的难度和计算量也会随之增大，有的甚至无法准确绘制，但计算机应用软件的出现，使相平面图的绘制过程变得非常简单。有关计算机软件的使用可参考本书第十章内容。

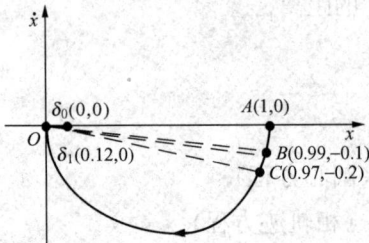

图 7 - 33 ［例 7 - 12］相轨迹

四、线性系统的相轨迹和相平面图

相平面法的出现主要是研究一、二阶非线性系统运动规律的。对于含有本质非线性的系统，它在一定的取值区间内是呈线性的。

如非线性方程 $\dot{x} + |x| = 5$ 可以分解为 $\begin{cases} \dot{x} + x = 5 & (x \geqslant 0) \\ \dot{x} - x = 5 & (x \leqslant 0) \end{cases}$

在 $x - \dot{x}$ 平面右半部的运动规律由 $\dot{x} + x = 5$ 确定，左半部的运动规律由 $\dot{x} - x = 5$ 确定，因此，该非线性问题化成了两个不同区域的线性问题。所以，全面了解一、二阶线性系统相轨迹的特征及绘制方法是绘制非线性系统相轨迹的关键所在。

1. 一阶线性系统的相轨迹

一阶系统结构比较简单，运动（微分）方程本身就是相轨迹方程。因为一阶系统是一维初始条件。若初始条件 $x(0)$ 已知，则 $\dot{x}(0)$ 由微分方程唯一确定。所以满足任何初始条件的相轨迹只有一条，即相平面图。根据一阶微分方程结构及特征根的分布绘制的相平面图见表 7 - 2。

表 7 - 2 　　　　　　　　　　　　　一阶线性系统的相平面图

微分方程	特征根分布（s平面）	相平面图	相轨迹特征
$T\dot{x}+x=0$（齐次） $T\dot{x}+x=M$（非齐次） $T>0$			系统稳定； 齐次方程平衡点在原点； 非齐次方程平衡点在 x 轴 $x=M$处； 平衡点为稳定的
$T\dot{x}+x=0$（齐次） $T\dot{x}+x=M$（非齐次） $T<0$			系统不稳定； 齐次方程平衡点在原点； 非齐次方程平衡点在 x 轴 $x=M$处； 平衡点为不稳定的
$\dot{x}=0$（齐次） $\dot{x}=M$（非齐次）			系统不稳定； 无平衡点

2. 二阶系统的相轨迹

（1）二阶齐次微分方程的相轨迹（零输入下研究初始状态引发的运动）。为找寻绘制规律，二阶齐次微分方程可规范成如下结构形式，即

$$\ddot{x}(t) \pm 2\xi\omega_n\dot{x}(t) \pm \omega_n^2 x(t) = 0 \quad \Rightarrow \quad \frac{\mathrm{d}\dot{x}}{\mathrm{d}x} = \frac{\pm 2\xi\omega_n\dot{x} \pm \omega_n^2 x}{\dot{x}}$$

系统的奇点在原点，且与方程各项符号及 ξ 的取值无关。

由时域分析法得，当二阶系统阻尼系数取值不同时，特征根在 s 平面的位置不同，系统的运动特性也不同，所以描述系统运动特征的相轨迹自然也不同。根据相轨迹的绘制方法，可以推导出不同特征根位置下的相平面图见表 7 - 3。

表 7 - 3 　　　　　　　　　　　　二阶线性齐次微分方程相轨迹

系统特征根的形式	特征根的分布	相平面图	奇点类型及相轨迹
两个特征根为纯虚根			（1）系统为临界稳定状态； （2）原点处的奇点称为中心点； （3）原点也为不稳定的平衡点； （4）系统出现周期运动，即等幅振荡，振荡的频率由特征根的位置确定
两个特征根为负实根			（1）系统稳定； （2）原点处的奇点称为稳定的节点； （3）原点也为稳定的平衡点，所有相轨迹收敛于平衡点； （4）瞬态过程为单调收敛。收敛的速度由特征根位置确定

系统特征根的形式	特征根的分布	相平面图	奇点类型及相轨迹
两个特征根为正实根			（1）系统不稳定； （2）原点处的奇点称为不稳定的节点； （3）原点也为不稳定的平衡点，所有相轨迹远离平衡点； （4）瞬态过程为单调发散
两个特征根为具有负实部的共轭根			（1）系统稳定； （2）原点处的奇点称为稳定的焦点； （3）原点也为稳定的平衡点，所有相轨迹收敛于平衡点； （4）瞬态过程为衰减振荡过程，特征根实部确定收敛速度，虚部确定振荡频率
两个特征根为具有正实部的共轭根			（1）系统不稳定； （2）原点处的奇点称为不稳定的焦点； （3）原点也为不稳定的平衡点，所有相轨迹远离平衡点； （4）瞬态过程为增幅振荡
一个正实根一个负实根			（1）系统不稳定； （2）原点处的奇点称为鞍点； （3）原点也为不稳定的平衡点，所有相轨迹远离平衡点； （4）瞬态过程为单调发散

　　从二阶系统的瞬态过程也可找到与相轨迹形式的对应关系。例如：当 $0 < \xi < 1$ 时，瞬态过程是衰减振荡过程，相轨迹奇点为稳定的焦点，即相轨迹随时间的推移，其位移正负交替变化且幅值逐渐衰减至平衡点。有关相平面图的绘制过程在此不做详细推导。

　　（2）二阶非齐次系统的相轨迹。借助于表 7-3 列出的二阶齐次方程的相轨迹绘制规则，可以导出输入为常数的非齐次微分方程相轨迹的绘制规则。

　　已知二阶非齐次方程为 $\ddot{x}(t) \pm 2\xi\omega_n\dot{x}(t) \pm \omega_n^2 x(t) = M$

　　则可以通过坐标变换的方法构成与齐次方程一致的形式。

　　具体变换过程为

$$\ddot{x} \pm 2\xi\omega_n\dot{x} \pm \omega_n^2\left(x - \frac{M}{\omega_n^2}\right) = 0 \implies \frac{\mathrm{d}\dot{c}}{\mathrm{d}c} = \frac{\pm 2\xi\omega_n\dot{c} \pm \omega_n^2\left(c - \frac{M}{\omega_n^2}\right)}{\dot{c}}$$

　　显然，通过坐标变换，二阶非齐次方程的奇点位置移至 $\left(\dfrac{M}{\omega_n^2}, 0\right)$ 处。相轨迹形式仍然与特征根的位置及表 7-3 所列的对应形式一致。

　　（3）二阶系统特殊形式的相平面图。当二阶微分方程至少有一个特征根位于原点时，由于奇点不存在，因此相轨迹的形式将发生本质性的变化。通过相轨迹绘制规则可以导出二阶系统特殊形式的相平面图见表 7-4 和表 7-5。由此可以看出齐次方程和非齐次方程的相平面图特征的对应关系已经不复存在。

表 7-4　　　　　　　　　　**特殊二阶齐次微分方程的相平面**

微分方程	特征根分布	相平面图	特征
$T\ddot{x} + \dot{x} = 0$ $T > 0$			（1）系统临界稳定； （2）无奇点。所有平衡点在实轴上，相轨迹由初始条件确定终于某平衡点处，其位移为一确定值； （3）直线的斜率为 $-1/T$
$T\ddot{x} + \dot{x} = 0$ $T < 0$			（1）系统不稳定； （2）无奇点。所有平衡点在实轴上，为不稳定的，相轨迹远离平衡点； （3）瞬态过程为单调发散； （4）直线的斜率为 $-1/T$
$\ddot{x} = 0$			（1）系统临界稳定； （2）无奇点。无平衡点； （3）瞬态过程为等速率单调发散

表 7-5　　　　　　　　　　**特殊二阶非齐次微分方程的相平面**

微分方程	特征根分布	相平面图		特征
$T\ddot{x} + \dot{x} = M$ $T > 0$				无论初始条件如何，相轨迹最终以确定速率 M 发散
$T\ddot{x} + \dot{x} = M$ $T < 0$				无论初始条件如何，相轨迹发散，且发散速率越来越快
$\ddot{x} = M$				相平面图为顶点在横轴上的抛物线族，张口由 M 的符号确定，位置由初始条件确定。相轨迹发散

五、非线性系统的相轨迹和相平面图

对于控制系统存在的本质非线性,相轨迹的绘制是根据非线性环节的特征(开关线),将系统分区域线性化,然后利用各区域对应线性模型的奇点类型、奇点位置以及根轨迹特征得到各区域的相轨迹或相平面图,最后根据系统的结构特征把开关线处的相轨迹连接起来,从而得到整个非线性系统的相轨迹或相平面图。

1. 非线性环节的开关线

根据本章第一节提供的非线性特点,可得常用非线性环节输出输入关系在相平面中各区域的表示形式如下:

(1) 如图 7-1 所示的理想继电器。

当输入 $e > 0$ 时,输出 $m(t) = M$;

当输入 $e < 0$ 时,输出 $m(t) = -M$。

选择 $e - \dot{e}$ 平面绘制相轨迹,开关线为 $e = 0$。线性区域的划分如图 7-34(a)所示。

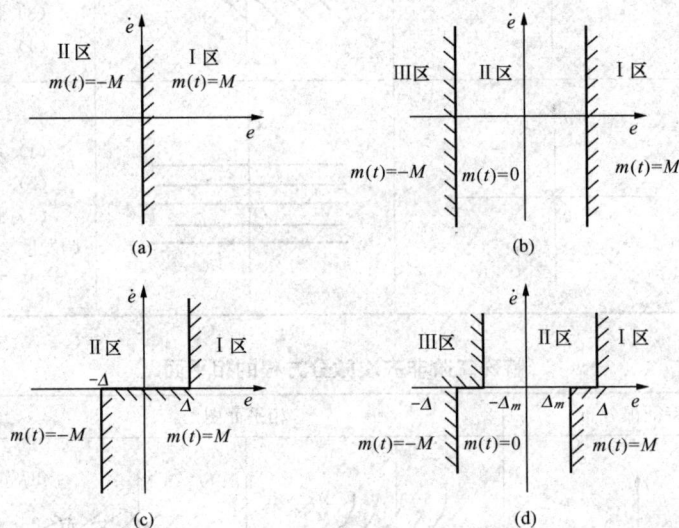

图 7-34 非线性环节在相平面图上的开关线

(2) 如图 7-2 所示的死区继电器。

当输入 $e > \Delta$ 时,$m(t) = M$;

当输入 $-\Delta < e < \Delta$ 时,$m(t) = 0$;

当输入 $e < -\Delta$ 时,$m(t) = -M$。

选择 $e - \dot{e}$ 平面绘制相轨迹,开关线为 $e = \Delta$,$e = -\Delta$。线性区域如图 7-34(b)所示。

(3) 如图 7-3 所示的滞环继电器(呈多值特性)。

当输入 $e > \Delta, \dot{e} > 0$ 或输入 $e > -\Delta, \dot{e} < 0$ 时,输出 $m(t) = M$;

当输入 $e < \Delta, \dot{e} > 0$ 或输入 $e < -\Delta, \dot{e} < 0$ 时,输出 $m(t) = -M$。

选择 $e - \dot{e}$ 平面绘制相轨迹,开关线在上半平面($\dot{e} > 0$)为 $e = \Delta$,开关线在下半平面($\dot{e} < 0$)为 $e = -\Delta$。线性区域的划分如图 7-34(c)所示。

(4) 死区滞环继电器输入输出静态特性曲线如图 7-35 所示。

数学表达式为

$$m(t) = \begin{cases} M & (\dot{e} > 0, e > \Delta; \dot{e} < 0, e > m\Delta) \\ 0 & (\dot{e} > 0, -m\Delta < e < \Delta; \dot{e} < 0, -\Delta < e < m\Delta) \\ -M & (\dot{e} > 0, e < -m\Delta; \dot{e} < 0, e < -\Delta) \end{cases}$$

选择 $e - \dot{e}$ 平面绘制相轨迹。

开关线在上半平面（$\dot{e} > 0$）为 $e = \Delta$；$e = -m\Delta$；

开关线在下半平面（$\dot{e} < 0$）为 $e = -\Delta$；$e = m\Delta$。

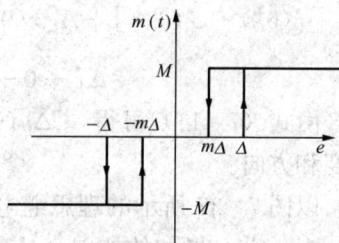

线性区域的划分如图 7-34（d）所示。从图中可以明显看出各区域 $\dot{e}$ 和 e 的取值区间。采用相平面分析系统性能的首要问题是找寻非线性环节的开关线，以及由开关线确定的各区域的线性微分方程或运动方程的形式，从而用线性系统的相轨迹绘制方法给出各区域线性微分方程所对应的相轨迹。

图 7-35　死区滞环继电器静态特性

2. 非线性系统相轨迹在开关线处的连接方式

当系统含有本质非线性环节时，根据非线性环节的特性将相平面划分为几个线性区域。各区域相轨迹由相应的线性微分方程确定。但在开关线上存在相轨迹的连接问题。它的连接方式有以下两种形式：其一，相轨迹在开关线处平滑过渡；其二，相轨迹在开关线处产生跳跃。相轨迹的连接究竟属于哪一种连接方式，取决于线性部分微分方程的形式。

非线性系统的结构方框图如图 7-36 所示。设线性部分的二阶微分方程为

$$\ddot{x} + A\dot{x} + Bx = C\dot{u} + Du \tag{7-10}$$

其中，A、B、C、D 为常数，$u = f(x)$ 是 x 的非线性函数。对于某些非线性特性，输出 u 在输入为某一值时会产生跳跃。如图 7-37 所示的理想继电器，当输入 x 从 $0^- \rightarrow 0^+$ 增加变化时，输出 u 会从 $-M$ 突变至 $+M$。此时，若式（7-10）中 $C \neq 0$，则在 u 瞬间变化时，$\dot{u}$ 是不确定的。反映在相平面上，即相轨迹在开关线上产生跳跃。必须了解开关线处产生跳跃的幅度和方向，才能准确绘制相轨迹图。

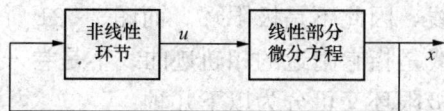

图 7-36　非线性系统的结构方框图

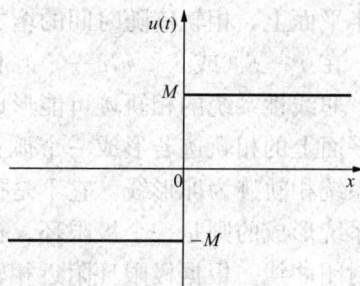

图 7-37　理想继电器的静态特性曲线

对产生跳跃的条件、跳跃方向和幅度的确定作以下陈述：

（1）开关线处相轨迹产生跳跃的条件。在图 7-36 所示的非线性系统的结构方框图中，线性部分的运动方程如式（7-10），若 $C \neq 0$，则非线性部分的静态特性曲线的输出有突变。

（2）跳跃方向和幅度的确定。设图 7-36 所示系统的非线性元件为理想继电器，其静态特性如图 7-37 所示。u 在 $t = 0$ 时刻产生跳跃，则在跳跃前后的积分由式（7-10）可得

$$\int_{0^-}^{0^+} \ddot{x}(t)\,dt + A\int_{0^-}^{0^+} \dot{x}(t)\,dt + B\int_{0^-}^{0^+} x(t)\,dt = C\int_{0^-}^{0^+} \dot{u}(t)\,dt + D\int_{0^-}^{0^+} u(t)\,dt$$

$$\int_{\dot{x}(0^-)}^{\dot{x}(0^+)} d\dot{x}(t) + A\int_{x(0^-)}^{x(0^+)} dx(t) + B\int_{0^-}^{0^+} x(t)\,dt = C\int_{u(0^-)}^{u(0^+)} du(t) + D\int_{0^-}^{0^+} u(t)\,dt$$

$$[\dot{x}(0^+) - \dot{x}(0^-)] + A[x(0^+) - x(0^-)] + B\int_{0^-}^{0^+} x\,dt = C[u(0^+) - u(0^-)] + D\int_{0^-}^{0^+} u\,dt$$

$$\Delta\dot{x} + 0 + 0 = C\Delta u + 0 \quad \Rightarrow \quad \Delta\dot{x}(0) = C\Delta u(0) \tag{7-11}$$

由式（7-11）可得，$C\Delta u(0)$ 的大小和方向决定了相轨迹在开关线纵坐标上 $\Delta\dot{x}$ 的跳跃幅度和方向。

以图 7-37 所示的理想继电器为例（取 $C=1$）：

当 u 沿 x 增加的方向（$\dot{x}>0$）跳跃时，则有 $\Delta u(0) = M - (-M) = 2M$，相轨迹在开关线上，沿 $\dot{x}$ 增加的方向跳跃 $2M$；

当 u 沿 x 减小的方向（$\dot{x}<0$）跳跃时，则有 $\Delta u(0) = -M - M = -2M$，相轨迹在开关线上，沿 $\dot{x}$ 增加的反方向跳跃 $2M$。

跳跃以后的相轨迹以跳跃结束后的位置为起点开始在另一个线性区域内运动。

对于一阶非线性系统，若在相邻两个区域里的相轨迹不重合，则在开关线处也会产生跳跃。

当式（7-10）中的 $C=0$ 时，相轨迹在开关线处平滑过渡，即一个区域在开关线处的终点坐标，是它的相邻区域的起点坐标。

3. 非线性系统相轨迹的特征

（1）相平面图仅由系统本身参数确定，给定系统参数即可绘制相平面图，相平面图表示了系统在任意初始条件下的运动过程。

（2）在某一初始条件下，系统的运动在相平面图上有一条相轨迹与其相对应。与线性系统不同，非线性系统的初始条件不同，其相轨迹的特征可能出现本质上的区别。

（3）在 $x-\dot{x}$（或 $e-\dot{e}$，$c-\dot{c}$）相平面图上半平面上，相轨迹随时间的增加向右移动；而在下半平面上，相轨迹随时间的增加向左移动。

（4）在 $x-\dot{x}$（或 $e-\dot{e}$，$c-\dot{c}$）相平面图上，相轨迹和横轴垂直相交（不包括平衡点）。

（5）非线性系统的相轨迹可能形成极限环，即产生自振荡，如图 7-38 所示。

相平面上的相轨迹若形成一个孤立的封闭曲线，则此曲线称为极限环。图 7-30 所示的非线性系统相轨迹为卵形线，它不是孤立的封闭曲线，因此不是极限环。而图 7-31 所示的非线性系统形成的则是一个极限环。孤立的封闭曲线是指它附近的相轨迹曲线不是卷入就是卷离此封闭曲线。根据极限环附近相轨迹的特征，极限环又可分为以下几种：

1）稳定极限环：环内外相轨迹都卷入极限环，如图 7-38（a）所示；

2）不稳定极限环：环内外相轨迹都卷离极限环，如图 7-38（b）所示；

3）半稳定极限环：环内相轨迹卷离极限环而环外相轨迹卷入极限环，如图 7-38（c）所示；环内相轨迹卷入极限环而环外相轨迹卷离极限环，如图 7-38（d）所示。在有些情况下，非线性系统也可能出现两个以上的极限环，如图 7-38（e）所示。

这里的极限环和描述函数法中 $G(\mathrm{j}\omega)$ 曲线和 $-1/N(E)$ 曲线的交点是一致的，极限环即为自振荡。稳定极限环即为稳定自振荡，不稳定极限环即为不稳定自振荡。自振荡的周期 T 就是极限环转一圈所需的时间，可近似看作正弦函数时角频率 $\omega = 2\pi/T$，而自振荡的振幅为极限环横坐标的最大值 x_{max}。

极限环稳定和系统稳定是两个不同的概念。图 7-38（a）所示为稳定极限环，而系统的运动过程为周而复始的等幅振荡；图 7-38（b）所示为不稳定极限环，初始条件（x_0，$\dot{x}_0$）若在极限环内，则系统稳定，反之则不稳定；图 7-38（c）所示为半稳定极限环，而系统稳定；图 7-38（d）所示为半稳定极限环，而系统不稳定。

一般来说，极限环的存在会使系统性能变差。因此，设计系统时尽可能不要出现极限环。若不可避免存在极限环，则应使稳定的极限环尽可能小，而对于不稳定极限环则应使稳定区域尽可能大。

（6）奇点。与线性系统不同，非线性系统的奇点可能不止一个，且在每一个奇点邻域形成一个特征区，在特征区内其相轨迹具有共同的特点。分析非线性系统时，可求出每一个特征区及特征区内的奇点特性，然后根据每一个特征区内相轨迹具有相同特点绘制相平面图。对于非线性系统，奇点还可能有实奇点和虚奇点之分，若某线性区相应的奇点在此特征区内，则奇点为实奇点，若某线性区相应的奇点不在此特征区内，则奇点为虚奇点。在一个线性区内最多只能有一个实奇点，因为线性二阶微分方程最多只能有一个奇点。

（7）开关线变化对系统运动性能的影响。当开关线左右平移或旋转时，它对系统的运动规律是有影响的。相轨迹在开关线处速率的变化，决定了系统运动状态的稳定与否。若开关线变化后，使得相轨迹每次在区域转换时的速率下降，则会提高系统的稳定性，并且使相轨迹收敛于平衡点，反之则会造成系统不稳定。

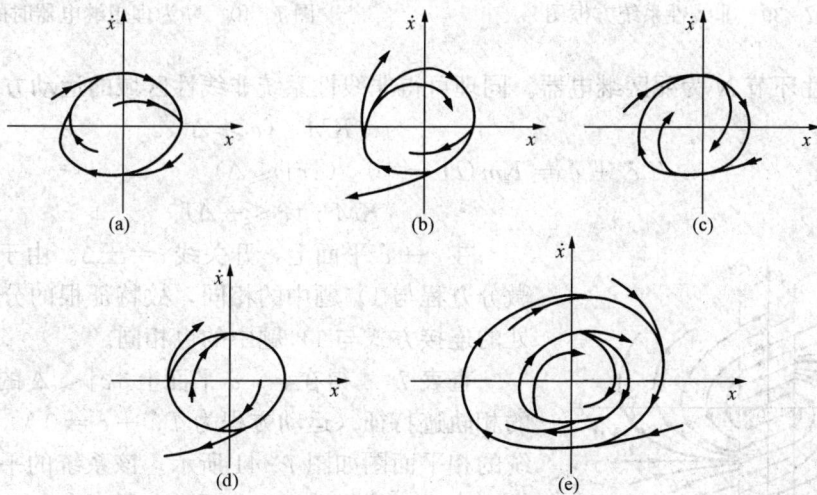

图 7-38 非线性系统的根轨迹

六、非线性系统相轨迹绘制应用举例

【例 7-13】 非线性系统框图如图 7-39 所示，其中 k，T，$M>0$。当非线性元件 N 分别为理想和死区继电器时，在 $c-\dot{c}$ 相平面上绘制该非线性系统的相平面图。

解： 非线性系统线性部分的运动方程为

$$T\ddot{c}(t) + \dot{c}(t) = Km(t)$$

1）非线性环节 N 为理想继电器。将理想继电器的输入输出特性

$$m(t) = \begin{cases} -M & (c \geqslant 0) \\ M & (c \leqslant 0) \end{cases}$$

代入线性部分的运动方程，得非线性系统的线性区域的运动方程为

$$T\ddot{c} + \dot{c} = Km(t) = \begin{cases} -KM & (c \geqslant 0) \\ KM & (c \leqslant 0) \end{cases}$$

在 $c - \dot{c}$ 平面上，开关线 $c = 0$。特征方程中，原点和左半平面各有一个特征根。查表7-5得在 $c - \dot{c}$ 平面上各线性区域的相轨迹特征。又因线性部分的运动方程不含输入的导数项，即式（7-10）中 $C = 0$，故相轨迹在开关线 $c = 0$ 处平滑连接。绘制该非线性系统的相平面图如图7-40所示。该系统的平衡点在原点，且无论初始条件如何，系统的终态收敛于平衡点。

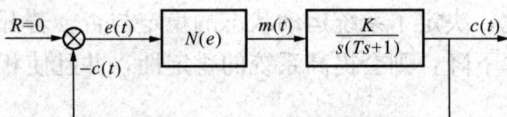

图 7-39　非线性系统方框图　　　　　　图 7-40　N 为理想继电器时的相平面图

2）非线性环节 N 为死区继电器。同理可得非线性系统非线性区域的运动方程为

$$T\ddot{c} + \dot{c} = Km(t) = \begin{cases} -KM & (c \geqslant \Delta) \\ 0 & (|c| \leqslant \Delta) \\ KM & (c \leqslant -\Delta) \end{cases}$$

在 $c - \dot{c}$ 平面上，开关线 $c = \pm\Delta$。由于线性部分的微分方程与1）题中的相同，故特征根的分布及开关线处的连接方式与1）题中的也相同。

查表7-4得在 $c - \dot{c}$ 平面上 $|c| < \Delta$ 的线性区域内的相轨迹特征（运动方程为 $T\ddot{c} + \dot{c} = 0$）。该非线性系统的相平面图如图7-41所示。该系统的平衡点在横坐标 $|c| < \Delta$ 的区域内，且无论初始条件如何，系统的终态收敛于某平衡点。

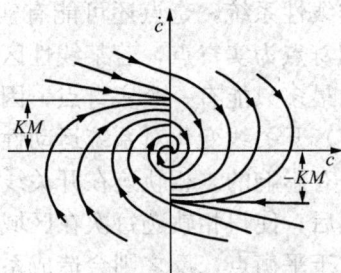

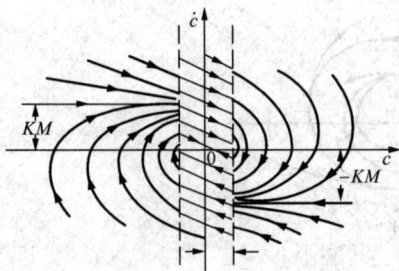

图 7-41　N 为死区继电器时的相平面图

上述分析结果可以通过描述函数法得到验证。

【例 7-14】　在 $x - \dot{x}$ 相平面上，试绘制 $\ddot{x} + \dot{x} + |x| = 0$ 所描述系统的相平面图。

解：根据分区域线性化的方法，化上述非线性方程为两个不同区域的线性微分方程，即

$$\begin{cases} \ddot{x} + \dot{x} + x = 0 & (x \geqslant 0) \\ \ddot{x} + \dot{x} - x = 0 & (x \leqslant 0) \end{cases}$$

且开关线为 $x = 0$。

在 $x-\dot{x}$ 相平面 $x\leqslant 0$ 的左侧，线性微分方程的特征根分布为左右平面各一个纯实根，所以奇点在原点为鞍点，相轨迹形状呈双曲线形式，见表 7-3。

在 $x-\dot{x}$ 相平面 $x\geqslant 0$ 的右侧，线性微分方程的特征根分布为左半平面两个共轭复根，所以奇点在原点为稳定的焦点，相轨迹形状呈向心螺旋线形式，见表 7-3。

因为微分方程为齐次方程，显然不含有输入的导数项，所以相轨迹在开关线处平滑连接。

绘制的相平面图如图 7-42 所示。

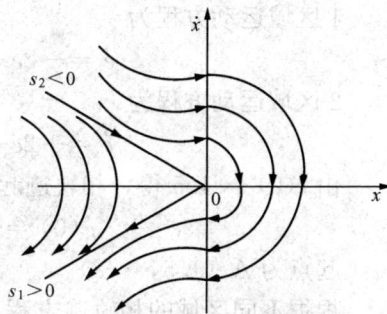

图 7-42 ［例 7-14］的相平面图

【例 7-15】 设继电器型控制系统如图 7-43 所示，输入 $r(t)=1.5\times 1(t)$，$c(0)=0$。列写该系统误差与输入之间的微分方程式；根据初始条件和输入信号在 $e-\dot{e}$ 平面上绘制相轨迹；阐述该系统相平面图的特性。

解：线性部分微分方程为 $0.5\dot{c}(t)+c(t)=2m(t)$，综合非线性特性得各线性区域的运动方程为

$$0.5\dot{c}(t)+c(t)=2m(t)=\begin{cases} 4 & (\dot{e}>0,e>1;\ \dot{e}<0,\ e>-1) \\ 0 & (\dot{e}>0,\ e<1;\ \dot{e}<0,\ e<-1) \end{cases}$$

由上述运动方程的约束条件在 $e-\dot{e}$ 平面上绘出开关线及各区域的位置如图 7-44 所示。

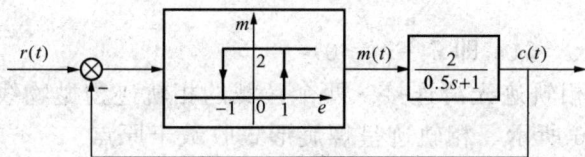

图 7-43 ［例 7-15］的系统方框图

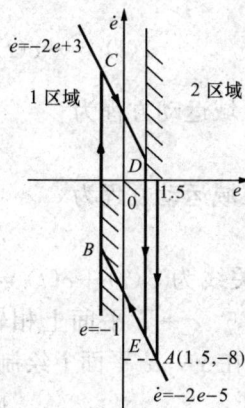

图 7-44 ［例 7-15］的相轨迹图

将输入信号引起的运动转换成初始条件。当 $t>0$ 时，有 $e(t)=r(t)-c(t)=1.5-c(t)$，则有

$$e(0^+)=r(0^+)-c(0^+)=1.5-0=1.5$$

将运动方程输出变量 $c(t)$ 通过变量代换转换成变量 $e(t)$。由 $c(t)=1.5-e(t)$，$\dot{e}(t)=-\dot{c}(t)$，代入运动方程得

$$0.5\dot{e}(t)+e(t)=-2m(t)+1.5=-2.5 \quad (\dot{e}>0,\ e>1;\ \dot{e}<0,\ e>-1)$$

$$0.5\dot{e}(t)+e(t)=-2m(t)+1.5=1.5 \quad (\dot{e}>0,\ e<1;\ \dot{e}<0,\ e<-1)$$

一阶系统运动方程即为相轨迹方程，整理规范后得

1 区域运动方程为

$$\dot{e} = -2e - 5 \quad (\dot{e} > 0, e > 1; \dot{e} < 0, e > -1)$$

2 区域运动方程为

$$\dot{e} = -2e + 3 \quad (\dot{e} > 0, e < 1; \dot{e} < 0, e < -1)$$

由 $e(0) = 1.5$ 得，相轨迹起点在 1 区域，则有

$$\dot{e}(0) = -2e(0) - 5 = -2 \times 1.5 - 5 = -8$$

起点为 A （1.5, -8）。

根据不同区域的相轨迹方程，绘制相轨迹如图 7-44 所示。相轨迹在开关线处产生跳跃，并形成经 E、B、C、D 点的极限环。显然，无论初始条件如何变化，相轨迹的最终运动结果都卷入此极限环，因此该相轨迹为稳定的极限环。

【例 7-16】 试在 $c - \dot{c}$ 平面和 $x - \dot{x}$ 平面上，绘制图 7-45 所示系统的相轨迹。

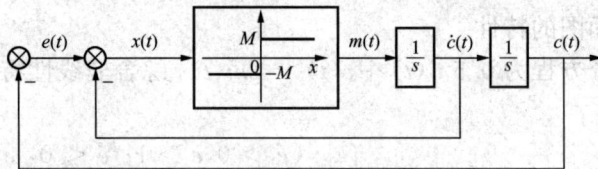

图 7-45　［例 7-16］的系统方框图

解： 1) 在 $c - \dot{c}$ 平面上绘制相轨迹。绘制过程为

$$x(t) = -c(t) - \dot{c}(t), \quad \ddot{c}(t) = m(t), \quad m(t) = \begin{cases} M & (x \geqslant 0) \\ -M & (x \leqslant 0) \end{cases}$$

1 区域运动方程为

$$\ddot{c}(t) = M \quad (x \geqslant 0,\ \text{即}\ \dot{c} + c \leqslant 0)$$

2 区域运动方程为

$$\ddot{c}(t) = -M \quad (x \leqslant 0,\ \text{即}\ \dot{c} + c \geqslant 0)$$

开关线为 $\dot{c}(t) + c(t) = 0$，开关线上相轨迹光滑连接。两个区域的相轨迹为抛物线，见表 7-5。$c - \dot{c}$ 平面上相轨迹如图 7-46 所示，相轨迹呈螺旋形式收敛于原点。

2) 在 $x - \dot{x}$ 平面上绘制相轨迹。绘制过程为

$$X(s) = -\frac{1}{s}M(s) - \frac{1}{s^2}M(s) \ \Rightarrow\ \ddot{x}(t) = -\dot{m}(t) - m(t);$$

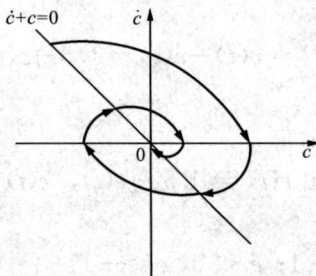

$$m(t) = \begin{cases} M & (x \geqslant 0) \\ -M & (x \leqslant 0) \end{cases}$$

1 区域运动方程为

$$\ddot{x}(t) = -M \quad (x \geqslant 0)$$

2 区域运动方程为

$$\ddot{x}(t) = M \quad (x \leqslant 0)$$

开关线为 $x(t) = 0$。由于运动方程含有输入的导数项，开

图 7-46　［例 7-16］的 $c - \dot{c}$ 关线上相轨迹产生跳跃，因此绘制相轨迹需要确定其跳跃方向
　　　　平面相轨迹　　　　　和幅度。

由式（7-11）得

$$\Delta \dot{x}(0) = -\Delta m(0)$$

从非线性环节的静态特性曲线上可得：输入 x 增加（$\dot{x} > 0$）时，相轨迹在 $x=0$ 处上跳 $2M$，则相平面上开关线处跳跃增量 $\Delta \dot{x} = -2M$，即向下跳跃 $2M$；输入 x 减小（$\dot{x} < 0$）时，相轨迹在 $x=0$ 处下跳 $2M$，则相平面上开关线处跳跃增量 $\Delta \dot{x} = 2M$，即向上跳跃 $2M$。

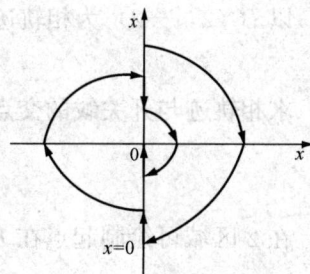

$x - \dot{x}$ 平面上相轨迹如图 7-47 所示，相轨迹呈螺旋形式收敛于原点。

图 7-47　[例 7-16] 的 $x - \dot{x}$ 平面相轨迹

第五节　相平面分析法

一、稳定性分析

根据绘制的非线性系统的相平面图可以进行控制系统的稳定性分析。实际上在相轨迹和相平面图的绘制例题中对稳定性分析已有过陈述。对于非线性系统而言，运动的状态可以表现为三种形式，即稳定（收敛）、不稳定（发散）或产生稳定的极限环。对于非线性系统，只要粗略绘制相平面图，即可基于不同初始条件全方位地定性研究系统的稳定性。如果系统模型及初始条件确定，则可以定量准确绘制相轨迹，为系统稳定性分析及性能指标的定量描述奠定基础。

【例 7-17】 非线性系统微分方程为 $\begin{cases} \ddot{x} = -0.5 & (\dot{x} \geqslant -x) \\ \ddot{x} = -x & (\dot{x} \leqslant -x) \end{cases}$，绘制起点为 $x_0 = 6$，$\dot{x}_0 = 0$ 的相轨迹。

解： 开关线为 $\dot{x} + x = 0$。运动方程无输入导数项，开关线处的相轨迹平滑连接。

1 区域 $\dot{x} \geqslant -x$ 运动方程为

$$\ddot{x}(t) = -0.5$$

则相轨迹方程为顶点在横轴张口向左的抛物线，即

$$\dot{x}^2 = -x + c$$

2 区域 $\dot{x} \leqslant -x$ 运动方程为

$$\ddot{x}(t) = -x(t)$$

则相轨迹方程为奇点在原点的圆，即

$$\dot{x}^2 + x^2 = R^2$$

相轨迹方程中的待定参数由相轨迹的起点确定。

起点 A（6，0）在 1 区域，代入 1 区域相轨迹方程 $\dot{x}^2 = -x + c$，得

$$\dot{x}^2 = -x + 6$$

求相轨迹与开关线的交点坐标 B 为

$$\begin{cases} \dot{x}^2 = -x + 6 \\ \dot{x} + x = 0 \end{cases} \Rightarrow B(2, -2)$$

在 1 区域可绘制起点（抛物线顶点）在 A（6，0），终点在 B（2，-2）的抛物线。

以 B（2，−2）为相轨迹起点，代入 2 区域相轨迹方程 $\dot{x}^2 + x^2 = R^2$，得

$$\dot{x}^2 + x^2 = \sqrt{8}^2$$

求相轨迹与开关线的交点坐标 C 为

$$\begin{cases} \dot{x}^2 + x^2 = 8 \\ \dot{x} + x = 0 \end{cases} \Rightarrow \quad C(-2,2)$$

在 2 区域可绘制起点在 B（2，−2），终点在 C（−2，2），圆心在原点的圆弧。

同理可得其他相轨迹的起点和终点坐标分别为 D（1，−1），E（−1，1），O（0，0）。相轨迹运动移至平衡点原点后终止。绘制该非线性系统的相轨迹如图 7 - 48 所示。系统稳定，瞬态为衰减振荡过程。

二、稳态误差分析

对于稳定系统，若在 $e - \dot{e}$ 平面上定量绘制出相轨迹，则横轴上相轨迹的平衡点到原点的距离即为稳态误差。若平衡点在原点，则系统无静态误差。

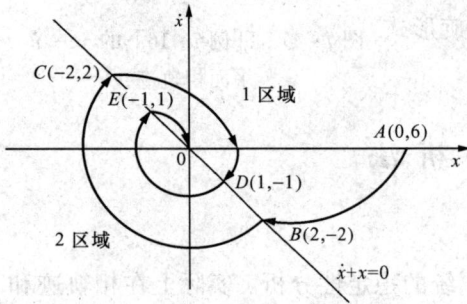

图 7 - 48　　［例 7 - 17］的相轨迹

三、动态性能指标的计算

对于稳定系统，若初始条件为零，在单位阶跃输入下定量绘制 $c - \dot{c}$ 相平面图，则可求得输出的最大值 $C_{\max}$，从而求得超调量 $\sigma\% = (C_{\max} - 1) \times 100\%$。系统的时间指标，如峰值时间、调节时间等，一般不易在图上直接得出，但可以利用求运动时间解的方法间接获得。

四、由相轨迹求运动时间解

1. 由 $\mathrm{d}t = \dfrac{\mathrm{d}x}{\dot{x}}$ 求时间解

$$\dot{x} = \frac{\mathrm{d}x}{\mathrm{d}t} \Rightarrow \quad \mathrm{d}t = \frac{\mathrm{d}x}{\dot{x}}$$

（1）已知相轨迹起点 A（x_1，$\dot{x}_1$）和终点 B（x_2，$\dot{x}_2$），相轨迹方程的形式为 $\dot{x} = g(x)$，则可由式（7 - 12）求出 A 点运动至 B 点所需的时间 t_{AB}，即

$$t_{AB} = \int_{x_1}^{x_2} \frac{1}{\dot{x}} \mathrm{d}x = \int_{x_1}^{x_2} \frac{1}{g(x)} \mathrm{d}x \qquad (7 - 12)$$

（2）已知相轨迹起点 A（x_1，$\dot{x}_1$）和终点 B（x_2，$\dot{x}_2$），但相轨迹方程难以写出解析式或解析式过于复杂，则可由式（7 - 13）求出 A 点运动至 B 点所需时间 t_{AB}。但是这两点的间距越大，可能产生的计算误差就越大，若相轨迹为直线，则计算结果无误差，即

$$t_{AB} = \frac{\Delta x}{\dot{x}} = \frac{x_2 - x_1}{\dfrac{\dot{x}_1 + \dot{x}_2}{2}} \qquad (7 - 13)$$

（3）对于 $x - \dfrac{\dot{x}}{\omega}$ 标幺化平面，式（7 - 12）和式（7 - 13）分别改为

$$t_{AB} = \frac{1}{\omega} \int_{x_1}^{x_2} \frac{1}{\dfrac{\dot{x}}{\omega}} \mathrm{d}x \text{ 和 } t_{AB} = \frac{\Delta x}{\dot{x}} = \frac{1}{\omega} \frac{x_2 - x_1}{\dfrac{x}{\omega}}$$

2. 用圆弧近似法求运动时间解

在图 7-49 所示的标幺化平面 $x - \dfrac{\dot{x}}{\omega}$ 上，起点 A 至终点 B 的相轨迹为圆弧。若已知起点与横轴正方向的夹角为 θ_A，终点与横轴正方向的夹角为 θ_B，则相轨迹两点间的运动时间为

$$t_{AB} = \frac{\theta_A - \theta_B}{\omega} = \frac{\Delta\theta}{\omega} \qquad (7-14)$$

式（7-14）的推导过程如下：

在图 7-49 所示的标幺化平面上，求 A 到 B 所经过的时间 t_{AB}。

相轨迹上任意一点的横纵坐标的取值分别为

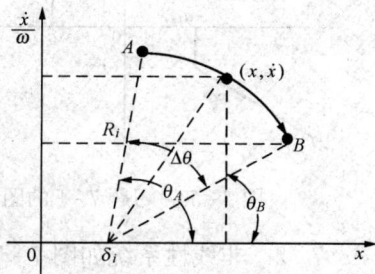

图 7-49　圆弧近似法求运动时间解

$$x = \delta_i + R_i\cos\theta, \quad \frac{\dot{x}}{\omega} = R_i\sin\theta$$

因 δ_i 和 R_i 为常量，故有

$$\mathrm{d}x = -R_i\sin\theta\mathrm{d}\theta$$

$$t_{AB} = \frac{1}{\omega}\int_{x_1}^{x_2}\frac{1}{\frac{\dot{x}}{\omega}}\mathrm{d}x = \frac{1}{\omega}\int_{\theta_A}^{\theta_B}\frac{1}{R_i\sin\theta}(-R_i\sin\theta\mathrm{d}\theta) = \frac{\theta_A - \theta_B}{\omega} = \frac{\Delta\theta}{\omega}$$

若相平面为一般形式，即 $\omega=1$，则式（7-14）相应改为 $t_{AB} = \Delta\theta$。

【例 7-18】 求［例 7-17］所示的相轨迹从起点到终点所需的运动时间。

解： 求 A（6，0）到 B（2，−2）所需的运动时间 t_{AB}。

由相轨迹方程 $\dot{x}^2 = -x+6$，微分得

$$2\dot{x}\mathrm{d}\dot{x} = -\mathrm{d}x$$

由式（7-12）得

$$t_{AB} = \int_{x_A}^{x_B}\frac{1}{\dot{x}}\mathrm{d}x = \int_{\dot{x}_A}^{\dot{x}_B}\frac{1}{\dot{x}}(-2\dot{x})\mathrm{d}\dot{x} = -2\dot{x}\Big|_0^{-2} = -2\times(-2-0) = 4(\mathrm{s})$$

求 B（2，−2）到 C（−2，2）所需的运动时间 t_{BC}。

B，C 间的相轨迹方程是圆，且这两点间的夹角弧度为 π，所以 $t_{BC} = \Delta\theta = \pi(\mathrm{s})$

求 C（−2，2）到 D（1，−1）所需的运动时间 t_{CD}。

$$t_{CD} = \int_{x_C}^{x_D}\frac{1}{\dot{x}}\mathrm{d}x = \int_{\dot{x}_C}^{\dot{x}_D}\frac{1}{\dot{x}}(-2\dot{x})\mathrm{d}\dot{x} = -2\dot{x}\Big|_2^{-1} = -2\times(-1-2) = 6(\mathrm{s})$$

同理得

$$t_{DE} = \pi(\mathrm{s}); \quad t_{EO} = 2(\mathrm{s})$$

运动所需的总时间为

$$t = t_{AB} + t_{BC} + t_{CD} + t_{DE} + t_{EO} = 12+2\pi \approx 18.2(\mathrm{s})$$

习　题

7-1　非线性元件的输入输出特性如图 7-50、图 7-51 所示。其中，x 为输入，y 为输出。试求各元件的描述函数。

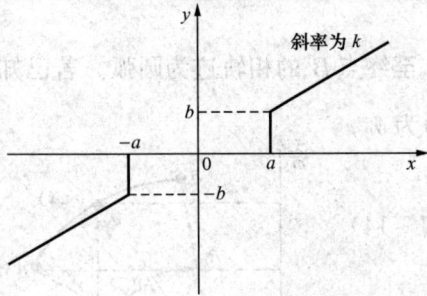

图7-50 习题7-1的图（1）

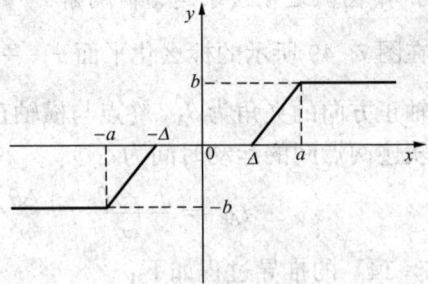

图7-51 习题7-1的图（2）

7-2 非线性系统如图7-52、图7-53所示。试确定其稳定性。若产生稳定的自振荡，试确定自振荡的振幅和频率。其中，图7-53所示习题7-2的图（2）中的描述函数为 $N(x) = \frac{3}{4}x^2$。

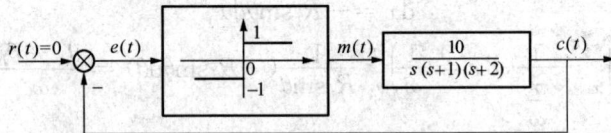

图7-52 习题7-2图（1）

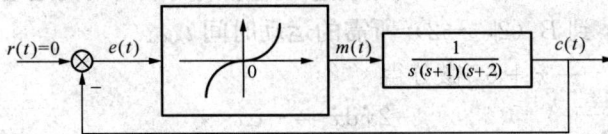

图7-53 习题7-2图（2）

7-3 非线性系统如图7-54所示。试求：

（1）K 在何范围取值能使系统稳定；

（2）$K=10$ 时系统产生自振荡的振幅和频率。

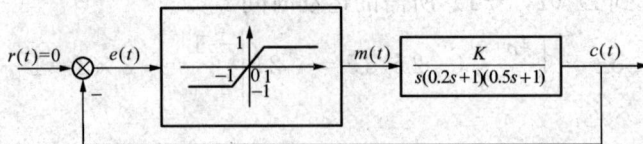

图7-54 习题7-3图

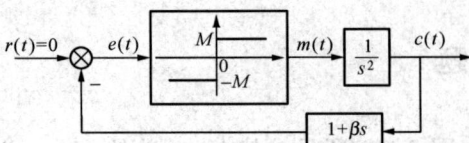

图7-55 习题7-4图

7-4 试用相平面分析法，分析如图7-55所示的非线性系统分别在①$\beta=0$；②$\beta<0$；③$\beta>0$这三种不同情况下，相轨迹的特点及系统性能。

7-5 若非线性系统的微分方程为

（1）$\ddot{x} + (3\dot{x} - 0.5)\dot{x} + x + x^2 = 0$

(2) $\ddot{x} + \dot{x}x + x = 0$

(3) $\ddot{x} + \dot{x}^2 + x = 0$

试求系统的奇点，并用线性化的方法概略绘制各起点附近的相轨迹。

7-6 非线性系统如图7-56所示。概略绘制 $\dot{e}-e$ 平面的相轨迹图，并分析系统的特性，假定系统输出为零初始条件。

7-7 系统方框图如图7-57所示，试绘制 $c - \dfrac{\dot{c}}{\omega_n}$ 标幺化相平面图，并分析其运动特性。

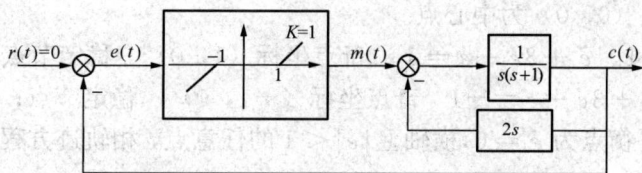

图 7-56 习题 7-6 图

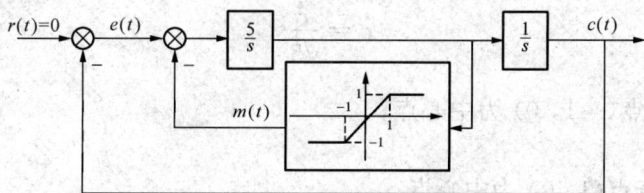

图 7-57 习题 7-7 图

7-8 非线性系统结构图如图7-58所示。零初始条件下输入 $r(t) = 4 \times 1(t)$，试写出开关线方程，确定奇点位置及类型，作出该系统在 $\dot{e}-e$ 平面上绘制的相轨迹并分析运动特性。

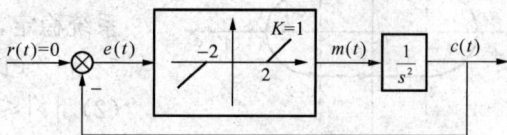

图 7-58 习题 7-8 图

参 考 答 案

7-1 (1) $\begin{cases} N(X) = 0 & (X \leqslant a) \\ N(X) = k - \dfrac{2k}{\pi}\sin^{-1}\dfrac{a}{X} + \dfrac{4b - 2ak}{\pi X}\sqrt{1 - \dfrac{a^2}{X^2}} & (X \geqslant a) \end{cases}$

(2) $\begin{cases} N(X) = 0 & (X \leqslant \Delta) \\ N(X) = \dfrac{2b}{\pi(a-\Delta)}\left(\dfrac{\pi}{2} - \sin^{-1}\dfrac{\Delta}{X} - \dfrac{\Delta}{X}\sqrt{1 - \dfrac{\Delta^2}{X^2}}\right) & (\Delta \leqslant X \leqslant a) \\ N(X) = \dfrac{2b}{\pi(a-\Delta)}\left(\sin^{-1}\dfrac{a}{X} - \sin^{-1}\dfrac{\Delta}{X} + \dfrac{a}{X}\sqrt{1 - \dfrac{a^2}{X^2}} - \dfrac{\Delta}{X}\sqrt{1 - \dfrac{\Delta^2}{X^2}}\right) & (X \geqslant a) \end{cases}$

7-2 (1) 两条曲线在实轴上产生交点，且特性为稳定的自振荡。$\omega_A = \sqrt{2}$；$E_A \approx 2.12$。

（2）两条曲线在实轴上产生交点，且特性为不稳定的自振荡。

7-3　（1）稳定条件 $K<7$；（2）$K=10$ 时，产生稳定的自振荡。$\omega_A=\sqrt{10}$；$E_A\approx1.71$。

7-4　①相平面图为平衡点在原点的封闭曲线族。系统临界稳定，呈等幅振荡特性。振荡的频率和峰值由初始条件确定。

②相轨迹为平衡点在原点的向外发散的螺旋线。系统不稳定。

③相轨迹为平衡点在原点的向内收敛的螺旋线。系统稳定。

7-5　（1）奇点（0，0）为不稳定的焦点，奇点（-1，0）为鞍点；（2）奇点（0，0）为中心点；（3）奇点（0，0）为中心点。

7-6　（1）$e\geqslant1$　$\ddot{e}+3\dot{e}+e=1$　奇点坐标（1，0）　稳定节点；

（2）$|e|\leqslant1$　$\ddot{e}+3\dot{e}+e=-1$　奇点坐标（-1，0）　稳定节点；

（3）$e\leqslant-1$　平衡点为 $\dot{e}=0$，横轴上 $|e|<1$ 的任意点，相轨迹方程为 $\dot{e}+3e=a$（a 为常数）。

系统稳定。终点在任意平衡点位置，且由初始条件确定。

7-7　标幺化相平面为

$$c=\frac{\dot{c}}{\sqrt{5}}$$

（1）$\dfrac{\dot{c}}{\sqrt{5}}\geqslant\dfrac{1}{\sqrt{5}}$ 奇点（-1，0）为中心点；

（2）$\dfrac{\dot{c}}{\sqrt{5}}\leqslant\dfrac{-1}{\sqrt{5}}$ 奇点（1，0）为中心点；

（3）$\left|\dfrac{\dot{c}}{\sqrt{5}}\right|\leqslant\dfrac{1}{\sqrt{5}}$ 奇点（0，0）为稳定节点。

系统稳定，平衡点在原点。

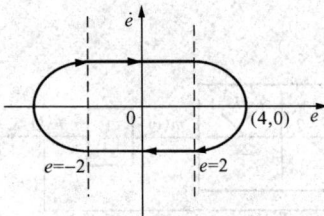

图 7-59　习题 7-8 解图

7-8　（1）$e\geqslant2$　奇点坐标（2，0）为中心点；

（2）$|e|\leqslant2$　相轨迹为水平线；

（3）$e\leqslant-2$　奇点坐标（-2，0）为中心点。

系统的运动特性为等幅振荡，如图 7-59 所示。

第八章　线性离散控制系统的分析与综合

随着计算机技术的发展，采样控制系统和数字控制系统的应用越来越广泛。采样控制系统和数字控制系统与连续系统的区别在于系统中一处或几处的信号是一串脉冲序列或数码。通常把采样控制系统和数字控制系统统称为离散系统。本章主要介绍离散系统的有关内容。

第一节　概　　述

一、为什么要分析研究离散控制系统

1. 由于系统实际元部件的要求

工业炉的炉温控制使用的是离散控制，如图 8-1 所示。炉温的控制过程为：当炉温 θ 偏离给定值时，热敏电阻的阻值发生变化，电桥失去平衡，这时检流计指针发生偏转，检流计是一个高灵敏度的元件，不允许在指针与电位器之间有摩擦力，故由一套专门的同步电动机通过减速器带动凸轮，使指针周期性地上下运动，且每隔一段时间与电位器接触一次，则电位器的输出为一串脉冲电压信号，经过放大器、电动机、减速器去控制炉门角的大小，来改变加热气体的进气量，使炉温趋于给定值。该控制系统由于使用了凸轮，使得进入系统的连续测量信号变成了离散信号。

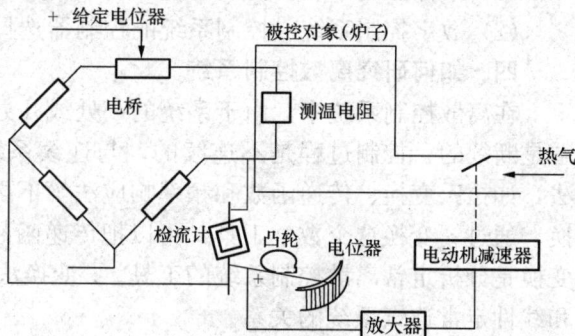

图 8-1　炉温控制系统原理图

2. 由于被控对象存在的大延迟、大惯性

工业自动控制系统中，有一类被控对象的惯性非常大并具有滞后特性。尤其在电站的电力生产过程中，这种延迟和惯性显得更为严重。对于这类被控对象，采用连续控制系统的设计方法，由于容易出现过调现象，往往很难得到高质量的控制效果，因此需寻求另一种控制方式。离散控制系统就是其中的一种。

3. 由于数字计算机已经作为控制仪表成为控制系统的一个组成部分

由于计算机技术的飞速发展，作为构成控制系统的控制设备，数字计算机已经被广泛地用于工业生产过程自动化中，用数字计算机替代常规仪表完成控制器及其校正装置的功能。

图 8-2 所示为数字控制系统原理框图。这种系统的特点是具有一个对数字进行运算（处理）的部件（指数字式控制器或数字计算机）。一般而言，被控对象的输入是一个连续作用的控制信号，偏差信号也是连续信号。因此，需要由 A/D 转换器把模拟量信号转换为数字量信号送入计算机，再由 D/A 转换器将计算机输出的控制信号转换成模拟量信号。

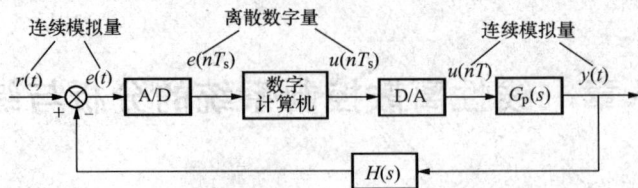

图 8-2　数字控制系统原理框图

A/D—模/数转换器；D/A—数/模转换器；

$G_p(s)$—被控对象传递函数；$H(s)$—检测变送器传递函数

二、什么是离散控制系统

只要一个控制系统有一处或几处信号是离散的，则此系统就被称为离散控制系统。离散控制系统是一种断续控制。它借助于专门的类似于开关特性的设备，在某些时间间隔内，开关闭合进行闭环控制，而在某些时间间隔内，开关断开不进行控制。

三、离散控制系统分类

根据离散控制系统的构成设备不同，可以将离散控制系统归纳为下列几种形式：

(1) 采样控制系统。控制系统的构成中选择了采样开关（或者含有开关特性的设备）。

(2) 数字控制系统。控制系统的控制器选择了专用数字计算机。

四、如何研究离散控制系统

在离散控制系统中，由于系统的一处或几处信号是一串脉冲序列，其作用过程从时间来看是断续的，控制过程是不连续的，与连续系统有所区别。研究连续线性系统所沿用的方法，如拉氏变换、传递函数和频率响应法等不再适用。研究离散控制系统的数学基础是 z 变换，通过 z 变换这个数学工具，可以把传递函数和频率特性等概念应用于离散控制系统。z 变换是分析定常离散控制系统的工具。z 变换法和线性定常离散系统的关系恰似拉氏变换法和线性定常连续系统的关系。

五、本章主要内容

本章要阐述的主要内容可以分为以下三个部分：

(1) 离散控制系统的数学模型的求取。

(2) 离散控制系统的性能分析方法。

(3) 离散控制系统的简单设计与校正。

第二节　采样过程及信号复现

一、信号的采样

1. 采样过程

离散控制系统与连续控制系统本质上的区别在于信号由连续转变成断续。这个过程是由离散控制系统中的采样开关和模数转换器完成的。对连续信号的采样过程如图 8-3 所示。图 8-3 中，T_s 为采样周期，设采样开关闭合时间远远小于采样时间，故开关动作产生的断续信号可以近似为理想脉冲序列 $f(t)$，即

$$x^*(t) = x(t)f(t) = x(t)\sum_{n=0}^{\infty}\delta(t-nT_s) = \sum_{n=0}^{\infty}x(nT_s)\delta(t-nT_s) \tag{8-1}$$

式中　　　　n——整数；

　　　　　T_s——采样周期；

　$\delta(t-nT_s)$——$t=nT_s$ 时刻理想单位脉冲。

　　连续函数 $x(t)$ 经采样开关变为作用在 $t=nT_s$ 时刻，冲量为 $x(nT_s)$ 的无穷多个脉冲的集合，$x^*(t)$ 称为采样函数。

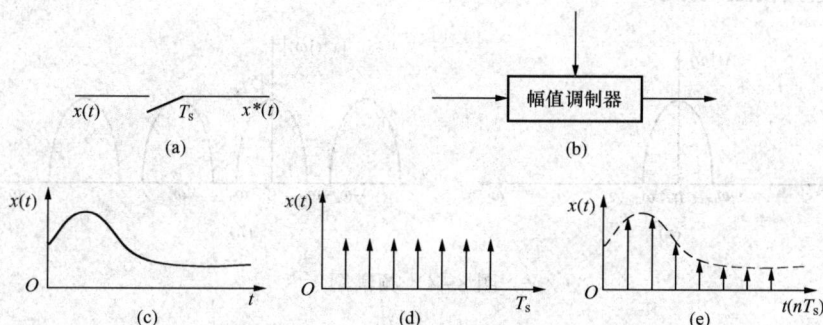

图 8 - 3　离散控制系统信号采样过程原理图

(a) 采样开关；(b) 采样机理；(c) 连续信号；(d) 理想脉冲序列；(e) 采样信号

2. 采样函数频谱分析

　　$f(t)=\sum\limits_{n=0}^{\infty}\delta(t-nT_s)$，其曲线如图 8-3 (d) 所示。设 $f(t)$ 是以 T_s 为周期的周期函数，故可以写成傅里叶级数的形式，即为

$$f(t)=\frac{1}{T_s}\sum_{n=-\infty}^{\infty}e^{jn\omega_s t} \tag{8-2}$$

式中　ω_s——采样角频率；

　　　T_s——采样周期，并有 $\omega_s=\dfrac{2\pi}{T_s}$。

$$x^*(t)=x(t)\frac{1}{T_s}\sum_{n=-\infty}^{\infty}e^{jn\omega_s t}=\frac{1}{T_s}\sum_{n=-\infty}^{\infty}x(t)e^{jn\omega_s t} \tag{8-3}$$

　　由拉氏变换的复位移定理得

$$X^*(s)=L[x^*(t)]=\frac{1}{T_s}\sum_{n=-\infty}^{\infty}X(s-jn\omega_s) \tag{8-4}$$

其中，$X^*(s)$ 是 s 的周期函数，周期为 ω_s。用 $j\omega$ 代替式 (8-4) 中的 s，可得采样信号 $x^*(t)$ 的傅里叶变换为

$$\begin{aligned}X^*(j\omega)&=\frac{1}{T_s}\sum_{n=-\infty}^{\infty}X(j\omega-jn\omega_s)\\&=\cdots+\frac{1}{T_s}X(j\omega+j\omega_s)+\frac{1}{T_s}X(j\omega)+\frac{1}{T_s}X(j\omega-j\omega_s)+\cdots\end{aligned} \tag{8-5}$$

　　$X^*(j\omega)$ 称为 $x(t)$ 的傅里叶变换。其中，$\dfrac{1}{T_s}X(j\omega)$ 为主频谱信号，其他为附加频谱。对应频谱图如图 8-4 所示。

可以看出，采样函数是以 $\omega_s = \dfrac{2\pi}{T_s}$ 为频率的周期函数。图 8-4 中主频谱信号反映的是连续函数 $x(t)$ 的频谱形式。显然，为了使采样信号 $x^*(t)$ 完全复现连续函数 $x(t)$ 的形式，就必须对采样周期 T_s 的设定有一个约束条件，用于保证使附加频谱不覆盖主频谱。如果采样周期 T_s 太大，则 ω_s 太小，当 $\omega_s < \omega_{max}$ 时，在图 8-4（b）所示的频谱图中附加频谱和主频谱会出现重叠覆盖现象。

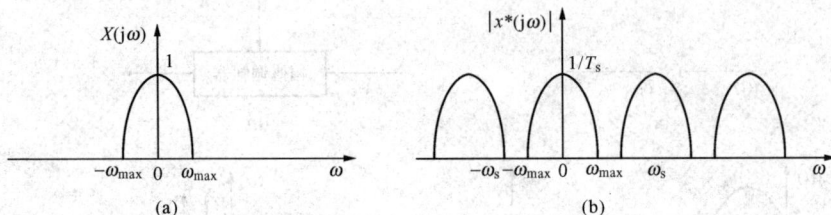

图 8-4　频谱图

采样周期太大会使信号失真，采样周期若太小，则容易造成计算过程的累积偏差或失去采样系统的特性。所以，如何选择采样周期是离散控制系统设计过程中的一个重要问题。

3. 采样定理（香农定理）

采样定理是设计离散控制系统时，选择采样周期的理论依据。

采样定理：若已知连续信号 $x(t)$ 的最大角频谱为 ω_{max}，采样周期为 T_s，则当采样周期满足 $T_s \leqslant \dfrac{\pi}{\omega_{max}}$ 时，采样信号 $x^*(t)$ 才能较好地复现连续函数 $x(t)$ 的形式。

采样定理可以从图 8-4 导出，周期 T_s 的选择条件以主频谱与附加频谱不发生重叠为准则，因此得到 $\omega_s > 2\omega_{max}$，由 $\omega_s = \dfrac{2\pi}{T_s}$ 得

$$T_s \leqslant \frac{\pi}{\omega_{max}}$$

在离散控制系统的设计过程中，采样周期的确定依据的是现场检测的被调量信号的频率，对于频率较高的信号，采样周期的设定就小，而对于变化过程较慢的低频信号，采样周期的设定可以大一些。有关此概念在工程上的实际应用有专门的内容介绍。

二、信号的复现

采样函数 $x^*(t)$ 在频域中为一离散形频谱，除主频谱外，还包括无穷多个附加的高频频谱分量，这些附加的分量会使控制系统元件增大损耗。一般来说，系统的连续部分都具有低通滤波器的特性，可以起到衰减高频分量，近似地重现原连续信号的作用。但是，在多数情况下，采样信号加到被控对象之前，往往先经过被称为数据保持电路或保持器的复现装置，在图 8-2 所示的由数字计算机构成的离散控制系统中，用 D/A 转化器来实现离散控制信号 $u^*(t)$ 的连续化，将其转变成连续信号 $u(t)$，然后用来控制被控对象。

1. 理想滤波器

理想滤波器的幅频特性曲线如图 8-5（b）所示。假定，采样开关的采样频率满足 $\omega_s \geqslant 2\omega_{max}$，则可以通过理想滤波器滤掉所有附加的高频信号。采样信号通过理想滤波器后，只剩下主频谱信号，附加频谱在通过理想滤波器时，全部被过滤掉，所以输出信号可以完全复

现连续信号的形式，如图 8 - 5（a）所示。
实际上，满足这种频率特性的理想滤波器
实际上是不存在的。但是，可以构造接近
于理想滤波器频率特性的物理装置，来近
似实现这种运算功能，使滤波后的信号较
好地复现连续信号的形式。

图 8 - 5　理想滤波器特性及功能示意图
（a）采样信号通过理想滤波器；（b）理想滤波器幅频特性

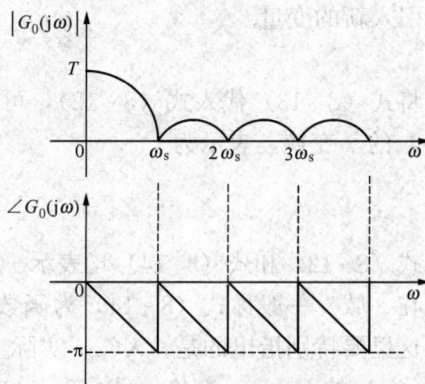

　　兼顾理想滤波器所呈现的特性以及便
于工程上的实现，目前，在离散控制系统
中，广泛使用的将采样信号复现成连续信号的装置是零阶保持器和一阶保持器。

2. 零阶保持器

零阶保持器的脉冲响应函数为

$$g_0(t) = 1(t) - 1(t - T_s) \tag{8-6}$$

零阶保持器的脉冲响应曲线如图 8 - 6 所示。零阶保持器对脉冲序列 $x^*(t)$ 的复现形式
如图 8 - 7 所示。将脉冲序列变成连续的方波信号，即将前一个采样周期的数值保留到下一
个采样点到来的时刻。

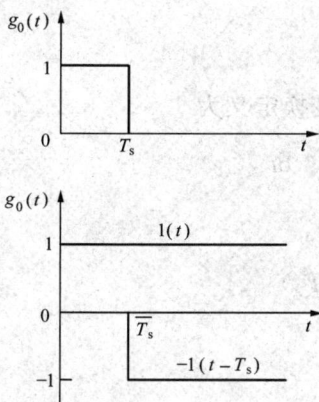

图 8 - 6　零阶保持器的脉冲响应曲线　　　图 8 - 7　零阶保持器对脉冲序列 $x^*(t)$ 的复现形式

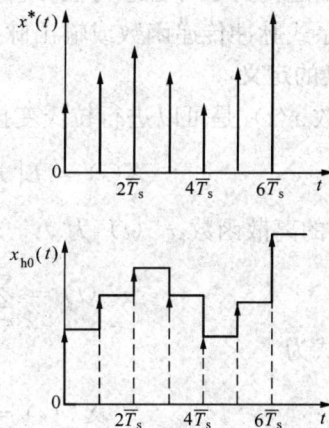

　　对式（8 - 6）取拉氏变换得零阶保持器的传递
函数为

$$G_0(s) = L[g_0(t)] = L[1(t)] - L[1(t - T_s)]$$

$$= \frac{1}{s} - \frac{1}{s} e^{T_s s} = \frac{1 - e^{-T_s s}}{s} \tag{8-7}$$

令 $s = j\omega$，得零阶保持器的频率特性为

$$G_0(j\omega) = \frac{1 - e^{-j\omega T_s}}{j\omega} = \frac{\sin\omega T_s}{\omega} - j\frac{1 - \cos\omega T_s}{\omega} \tag{8-8}$$

其中，$e^{-j\omega T_s} = \cos\omega T_s - j\sin\omega T_s$。

零阶保持器的幅频与相频特性如图 8 - 8 所示。

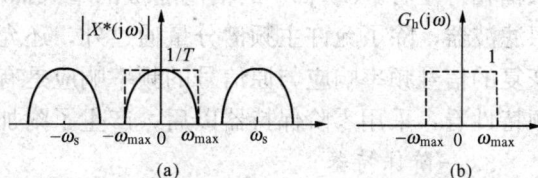

图 8 - 8　零阶保持器频率特性曲线

从幅相特性看，$G_0(j\omega)$ 的幅值随 ω 的增大而减小，为一低通滤波器。但是，它不是一个理想滤波器，除了允许主频谱分量通过外，还允许附加的高频谱分量的一部分通过。因此，被恢复的信号频率响应与原信号的频率响应是有差别的，包含有部分被衰减的高频分量。从相频特性看，采用零阶保持器以后，产生了附加的滞后相位移，增加了系统的不稳定因素。

3. 一阶保持器

一阶保持器的脉冲响应函数为

$$G_h(s) = \left(s + \frac{1}{T}\right)\left(\frac{1 - e^{-T_s}}{s}\right)^2 \tag{8-9}$$

采用同样的方法可以得到一阶保持器的频率特性曲线，从而，可以显示出一阶保持器的运算精度优于零阶保持器，但其工程实现难度较大。

第三节　z 变　换

线性连续系统可以用线性微分方程描述，为了便于对系统暂态过程的分析，引入拉氏变换的方法，给出系统输入与输出的直接关系式传递函数。与此相似，线性采样系统，可以用线性差分方程描述，为了对暂态特性分析方便而采用 z 变换，再由 z 变换，给出系统输入与输出的直接关系式脉冲传递函数或输出脉冲响应函数。

一、z 变换的定义

设连续函数 $x(t)$ 是可以进行拉氏变换的，它的拉氏变换定义为

$$X(s) = L[x(t)] = \int_0^\infty x(t)e^{-st}dt \tag{8-10}$$

$x(t)$ 经采样后的离散函数 $x^*(t)$ 为

$$x^*(t) = \sum_{n=0}^\infty x(nT_s)\delta(t - nT_s) \tag{8-11}$$

其拉氏变换形式为

$$X^*(s) = \sum_{n=0}^\infty x(nT_s)e^{-nT_s s} \tag{8-12}$$

式（8-12）中，$X^*(s)$ 是复变量 s 表示的函数。现使用一种新的数学工具，即 z 变换理论。

引入新的变量

$$z = e^{T_s s} \tag{8-13}$$

将式（8-13）代入式（8-12），可以得出以 z 为变量的函数 $X(z)$，并定义为采样函数 $x^*(t)$ 的 z 变换，表示为

$$Z[x^*(t)] = X(z) = \sum_{n=0}^\infty x(nT_s)z^{-n} \tag{8-14}$$

式（8-12）和式（8-14）均表示 $x(t)$ 的拉氏变换，式（8-12）定义在 s 域，式（8-14）定义在 z 域。一般称式（8-14）为函数 $x(t)$ 的 z 变换。

这里要特别指出的是，$X(z)$ 实际上只是采样函数 $x^*(t)$ 的 Laplace 变换，而不是连续函数 $x(t)$ 的 Laplace 变换。式（8-14）只适用于离散时间函数。采样函数 $x^*(t)$ 唯一确定了它对应的 z 变换 $X(z)$。反之，$X(z)$ 所对应的离散型函数也是唯一的。但是，一个确定

了的离散型函数所对应的连续函数不是唯一的，有无穷多个。

二、z 变换的方法

z 变换有许多种方法，下面介绍几种常用方法。

1. 级数求和法

这种方法由式（8-14）直接展开而得，只要知道连续时间函数 $x(t)$ 在各采样时刻（$n=0$，1，2，$\cdots$，∞）上的采样值 $x(nT_s)$，便可得到 z 变换的一个级数求和形式。

【例 8-1】　求取 $x(t)=1(t)$ 的单位阶跃函数的 z 变换。

解：单位阶跃函数在任何采样时刻的值均为 1，即

$$x(nT_s)=1(nT_s)=1 \qquad (n=0,1,2,\cdots)$$

代入式（8-14）得

$$X(z)=z^0+z^{-1}+z^{-2}+\cdots+z^{-n}+\cdots$$

这是个等比级数和的形式，公比 $q=z^{-1}$，$|z^{-1}|<1$，故为等比递减数列，其闭合形式为

$$Z[1(t)]=\frac{1}{1-z^{-1}}=\frac{z}{z-1}$$

【例 8-2】　求 $x(t)=e^{-at}(t\geqslant0)$ 的 z 变换。

解：令 $t=nT_s$

原式为

$$x(t)=x(nT_s)=e^{-anT_s} \qquad (n=0,1,2,\cdots)$$

变换得

$$x(z)=\sum_{n=0}^{\infty}e^{-anT_s}z^{-n}=1+e^{-aT_s}z^{-1}+e^{-2aT_s}z^{-2}+\cdots+e^{-anT_s}z^{-n}$$

这是一个等比级数，公比为 $e^{-aT_s}z^{-1}$。若满足 $|e^{-aT_s}z^{-1}|<1$，则可以写成闭合形式，即

$$Z[e^{-aT_s}]=\frac{1}{1-e^{-aT_s}z^{-1}}=\frac{z}{z-e^{-aT_s}}$$

【例 8-3】　单位斜坡函数 $x(t)=t(t\geqslant0)$ 的 z 变换。

解：令 $t=nT_s$

原式为

$$x(t)=x(nT_s)=nT_s \quad (n=0,1,2,\cdots)$$

$$X(z)=\sum_{n=0}^{\infty}nT_sz^{-n}$$
$$=0T_sz^0+T_sz^{-1}+2T_sz^{-2}+3T_sz^{-3}+\cdots+nT_sz^{-n}+\cdots$$
$$=T_sz^{-1}+2T_sz^{-2}+3T_sz^{-3}+\cdots+nT_sz^{-n}+\cdots$$
$$=-T_sz[-z^{-2}-2z^{-3}-3z^{-4}-\cdots-nz^{-(n+1)}+\cdots]$$

括号中每一项分别为

$$-z^{-2}=\frac{d}{dz}(z^{-1});\ -2z^{-3}=\frac{d}{dz}(z^{-2});\ -3z^{-4}=\frac{d}{dz}(z^{-3})\ \cdots;\ -nz^{-(n+1)}=\frac{d}{dz}(z^{-n})$$

所以有

$$X(z)=-T_sz\frac{d}{dz}(z^{-1}+z^{-2}+z^{-3}+\cdots+z^{-n}+\cdots)=-T_sz\frac{d}{dz}\left(\frac{1}{z-1}\right)=\frac{T_sz}{(z-1)^2}$$

z 变换的无穷级数形式具有很鲜明的含义，但为了便于分析系统性能，需要把无穷级数写成闭合形式。

常用函数的 z 变换见表 8-1。

表 8-1表 8-1   z 变 换 表

序号	$X(s)$ 或 $X^*(s)$	$x(t)$ 或 $x^*(t)$	$X(z)$（T 为采样周期）
1	1	$\delta(t)$	1
2	e^{-KTs}	$\delta(t-kT)$	z^{-k}
3	$\dfrac{1}{s}$	$1(t)$	$\dfrac{z}{z-1}$
4	$\dfrac{1}{s^2}$	t	$\dfrac{Tz}{(z-1)^2}$
5	$\dfrac{1}{s^3}$	$\dfrac{t^2}{2!}$	$\dfrac{T^2z(z+1)}{2(z-1)^3}$
6	$\dfrac{1}{s+a}$	e^{-at}	$\dfrac{z}{z-e^{-aT}}$
7	$\dfrac{1}{(s+a)^2}$	te^{-at}	$\dfrac{Tze^{-aT}}{(z-e^{-aT})^2}$
8	$\dfrac{a}{s(s+a)}$	$1-e^{-at}$	$\dfrac{z(1-e^{-aT})}{(z-1)(z-e^{-aT})}$
9	$\dfrac{\omega}{s^2+\omega^2}$	$\sin\omega t$	$\dfrac{z\sin\omega T}{z^2-2z\cos\omega T+1}$
10	$\dfrac{s}{s^2+\omega^2}$	$\cos\omega t$	$\dfrac{z(z-\cos\omega T)}{z^2-2z\cos\omega T+1}$
11	$\dfrac{\omega}{(s+a)^2+\omega^2}$	$e^{-at}\omega t\sin\omega t$	$\dfrac{ze^{-aT}\sin\omega T}{z^2-2ze^{-aT}\cos\omega T+e^{-2aT}}$
12	$\dfrac{s+a}{(s+a)^2+\omega^2}$	$e^{-at}\cos\omega t$	$\dfrac{z^2-ze^{-aT}\cos\omega T}{z^2-2ze^{-aT}\cos\omega T+e^{-2aT}}$
13		n	$\dfrac{z}{(z-1)^2}$
14		n^2	$\dfrac{z(z+1)}{(z-1)^3}$
15		a^n	$\dfrac{z}{z-a}$
16		na^{n-1}	$\dfrac{z}{(z-a)^2}$

2. 部分分式法

连续系统函数 $x(t)$ 的拉氏变换具有如下形式，即

$$X(s)=\frac{M(s)}{N(s)}$$

其中，$M(s)$、$N(s)$ 分别为复变量 s 的多项式。将 $X(s)$ 展开为部分分式和的形式，则可以写为

$$X(s)=\sum_{i=1}^{k}\frac{A_i}{s+P_i} \qquad (8-15)$$

式（8-15）相应的时间函数为指数函数 $A_ie^{-p_it}$ 之和。这样利用已知的典型函数的 z 变

换，可以方便地求出环节和系统的 z 变换。函数 $x(t)$ 的 z 变换可以由 $X(s)$ 的部分分式法求得。式（8 - 15）的 z 变换则有

$$X(z) = \sum_{i=1}^{k} \frac{A_i z}{z - e^{-p_i T_s}} \qquad (8 - 16)$$

【例 8 - 4】　求 $X(s) = \dfrac{a}{s(s+a)}$ 的 z 变换。

解： $X(s) = \dfrac{a}{s(s+a)} = \dfrac{A}{s} + \dfrac{B}{s+a} = \dfrac{1}{s} - \dfrac{1}{s+a}$

相应的时间函数为

$$x(t) = 1(t) = e^{-at} \quad (t \geqslant 0)$$

$$X(z) = \frac{1}{1-z^{-1}} - \frac{1}{1-e^{-aT}z^{-1}} = \frac{(1-e^{-aT})z^{-1}}{(1-z^{-1})(1-e^{-aT}z^{-1})}$$

【例 8 - 5】　试求正弦函数 $\sin\omega t$ 的 z 变换。

解： $\sin\omega t$ 的拉氏变换为 $L(\sin\omega t) = \dfrac{\omega}{s^2+\omega^2} = \dfrac{-\dfrac{1}{2j}}{s+j\omega} - \dfrac{-\dfrac{1}{2j}}{s-j\omega}$

$$Z(\sin\omega t) = -\frac{1}{2j}\frac{z}{z-e^{j\omega T_s}} + \frac{1}{2j}\frac{z}{z-e^{j\omega T_s}} = \frac{z\sin\omega T_s}{z^2 - z2\cos\omega T_s + 1}$$

3. 留数计算法

若已知连续时间函数 $x(t)$ 的拉氏变换 $X(s)$ 及其全部极点 $-P_i (i=1, 2, 3, \cdots, n)$，则 $x(t)$ 的 z 变换 $X(z)$ 可以由下面留数计算公式求得，即

$$X(z) = \sum_{i=1}^{n} \operatorname*{Res}_{s=-p_i} \left(X(s) \frac{z}{z - e^{T_s s}} \right) \qquad (8 - 17)$$

【例 8 - 6】　求 $X(s) = \dfrac{s+3}{(s+1)(s+2)}$ 的 z 变换。

解： $X(z) = \displaystyle\sum_{i=1}^{2} \operatorname*{Res}_{s=-p_i} \left[X(s) \frac{z}{z-e^{Ts}} \right]$

$$= \operatorname*{Res}_{s=-1} \left[\frac{s+3}{(s+1)(s+2)} \frac{z}{z-e^{sT}} \right] + \operatorname*{Res}_{s=-2} \left[\frac{s+3}{(s+1)(s+2)} \frac{z}{z-e^{sT}} \right]$$

$$= \frac{s+3}{s+2} \frac{z}{z-e^{sT}} \Big|_{s=-1} + \frac{s+3}{s+1} \frac{z}{z-e^{sT}} \Big|_{s=-2}$$

$$= \frac{2z}{z-e^{-T}} - \frac{z}{z-e^{-2T}}$$

【例 8 - 7】　求 $X(s) = \dfrac{1}{s^3}$ 的 z 变换。

解： $X(z) = \left[\dfrac{1}{2!} \dfrac{d^2}{ds^2} \left(\dfrac{z}{z-e^{sT}} \right) \right] \Big|_{s=0} = \dfrac{T^2 z(z+1)}{2(z-1)^3}$

三、z 变换的基本定理

像连续函数拉氏变换一样，z 变换也有相应的重要性质，这些性质方便了正反 z 变换的求取。

1. 线性定理

设连续时间函数 $x_1(t)$ 和 $x_2(t)$ 的 z 变换分别为 $X_1(z)$ 和 $X_2(z)$，并设 a_1，a_2 为常数，则有

$$Z[a_1 x_1(t) \pm a_2 x_2(t)] = a_1 X_1(z) \pm a_2 X_2(z) \tag{8-18}$$

2. 延迟定理

设 $Z[x(t)] = X(z)$，则有

$$Z[x(t-kT)1(t-kT)] = z^{-k}X(z) \tag{8-19}$$

【例 8-8】 试求取 $x(t) = 1(t-T)$ 的 z 变换。

解： $Z[1(t-T)] = z^{-1}Z[1(t)] = z^{-1}\dfrac{z}{z-1} = \dfrac{1}{z-1}$

3. 超前定理

设 $Z[x(t)] = X(z)$，则有

$$Z[x(t+kT)] = z^k\left[X(z) - \sum_{m=0}^{k-1} x(mT)z^{-m}\right] \tag{8-20}$$

4. 复位移定理

位移定理说明：象函数在数域内，自变量偏离了原数值 $\pm a$，则在数学上相当于原函数乘以 $\mathrm{e}^{\pm at}$，称 $x(t)\mathrm{e}^{\pm at}$ 为复位移函数。

设 $x(t)$ 的 z 变换为 $X(z)$，则有

$$Z[x(t)\mathrm{e}^{\pm at}] = X(z\mathrm{e}^{\pm at}) \tag{8-21}$$

【例 8-9】 利用复位移定理计算函数 $\sin\omega t\,\mathrm{e}^{-at}$ 的 z 变换。

解：
$$Z(\sin\omega t) = \frac{z\sin\omega T}{z^2 - (2\cos\omega T)z + 1}$$

$$Z(\mathrm{e}^{-at}\sin\omega t) = \frac{z\mathrm{e}^{aT}\sin\omega T}{z^2\mathrm{e}^{2aT} - 2z\mathrm{e}^{aT}\cos\omega T + 1}$$

5. 初值定理

如果 $Z[x(t)] = X(z)$，且 $\lim\limits_{z\to\infty}X(z)$ 存在，则有

$$x(0) = \lim_{z\to\infty}X(z) \tag{8-22}$$

6. 终值定理

如果 $Z[x(t)] = X(z)$，且 $\dfrac{z-1}{z}\cdot X(z)$ 的极点均在 z 平面的单位圆内，则 $x(t)$ 的终值为

$$x(\infty) = \lim_{n\to\infty}x(nT) = \lim_{t\to\infty}x(t) = \lim_{z\to 1}[(1-z^{-1})X(z)] \tag{8-23}$$

【例 8-10】 设 z 变换函数为 $X(z) = \dfrac{0.792z^2}{(z-1)(z^2 - 0.146z + 0.208)}$，试利用终值定理求 $x(\infty)$。

解： 若满足利用终值定理的条件，则有

$$x(\infty) = \lim_{z\to 1}(1-z^{-1})X(z) = \lim_{z\to 1}(1-z^{-1})\frac{0.792z^2}{(z-1)(z^2 - 0.146z + 0.208)}$$

$$= \frac{0.792}{1 - 0.416 + 0.208} = 1$$

四、z 反变换

从已知的 z 变换函数求原来的采样函数称为 z 反变换。由 z 变换的定义可知，连续时间函数 $x(t)$ 的 z 变换函数 $X(z)$，仅仅描述的是连续时间函数在各采样时刻上的数值。因此，z 反变换得到的仅是连续时间函数在各采样时刻的数值，而在采样时刻上却不可能得到有关连续时间函数的信息。所以，z 反变换仅能求出 $x(nT)$，而不能求出 $x(t)$。

与连续函数的拉氏反变换表示法相似，z 反变换可用如下符号表示为

$$Z^{-1}[X(z)] = x^*(t) \text{ 或 } x(nT) \tag{8-24}$$

下面介绍几种常用的 z 反变换法。

1. 长除法

这种方法由函数的 z 变换表达式分式多项式，利用分子分母直接除法，求出按 z^{-n} 升幂排列的级数展开式，再经拉氏反变换，求出原函数的脉冲序列。

【例 8-11】　求 $X(z) = \dfrac{10z}{(z-1)(z-2)}$ 的 z 反变换。

解：$X(z) = \dfrac{10z}{(z-1)(z-2)} = \dfrac{10z}{z^2-3z+2}$

应用长除法得

$$z^2-3z+2 \overline{)\,10z}^{\,10z^{-1}+30z^{-2}+70z^{-3}+150z^{-4}+310z^{-5}+\cdots}$$

$$\begin{aligned}
&-\underline{|\,10z-30z^0+20z^{-1}}\\
&\quad-\underline{|\,30z^0-20z^{-1}}\\
&\qquad\,\,30z^0-90z^{-1}+60z^{-2}\\
&\qquad\quad-\underline{|\,-70z^{-1}-60z^{-2}}\\
&\qquad\qquad\,-70z^{-1}-210z^{-2}+140z^{-3}\\
&\qquad\qquad\quad-\underline{|\,150z^{-2}-140z^{-3}}\\
&\qquad\qquad\qquad\,150z^{-2}-450z^{-3}+300z^{-4}\\
&\qquad\qquad\qquad\qquad\,310z^{-3}-300z^{-4}\\
&\qquad\qquad\qquad\qquad\,310z^{-3}
\end{aligned}$$

$$X(z) = 10z^{-1}+30z^{-2}+70z^{-3}+150z^{-4}+310z^{-5}+\cdots$$
$$X^*(s) = 10e^{-Ts}+30e^{-2Ts}+70e^{-3Ts}+150e^{-4Ts}+310e^{-5Ts}+\cdots \quad (z=e^{Ts})$$
$$x^*(t) = Z^{-1}[X(z)] = 10\delta(t-T)+30\delta(t-2T)+70\delta(t-3T)$$
$$+150\delta(t-4T)+310\delta(t-5T)+\cdots$$

由 $x^*(t)$ 可以绘制一个以 T 为周期的脉冲序列。

【例 8-12】　求 $X(z) = \dfrac{1}{1-e^{-aT}z^{-1}}$ 的 z 反变换，其中，$e^{-aT}=0.5$。

解：应用长除法得

$$1-e^{-aT}z^{-1}\overline{)\,1}^{\,1+e^{aT}z^{-1}+e^{-2aT}z^{-2}+e^{-3aT}z^{-3}+e^{-4aT}z^{-4}+\cdots}$$

$$\begin{aligned}
&-\underline{|\,1-e^{-aT}z^{-1}}\\
&\quad-\underline{|\,e^{-aT}z^{-1}}\\
&\qquad\,e^{-aT}z^{-1}-e^{-2aT}z^{-2}
\end{aligned}$$

$$-\left|\begin{array}{c} e^{-2aT}z^{-2} \\ \hline e^{-2aT}z^{-2} - e^{-3aT}z^{-3} \end{array}\right.$$

$$-\left|\begin{array}{c} e^{-3aT}z^{-3} \\ \hline e^{-3aT}z^{-3} - e^{-4aT}z^{-4} \end{array}\right.$$

$$e^{-4aT}z^{-4}$$

$$X(z) = 1 + e^{-aT}z^{-1} + e^{-2aT}z^{-2} + e^{-3aT}z^{-3} + e^{-4aT}z^{-4} + \cdots + e^{-naT}z^{-n} + \cdots$$

将 $e^{-aT} = 0.5$ 代入得

$$X(z) = 1 + 0.5z^{-1} + 0.25z^{-2} + 0.125z^{-3} + 0.0625z^{-4} + \cdots$$

相应的脉冲序列函数为

$$x^*(t) = \delta(t) + 0.5\delta(t-T) + 0.25\delta(t-2T) + 0.125\delta(t-3T)$$
$$+ 0.0625\delta(t-4T) + \cdots$$

2. 部分分式法

部分分式法可以求出脉冲序列函数的闭合形式，具体方法和求拉氏反变换的部分分式展开法相似。

由于 $X(z)$ 的部分分式展开式是 $\dfrac{A_i}{z+p_i}$ 形式的诸项和，而指数函数 e^{-at} 的 z 变换为 $\dfrac{z}{z-e^{-aT}}$，因此，先求 $\dfrac{X(z)}{z}$ 的部分分式，展开后再乘以 z，得到希望的形式。

【例 8 - 13】 求 $\dfrac{0.5z}{(z-1)(z-0.5)}$ 的 z 反变换。

解: 方程两边除以 z 得

$$\frac{X(z)}{z} = \frac{0.5}{(z-1)(z-0.5)} = \frac{A}{z-1} + \frac{B}{z-0.5}$$

$$A = \frac{0.5}{(z-1)(z-0.5)}(z-1)\Big|_{z=1} = 1$$

$$B = \frac{0.5}{(z-1)(z-0.5)}(z-0.5)\Big|_{z=0.5} = -1$$

$$X(z) = \frac{z}{z-1} - \frac{z}{z-0.5}$$

查表得

$$x^*(t) = \sum_{n=0}^{\infty}(1^n - 0.5^n)\delta(t-nT) = \sum_{n=0}^{\infty}(1 - 0.5^n)\delta(t-nT)$$

3. 留数法

和拉氏反变换相似，可以用留数方法求 $x^*(t)$。详细过程请参看有关书籍。

五、用 z 变换法解差分方程

描述连续系统工作状态的线性微分方程可以用拉氏变换法求解，描述离散系统工作状态的差分方程可以用 z 变换法求解。下面通过例题加以说明。

【例 8 - 14】 设系统的差分方程为 $x(n+2) + 2x(n+1) + x(n) = r(n)$，已知初始条件为 $x(0) = 0$，$x(1) = 0$，输入为单位脉冲信号，求系统的响应。

解: 根据超前定理式 (8 - 20) 对系统的差分方程式两边取 z 变换得

$$Z[x(n+2)] = z^2\left[X(z) - \sum_{m=0}^{1} x(m)z^{-m}\right] = z^2 X(z) - z^2 x(0)z^{-0} - z^2 x(1)z^{-1}$$

$$= z^2 X(z) - z^2 x(0) - z x(1)$$

$$Z[x(n+1)] = z X(z) - z x(0)$$

$$Z[x(n)] = X(z)$$

$$Z[r(n)] = 1$$

代入初始条件 $x(0) = 0$，$x(1) = 0$ 得

$$z^2 X(z) + 2z X(z) + X(z) = 1$$

$$X(z) = \frac{1}{z^2 + 2z + 1} = z^{-2} - 2z^{-3} + 3z^{-4} - 4z^{-5} + 5z^{-6} + \cdots$$

$$x^*(t) = Z^{-1}[X(z)] = 1\delta(t - 2T) - 2\delta(t - 3T) + 3\delta(t - 4T)$$

$$- 4\delta(t - 5T) + 5\delta(t - 6T) + \cdots$$

$$x(0) = x(1) = 1$$

$$x(2) = 1,\ x(3) = -2,\ x(4) = 3,\ x(5) = -4,\ x(6) = 5$$

根据各采样点的数值可以绘制出单位脉冲信号的输出响应 $x^*(t)$，其脉冲序列是一个增幅振荡过程。

【例 8 - 15】 已知差分方程 $x(n+2) - 3x(n+1) + 2x(n) = u(n)$，且初始条件为 $x(0) = x(1) = 0$，$u(n) = \begin{cases} 1 & n = 0 \\ 0 & n \neq 0 \end{cases}$，求系统的响应。

解： 根据初始条件，对差分方程式左右两边进行 z 变换得

$$X(z) = \frac{1}{z^2 - 3z + 2} = \frac{-1}{z - 1} + \frac{1}{z - 2}$$

$$Z^{-1}[z X(z)] = Z^{-1}\left(\frac{-z}{z - 2}\right) + Z^{-1}\left(\frac{z}{z - 2}\right)$$

$$x(n+1) = Z^{-1}\left(-\frac{z}{z - 1}\right) + Z^{-1}\left(\frac{z}{z - 2}\right) = -1^n + 2^n \qquad (n = 0, 1, 2, \cdots)$$

比 $x(n+1)$ 超前一项的是 $x(n)$，则有

$$x(n) = -1^{(n-1)} + 2^{(n-1)} = -1 + 2^{(n-1)} \qquad (n = 0, 1, 2, \cdots)$$

第四节　脉冲传递函数

离散控制系统的数学模型是差分方程和脉冲传递函数或输出脉冲响应函数，对离散控制系统进行性能分析的前提仍然是解决离散控制系统的建模问题，而在系统的性能分析中主要使用的数学模型是脉冲传递函数。

一、脉冲传递函数的定义

连续系统中，在初始条件为零的情况下，环节或系统输出量的拉氏变换与输入量的拉氏变换之比定义为环节或系统的传递函数。

与此相似，在离散控制系统中，当初始条件为零时，环节或系统输出脉冲序列的 z 变换与输入脉冲序列的 z 变换之比称为该环节或系统的脉冲传递函数，如图 8 - 9 所示。输入信号为经过采样后的脉冲序列信号 $r^*(t)$，输出信号也虚拟为经过与输入同周期的采样开关后

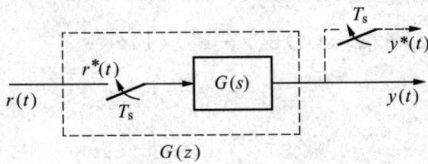

图 8-9　脉冲传递函数

获得的脉冲序列信号 $y^*(t)$。脉冲传递函数为

$$G(z) = \frac{Y(z)}{R(z)} = \frac{Z[y^*(t)]}{Z[r^*(t)]}$$

应当注意的是，脉冲传递函数是离散控制系统的数学模型，而对于离散控制系统而言，系统的数学模型不但与系统构成的结构有关，而且与采样开关的位置、采样周期以及采样开关的数量密切相关。换言之，虽然系统的结构相同，但采样开关的位置不同，则系统的脉冲传递函数也不同。从这一点上来看，离散控制系统的数学模型的求取过程要比连续控制系统的复杂一些。

二、脉冲传递函数的一般求取方法

在图 8-9 所示的系统中，输入、输出采样开关有着相同的采样周期，并且同步。$r(t)$ 和 $y(t)$ 为系统的连续输入量和输出量。$r^*(t)$ 和 $y^*(t)$ 是经过采样后的脉冲序列。

可以根据 Laplace 变换的卷积定理求取脉冲传递函数。求取过程如下所述，即

$$r^*(t) = \sum_{n=0}^{\infty} r(nT)\delta(t-nT) \ \Rightarrow \ Z[r^*(t)] = \sum_{n=0}^{\infty} r(nT)z^{-n} = R(z)$$

$$y^*(t) = \sum_{n=0}^{\infty} c(nT)\delta(t-nT) \ \Rightarrow \ Z[y^*(t)] = \sum_{n=0}^{\infty} y(nT)z^{-n} = Y(z)$$

单位脉冲响应函数为

$$g(t) = L^{-1}[G(s)]$$

当 $0 \leqslant t < (n+1)T$ 时，则有

$$r^*(t) = r(0)\delta(t) + r(T)\delta(t-T) + r(2T)\delta(t-2T) + \cdots + r(nT)\delta(t-nT)$$

$$y^*(t) = r(0)g(t) + r(T)g(t-T) + r(2T)g(t-2T) + \cdots + r(nT)g(t-nT)$$

可得

$$y(nT) = r(0)g(nT) + r(T)g[(n-1)T] + r(2T)g[(n-2)T] + \cdots + r(nT)g(0)$$

$$= \sum_{k=0}^{n} g(nT-kT)r(kT)$$

由卷积定理得

$$Y(z) = G(z)R(z) \ \Rightarrow \ G(z) = \frac{Y(z)}{R(z)} = Z[g(t)] \text{（脉冲传递函数）}$$

结论：实施 z 变换是对经过采样后的离散信号而言的，只要在传递函数两端带有同步、同采样周期的采样开关，则输入与输出之间的脉冲传递函数为二者之间传递函数的 z 变换。

应当指出，用 z 变换分析采样系统时，系统传递函数 $G(s)$ 的极点数目必须比零点数目多两个以上，这样，$t=0$ 时系统的瞬间脉冲响应没有跃变。否则，用 z 变换方法得到的系统响应有较大的误差，有时甚至是不正确的。

三、开环系统脉冲传递函数

采样系统在开环状态下的结构图，可归纳为两种典型形式，如图 8-10、图 8-11 所示。图 8-10 所示为两个串联环节之间没有采样开关，而图 8-11 所示为两个串联环节之间有采样开关。一般在没有特殊说明的情况下，系统中所有采样开关都是同周期且同步的。

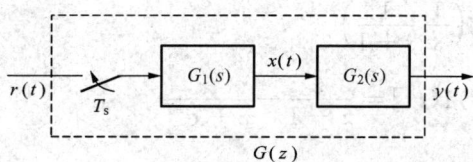

图 8-10   没有采样开关   图 8-11   有采样开关

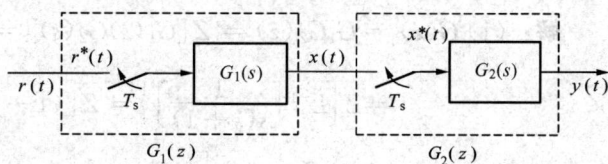

1. 串联环节之间无采样开关时的脉冲传递函数

如图 8-10 所示，其结构特征是在串联环节之间无采样开关，根据脉冲传递函数的求取方法，可以得到输入和输出之间脉冲传递函数的求取过程为

$$Y(s) = G_1(s)G_2(s)R^*(s) \tag{8-25}$$

对式（8-25）两边采样得

$$Y^*(s) = [G_1(s)G_2(s)]^* R^*(s)$$

对采样后的式（8-25）两边取 z 变换得

$$Y(z) = z[G_1(s)G_2(s)]R(z) = G_1G_2(z)R(z)$$

$$G(z) = \frac{Y(z)}{R(z)} = Z[G_1(s)G_2(s)] = G_1G_2(z) \tag{8-26}$$

$G_1G_2(z)$ 的意义，表示先将 $G_1(s)$ 和 $G_2(s)$ 相乘然后取 z 变换。

2. 串联环节之间有采样开关时的脉冲传递函数

如图 8-11 所示，其结构特征是在串联环节之间带有采样开关，根据脉冲传递函数的求取方法，可以得到输入和输出之间脉冲传递函数的求取过程为

第一个环节的输出为

$$X(s) = G_1(s)R^*(s)$$

两边采样为

$$X^*(s) = G_1^*(s)R^*(s)$$

第二个环节的输出为

$$Y(s) = G_2(s)X^*(s) = G_2(s)G_1^*(s)R^*(s)$$

两边采样得

$$Y^*(s) = G_2^*(s)X^*(s) = G_2^*(s)G_1^*(s)R^*(s)$$

对上式两边取 z 变换得

$$Y(z) = G_2(z)G_1(z)R(z)$$

$$\frac{Y(z)}{R(z)} = Z[G_1(s)]Z[G_2(s)] = G_1(z)G_2(z) \tag{8-27}$$

$G_1(z)G_2(z)$ 的意义，表示先将 $G_1(s)$ 和 $G_2(s)$ 各自求 z 变换，然后再相乘。显然，$G_1G_2(z) \neq G_1(z)G_2(z)$。由此可以说明，离散控制系统的脉冲传递函数不但与系统结构有关，而且与采样开关的位置及开关的多少有关。

【例 8-16】 已知 $G_1(s) = \dfrac{1}{s}$，$G_2(s) = \dfrac{1}{s+1}$

（1）开环系统结构如图 8-10 所示，求输入与输出的脉冲传递函数。

（2）开环系统结构如图 8-11 所示，求输入与输出的脉冲传递函数。

解: (1) $G(z) = G_1G_2(z) = Z[G_1(s)G_2(s)] = Z\left(\dfrac{1}{s}\dfrac{1}{s+1}\right)$

$$= Z\left\{L^{-1}\left[\dfrac{1}{s(s+1)}\right]\right\} = Z[(1-e^{-t})1(t)] = \dfrac{z}{z-1} - \dfrac{z}{z-e^{-T}}$$

$$= \dfrac{z(1-e^{-T})}{(z-1)(z-e^{-T})}$$

(2) $G(z) = G_1(z)G_2(z) = Z[G_1(s)]Z[G_2(s)]$

$$= Z\left(\dfrac{1}{s}\right)Z\left(\dfrac{1}{s+1}\right) = \dfrac{z}{z-1}\dfrac{z}{z-e^{-T}} = \dfrac{z^2}{(z-1)(z-e^{-T})}$$

【例 8-17】 具有零阶保持器的开环系统结构图如图 8-12 所示，求输入与输出的脉冲传递函数。

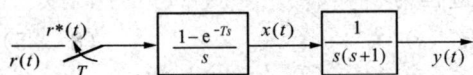

图 8-12　具有零阶保持器的开环系统结构图

解:
$$G(z) = Z[G_1(s)G_2(s)] = (1-z^{-1})Z\left\{\left[\dfrac{1}{s^2(s+1)}\right]\right\}$$

$$= (1-z^{-1})Z\left[\left(\dfrac{A}{s^2}+\dfrac{B}{s}+\dfrac{C}{s+1}\right)\right] (A,B,C\text{为待定参数})$$

$$= (1-z^{-1})\left[\dfrac{Tz}{(z-1)^2} - \dfrac{z}{z-1} + \dfrac{z}{z-e^{-T}}\right]$$

四、离散控制系统的闭环脉冲传递函数

离散系统闭环脉冲传递函数或输出量的 z 变换与连续系统不同。在连续系统中，闭环传递函数与相应的开环传递函数之间有着确定的关系。所以，可以用一种典型的结构图来描述闭环系统。在离散系统中，由于采样开关在系统中所在的位置不同，因此可以有多种形式的闭环结构图。

下面讨论几种常见的离散系统闭环脉冲传递函数的求取。求取过程借鉴前面串联环节脉冲传递函数的求取方法以及方框图等效变换的基础知识，从而获得简单求取规律。

图 8-13 所示的系统的脉冲传递函数或输出响应的 z 变换的求取过程如下所述:

在图 8-13 (a) 中，对 $E(s) = R(s) - B(s) = R(s) - H(s)G(s)E(s)$，两边采样得

$$E^*(s) = R^*(s) - B^*(s) = R^*(s) - [H(s)G(s)]^*E^*(s)$$

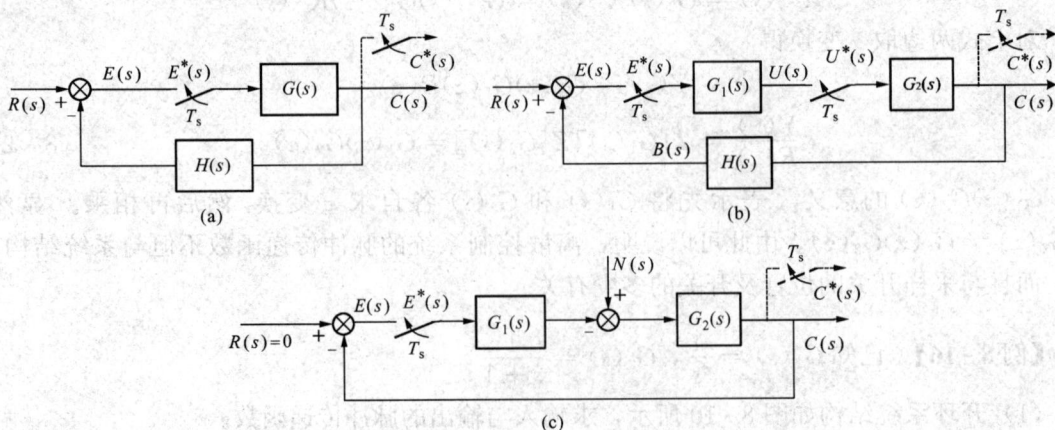

图 8-13　系统结构图

对上式求 z 变换得

$$E(z) = R(z) - B(z) = R(z) - GH(z)E(z)$$

则有

$$E(z) = \frac{1}{1 + GH(z)} R(z)$$

系统输出为 $Y(s) = G(s)E^*(s)$，采样得

$$Y^*(s) = G^*(s)E^*(s)$$

取 z 变换得输出 z 变换为

$$Y(z) = G(z)E(z) = \frac{G(z)}{1 + GH(z)} R(z)$$

给定输入下的闭环脉冲传递函数为

$$\Phi(z) = \frac{Y(z)}{R(z)} = \frac{G(z)}{1 + GH(z)}$$

在图 8-13 (b) 中，对 $E(s) = R(s) - B(s) = R(s) - H(s)G(s)E(s)$，两边采样得

$$E^*(s) = R^*(s) - B^*(s) = R^*(s) - GH^*(s)U^*(s)$$

对上式求 z 变换得

$$E(z) = R(z) - B(z) = R(z) - GH(z)U(z) \tag{8-28}$$

$$U(s) = G_0(s)E^*(s)$$

两边采样得

$$U^*(s) = G_0{}^*(s)E^*(s)$$

求 z 变换得

$$U(z) = G_0(z)E(z) \tag{8-29}$$

系统输出为 $Y(s) = G(s)U^*(s)$，采样得

$$Y^*(s) = G^*(s)U^*(s)$$

取 z 变换得

$$Y(z) = G(z)U(z) = G(z)G_0(z)E(z) \tag{8-30}$$

由式 (8-28)、式 (8-29)、式 (8-30) 代入消元得输出 z 变换为

$$Y(z) = \frac{G_0(z)G(z)R(z)}{1 + GH(z)G_0(z)}$$

给定输入下的闭环脉冲传递函数为

$$\Phi(z) = \frac{Y(z)}{R(z)} = \frac{G_0(z)G(z)}{1 + GH(z)G_0(z)}$$

在图 8-13 (c) 中，$Y(s) = G_1(s)G_2(s)E^*(s) + G_2(s)N(s)$，采样得

$$Y(s) = G_1G_2^*(s)E^*(s) + G_2N^*(s)$$

取 z 变换得

$$Y(z) = G_1G_2(z)E^*(s) + G_2N(z) \tag{8-31}$$

又 $E(s) = -Y(s)$，采样得

$$E^*(s) = -Y^*(s)$$

取 z 变换得

$$E(z) = -Y(z) \tag{8-32}$$

将式（8-32）代入式（8-31）得干扰输入下的输出 z 变换为

$$Y(z) = \frac{G_2 N(z)}{1 + G_1 G_2(z)}$$

离散控制系统的结构方框图和输出信号的 z 变换见表 8-2。求取过程读者可以自行推导。

表 8-2　　　　　　　　**离散控制系统方框图及其输出信号的 z 变换**

序号	结构方框图	输出信号的 z 变换
1		$Y(z) = \dfrac{G(z)R(z)}{1 + GH(z)}$
2		$Y(z) = \dfrac{G_1(z)G_2(z)R(z)}{1 + G_1(z)G_2 H(z)}$
3		$Y(z) = \dfrac{G_2(z)G_1 R(z)}{1 + G_1 G_2 H(z)}$
4		$Y(z) = \dfrac{G(z)R(z)}{1 + G(z)H(z)}$
5		$Y(z) = \dfrac{G_3(z)G_2(z)G_1 R(z)}{1 + G_2(z)G_1 G_3 H(z)}$
6		$Y(z) = \dfrac{G_2(z)G_1 R(z)}{1 + G_1(z)G_2(z)H(z)}$
7		$Y(z) = \dfrac{G(z)R(z)}{1 + G(z)H(z)}$
8		$Y(z) = \dfrac{GR(z)}{1 + GH(z)}$

当偏差信号处无采样开关时，系统给定输入下的脉冲传递函数不存在，只能求出输出信号的 z 变换。一般情况下，输出信号的 z 变换是通过变量之间的传递关系、采样开关的位置以及 z 变换的求取步骤推导获得的。

实际上，表 8-2 所示的离散控制系统的输出信号的 z 变换，可以直接通过梅逊公式直接写出，其方法是首先写出所对应连续系统的输出象函数；然后根据采样开关的位置，确定对应传递函数的 z 变换，即每两个开关之间的传递函数乘积后取 z 变换。但是，采用直接求取输出 z 变换的方法是有约束条件的，其条件是系统结构满足输入到输出的前向通路和回路的脉冲传递函数的乘积等于输入经过前向通路及反馈通路连接后的脉冲传递函数。若不满足此条件，则求取方法按上述步骤导出。

如表 8-2 中的序号 2，由序号 2 对应的结构方框图的结构得前向通路的脉冲传递函数为 $G_1(z)G_2(z)R(z)$；回路的脉冲传递函数为 $G_1(z)G_2H(z)$；前向通路和回路的脉冲传递函数的乘积为 $G_1(z)G_2(z)R(z)G_1(z)G_2H(z)$；输入经过前向通路及反馈通路连接后的脉冲传递函数为 $R(z)G_1(z)G_2H(z)G_1(z)G_2(z)$。显然二者相等，满足直接利用梅逊公式求取的方法。由于 $G_2(s)$ 和 $H(s)$ 之间无采样开关，因此在分母中出现的是二者乘积的 z 变换。

第五节 离散控制系统的稳定性分析

对于线性连续控制系统，通过对传递函数（或特征方程）的分析，利用代数稳定判据，能方便地确定连续系统的稳定情况。而对于线性离散控制系统，同样可以应用代数稳定判据，能方便地确定离散系统的稳定性。

线性离散控制系统稳定性分析的解题思路是，通过数学变换，将 s 域中的 Routh 稳定判据转换到 z 域中使用。

一、离散系统的时域解

利用前述的 z 反变换长除法可以方便地求出系统在各采样时刻的值。通过各采样时刻取值的变化规律可以方便地看出系统的稳定性。与连续系统不同的是，离散控制系统的响应过程的计算要比连续系统简单得多。因为，无论研究的系统阶次有多高，都可以通过长除法求出系统在各采样时刻的值。

如某单位负反馈离散控制系统结构方框图如图 8-14 所示。其中，已知 $K=1$，$T=1\mathrm{s}$，输入 $R(z)=\dfrac{z}{z-1}$。

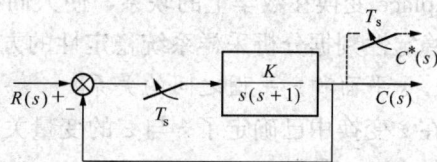

图 8-14 单位负反馈离散控制系统结构
结构方框图

开环传递函数为

$$G(s) = \frac{K}{s(s+1)}$$

开环脉冲传递函数为

$$G(z) = Z\left[\frac{K}{s(s+1)}\right] = \frac{Kz(1-\mathrm{e}^{-T})}{(z-1)(z-\mathrm{e}^{-T})}$$

系统输出为

$$Y(z) = \frac{G(z)}{1+G(z)}R(z) = \frac{Kz^2(1-\mathrm{e}^{-T})}{(z-1)\left[z^2-(1+\mathrm{e}^{-T}-K+K\mathrm{e}^{-T})z+\mathrm{e}^{-T}\right]}$$

代入 $K=1$，$T=1\mathrm{s}$ 得

$$Y(z) = \frac{z^2(1-0.368)}{(z-1)(z^2-2\times0.368z+0.368)}$$

$$= \frac{0.632z^{-1}}{1-1.736z^{-1}+1.104z^{-2}-0.368z^{-3}}$$

利用长除法则有

$$Y(z) = 0.632z^{-1}+1.097z^{-2}+1.205z^{-3}+1.12z^{-4}+1.014z^{-5}+0.96z^{-6}+\cdots$$

上式取 z 反变换得

$$y^*(t) = 0.632\delta(t-T)+1.097\delta(t-2T)+1.205\delta(t-3T)+1.12\delta(t-4T)$$
$$+1.014\delta(t-5T)+0.96\delta(t-6T)+\cdots$$

若系统采样周期不变，$K=5$，则采样系统的输出为

$$Y(z) = \frac{3.16z^{-1}}{1+0.792z^{-1}-1.424z^{-2}-0.368z^{-3}}$$

$$= 3.16z^{-1}-2.5z^{-2}+6.5z^{-3}-7.548z^{-4}+13.632z^{-5}+\cdots$$

再取 z 反变换得

$$y^*(t) = 3.16\delta(t-T)-2.5\delta(t-2T)+6.5\delta(t-3T)-7.548\delta(t-4T)$$
$$+13.632\delta(t-5T)+\cdots$$

对于上述这两种情况，当求出足够多的项时，不难发现，当 $K=1$，$T=1\mathrm{s}$ 时，系统是稳定的；当 $K=5$，$T=1\mathrm{s}$ 时，系统不稳定。

这种通过求阶跃扰动下的响应函数的方法不但能够确定系统的稳定性，而且可以获得系统的动静态性能指标，但是计算量仍然较大。还有一个最主要的问题，即是无法了解系统不稳定或性能指标不满足的原因所在，也就无法从计算结果中获取改善系统性能的方法。

二、离散系统的稳定性判别方法

像连续系统一样，稳定性是设计和分析采样系统的首要问题。由于采样系统的分析基于 z 变换方法，因此，关于稳定性讨论也只限于采样时刻值是否稳定。

在连续系统的稳定性讨论中，曾经介绍了 Routh 稳定判据和 Nyquist 稳定判据。z 变换和 Laplace 变换在数学上的联系，使人们有可能从 s 平面与 z 平面之间的关系中，找出利用已有稳定性判据分析采样系统稳定性的方法。

1. s 平面和 z 平面之间的关系

在 z 变换中已确定了 s 与 z 的变量关系为 $z=\mathrm{e}^{Ts}$。其中，s 是个复变量，即有 $s=\sigma+\mathrm{j}\omega$，将其代入 $z=\mathrm{e}^{Ts}$ 得

$$z = \mathrm{e}^{T(\sigma+\mathrm{j}\omega)} = \mathrm{e}^{\sigma T}\mathrm{e}^{\mathrm{j}T\omega}$$

写成极坐标形式为

$$z = |z|\mathrm{e}^{\mathrm{j}\omega T} \text{ 或 } z = |z|\mathrm{e}^{\mathrm{j}\theta}$$

其中，$|z|=\mathrm{e}^{\sigma T}$，$\theta=\omega T$。

在连续系统中，闭环传递函数的极点位于 s 平面的左半平面内时（即 $\sigma<0$），系统是稳定的。所以，从上述的关系式可得，特征根在 s 平面和 z 平面的分布对应关系见表8-3。

表 8 - 3　　　　　　　　　　特征根在 s 平面和 z 平面的分布对应关系

在 s 平面内的实部	在 z 平面内的模	系统稳定性情况
$\sigma > 0$	$\lvert z \rvert > 1$	不　稳　定
$\sigma = 0$	$\lvert z \rvert = 1$	临界状态
$\sigma < 0$	$\lvert z \rvert < 1$	稳　　定

由此可见，通过 $z = e^{Ts}$ 的映射，s 平面的左半平面映射到 z 平面，转换为以原点为圆心的单位圆的内部，s 平面的虚轴映射到 z 平面时为单位圆的圆边界，s 平面的右半平面映射到 z 平面时为单位圆外，如图 8 - 15 所示。

结论：离散系统的稳定性由该离散系统特征方程所有特征根的位置确定，当所有特征根都在单位圆内（模小于 1）时系统稳定，反之则系统不稳定。

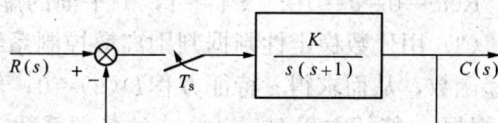

【例 8 - 18】　离散控制系统结构方框图如图 8 - 16 所示。已知系统的采样周期和惯性时间常数 $T = 1\text{s}$，开环增益 $K = 10$，试判断闭环系统的稳定性。

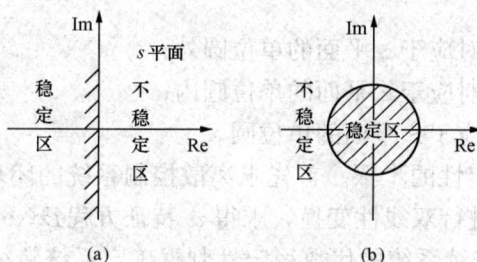

图 8 - 15　s 平面与 z 平面的对应关系　　　　图 8 - 16　离散控制系统结构方框图

解：系统的开环传递函数为

$$G(s) = \frac{K}{s(Ts+1)}$$

系统的开环脉冲传递函数为

$$G(z) = Z\left[\frac{10}{s(s+1)}\right] = \frac{10z(1-e^{-1})}{(z-1)(z-e^{-1})}$$

系统的闭环脉冲传递函数为

$$\Phi(z) = \frac{G(z)}{1+G(z)}$$

特征方程为

$$1 + G(z) = 0$$

$$(z-1)(z-e^{-1}) + 10z(1-e^{-1}) = 0 \Rightarrow z^2 + 4.952z + 0.368 = 0$$

$$z_1 = 0.076, z_2 = -4.876, \lvert z_2 \rvert = 4.876 > 1$$

特征方程有一个根在单位圆外，故系统不稳定。

采用上述方法进行系统的稳定性判别，仍然需要求取在 z 平面闭环特征根的位置。对于高阶方程便无法做到。而把 Routh 稳定判据通过映射定理转换到 z 平面才是离散控制系统稳定性判别的最简单方法。

2. 线性离散控制系统稳定的充分必要条件

(1) 基本思路。若能将 z 平面的单位圆，通过选择一种坐标变换，变成新变量 w 平面的虚轴；单位圆内仍然变成 w 平面的左半平面；单位圆外仍然变成 w 平面的右半平面。则 z 特征方程就转变成 w 特征方程。在 z 平面内所有特征根都在单位圆内，便等效为在 w 平面所有特征根都在左半平面。所以对于 w 平面的特征方程，可以利用 Routh 稳定判据判别离散控制系统的稳定性。

(2) 双线性变换。根据数学上复变函数的双线性变换公式，引用下列变换，令 $z = \dfrac{w+1}{w-1}$ 或 $z = \dfrac{1+w}{1-w}$ 为 w 变换。这样，z 平面单位圆的内部就变换为 w 平面的左半平面。

证明：设 $z = \dfrac{w+1}{w-1}$，又设 $w = \sigma \pm j\omega$

则有

$$|z| = \left| \frac{w+1}{w-1} \right| = \left| \frac{\sigma+1 \pm j\omega}{\sigma-1 \pm j\omega} \right| = \frac{\sqrt{(\sigma+1)^2 + \omega^2}}{\sqrt{(\sigma-1)^2 + \omega^2}}$$

显然有

Re$w > 0 \Rightarrow \sigma > 0 \Rightarrow |z| > 1$，$w$ 平面的右平面对应于 z 平面的单位圆外；

Re$w < 0 \Rightarrow \sigma < 0 \Rightarrow |z| < 1$，$w$ 平面的左平面对应于 z 平面的单位圆内；

Re$w = 0 \Rightarrow \sigma = 0 \Rightarrow |z| = 1$，$w$ 平面的虚轴对应于 z 平面的单位圆。

(3) 用代数稳定性判据判别离散控制系统稳定性的步骤。首先求离散控制系统的闭环 z 传递函数，从而求得 z 特征方程 $D(z)=0$；然后进行双线性变换，求得 w 特征方程 $D(w)=0$；根据 w 特征方程 $D(w)=0$ 的各项系数，由连续系统的代数稳定性判据确定系统特征根的分布位置，当所有特征根都在 w 平面的左半平面时闭环系统稳定。

【例 8 - 19】 离散控制系统的特征方程为 $D(z) = 45z^3 - 117z^2 + 119z - 39 = 0$，试判断系统的稳定性。

解：令 $z = \dfrac{w+1}{w-1}$，代入特征方程得

$$45\left(\frac{w+1}{w-1}\right)^3 - 117\left(\frac{w+1}{w-1}\right)^2 + 119\left(\frac{w+1}{w-1}\right) - 39 = 0$$

化简整理后得

$$w^3 + 2w^2 + 2w + 40 = 0$$

应用劳斯稳定判据，列出劳斯表为

w^3	1	2	0
w^2	2	40	0
w^1	-18	0	
w^0	40	0	

由于劳斯表的第一列元素出现负值，因此原系统是不稳定的。从符号的变化来看，劳斯表第一列有两次符号改变，表明特征方程有两个根在 w 平面的右半平面，即表明在 z 平面有两个根在单位圆外，所以此系统是不稳定的。

【例 8 - 20】 系统结构方框图如图 8 - 17 所示，试确定系统稳定时 K 的取值范围，其中，

$T=10\mathrm{s}$。

解： 从系统的结构图得

$$G(s)=\frac{Ke^{-Ts}}{s(100s+1)}=e^{-Ts}\frac{K}{s(100s+1)}=e^{-Ts}\frac{0.01K}{s(s+0.01)}=e^{-Ts}K\left(\frac{1}{s}-\frac{1}{s+0.01}\right)$$

$$G(z)=z^{-1}K\left(\frac{z}{z-1}-\frac{z}{z-e^{-0.01T}}\right)=\frac{K}{z-1}-\frac{K}{z-0.9}=\frac{0.1K}{(z-1)(z-0.9)}$$

特征方程为

$$1+G(z)=0$$

$$1+\frac{0.1K}{(z-1)(z-0.9)}=0\ \Rightarrow\ (z-1)(z-0.9)+0.1K=0$$

$$z^2-1.9z+(0.9+0.1K)=0$$

用 $z=\dfrac{w+1}{w-1}$ 代入上式得

$$\left(\frac{w+1}{w-1}\right)^2-1.9\left(\frac{w+1}{w-1}\right)+(0.9+0.1K)=0$$

$$\Rightarrow\ (w+1)^2-1.9(w+1)(w-1)+(0.9+0.1K)(w-1)^2=0$$

$$\Rightarrow\ 0.1Kw^2+(0.2-0.2K)2+(0.1K+3.8)=0$$

根据代数稳定判据，此离散系统闭环稳定的充分必要条件是特征方程中各项系数均大于 0，即同时满足 $0.1K>0$、$0.2-0.2K>0$ 和 $0.1K+3.8>0$，其不等式的公共解为 $0<K<1$。所以，系统稳定时 K 的取值范围为 $0<K<1$。

【例 8-21】 系统结构方框图如图 8-18 所示，试确定系统的稳定性。

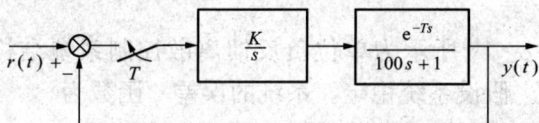

图 8-17　［例 8-20］的系统结构方框图　　　　图 8-18　［例 8-21］的系统结构方框图

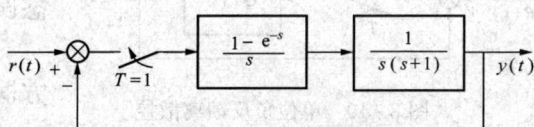

解：
$$G(s)=\frac{1-e^{-s}}{s^2(s+1)}$$

$$G(z)=Z[G(s)]=Z\left[\frac{1-e^{-s}}{s^2(s+1)}\right]=(1-z^{-1})Z\left[\frac{1}{s^2(s+1)}\right]$$

$$=\frac{z-1}{z}\left[\frac{z}{(z-1)^2}-\frac{z}{z-1}+\frac{z}{z-e^{-1}}\right]=\frac{0.368z+0.264}{z^2-1.368z+0.368}$$

$$\Phi(z)=\frac{Y(z)}{R(z)}=\frac{G(z)}{1+G(z)}=\frac{0.368z+0.264}{z^2-z+0.632}\ \Rightarrow\ D(z)=z^2-z+0.632=0$$

对于简单的二阶系统，判别特征根分布的方法如下：

（1）根据特征方程 $D(z)=z^2-z+0.632=0$ 求解特征根，再求特征根的模，若所有模均小于 1，则系统稳定。

（2）对于 $D(z)=az^2-bz+c=0$ 形式的特征方程，若同时满足 $b^2-4ac<0$，$\dfrac{c}{a}<1$，则系统稳定。

（3）取 $z=\dfrac{1+w}{1-w}$ 做双线性变换，代入 $D(z)$ 得 $D(w)=0.632z^2+0.736z+0.632=0$。

对于二阶系统，若所有项系数大于 0，则系统稳定。

3. 无穷大稳定度系统

离散系统的稳定条件是特征方程的根均在 z 平面的单位圆内，特征方程在 z 平面上的根越接近于原点，相当于特征方程在 s 平面上的根离虚轴越远，即系统的稳定度越大。

当离散系统所有的特征根都位于原点处时，系统的稳定度最大，此时，系统被称为无穷大稳定度系统。无穷大稳定度系统的调节过程可以在有限时间内结束，特征方程为 n 次，调节时间只延续 n 个采样周期。

对于无穷大稳定度系统的设计，可以通过控制器的形式或参数的选择，使系统闭环特征方程的所有特征根都位于原点。但是无穷大稳定度系统的鲁棒性较差，参数稍有变化系统的性能指标就会有明显的下降。

第六节　离散控制系统的稳态性能

离散系统的稳态性能与连续系统一样，也是分析、设计系统的一个重要指标。

在分析连续系统时，系统稳态误差的计算方法有以下两种形式，其一，求确定输入下的误差传递函数，再利用终值定理求出系统的稳态误差；其二，根据系统开环传递函数的结构形式，依据输入信号的位置和形式以及系统在确定输入下的型别，确定系统是否有稳态误差，并依据开环增益来确定差值的大小。对于离散控制系统，也可以采用同样的方法进行研究。

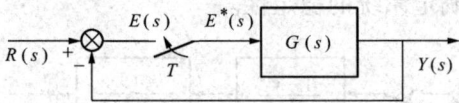

图 8-19　单位负反馈离散控制系统结构方框图

一、利用误差传递函数和终值定理求系统的稳态误差

图 8-19 所示为单位负反馈离散控制系统结构方框图。假设系统稳定。系统的误差 z 函数为

$$E(z)=R(z)-Y(z)=\frac{1}{1+G(z)}R(z)$$

对于稳定的闭环系统，由 z 变换的终值定理得

$$e^*(\infty)=\lim_{t\to\infty}e^*(t)=\lim_{z\to1}(1-z^{-1})E(z)$$
$$=\lim_{z\to1}(1-z^{-1})\frac{1}{1+G(z)}R(z) \tag{8-33}$$

所以，对于稳定系统而言，只要已知给定输入的形式，求出系统的开环脉冲传递函数 $G(z)$，即可利用式（8-33）获得系统的稳态误差。若系统的结构复杂，实际上只是误差 z 函数的求取过程较为复杂，但稳态误差的计算步骤是相同的。

二、利用系统的开环结构特征——系统型别和开环增益求给定输入下的稳态误差

对图 8-19 所示的系统，设开环脉冲传递函数 $G(z)$ 为

$$G(z)=\frac{G_0(z)}{(z-1)^p}$$

其中，$G_0(z)$ 为不含 $z=1$ 的零极点，即 $G_0(z)|_{z=1}\neq0$，$G_0(z)|_{z=1}\neq\infty$。则定义 p 为系统在给定输入下的系统型别。

1. 单位阶跃函数输入时的稳态误差

单位阶跃函数的输入为

$$R(z) = \frac{z}{z-1}$$

$$e^*(\infty) = \lim_{z \to 1}(z-1)\frac{1}{1+G(z)}\frac{z}{z-1} = \frac{1}{1+\lim_{z \to 1}G(z)}$$

$$= \frac{1}{1+\lim_{z \to 1}\dfrac{G_0(z)}{(z-1)^p}}$$

定义

$$k_p = \lim_{z \to 1}\left[1+\frac{G_0(z)}{(z-1)^p}\right]$$

式中 k_p——位置误差系数。

$$e^*(\infty) = \frac{1}{k_p} = \begin{cases} \dfrac{1}{1+G_0(1)} & (p=0) \\ 0 & (p=1) \\ 0 & (p=2) \end{cases}$$

2. 单位斜坡函数输入时的稳态误差

单位斜坡函数的输入为

$$R(z) = \frac{Tz}{(z-1)^2}$$

$$e^*(\infty) = \lim_{z \to 1}\frac{z-1}{z}\frac{1}{1+G(z)}\frac{Tz}{(z-1)^2} = \frac{T}{\lim_{z \to 1}(z-1)G(z)}$$

$$= \frac{T}{\lim_{z \to 1}\dfrac{G_0(z)}{(z-1)^{p-1}}}$$

定义

$$k_v = \lim_{z \to 1}\frac{G_0(z)}{(z-1)^{p-1}}$$

式中 k_v——速度误差系数。

$$e^*(\infty) = \frac{T}{k_v} = \begin{cases} \infty & (p=0) \\ \dfrac{T}{G_0(1)} & (p=1) \\ 0 & (p=2) \end{cases}$$

3. 单位加速度函数输入时的稳态误差

单位加速度函数的输入为

$$R(z) = \frac{T^2 z(z+1)}{2(z-1)^3}$$

$$e^*(\infty) = \lim_{z \to 1}(z-1)\frac{1}{1+G(z)}\frac{T^2 z(z+1)}{2(z-1)^3} = \frac{T^2}{\lim_{z \to 1}(z-1)^2 G(z)}$$

$$= \frac{T^2}{\lim_{z \to 1}\dfrac{G_0(z)}{(z-1)^{p-2}}}$$

定义

$$k_a = \lim_{z \to 1}\frac{G_0(z)}{(z-1)^{p-2}}$$

式中　k_a——加速度误差系数。

$$e^*(\infty) = \frac{T^2}{k_a} = \begin{cases} \infty & (p=0) \\ \infty & (p=1) \\ \dfrac{T^2}{G_0(1)} & (p=2) \end{cases}$$

不同输入、不同系统型别时，系统的稳态误差计算公式见表 8-4。

表 8-4　　　　　　　　　　　　　离散控制系统的稳态误差

系统型别 p	静态误差系数			稳态误差 e_{ss}^*		
	k_p	k_v	k_a	$r(t)=R1(t)$	$r(t)=Rt1(t)$	$r(t)=\frac{1}{2}Rt^21(t)$
0	$1+G_0(1)$	0	0	$\dfrac{R}{k_p}$	∞	∞
1	∞	$G_0(1)$	0	0	$\dfrac{RT}{k_v}$	∞
2	∞	∞	$G_0(1)$	0	0	$\dfrac{RT^2}{k_a}$

【例 8-22】 图 8-20 所示为离散控制系统结构方框图，试分析该系统在给定输入作用下的稳态性能。

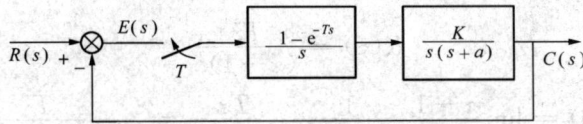

图 8-20　［例 8-22］的离散控制系统结构方框图

解： 系统的开环传递函数为

$$G(s) = (1-e^{-Ts})\frac{K}{s^2(s+a)} = K(1-e^{-Ts})\left[\frac{1}{as^2} - \frac{1}{a^2 s} + \frac{1}{a^2(s+a)}\right]$$

$$G(z) = K(1-z^{-1})\left[\frac{Tz}{a(z-1)^2} - \frac{z}{a^2(z-1)} + \frac{z}{a^2(z-e^{-aT})}\right]$$

$$= K\left[\frac{T}{a(z-1)} - \frac{1}{a^2} + \frac{(z-1)}{a^2(z-e^{-aT})}\right]$$

$$= K\left[\frac{T}{a(z-1)} - \frac{(z-1)}{a^2(z-1)} + \frac{(z-1)^2}{a^2(z-1)(z-e^{-aT})}\right]$$

$$= \frac{K}{(z-1)}\left[\frac{T}{a} - \frac{(z-1)}{a^2} + \frac{(z-1)^2}{a^2(z-e^{-aT})}\right]$$

$$= \frac{K}{(z-1)} \times \frac{[aT(z-e^{-aT}) - (z-1)(z-e^{-aT}) + (z-1)^2]}{a^2(z-e^{-aT})}$$

由特征方程 $1+G(z)=0$ 判别系统的稳定性。假设该系统稳定，系统型别 $p=1$，则有

$$G_0(z) = \frac{K[aT(z-e^{-aT}) - (z-1)(z-e^{-aT}) + (z-1)^2]}{a^2(z-e^{-aT})}$$

$$\Rightarrow G_0(1) = \frac{K(aT-z+1)(1-e^{-aT})}{a^2(1-e^{-aT})}\bigg|_{z=1} = \frac{KT}{a}$$

系统的静态误差系数为

$$k_p = \infty, \ k_v = \frac{KT}{a}, \ k_a = 0$$

给定输入为单位阶跃扰动下系统的稳态误差为

$$e_{ss} = 0$$

给定输入为单位斜坡扰动下系统的稳态误差为

$$e_{ss} = \frac{T}{k_v} = \frac{T}{\dfrac{KT}{a}} = \frac{a}{K}$$

给定输入为单位加速度扰动下系统的稳态误差为

$$e_{ss} = \infty$$

【例 8 - 23】 对图 8-19 所示的系统，已知 $T = 0.1$，$G(s) = \dfrac{10}{s(s+10)}$，试确定系统的稳态性能指标。

解：$G(z) = Z\left[\dfrac{10}{s(s+10)}\right] = Z\left(\dfrac{1}{s} - \dfrac{1}{s+10}\right) = \dfrac{z}{z-1} - \dfrac{z}{z - e^{-10 \times 0.1}} = \dfrac{0.632z}{(z-1)(z-0.368)}$

由特征方程 $1 + G(z) = 0$，可得系统的两个特征根都在单位圆内，该系统稳定，即

$$p = 1, \ G_0(z)|_{z=1} = \frac{0.632z}{(z-0.368)}\Big|_{z=1} = 1$$

系统的静态误差系数为

$$k_p = \infty, \ k_v = 1, \ k_a = 0$$

给定输入为单位阶跃扰动下系统的稳态误差为

$$e_{ss} = 0$$

给定输入为单位斜坡扰动下系统的稳态误差为

$$e_{ss} = \frac{T}{k_v} = \frac{0.1}{1} = 0.1$$

给定输入为单位加速度扰动下系统的稳态误差为

$$e_{ss} = \infty$$

第七节　离散控制系统的动态性能分析

与连续控制系统相似，离散控制系统的主要动态性能指标为超调量、调节时间和峰值时间。它的求取方法有以下两种：其一，通过阶跃响应曲线求取；其二，利用控制系统的主导极点估算。

一、通过阶跃响应计算求取系统的动态性能指标

在研究离散系统动态性能时，取给定输入是单位阶跃函数 $1(t)$，系统输出量的 z 变换为

$$C(z) = \Phi(z)R(z) = \Phi(z)\frac{z}{z-1} \tag{8-34}$$

式中　$\Phi(z)$——闭环系统脉冲传递函数。

要确定一个已知系统的动态性能，只要通过式（8-34）求出 $C(z)$，然后利用长除法求 z 反变换，即可求出 $c(nT)$，再通过输出采样函数 $c(nT)$，绘制输出采样函数 $c(nT)$ 的脉冲序列，由

此，根据动态性能指标定义获取动态性能指标。这种计算方法对于高阶复杂系统同样适用。

【例 8 - 24】 对于图 8 - 19 所示的系统，已知采样周期 $T = 0.1$，$G(s) = \dfrac{2}{s(0.1s+1)}$，试确定系统的动态性能指标。

解：$G(z) = Z\left[\dfrac{2}{s(0.1s+1)}\right] = \dfrac{2z(1-\mathrm{e}^{-1})}{(z-1)(z-\mathrm{e}^{-1})} = \dfrac{1.264z}{z^2 - 1.368z + 0.368}$

$$\frac{C(z)}{R(z)} = \frac{G(z)}{1+G(z)} = \frac{\dfrac{1.264z}{z^2-1.368z+0.368}}{1+\dfrac{1.264z}{z^2-1.368z+0.368}} = \frac{1.264z}{z^2-0.104z+0.368}$$

$$C(z) = \frac{1.264z}{z^2-0.104z+0.368}\frac{z}{z-1} = \frac{1.264z^2}{z^3-1.104z^2+0.472z-0.368}$$

$$= 1.264z^{-1} + 1.396z^{-2} + 0.944z^{-3} + 0.848z^{-4} + 1.004z^{-5}$$
$$+ 1.055z^{-6} + 1.003z^{-7} + 0.998z^{-8} + 1.019z^{-9} + \cdots$$

输出信号在各采样点的数值分别为

$$c(0) = 0, c(T) = 1.264, c(2T) = 1.396, c(3T) = 0.944, c(4T) = 0.848,$$
$$c(5T) = 1.004, c(6T) = 1.055, c(7T) = 1.003, c(8T) = 0.998, c(9T) = 1.019$$

绘制输出采样函数 $c(nT)$ 的脉冲序列如图 8 - 21 所示。$c(t)$ 为 $c(nT)$ 的包络线，并从图 8 - 21 中获取系统动态性能指标为

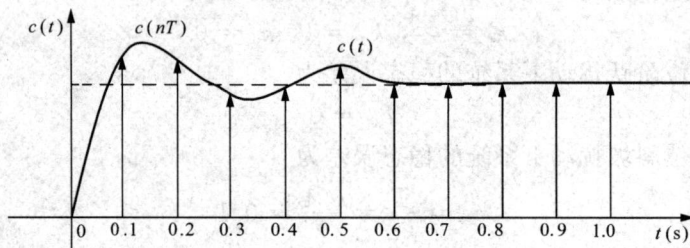

图 8 - 21　[例 8 - 24] $c(nT)$ 的脉冲序列

$$t_\mathrm{p} \approx 2T = 0.2(\mathrm{s}), \quad \sigma\% = \frac{1.396-1}{1}\times 100\% = 39.6\%, \quad t_\mathrm{s} \approx 7T = 0.7(\mathrm{s})$$

二、闭环脉冲传递函数极点与瞬态响应形式的关系

设闭环脉冲传递函数为

$$\Phi(z) = \frac{M(z)}{D(z)} = \frac{b_0 z^m + b_1 z^{m-1} + \cdots + b_m}{a_0 z^n + a_1 z^{n-1} + \cdots + a_n}$$

$$= \frac{b_0}{a_0}\frac{(z-z_1)(z-z_2)\cdots(z-z_{m-1})(z-z_m)}{(z-p_1)(z-p_2)\cdots(z-p_{n-1})(z-p_n)}$$

$$= \frac{b_0}{a_0}\frac{\displaystyle\prod_{i=1}^{m}(z-z_i)}{\displaystyle\prod_{k=1}^{n}(z-p_k)}$$

其中，z_i 和 p_k 分别为闭环脉冲传递函数的零极点，$M(s)$ 和 $D(s)$ 分别为闭环传递函数的分子和分母多项式。通常 $n > m$，对于稳定的离散系统，所有的闭环极点均分布在 z 平面的单位圆内，即

$|p_k|<1$，$(k=1，2，3，\cdots)$。与线性连续系统一样，当闭环系统的极点在单位圆内的具体位置不同时，系统瞬态响应分量的形式也不相同，因此导致系统的动态性能指标的取值也不相同。

当系统的给定输入为 $r(t)=1(t)$，$R(z)=\dfrac{z}{z-1}$，且 $C(z)$ 无重极点时，系统的输出形式可整理为

$$C(z)=\varPhi(z)\frac{z}{z-1}=\frac{M(1)}{D(1)}\frac{z}{z-1}+\sum_{k=1}^{n}\frac{C_kz}{z-p_k}$$

式中　　　$\dfrac{M(1)}{D(1)}\dfrac{z}{z-1}$——稳态分量；

　　　　　$\displaystyle\sum_{k=1}^{n}\dfrac{C_kz}{z-p_k}$——瞬态分量；

$C_k=\dfrac{M(p_k)}{(p_k-1)D'(p_k)}$——瞬态分量的幅值；

　　　　　p_k——系统闭环极点的坐标；

　　　　　$D'(p_k)$——$D(z)$ 中去掉 $z-p_k$ 因子后的部分。

根据 p_k 在单位圆内的不同位置，它对应的瞬态分量的形式也就不同，可以分以下几种情况来讨论。由 $Z^{-1}\left(\dfrac{z}{z-p_k}\right)=p_k^n$ 得下列规律：

(1) 当 p_k 为正实数且小于 1 时，p_k^n 所描述的序列是单调衰减的，而且 p_k 越靠近坐标原点，其响应分量的衰减速度越快。响应过程曲线如图 8-22（a）所示；

(2) 当 p_k 为负实数且模小于 1 时，p_k^n 所描述的序列根据采样次数的奇偶不同，在采样点出现正负衰减振荡，而且 p_k 越靠近坐标原点，其响应分量的衰减速度越快。响应过程曲线如图 8-22（b）所示；

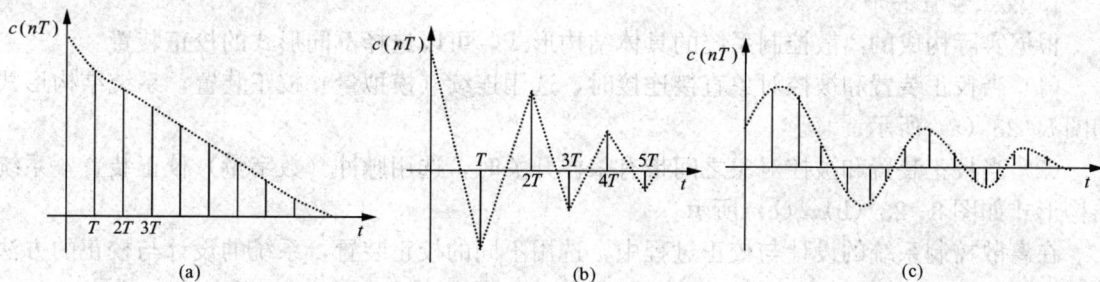

图 8-22　响应过程曲线

(a) p_k 为正实数且小于 1 时；(b) p_k 为负实数且模小于 1 时；(c) 当 p_k 为共轭复数且模小于 1 时

(3) 当 p_k 为共轭复数且模小于 1 时，p_k^n 所描述的序列为周期性的衰减振荡过程。假设 p_k，p_{k+1} 为两个共轭复数，则它们可以用幅值和相角的形式描述为 p_k，$p_{k+1}=|p_k|\mathrm{e}^{\pm\theta_k}$。它们对应的瞬态分量在某采样点的取值之和可以表示为

$$C_{k,k'}(nT)=Z^{-1}\left(\frac{C_kz}{z-p_k}+\frac{C_{k+1}z}{z-p_{k+1}}\right)=C_kp_k^n+C_{k+1}p_{k+1}^n$$
$$=2|C_k||p_k|^n\cos(n\theta_k+\varPhi_k)$$

其中，振荡角频率 $\omega=\dfrac{\theta_k}{T}(0<\theta_k<\pi)$。响应过程曲线如图 8-22（c）所示。

当 p_k 为其他形式的取值时，对应的瞬态分量发散或等幅振荡。

三、离散系统动态性能估算方法

由上述分析可知，闭环极点越接近于坐标原点，瞬态分量衰减越快，越接近单位圆的圆周（距离单位圆的圆心较远），瞬态分量衰减越慢。假设系统有一对极点靠近单位圆的圆周，而其他极点均在原点附近，那么，系统的瞬态响应主要由这对极点决定。这对极点被称为主导闭环极点。如果系统存在主导闭环极点，则可以估算出系统的超调量 $\sigma\%$、峰值时间 t_p 和调节时间 t_s。

假设系统的一对主导极点为一对共轭复数，如 $p_{1,2} = \alpha_1 \pm j\beta_1 = |p_1| e^{\pm j\theta_1}$，$\theta_1 = tg^{-1}\dfrac{\beta_1}{\alpha_1}$。其余闭环极点都在单位圆内，并且相对来说都比这对共轭复根远离单位圆的圆周（靠近单位圆的圆心附近）。现只考虑一对主导闭环极点 p_1、p_2，不考虑其他极点，则系统输出 $c(nT)$ 的近似表达式为

$$c(nT) = \frac{M(1)}{D(1)} + 2|C_1||p_1|^n \cos(n\theta_1 + \varphi_1)$$
$$= \frac{M(1)}{D(1)} + 2\left|\frac{M(p_1)}{(p_1-1)D'(p_1)}\right||p_1|^n \cos(n\theta_1 + \varphi_1)$$

根据动态性能指标的定义，由此可以引出超调量 $\sigma\%$、调节时间 t_s 和峰值时间 t_p 的计算公式。有关动态性能指标的具体计算可以参考有关书籍。

第八节　离散系统的校正方法

一、离散系统校正的特点

离散系统的校正与连续系统的校正有相似之处，同样可以采用根轨迹法和频率特性法进行性能指标的校正。但是它还具有和连续系统不同的一些设计方法。

1. 校正装置的形式

根据实际构成的离散控制系统的具体结构形式，可以选择不同形式的校正装置。

（1）当校正装置和被控对象直接连接时，选用连续（模拟量）校正装置，系统结构形式如图 8-23（a）所示；

（2）当校正装置和被控对象之间带有采样开关时，选用脉冲（数字量）校正装置，系统结构形式如图 8-23（b）、（c）所示。

在离散控制系统的设计与校正过程中，选用不同的校正装置，系统的设计与校正的方法也有所不同。

2. 系统对性能指标的要求

（1）与连续系统一样，离散系统采用的校正方法是根轨迹法或频率特性法。这些校正方法，可以进行模拟量校正装置 $G_c(s)$ 或数字量校正装置 $D(z)$ 的确定。

（2）最少拍系统是指在某一典型输入（阶跃、斜坡、加速度）下，具有零稳态误差和最小过渡过程时间的系统。这个性能是离散控制系统所独有的，如图 8-23（b）、（c）所示，主要用于数字量校正装置 $D(z)$ 的求取。最少拍系统的设计方法是本节主要介绍的内容。

二、最少拍系统的设计方法研究

1. 最少拍系统的定义

在典型信号作用下，采样时刻无稳态误差，过渡过程能在最少个采样周期结束的离散系统称为最少拍系统。

在离散控制过程中，一个采样周期称为一拍。主要研究的系统结构形式如图 8 - 23（c）所示。

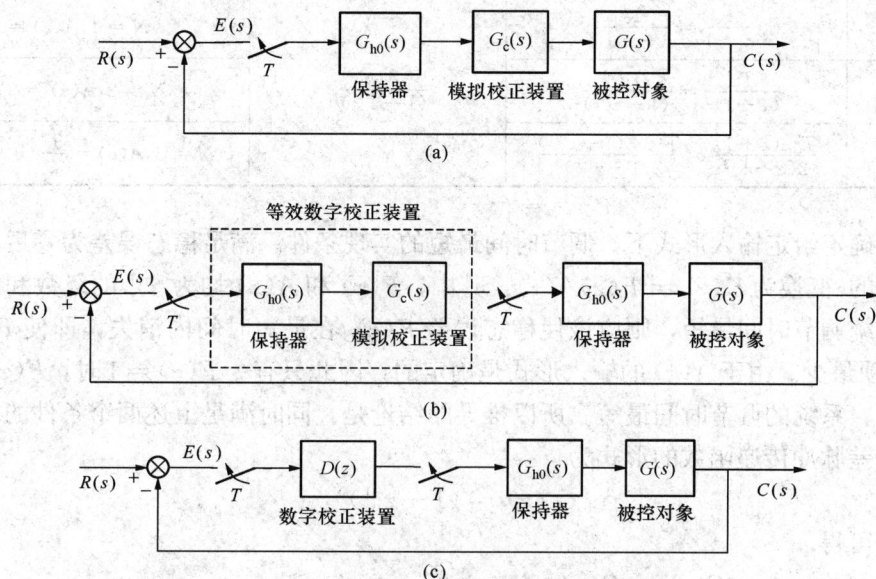

图 8 - 23　离散系统校正结构形式

2. 设计思想及其设计方法的导出

在图 8 - 23（c）所示的系统中，已知被控对象脉冲传递函数为 $G_{h0}(s)G(z) = z[G_{h0}(s)G(z)]$，数字控制器 $D(z)$ 待定。根据最少拍系统的定义，数字控制器 $D(z)$ 的选择是和系统给定输入信号的形式相对应的。因此，有必要对输入信号的形式做以下研究。以此为基础，给出最少拍系统的设计方法。

（1）给定输入信号形式的规范化。根据工程实践的经验，和连续控制系统一样，给定输入信号的形式主要有阶跃、斜坡和加速度三种形式。为研究问题方便起见，将上述三种输入信号的数学模型整理成规范通式，见表 8 - 5。

（2）在确定给定输入前提下，使稳态误差 $e_{ssr}=0$ 的实现条件。由图 8 - 23（c）所示的系统得

$$\frac{E(z)}{R(z)} = \frac{1}{1+D(z)G_{h0}G(z)} = G_e(z) \Rightarrow E(z) = G_e(z)R(z)$$
$$= G_e(z)\frac{A(z)}{(1-z^{-1})^N}$$

设 $G_e(z)$ 的形式可以通过数学变换改变成 $G_e(z) = (1-z^{-1})^p F(z)$ 的形式，其中，$F(z)$ 和输入信号中 $A(z)$ 的结构形式一样，为 z^{-1} 级数展开形式，则有

$$e_{ss}^* = \lim_{z\to1}(z-1)E(z) = \lim_{z\to1}(z-1)G_e(z)R(z)$$
$$= \lim_{z\to1}(z-1)(1-z^{-1})^P F(z)\frac{A(z)}{(1-z^{-1})^N}$$

显然，若使稳态误差为零，则其条件是上式中的 $P=N$。由此可以根据输入信号的形式确定 N，再由此确定 P。

表 8 - 5 常见输入的规范通式

$r(t)$	$R(z)$	$R(z)$ 的规范通式	$A(z)$ 的 z^{-1} 级数展开形式
$1(t)$	$\dfrac{z}{z-1}=\dfrac{1}{1-z^{-1}}$		$N=1,A(z)=1$
$t \cdot 1(t)$	$\dfrac{Tz}{(z-1)^2}=\dfrac{Tz^{-1}}{(1-z^{-1})^2}$	$\dfrac{A(z)}{(1-z^{-1})^N}$	$N=2,A(z)=Tz^{-1}$
$\dfrac{1}{2}t^2 \cdot 1(t)$	$\dfrac{T^2z(z+1)}{2(z-1)^3}=\dfrac{T^2z^{-1}(1+z^{-1})}{2(1-z^{-1})^3}$		$N=3,A(z)=\dfrac{T^2}{2}(z^{-1}+z^{-2})$

（3）在确定给定输入形式下，调节时间最短的实现条件。满足稳态误差为零后的给定输入下的误差的 z 变换为 $E(z)=F(z)A(z)$，其中，$F(z)$ 和 $A(z)$ 均为 z^{-1} 的级数和形式，所以，若使系统调节时间最短，则应该使稳态误差 $E(z)$ 在最短时间内消失，即使 $F(z)A(z)$ 所含的 z^{-1} 项最少。由于 $A(z)$ 的输入形式是确定的，因此只有令 $F(z)=1$ 时，$F(z)A(z)$ 所含拍数最少，系统的调节时间最短。所以推导的结论是：同时满足上述两个条件的系统给定输入下的误差脉冲传递函数的形式为

$$G_e(z)=(1-z^{-1})^N$$

由此，可得

$$\Phi(z)=\frac{C(z)}{R(z)}=\frac{R(z)-E(z)}{R(z)}=1-G_e(z)=1-(1-z^{-1})^N$$

$$\Phi(z)=\frac{D(z)G_{h0}G(z)}{1+D(z)G_{h0}G(z)}$$

数字控制器的结构形式为

$$D(z)=\frac{\Phi(z)}{G_{h0}G(z)[1-\Phi(z)]}=\frac{1-G_e(z)}{G_{h0}G(z)G_e(z)}=\frac{1-(1-z^{-1})^N}{G_{h0}G(z)(1-z^{-1})^N}$$

显然，只要被控对象的脉冲传递函数 $G_{h0}G(z)$ 和输入信号的形式已知（N 已知），最少拍系统数字控制器的形式就能被确定。

总结不同输入下，最少拍系统调节过程的最少拍数和调节时间见表 8 - 6。

表 8 - 6 最少拍系统调节过程的最少拍数和调节时间

典型输入信号		闭环脉冲传递函数		调节过程时间
$r(t)$	$R(z)$	$G_e(z)$	$\Phi(z)$	t_s
$1(t)$	$\dfrac{1}{1-z^{-1}}$	$1-z^{-2}$	z^{-1}	T（一拍）
$t \cdot 1(t)$	$\dfrac{Tz^{-1}}{(1-z^{-1})^2}$	$(1-z^{-2})^2$	$2z^{-1}-z^{-2}$	$2T$（二拍）
$\dfrac{1}{2}t^2 \cdot 1(t)$	$\dfrac{T^2z^{-1}(1+z^{-1})}{2(1-z^{-1})^3}$	$(1-z^{-2})^3$	$3z^{-1}-3z^{-2}+z^{-3}$	$3T$（三拍）

3. 最少拍系统的性能分析

（1）最少拍系统可以实现无稳态误差指的是各采样点的值，而在非采样点的给定值和测量值之间可能存在误差。当输入信号形式变化时，也不能保证系统无稳态误差。

（2）最少拍系统的调节时间最短是对某确定形式的输入而言的，当输入的形式发生变化时，调节时间会变长，而且系统可能产生较大的超调。所以最少拍系统的适应性较差。

（3）从系统的闭环脉冲传递函数可以看出，最少拍系统是无穷大稳定度系统，即系统所有闭环极点都在原点处，所以系统参数变化对系统性能的影响较大，会使拍数增加。若极点变到负实轴附近，则还会使系统产生激烈振荡。

4. 设计步骤

（1）求广义被控对象的脉冲传递函数 $G_{h0}G(z)$。

（2）由输入信号形式查表 8-6，确定 N，$G_e(z)$ 和 $\Phi(z)$。

（3）利用 $D(z) = \dfrac{1-(1-z^{-1})^N}{G_{h0}G(z)(1-z^{-1})^N} = \dfrac{1-G_e(z)}{G_{h0}G(z)G_e(z)} = \dfrac{\Phi(z)}{G_{h0}G(z)[1-\Phi(z)]}$，求出数字控制器。

（4）利用 $C(z) = \Phi(z)R(z)$ 可求出 $c^*(t)$ 脉冲序列。

（5）利用 $E(z) = G_e(z)R(z) = (1-z^{-1})^N R(z)$，求出 $e^*(t)$。

由此可以确定调节时间的最少拍数以及调节时间，并能获取其他动态性能指标。

5. 设计举例

【例 8-25】　离散控制系统如图 8-24 所示，其中，$T=1\text{s}$。若要求在输入 $r(t)$ 为速度输入下系统为最少拍，试确定数字控制器 $D(z)$，并分析所设计系统的性能。

（1）当 $r(t) = 1(t)$ 时，求系统输出脉冲响应函数 $c^*(t)$。

（2）当 $n(t) = \delta(t)$ 时，求系统输出脉冲响应函数 $c^*(t)$。

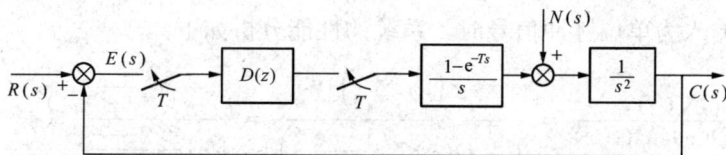

图 8-24　［例 8-25］的离散控制系统结构图

解：最少拍系统的设计过程如下：

$$G_{h0}G(z) = Z\left(\frac{1-e^{-Ts}}{s^3}\right) = (1-z^{-1})Z\frac{1}{s^3} = (1-z^{-1})\frac{T^2 z(z+1)}{2(z-1)^3} = \frac{z^{-1}(1+z^{-1})}{2(1-z^{-1})^2}$$

当 $r(t) = t$ 时，$N=2$，则 $G_e(z) = (1-z^{-1})^N = (1-z^{-1})^2$，数字控制器结构为

$$D(z) = \frac{1-(1-z^{-1})^N}{G_{h0}G(z)(1-z^{-1})^N} = \frac{1-(1-z^{-1})^2}{\dfrac{z^{-1}(1+z^{-1})}{2(1-z^{-1})^2}(1-z^{-1})^2} = \frac{2(2z-1)}{z+1}$$

$$\Phi(z) = (2z^{-1}-z^{-2})$$

由 $E(z) = G_e(z)R(z) = (1-z^{-1})^N R(z) = (1-z^{-1})^2 \dfrac{z^{-1}}{(1-z^{-1})^2} = z^{-1}$ 得

$$E^*(s) = e^{-Ts} = e^{-s} \Rightarrow e^*(t) = \delta(t-T)$$

误差响应的脉冲序列如图 8-25 所示。由图 8-25 可得，误差在采样点消失需要两拍，所以系统的调节时间 $t_s = 2T = 2\text{s}$。表示 2s 后，在采样点输出和输入信号可以保持一致。

当给定输入的形式或输入信号的位置发生变化时，该系统的动静态性能指标会随之发生变化。

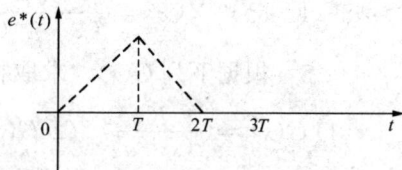

图 8-25　［例 8-25］的误差响应的脉冲序列

（1）当给定输入为单位阶跃信号时，系统的性能分析如下：

$$C(z) = \Phi(z)R(z) = (2z^{-1} - z^{-2})\frac{z}{z-1} = \frac{2z-1}{z^2}\frac{z}{z-1} = \frac{2z-1}{z^2-z} = 2z^{-1} + z^{-2} + z^{-3} + \cdots$$

$$c^*(t) = 2\delta(t-T) + \delta(t-2T) + \delta(t-3T) + \cdots$$

$$E(Z) = G_e(z)R(z) = (1-z^{-1})^N R(z) = (1-z^{-1})^2 \frac{1}{(1-z^{-1})} = 1 - z^{-1}$$

$$E^*(s) = 1 - e^{-Ts} = 1 - e^{-s} \Rightarrow e^*(t) = \delta(t) - \delta(t-T)$$

输出响应和误差响应的脉冲序列如图 8-26 所示。当给定值为单位阶跃信号时，系统无静态误差。稳态误差消失需要两拍，调节时间 $t_s = 2T$。

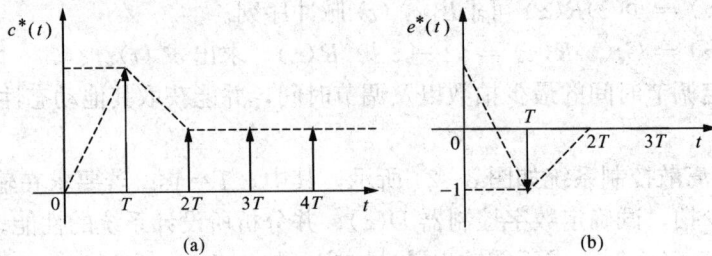

图 8-26 输出响应和误差响应的脉冲序列

（2）当干扰输入为单位脉冲信号时，系统的性能分析如下：

$$C(z) = \frac{GN(z)}{1 + D(z)G_{h0}G(z)} = \frac{Z\left(\frac{1}{s^2} \times 1\right)}{1 + D(z)Z\left(\frac{1-e^{-s}}{s^3}\right)} = \frac{\dfrac{z}{(z-1)^2}}{1 + \dfrac{2(2z-1)}{z+1}\dfrac{(z+1)}{2(z-1)^2}} = z^{-1}$$

$$c^*(t) = \delta(t-T)$$

在单位阶跃干扰信号的作用下，系统输出信号经过两拍后，回到给定值 0，所以调节时间 $t_s = 2T$。

习　题

8-1　试求 a^k 的 z 变换。

8-2　已知 $X(s) = \dfrac{(s+3)}{(s+1)(s+2)}$，试求 $X(z)$。

8-3　已知 $X(z) = \dfrac{z}{(z-1)^2(z-2)}$，试求 $x(KT)$。

8-4　已知 $X(z) = \dfrac{z(1-e^{-T})}{(z-1)(z-e^{-T})}$，试求 $x(KT)$。

8-5　根据下列 $G(s)$，求取相应的脉冲传递函数 $G(z)$。

（1）$G(s) = \dfrac{K}{s(s+a)}$　（2）$G(s) = \dfrac{1-e^{-Ts}}{s}\dfrac{K}{s(s+a)}$　（3）$G(s) = \dfrac{\omega}{s^2+\omega^2}$

8-6　离散系统如图 8-13（a）所示，其中，传递函数 $G(s) = \dfrac{10}{s(s+1)}$，$H(s) = 1$，

采样周期 $T=1\mathrm{s}$。试分析系统的稳定性。

8-7 离散系统如图 8-13（a）所示，当 $G(s)=\dfrac{K}{s(s+1)}$，$H(s)=\tau s+1$，$T=1\mathrm{s}$，试分析系统稳定时 K，τ 的取值。

8-8 试求图 8-27 所示的离散系统的输出表达式 $C(z)$。

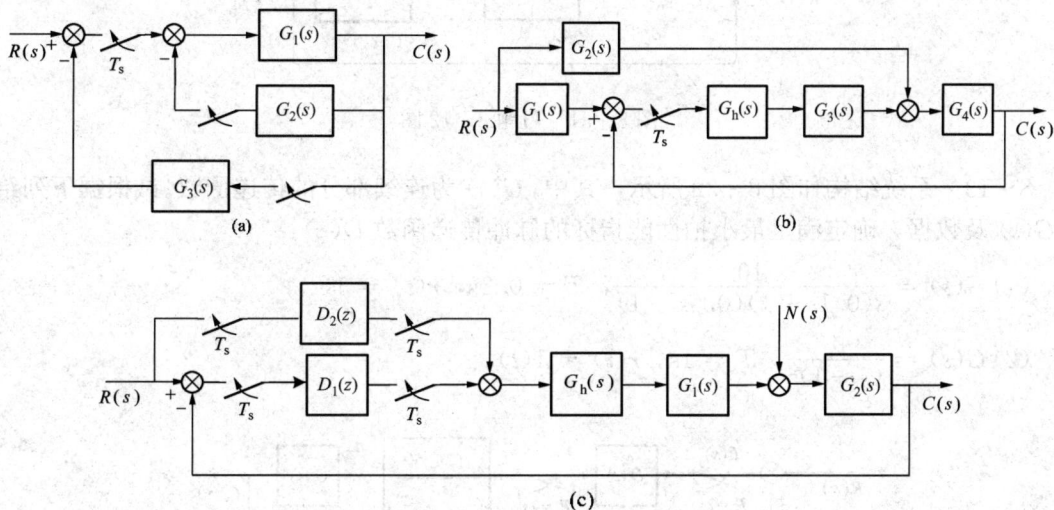

图 8-27 习题 8-8 图

8-9 离散系统如图 8-28 所示（$T=1\mathrm{s}$）。

求：

（1）当 $K=8$ 时分析系统的稳定性；

（2）系统临界稳定时 K 的取值。

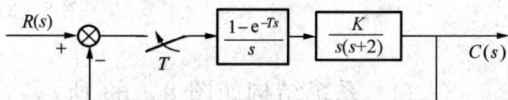

图 8-28 习题 8-9 图

8-10 系统结构如图 8-29 所示，其中，$K=10$，$T=0.2\mathrm{s}$，输入函数 $r(t)=1(t)+t+\dfrac{1}{2}t^2(t\geqslant0)$，求系统的稳态误差。

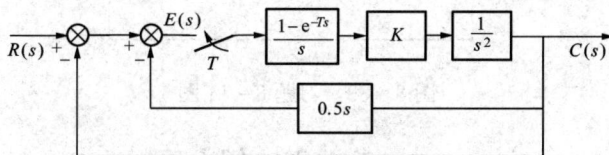

图 8-29 习题 8-11 图

8-11 系统结构如图 8-30 所示。求当 $T=1\mathrm{s}$ 时和 $T=0.5\mathrm{s}$ 时，系统的临界稳定 K 值。

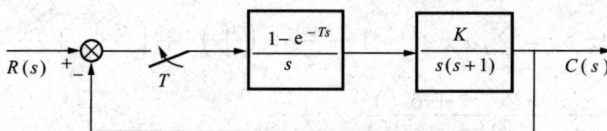

图 8-30 习题 8-11 图

8-12 离散系统如图 8-31 所示，其中，$G(s)=\dfrac{K}{s(Ts+1)}$，试确定系统稳定时 K 的取值范围。

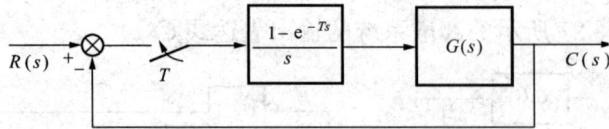

图 8-31 习题 8-12 图

8-13 系统结构如图 8-32 所示，其中，$G(s)$ 为连续部分的传递函数。试根据下列给出的 $G(s)$ 及数据，确定满足最小拍性能指标的脉冲传递函数 $D(z)$：

(1) $G(s)=\dfrac{10}{s(0.1s+1)(0.5s+1)}$，$T=0.2$s，$r(t)=1(t)$；

(2) $G(s)=\dfrac{1}{(s+1)^2}$，$T=1$s，$r(t)=1(t)$。

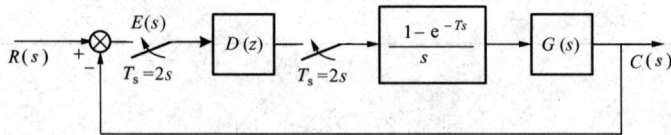

图 8-32 习题 8-13 图

8-14 系统结构如图 8-33 所示，其中，$G(s)=\dfrac{1}{s(s+1)}$，采样周期 $T=1$s，试求 $r(t)=1(t)$ 系统无稳态误差时，过渡过程在最小拍结束的 $D(z)$。

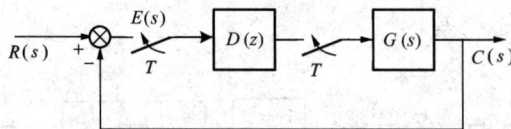

图 8-33 习题 8-14 图

参 考 答 案

8-1 $f^*(t)=\displaystyle\sum_{k=0}^{\infty}f(k)\delta(t-kT) \Rightarrow f^*(s)=\sum_{k=0}^{\infty}f(k)e^{-kTs}$

$F(z)=\displaystyle\sum_{k=0}^{\infty}f(k)z^{-k}=\sum_{k=0}^{\infty}a^kz^{-k}=1+\frac{a}{z}+\left(\frac{a}{z}\right)^2+\left(\frac{a}{z}\right)^3+\cdots=\frac{z}{z-a}$

8-2 $X(z)=\dfrac{z(z-2e^{-2T}+e^{-T})}{(z-e^{-T})(z-e^{-2T})}$

8-3 $x(KT)=-1-KT+2^k$

8 - 4 $\quad x(KT) = 1 - e^{-KT}$

8 - 5 $\quad$ (1) $Z[G(s)] = \dfrac{Kz(1 - e^{-aT})}{a(z-1)(z - e^{-aT})}$

(2) $Z[G(s)] = \dfrac{K}{a^2}\left[-1 + \dfrac{aT}{z-1} + \dfrac{z-1}{z - e^{-aT}}\right]$

(3) $Z[G(s)] = Z\left(\dfrac{\omega}{s^2 + \omega^2}\right) = \dfrac{z\sin\omega T}{z^2 - 2z\cos\omega T + 1}$

8 - 6 $\quad$ 系统不稳定。

8 - 7 $\quad \begin{cases} K > 0 \\ K\tau + 0.632 > 0 \\ 2K\tau + 2.736 - 0.632K > 0 \end{cases}$

8 - 8 $\quad$ (a) $C(z) = \dfrac{G_1(z)}{1 + G_1 G_2(z) + G_1(z)G_3(z)}R(z)$

(b) $C(z) = \dfrac{G_2 G_4 R(z) + G_1 R(z) G_h G_3 G_4(z)}{1 + G_h G_3 G_4(z)}$

(c) $C(z) = \dfrac{G_2 N(z) + [D_1(z) + D_2(z)]G_h G_1 G_2(z)R(z)}{1 + D_1(z)G_h G_1 G_2(z)}$

8 - 9 $\quad$ (1) 当 $K = 8$ 时，系统不稳定；

(2) 当 $K = 5.81$ 时，系统临界稳定。

8 - 10 $\quad e_{ss} = 0.05$。

8 - 11 $\quad$ 临界稳定时 $K = 4.37$。

8 - 12 $\quad -1 < K < \dfrac{1 + e^{-\frac{T_s}{T}}}{1 - e^{-\frac{T_s}{T}}}(T > T_s)$，采样周期 T 越小，系统稳定时 K 的取值范围越小。

8 - 13 $\quad$ (1) $D(z) = \dfrac{6.49(z - 0.14)(z - 2.27)}{(z + 0.14)(z + 2.27)}$

(2) $D(z) = \dfrac{\Phi(z)}{G_h G(z)G_e(z)} = \dfrac{(z - 0.37)^2}{(z - 1)(0.26z + 0.14)} = \dfrac{3.79(z - 0.37)^2}{(z - 1)(z + 0.51)}$

(3) $D(z) = \dfrac{\Phi(z)}{G_h G(z)G_e(z)} = \dfrac{0.35(z - 0.14)}{z - 0.4}$

8 - 14 $\quad D(z) = \dfrac{\Phi(z)}{G_h G(z)G_e(z)} = \dfrac{z - 0.368}{0.632z} = 1.58 - 0.58z^{-1}$

第九章　自动控制原理实验

实验一　典型环节的电模拟及其阶跃响应分析

一、实验目的

(1) 熟悉典型环节的电模拟方法。

(2) 掌握参数变化对动态性能的影响。

二、实验设备

(1) CAE2000 系统（主要使用模拟机、模/数转换、微机、打印机等）。

(2) 数字万用表。

三、实验内容

1. 比例环节的模拟及其阶跃响应

微分方程为

$$c(t) = -Kr(t)$$

传递函数为

$$G(s) = \frac{C(s)}{R(s)} = -K$$

负号表示比例器的反相作用。比例环节（模拟机）如图 9-1 所示，分别求取 $K=1$，$K=2$ 时的阶跃响应曲线，并打印曲线。

2. 积分环节的模拟及其阶跃响应

微分方程为

$$T\frac{dc(t)}{dt} = r(t)$$

传递函数为

$$G(s) = \frac{1}{Ts} = \frac{K}{s}$$

积分环节（模拟机）如图 9-2 所示，分别求取 $K=1$、$K=0.5$ 时的阶跃响应曲线，并打印曲线。

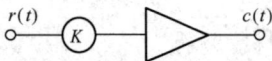

图 9-1　比例环节图　　　　　　　　　图 9-2　积分环节图

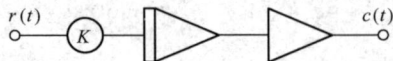

3. 一阶惯性环节的模拟及其阶跃响应

微分方程为

$$T\frac{dc(t)}{dt} + c(t) = Kr(t)$$

传递函数为

$$G(s) = \frac{K}{Ts+1}$$

一阶惯性环节（模拟机）如图 9-3 所示，
分别求取 $K=1$、$T=1$；$K=1$、$T=2$；$K=2$、
$T=2$ 时的阶跃响应曲线，并打印曲线。

4. 二阶系统的模拟及其阶跃响应

微分方程为

图 9-3 一阶惯性环节图

$$T^2 \frac{d^2 c(t)}{dt^2} + 2\xi T \frac{dc(t)}{dt} + c(t) = r(t)$$

传递函数为

$$G(s) = \frac{1}{T^2 s^2 + 2\xi Ts + 1} = \frac{\omega_n^2}{s^2 + 2\xi \omega_n s + \omega_n^2}$$

画出二阶环节模拟机排题图，并分别求取打印：

(1) $T=1$，$\xi=0.1$、0.5、1 时的阶跃响应曲线。

(2) $T=2$，$\xi=0.5$ 时的阶跃响应曲线。

四、实验步骤

(1) 接通电源，用万用表将输入阶跃信号调整为 2V。

(2) 调整相应系数器；按图接线，不用的放大器切勿断开反馈回路（接线时，阶跃开关
处于断开状态）；将输出信号接至数/模转换通道。

(3) 检查接线无误后，开启微机、打印机电源；进入 CAE2000 软件，组态 A/D，运行
实时仿真；开启阶跃输入信号开关，显示、打印曲线。

五、实验预习

(1) 一、二阶环节的瞬态响应分析；模拟机的原理及使用方法（见本章附录）。

(2) 写出预习报告；画出二阶环节的模拟机排题图；在理论上估计各响应曲线。

六、实验报告

(1) 将各个环节的实验曲线整理在一个坐标系上，曲线起点为坐标原点。分析各参数变
化对其阶跃响应的影响，与估计的理论曲线进行比较，不符请分析原因。

(2) 由二阶环节的实验曲线求得 $\sigma\%$，t_s 和 t_p，与理论值进行比较，并分析 $\sigma\%$，t_s，t_p
等和 T，ξ 的关系。

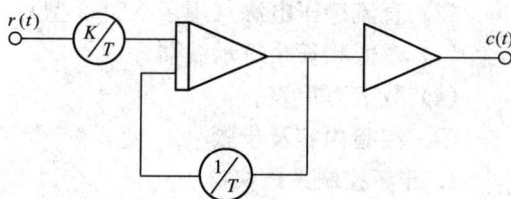

实验二　随动系统的开环控制、闭环控制及其稳定性

一、实验目的

了解开环控制系统、闭环控制系统的实际结构及工作状态；控制系统稳定的概念以及系
统开环比例系数与系统稳定性的关系。

二、实验要求

能按实验内容正确连接实验线路，正确使用实验所用测试仪器，在教师指导下独立完成
实验，并能对实验结果进行分析。

三、实验设备

(1) XSJ-3（或 XSJ-2）型小功率直流随动系统学习机。

（2）直流稳压电源（用于 XSJ-3 型）。

（3）超低频长余辉示波器。

（4）数字万用表。

四、实验内容及步骤

1. 开环控制系统实验

（1）用螺丝刀将直流电动机轴与反馈电位器连接轴螺丝拧松，使直流电动机轴与反馈电位器脱开（开环时保护反馈电位器）。

（2）将给定电位器、运放Ⅰ、运放Ⅱ、功放、直流电动机连接成开环状态（给定电位器旋至0），其原则性方框图如图 9-4 所示（接线时可参考图 9-8）。

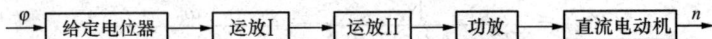

图 9-4　开环控制系统原则性方框图

（3）旋转给定电位器，当其滑臂转角大小、方向不同（即输入电压大小、极性不同）时，观察电动机恒定转速与方向，将速度变化趋势填入表 9-1 中。

表 9-1　　　　　　　　　　　开环控制系统实验数据

直流电动机转速		给定电位器转角					
		正方向			反方向		
		（大）	（中）	（小）	（大）	（中）	（小）
运放Ⅱ 比例系数	（大）						
	（小）						

（4）改变运放Ⅱ的放大倍数，重复上述过程。

2. 闭环控制系统实验

（1）将直流电动机轴与反馈电位器连接好（用螺丝刀拧紧连接轴螺丝），同时给定电位器置0。

（2）将给定电位器、运放Ⅰ、运放Ⅱ、功放、直流电动机、反馈电位器连接成开环状态，其原则性方框图如图 9-5 所示。

图 9-5　闭环控制系统原则性方框图

（3）判断反馈极性。按照给定电位器顺时针方向时电动机的转向，用手转动电动机轴，使反馈电位器转过一个角度，用万用表测量反馈电位器的输出电压，若是电压下降或负相增加则反馈极性为负，否则为正（如果是正反馈，须改成负反馈，请同学自己解决）。

（4）将系统连接成负反馈闭环状态。

（5）将给定电位器滑臂由零转过三个不同的角度（可分为 30°、60°、90°），分别读出反馈电位器由起始位置变化的角度。改变给定电位器的转向，重复上述过程，将实验数据填入表 9-2 中。

表 9 - 2　　　　　　　　　　　**闭环控制系统实验数据**

直流电动机转角		给定电位器转角					
		正 方 向			反 方 向		
		（大）	（中）	（小）	（大）	（中）	（小）
运放Ⅱ 比例系数	（大）						
	（中）						
	（小）						

（6）改变运放Ⅱ的比例系数（共分为小、中、大），重复实验步骤（4）。

3. 系统开环比例系数与稳定性的关系

（1）将系统保持闭环控制系统实验时的状态，同时将反馈电位器的输出电压接到示波器输入端（反馈电压可表示直流电动机转角，即输出转角）。

（2）将给定电位器置 0（或者断开）。取运放Ⅱ比例系数为三个不同数值（三个不同数值的选取以出现三种明显不同的过渡特性为准，即指数曲线、衰减振荡、激烈衰减振荡），加入阶跃输入信号，用示波器观察输出波形，并将波形填入表 9 - 3 中。

表 9 - 3　　　　　　　　　　　**控制系统稳定性实验数据**

运放Ⅱ比例系数	（大）	（中）	（小）
输 出 波 形			

五、实验预习

（1）控制系统的稳定性；直流电动机系统数学模型的建立；实验指导书。

（2）写出预习报告，画出系统方框图，标明各部分传递函数，估计实验结果。

六、实验报告

（1）记录实验数据。

（2）分析实验结果，并与估计的实验结果进行比较，若不相符，请分析原因。总结实验得出的结论。

实验三　随动控制系统的静、动态性能指标及系统校正

一、实验目的

（1）加深对控制系统的稳态误差、超调量、过渡过程时间概念及其与开环比例系数关系的了解。

（2）了解控制系统的校正方法，校正对系统性能指标的影响。

二、实验设备

（1）XSJ-3（或 XSJ-2）型小功率直流随动系统学习机。

（2）直流稳压电源（用于 XSJ-3 型）。

（3）超低频长余辉示波器。

（4）数字万用表。

（5）超前网络板（用于 XSJ-3 型）。

三、实验内容及步骤

1. 随动系统静、动态性能指标

（1）连接系统，使其处于负反馈闭环系统，并将反馈电位器的输出电压同时接到示波器输入端（接线同实验二的内容 3）。

（2）将给定电位器置 0。取运放 Ⅱ 比例系数为小、中、大三个不同数值（比例系数的选取以出现三种明显不同的过渡特性为准，即指数曲线、衰减振荡、激烈衰减振荡，注意不要使系统处于自振荡状态）。将给定电位器滑臂固定不动，用手转动电动机轴，从正反两个方向使电动机轴偏离起始位置，松手后电动机轴便自动转回起始位置。由于存在定态误差，因此它不能完全回到起始位置。由示波器可以测得，两个不同方向的偏离便形成了一个误差带，读出误差带的电压值，再除以 2，便是系统的稳态误差 e_{ss}，如图 9-6 所示。

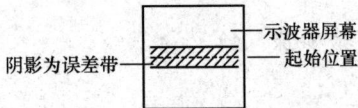

图 9-6 示波器显示误差带

（3）取上面所选运放 Ⅱ 的三个比例系数，加入阶跃输入，画出示波器上显示的响应曲线，并读出超调量 $\sigma\%$ 和过渡过程时间 t_s。

（4）将实验结果填入表 9-4 中。

表 9-4　　　　　　　　　　　　随 动 系 统 实 验 数 据

运放 Ⅱ 比例系数	（小）	（中）	（大）
稳态误差 e_{ss}（mV）			
输出过渡过程曲线（定性）			
超调量 $\sigma\%$			
过渡过程时间 t_s			

2. 串联校正

在运放 Ⅰ 和运放 Ⅱ 之间接入超前网络板（XSJ-2 型的超前网络可由面板上相应器件连接而成，如图 9-7 所示），重复上述求取稳态误差 e_{ss}、超调量 $\sigma\%$ 和过渡过程时间 t_s 的步骤。

3. 速度反馈校正

（1）撤去超前校正环节，恢复运放 Ⅰ 和运放 Ⅱ 之间的连线，将与直流电动机同轴的测速发电机输出通过 10kΩ 电阻接到运放 Ⅱ 的同相端（速度反馈），如图 9-8 小功率随动系统原理接线所示，注意反馈极性的判别。

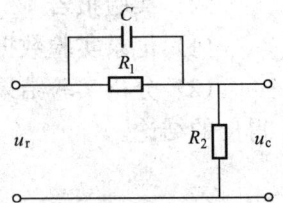

图 9-7 超前网络

（2）重复上述求取稳态误差 e_{ss}、超调量 $\sigma\%$ 和过渡过程时间 t_s 的步骤。

四、实验预习

（1）控制系统的稳态误差、动态性能，线性控制系统的校正，实验指导书。

（2）写出预习报告，画出系统方框图，估计实验结果。

五、实验报告

（1）整理实验结果（校正前、串联校正、速度反馈校正各填一表）。

（2）分析产生稳态误差的原因，总结开环比例系数与稳态误差 e_{ss}、超调量 $\sigma\%$ 和过渡过程时间 t_s 的关系。

（3）分析串联超前校正和反馈校正对系统动态性能的影响。

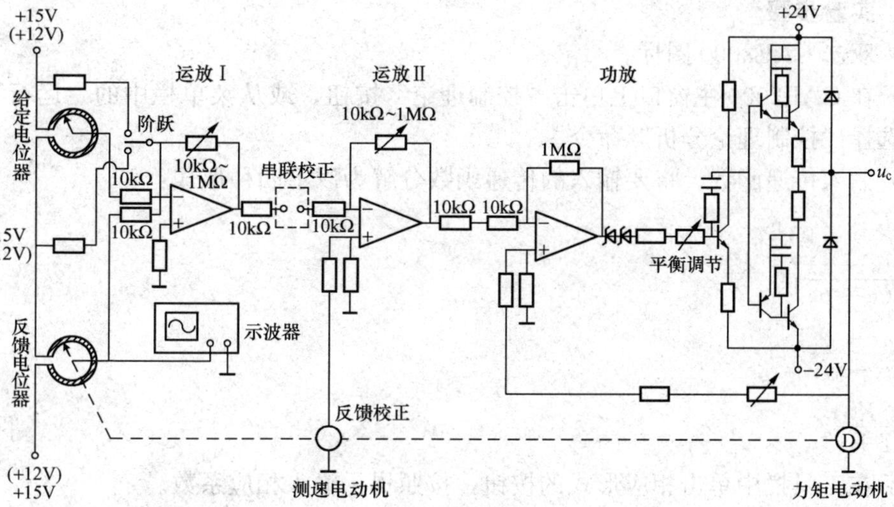

图 9-8 小功率随动系统原理接线图

实验四 控制系统的频率特性分析

一、实验目的

(1) 熟悉 CAE2000 系统绘制 Nyquist 图和 Bode 图的方法。

(2) 掌握频率特性分析控制系统的方法。

二、实验设备

CAE2000 系统（主要使用 CAE2000 系统软件、微机和打印机）。

三、实验内容

1. 二阶振荡环节的频率特性

$$G(s) = \frac{1}{T^2 s^2 + 2\xi T s + 1}$$

$T = 0.1\text{s}$ 时，分别绘制 $\xi = 0.1$、0.5、0.7 时的 Nyquist 图和 Bode 图。

2. 控制系统的频率特性分析

单位负反馈系统的开环传递函数如下，绘制 Nyquist 图和 Bode 图。利用 Nyquist 图判定闭环系统的稳定性，利用 Bode 图计算系统的相位裕量和增益裕量，并利用开环频率特性估算闭环系统的动态性能指标，如超调量 $\sigma\%$、调节时间 t_s。

(1) $G_1(s) = \dfrac{10}{15s + 1}$

(2) $G_2(s) = \dfrac{15(2s + 1)}{s^2(10s + 1)}$

(3) $G_3(s) = \dfrac{5(20s + 1)}{(2s + 1)(5s + 1)(50s + 1)}$

(4) $G_4(s) = \dfrac{20(2s + 1)}{s^2(s^2 + 4s + 25)}$

(5) $G_5(s) = \dfrac{0.4s^3}{(s + 2)(s + 5)(s + 0.4)}$

四、实验步骤

(1) 双击 CAE2000 图标。

(2) 在 CAE2000 主窗口上单击"控制理论"按钮，或从菜单栏中的"运行"项的下拉菜单中选择"控制理论分析"命令。

(3) 输入传递函数。将要输入的传递函数分解为以下四种形式：

1) K；

2) $\dfrac{(s-z)}{(s-p)}$；

3) $\dfrac{as+b}{cs+d}$；

4) $\dfrac{K}{1+s}$。

然后在工具栏中单击相应形式的按钮，按照提示输入相应系数。

(4) 画 Nyquist 图。单击工具栏中的"奈奎斯特图"按钮，显示相应 Nyquist 图。点击"打印"按钮打印曲线。

(5) 画 Bode 图。单击工具栏中的"伯德图"按钮，显示相应 Bode 图。单击"打印"按钮打印曲线。

五、实验预习

(1) 频率特性分析有关章节；实验指导书。

(2) 写出预习报告；绘制幅相频率特性概略曲线、对数幅频特性的渐近线和对数相频特性大致曲线。

六、实验报告

(1) 根据实验曲线求出实验数据，填入表 9 - 5 中。

(2) 总结实验得出的结论。

表 9 - 5   控制系统频率特性实验数据

传递函数	剪切频率	相位裕量	增益裕量	稳定性
$G_1(s)$				
$G_2(s)$				
$G_3(s)$				
$G_4(s)$				
$G_5(s)$				

实 验 五   频 率 特 性 测 试

一、实验目的

(1) 加强对频率特性概念的了解。

(2) 掌握频率特性的测试方法。

二、实验设备

CAE2000 系统。

三、实验内容及步骤

（1）实验原理图如图 9-9 所示。

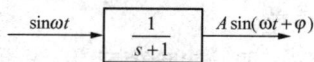

$$\xrightarrow{\sin\omega t} \boxed{\dfrac{1}{s+1}} \xrightarrow{A\sin(\omega t+\varphi)}$$

图 9-9 实验五的原理图

（2）正弦信号源由 CAE2000 软件实现后，输送至 D/A 接口。

1）双击 CAE2000 图标。

2）单击工具栏中的"信号源"按钮，屏幕右侧弹出一列信号源模块组。单击"正弦"图标并将鼠标指针移至组态区合适位置（此时指针已由箭头形状变为十字形状），在此位置单击，正弦函数方框图即出现在组态区。依此方式分别将"信号源"模块组的"阶跃"模块，"综合"模块组的"加法"、"曲线 2"模块，"接口"模块组的"A/D"、"D/A"模块放到组态区并连接，如图 9-10 所示（图 9-10 中 Graph1 也为"曲线 2"模块）。由于"A/D"、"D/A"模块只能接受正弦信号，因此正弦信号与幅值为 1V 的阶跃信号相加，以保证输出大于等于 0。

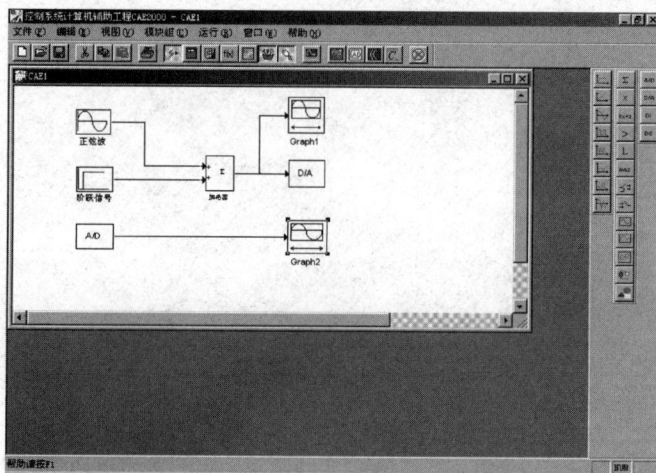

图 9-10 实验五的 CAE2000 组态图

3）双击各模块，定义其参数。具体参数定义如下：

正弦——幅值 A：1；频率 ω：0.2；初相角：0。

阶跃信号——初值 Y_0：0；阶跃值 Y_1：1；最小值：0。

加法器——符号序列：++。

曲线 2——时间跨度初值：100s；输出范围初值最大值：1；最小值：0。

A/D——转换通道号（1～16 选一）。

D/A——转换通道号（1～16 选一）。

（3）一阶惯性环节由模拟机实现。正弦信号源由 D/A 接口输入模拟机，模拟机输出信号由 A/D 端口输入计算机，通过 CAE2000 软件显示打印曲线。

1）按一阶惯性环节排题图（见图 9-3）接线，其中，$K=1$，$T=1$。

2）将一阶惯性环节的输入端与 D/A 端口（端口号应与 D/A 模块定义一致）相连。将一阶惯性环节的输出与定义的 A/D 端口相连。开启模拟机电源。

3）分别将正弦信号频率 ω 定义为 0.2、0.5、0.8、1、2、5，进行实时仿真。待输出稳定后，结束仿真。打印相应输入输出波形，并读取输出曲线的峰-峰值及输入输出波形相位差。

四、实验预习

（1）频率特性的概念，频率特性的图示方法以及典型环节的频率特性。

（2）计算各实验点的 $A(\omega)$ 和 $\theta(\omega)$ 的理论值；绘制一阶惯性环节的幅相特性曲线和对数频率特性曲线；写出预习报告。

五、实验报告

（1）由实验数据计算各实验频率对应的 $A(\omega)$ 和 $\theta(\omega)$。

（2）绘制极坐标图和对数频率特性曲线。

（3）与理论数据进行比较，分析误差原因。

第十章　自动控制理论的计算机辅助设计

第一节　引　　言

　　本章是为了配合自动控制理论课程的学习而编写的。为了使学生能够对自动控制理论课程所学的内容进行深层次的分析和研究，在此加设了应用 MATLAB 软件进行计算机辅助设计这一教学环节。

　　MATLAB 软件有着对应用学科的极强适应力，并已经成为应用学科计算机辅助分析、设计、仿真、教学乃至科技文字处理不可缺少的基础软件。在高等院校，MATLAB 已经成为本科生、硕士生、博士生必须掌握的基本技能；在设计研究单位和工业部门，MATLAB 已经成为研究和解决各种具体工程问题的一种标准软件。国际上许多新版科技书籍在讲述其专业内容时都把 MATLAB 当做基本工具使用。国内一些理工类重点院校已经把 MATLAB 作为攻读学位所必须掌握的一种软件。作为自动化专业的学生，有必要学会应用这一强大的工具，并掌握利用 MATLAB 对控制理论内容进行分析和研究的技能，以达到加深对课堂上所讲内容理解的目的。另外，通过使用这一软件工具把学生从繁琐枯燥的计算负担中解脱出来，从而把更多的精力用到思考本质问题和研究解决实际生产问题上去。

　　通过此次计算机辅助设计，学生应达到以下基本要求：

　　(1) 能用 MATLAB 软件解复杂的自动控制理论题目。

　　(2) 能用 MATLAB 软件设计控制系统以满足具体的性能指标要求。

　　(3) 能灵活应用 MATLAB 的 CONTROL SYSTEM 工具箱和 SIMULINK 仿真软件，分析系统的性能。

　　MATLAB 软件是一个庞大的体系，它有强大的数学计算和图形绘制功能，作为自动控制理论的计算机辅助设计，尤其是面对学习时间有限的本科生，本章只能针对本专业的范围加以讲解，力求通过一些简单的例子，一步一步带领读者进入 MATLAB 的世界，有效地利用它解决所面临的问题，起到一个敲门砖的作用。由于章节有限，对于 MATLAB 语言的基础，读者可以查阅有关书籍加以了解掌握。

第二节　前 期 基 础 知 识

一、启动 MATLAB

　　在 Windows 操作系统环境下，当 MATLAB 运行在 PC 上时，双击 MATLAB 图标进入 MATLAB 命令窗口，或单击 Windows 开始菜单，依次选择"程序"→"MATLAB"即可进入 MATLAB 命令窗口。它是用户使用 MATLAB 进行工作的窗口，同时也是实现 MATLAB 各种功能的窗口。MATLAB 命令窗口除了能够直接输入命令和文本外，还包括菜单命令和工具栏。MATLAB 菜单命令的构成相对简单而全面。

二、MATLAB 的程序设计

一般的程序语言，如 C，C＋＋大多都提供基本的数学函数库。程序员通过这些数学函数库，可以处理大量的数值运算。对于专业的技术人员来说，除了花时间研究专业知识外，还需要花费心思编写自己的高级数学函数库，如在控制理论中特征根的求取、状态反馈阵的运算等。无论是在有限的大学四年的学习中，还是在以后的工作中，无论是进行一套新理论的研究，还是对一件新产品的模拟、实验与发展，如果程序员或研究人员没有强大的数学函数和绘图功能的支持，就会在竞争中处于劣势。

Mathworks 公司将 MATLAB 语言称为第四代编程语言，MATLAB 的编程效率比常用的 BASIC、C、FORTRAN 和 PASCAL 等语言要高得多，而且容易维护。

MATLAB 的魅力就在于它是一种语言，而且是一种高效的编程语言。MATLAB 软件本质上就是 MATLAB 语言的编程环境，M 文件也就是用 MATLAB 语言编写的程序代码文件，它的基本数据结构是矢量和矩阵。

只有充分利用 MATLAB 软件强大的资源，才能更深入地学习控制理论。所以读者应该通过此次学习掌握编写 MATLAB 程序的规则和方法。有关内容请参看相关书籍，本书在此不再赘述。

三、SIMULINK 动态仿真集成环境

MATLAB 软件中的 SIMULINK 主要用于动态系统的仿真。SIMULINK 软件是一个应用性非常强的软件，它有以下几个突出的优点。

（1）用户可以自定义系统模块。

（2）系统具有分层功能，这一功能可以使用户轻松组织系统，层次分明且又自成系统。

（3）仿真与结果分析。

根据这些特点，本章将通过例题，说明如何在 SIMULINK 环境下，完成对实际系统的仿真分析。

在 MATLAB 命令窗口中输入 SIMULINK 或单击图标 ![icon]，或在 MATLAB 的菜单上选择 File→New→Model 即可启动 SIMULINK。

模型建构完成后，就可以启动系统仿真功能来分析系统的各种特性，可以直观地显示在类似示波器的窗口。SIMULINK 软件特别适合进行直观、精确、方便的仿真研究，下面举例加以说明。

【例 10 - 1】 某单位负反馈系统如图 10 - 1 所示，已知 $r(t) = 4 + 6t$，$n(t) = -1(t)$，试求：（1）系统的稳态误差；

（2）要想减少扰动 $n(t)$ 产生的误差，应提高哪一个比例系数；

（3）若将积分因子移到作用点之前，则系统的稳态误差如何变化。

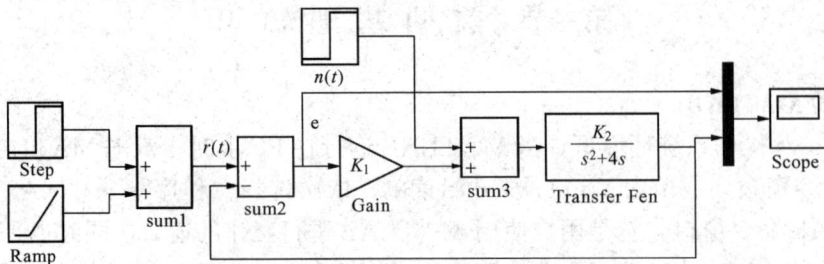

图 10 - 1　系统的 SIMULINK 仿真框图

解：（1）如图 10-1 所示，搭建系统的 SIMULINK 仿真框图。两个比例系数取不同的值，观察示波器的输出可以验证系统的稳态误差为

$$e_{ss} = \frac{24}{K_1 K_2} + \frac{1}{K_1}$$

（2）分别改变两个比例系数，观察示波器的输出验证提高 K_1 可减少扰动 $n(t)$ 产生的误差。

（3）若将积分因子移到作用点之前（见图 10-2），则观察示波器的输出可以验证，此时系统由扰动 $n(t)$ 产生的稳态误差为零，给定输入作用下的稳态误差不变。图 10-3 所示为扰动输入 $n(t) = -1(t)$ 作用下的误差变化。

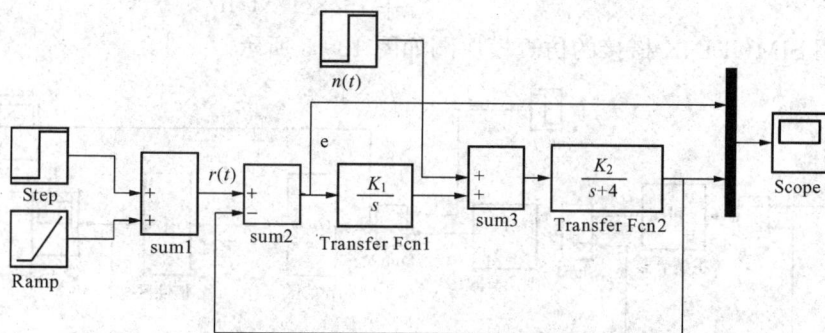

图 10-2　改变后系统的 SIMULINK 仿真框图

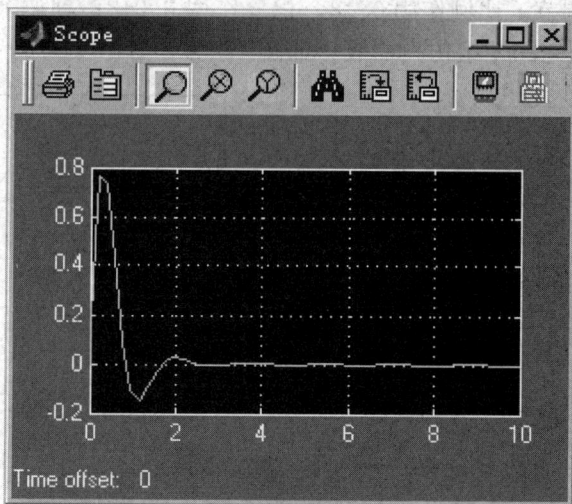

图 10-3　示波器的输出

【例 10-2】　某机组一段串级汽温调节系统方框图如图 10-4 所示。图中，$G_1(s)$ 为被控对象一级导前区传递函数，$G_2(s)$ 为被控对象一级惰性区传递函数，$G_{c1}(s)$ 为主调节器传递函数，$G_{c2}(s)$ 为副调节器传递函数，$n(t)$ 为喷水阀门扰动信号，$r(t)$ 为温度给定值信号，$c(t)$ 为温度测量值。试通过 SIMULINK 仿真，研究系统在给定值扰动和喷水扰动下的汽温变化以及执行器的输出。

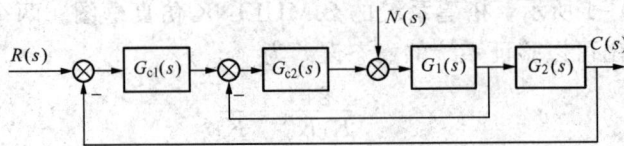

图 10-4 串级汽温调节系统的方框图

解：调节系统的一级导前区对象和一级主汽温对象的传递函数分别为

$$G_1(s) = -\frac{0.577}{(1+23s)^2}\left(\frac{℃}{t/h}\right)$$

$$G_1(s)G_2(s) = -\frac{1.15}{(1+15.8s)^5}\left(\frac{℃}{t/h}\right)$$

系统利用 SIMULINK 搭接的仿真模块图如图 10-5 所示。

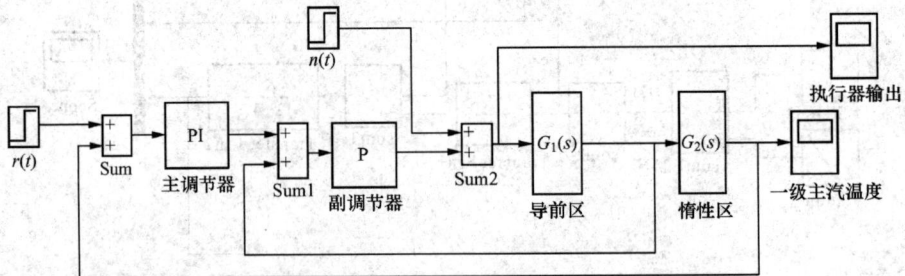

图 10-5 串级汽温调节系统的仿真模块图

主调节器采用 PI 调节，比例作用 0.48，积分作用 0.018；副调节器采用 P 调节，比例作用 17。下面分别给出它的几组仿真曲线，如图 10-6～图 10-9 所示。

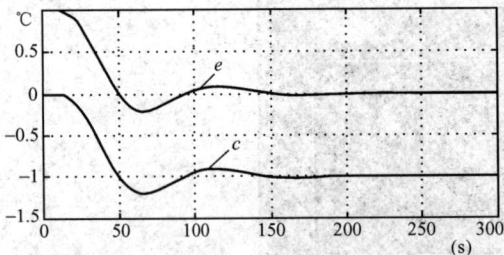

图 10-6 给定值扰动下汽温和误差仿真曲线

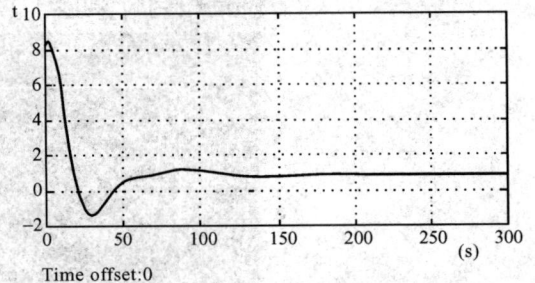

图 10-7 给定值扰动下执行器的输出仿真曲线

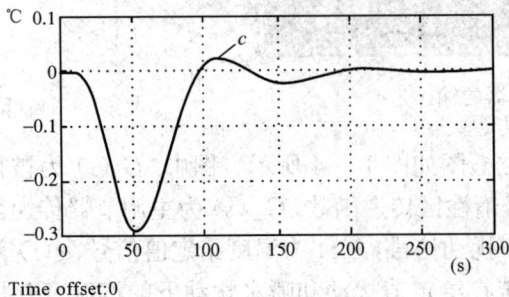

图 10-8 4t 喷水扰动下的汽温仿真曲线

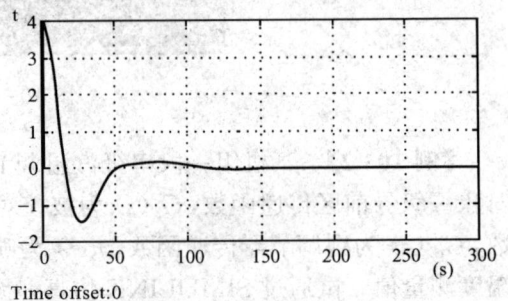

图 10-9 4t 喷水扰动下执行器的输出仿真曲线

【例 10 - 3】 某机组汽包水位调节系统方框图如图 10 - 10 所示。图 10 - 10 中，$G_1(s)$ 为给水与水位之间的传递函数，$G_2(s)$ 为主蒸汽流量与水位之间的传递函数，$G_{c1}(s)$ 为主调节器传递函数，$G_{c2}(s)$ 为副调节器传递函数，K_1 为给水阀门开度与给水流量之间的比例关系，a_1 和 a_2 为分流系数，$u(t)$ 为给水扰动信号，$d(t)$ 为蒸汽流量扰动信号，$r(t)$ 为水位给定值信号，$h(t)$ 为水位测量值。

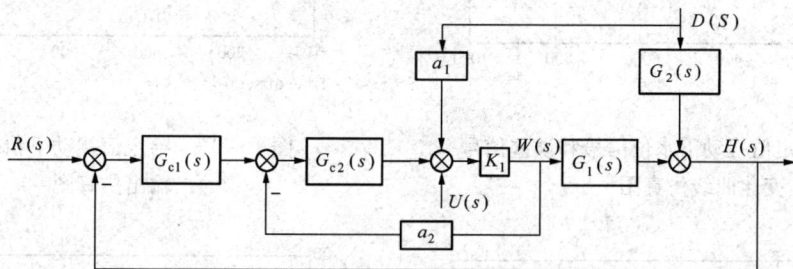

图 10 - 10 汽包水位调节系统方框图

解： 利用 SIMULINK 搭接的系统仿真模块图如图 10 - 11 所示。其中，传递函数 $G_1(s)$，$G_2(s)$ 分别为

$$G_1(s) = \frac{\varepsilon}{s} - \frac{\varepsilon \tau_w}{1 + \tau_w s} = \frac{0.017}{s} - \frac{0.017 \times 10}{1 + 10s} \quad \left(\frac{\text{mm/s}}{\text{t/h}}\right)$$

$$G_2(s) = \left[\frac{K}{(1 + Ts)^3} - \frac{\varepsilon}{s}\right] e^{-\tau s} = \left[\frac{0.55}{(1 + 3.1s)^3} - \frac{0.0074}{s}\right] e^{-5s} \quad \left(\frac{\text{mm/s}}{\text{t/h}}\right)$$

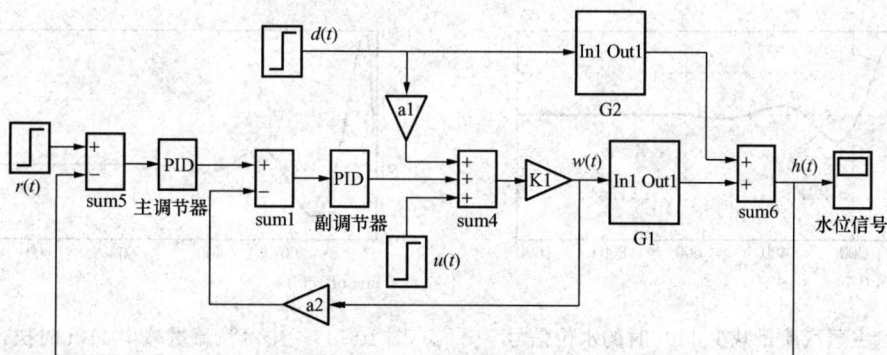

图 10 - 11 汽包水位调节系统的仿真模块图

其中，主调节器采用 PI 调节，比例作用 1.4，积分作用 0.038；副调节器采用 P 调节，比例作用 5；各系数取 1。

下面分别给出给水变化 100t 和主蒸汽流量减少 110t 时水位信号变化曲线以及在相应情况下执行器输出变化曲线，如图 10 - 12~图 10 - 17 所示。

前期基础知识掌握之后，就可以进行下一步的学习。作为自动控制理论的计算机辅助设计，本章主要研究利用 MATLAB 进行系统分析和设计的方法，包括以下几个方面。

（1）控制系统的模型。

（2）控制系统的时域分析。

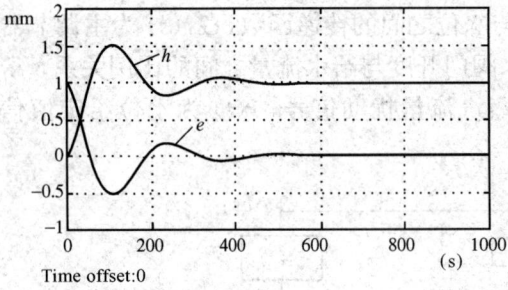

图 10-12　给定值扰动下水位信号和误差信号
　　　　　变化曲线仿真图

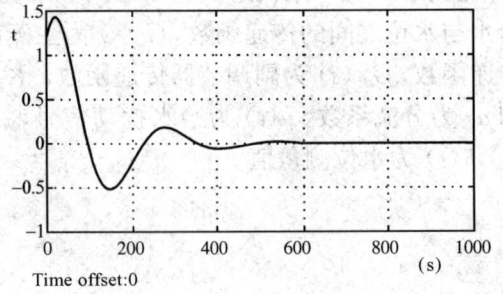

图 10-13　给定值扰动下执行器的
　　　　　输出仿真图

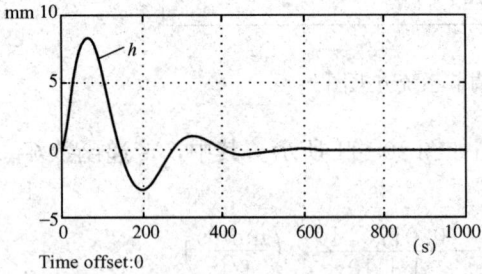

图 10-14　给水变化 100t 时的水位
　　　　　信号变化曲线仿真图

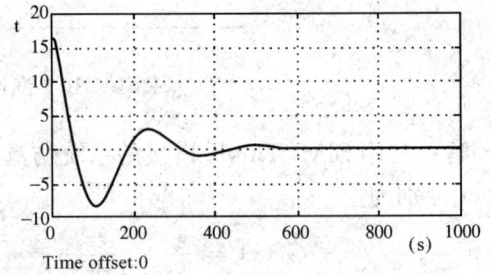

图 10-15　给水变化 100t 时执行器的
　　　　　输出仿真图

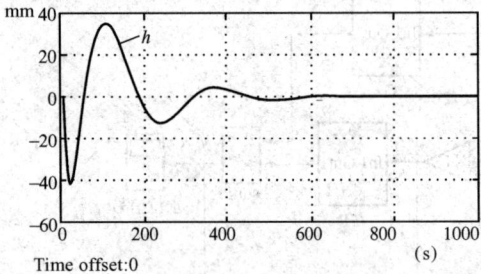

图 10-16　主蒸汽流量减少 110t 时的水位信号
　　　　　变化曲线仿真图

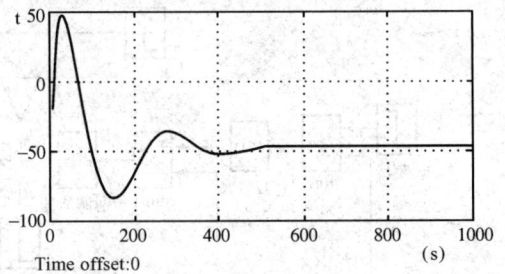

图 10-17　主蒸汽流量减少 110t 时执行器的
　　　　　输出仿真图

（3）控制系统的根轨迹分析。

（4）控制系统的频域分析。

（5）控制系统的校正。

（6）离散控制系统的分析。

（7）非线性系统分析。

第三节　控 制 系 统 模 型

研究一个自动控制系统，单分析系统的作用原理及其大致的运动过程是不够的，必须同时进行定量分析，这样才能做到深入地研究并将其有效地应用到实际工程上去。这就需要把输出输入之间的数学表达式找到，然后把它们归类，这样就可以定量地研究和分析控制系统了。

【例 10 - 4】 已知系统的传递函数为 $G(s) = \dfrac{s^2 + 2s + 3}{s^3 + 4s^2 + 6s + 9}$，在 MATLAB 环境下获得其连续传递函数形式模型。已知系统的脉冲传递函数为 $G(s) = \dfrac{z^2 + 2z + 3}{z^3 + 4z^2 + 6z + 9}$，在 MATLAB 环境下获得其采样时间为 4s 的传递函数形式模型。

解: num=[1 2 3]; den=[1 4 6 9]; G1=tf(num,den); Ts=4; G2=tf(num,den,Ts)。

【例 10 - 5】 已知系统的传递函数为 $G(s) = \dfrac{8(s+1)(s+2)}{(s+3)(s+4)(s+5)}$，在 MATLAB 环境下获得其连续传递函数形式模型。已知系统的脉冲传递函数为 $G(s) = \dfrac{8(z+1)(z+2)}{(z+3)(z+4)(z+5)}$，在 MATLAB 环境下获得其采样时间为 7s 的传递函数形式模型。

解: z=[−1　−2]; p=[−3　−4　−5]; K=8; G1=zpk(z,p,k); Ts=7; G2=zpk(z,p,k,Ts)。

【例 10 - 6】 生成一个 $\xi = 0.5$，$\omega_n = 1$ 的标准二阶系统，随机生成一个五阶稳定的系统，并实现两个模型的串联、并联和反馈连接。

解: [num1,den1]=ord2(1,0.5); G1=tf(num1,den1);[num2,den2]=rmodel(5);
G2=tf(num2,den2);
Gs=series(G1,G2);％series 系统的串联连接
Gp=parallel(G1,G2);％parallel 系统的并联连接
Gf=feedback(G1,G2,−1);％feedback 系统的反馈连接

【例 10 - 7】 求解微分方程组 $\begin{cases} 4\,\dot{x}(t) + y(t) = 10 \\ 3\,\dot{y}(t) - x(t) + 2y(t) = 0 \end{cases}$，$\begin{cases} x(0) = 0 \\ y(0) = 5 \end{cases}$。

解: [x,y]=dsolve('4 * Dx+y=10,−1 * x+3 * Dy+2 * y=0', 'x(0)=0,y(0)=5') ％求解微分方程
x=−105/4 * exp(−1/6 * t)+25/4 * exp(−1/2 * t)+20
y=25/2 * exp(−1/2 * t)−35/2 * exp(−1/6 * t)+10

【例 10 - 8】 某系统在零初始条件下的单位阶跃响应为 $h(t) = (1 - e^{-2t} + e^{-t})1(t)$，试求系统传递函数及零初始条件下的单位脉冲响应。

解: syms t;h=1−exp(−2 * t)+exp(−t); L1=laplace(h)％syms 函数用来定义符号变量;laplace 函数可求拉氏变换
L1=1/s−1/(s+2)+1/(s+1)
syms s;L2=1/s; G=L1/L2 ％传递函数
G=(1/s−1/(s+2)+1/(s+1)) * s
simplify(G)
ans=(s^2+4 * s+2)/(s+2)/(s+1)

H1＝G * 1；H2＝ilaplace(H1) ％零初始条件下的单位脉冲响应；ilaplace 函数可求拉氏反变换

H2＝Dirac(t)＋2 * exp(−2 * t)−exp(−t)

说明：simplify 命令用来化简。

【例 10-9】 已知系统为 ［例 10-5］ 中所述的模型，在 MATLAB 环境下获得其延迟时间为 10s 的模型。

解：set(G,'iodelay',10)； ％设置模型对象 G 的输入延迟时间为 10s

Set(G,'ouputdelay',10)； ％设置模型对象 G 的输出延迟时间为 10s

get(G) ％得到带有延迟的模型对象 G

第四节 控制系统的时域分析

时域分析法是一种直接准确的分析方法，易为人们所接受，它可以接受系统时域内的全部信息。时域分析法包括稳定性分析、稳态性能分析、动态性能分析三大方面。在 MATLAB 软件中，稳定性能的分析可以直接求出特征根或用古尔维茨判据判定稳定性，而稳态误差的求取可根据静态误差系数，利用求极限的方法求取，还可以直接从响应曲线中读取。第三方面，动态性能主要是根据系统的各种响应来分析的，建议读者查阅一下在 MATLAB 软件中如何获取各种响应的命令函数。

【例 10-10】 系统闭环特征方程分别如下，试确定特征根在 s 平面的位置，并判断系统闭环稳定性：

(1) $s^4 + 2s^3 + 3s^2 + 4s + 5 = 0$；

(2) $s^3 + 20s^2 + 9s + 100 = 0$。

试用古尔维茨判据判别系统的稳定性。

解：(1) d1＝2；a＝[2 4;1 3]；d2＝det(a)；b＝[2 4 0;1 3 5;0 2 4]；d3＝det(b)；c＝[2 4 0 0;1 3 5 0;0 2 4 0;0 1 3 5]；d4＝det(c)；

if ((d1＞0)&(d2＞0)&(d3＞0)&(d4＞0))

WARNDLG('The system is stable','Stability Analysis')；

else

WARNDLG('The system is unstable','Stability Analysis')；

end

用古尔维茨判据判别系统稳定性的运行结果如图 10-18 所示。

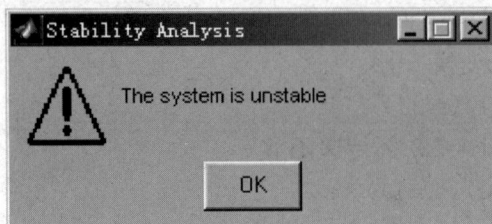

图 10-18 用古尔维茨判据判别系统的稳定性

MATLAB 还有另外一种更直接的方法，即直接求根法。

（2）d＝[1 20 9 100]；r＝roots(d)

r＝

　　−19.8005

　　−0.0997＋2.2451i

　　−0.0997−2.2451i

三个根都在 s 平面的左半部，则系统稳定，且其中一个位于负实轴。

【例 10-11】 有两个系统为

$$\Phi_1(s)=\frac{4s^4+190s^3+2024s^2+4280s+9400}{s^5+30s^4+418s^3+2376s^2+3920s+3200}$$

$$\Phi_2(s)=\frac{4s^4+183.4s^3+1750s^2+1388s+640}{s^5+28.8s^4+382.6s^3+1894s^2+1352s+320}$$

分析它们的主导极点和动态响应的关系。

解：通过下面的 MATLAB 命令把它们进行部分分式展开。

num1＝[4 190 2024 4280 9400]；den1＝[1 30 418 2376 3920 3200]；

[r1,p1,k1]＝residue(num1,den1)；%求留数和极点

num2＝[4 183.4 1750 1388 640]；den2＝[1 28.8 382.6 1894 1352 320]；

[r2,p2,k2]＝residue(num2,den2)；

t＝0:1:20;G1＝tf(num1,den1)；step(G1,t)；hold on；G2＝tf(num2,den2)；step(G2,t)；

结果如下：

p1	p2	p1	p2
−10.0000＋10.0000i	−9.9980＋9.9997i	−1.0000＋1.0000i	−0.3999＋0.2001i
−10.0000−10.0000i	−9.9980−9.9997i	−1.0000−1.0000i	−0.3999−0.2001i
−8.0000	−8.0043		

从部分分式展开的结果可以看出，系统 1 的主导极点为 $-1\pm i$；系统 2 的主导极点为 $-0.4\pm0.2i$；其他极点近似一致。

图 10-19 所示为 MATLAB 命令画出的这两个系统的单位阶跃响应曲线。

从系统的单位阶跃响应曲线可以看出，由于系统 1 的主导极点较系统 2 的主导极点远离虚轴，因此在其他极点及留数相同的情况下，系统 1 的响应速度要快于系统 2 的响应速度。

【例 10-12】 一个线性定常系统的传递函数为 $G(s)=\dfrac{3s+2}{2s^3+4s^2+5s+1}$，求各个极点引起的时间响应。

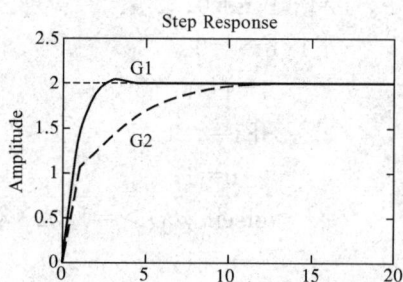

图 10-19 两系统的响应曲线图

解：numG＝[3 2]；denG＝[2 4 5 1]；[resG,polG,otherG]＝residue(numG,denG)；

ResG（留数）	PolG（极点）	ResG（留数）	PolG（极点）
−0.1867−0.5526i	−0.8796+1.1414i	0.3734	−0.2408
−0.1867+0.5526i	−0.8796−1.1414i		

W＝abs(imag(polG(1)));D＝real(polG(1));C＝−angle(resG(1));r＝abs(resG(1));i＝0;

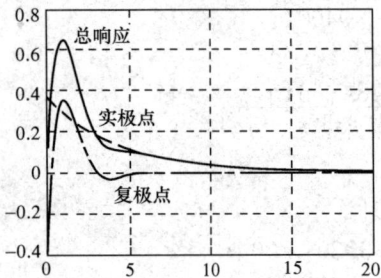

图 10 - 20　系统的各极点产生的响应曲线

for t＝0：0.01：20

i＝i+1;yc(i)＝2 * r * exp(−0.8796 * t) * cos(1.1414 * t−C);

yr(i)＝resG(3) * exp(polG(3) * t);y(i)＝yc(i)+yr(i);

end

t＝0：0.01：20;plot(t,yc);hold on;plot(t,yr,'−−');hold on;plot(t,y);axis([0 20 −0.4 0.8]);grid on

如图 10 - 20 所示。

【例 10 - 13】　单位负反馈系统的开环传递函数为 $G(s)=\dfrac{0.4s+1}{s(s+0.6)}$，试求：

（1）系统单位阶跃响应；

（2）峰值时间 t_p、过渡时间 t_s、超调量 $\sigma\%$。

解：num＝[0.4 1];den＝conv([1 0],[1 0.6]);G1＝tf(num,den);

G11＝feedback(G1,1);%feedback 函数用来求取反馈回路的传递函数

t＝0：0.1：20;y＝step(G11,t);plot(t,y,'k');title('step respond curve');text(20.5,0,'s');grid on;l＝length(y);

yss＝y(l);[ym,loc]＝max(y);pos＝100 * (ym−yss)/yss;tp＝t(loc);

%finding ts

i＝l+1;n＝0;

while n＝＝0

i＝i−1;

if i＝＝1

n＝1;

elseif y(i)＞＝1.02 * yss

n＝1;

end

end

t1＝t(i);i＝l+1;n＝0;

while n＝＝0

```
    i=i-1;
    if y(i)<=0.98 * yss
        n=1;
    end
    t2=t(i);
    if t1>t2
        ts2=t1;
    else ts2=t2;
    end
end
```

运行结果如下：

tp＝3.2000

ts2＝7.7000

pos＝17.9770

系统的阶跃响应曲线如图 10-21 所示。

读者还可以考虑一下如何用更简洁的程序求 t_p，t_s，$\sigma\%$。

【例 10-14】 已知二阶系统的传递函数为

$G(s) = \dfrac{\omega_n^2}{s^2 + 2\xi\omega_n s + \omega_n^2}$，$\omega_n = 5$，求 $\xi = 0.1$、0.2、0.3、0.4、…、2 时的阶跃响应和脉冲响应曲线。

解： wn＝5；w2＝wn * wn； num＝w2；

for ks＝0.1：0.1：2

den＝[1 2 * wn * ks w2]；figure(1)；step(num,den)；hold on；figure(2)；impulse(num,den)；hold on

end

单位阶跃响应曲线和单位脉冲响应曲线分别如图 10-22 和图 10-23 所示。

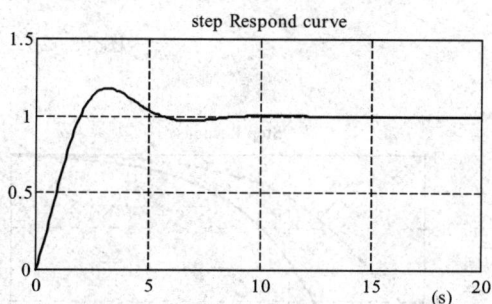

图 10-21 系统的阶跃响应曲线

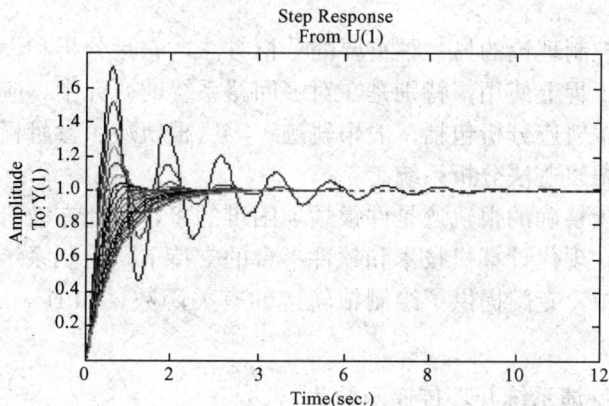

图 10-22 系统的单位阶跃响应曲线

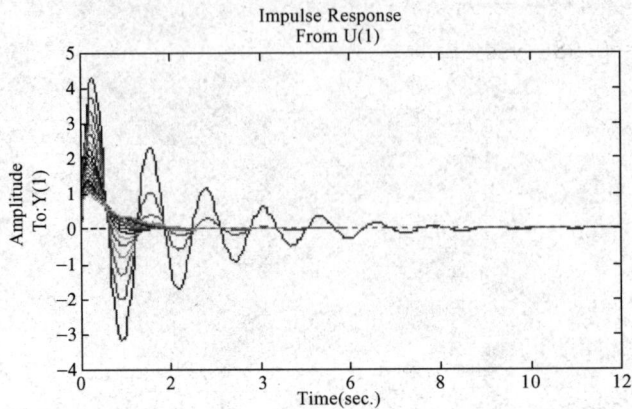

图 10 - 23　系统的单位脉冲响应曲线

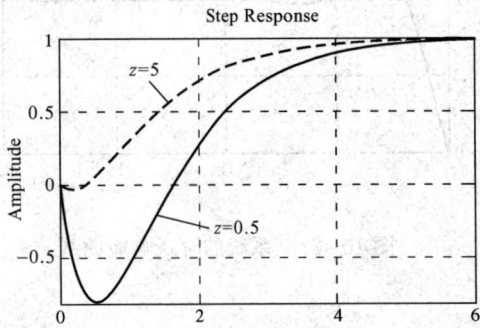

图 10 - 24　不稳定零点对系统阶跃曲线的影响

【例 10 - 15】 已知水轮机系统，以阀门位置增量 ΔQ 为输入，以输出功率 ΔP 为输出的传递函数为 $G(s) = \dfrac{1-2s}{0.5s^2 + 1.5s + 1}$，观察不稳定零点对系统阶跃曲线的影响（见图10-24）。

解： G＝tf([－2 1],[0.5 1.5 1])；[zz,pp,kk]＝zpkdata(G,'v')；step(G)；G＝tf([－0.2 1],[0.5 1.5 1])；[zz,pp,kk]＝zpkdata(G,'v')；hold on；step(G)；grid on 可以看出输出功率 ΔP 在最终达到正的稳态值之前，最初是减少的。这种特性是具有右平面单零点的非最小相位系统特有的。而且右平面零点离原点越远，它对系统响应的影响越小。

第五节　控制系统的根轨迹分析

根轨迹法是古典控制理论的另一种重要的分析方法，它是分析和设计线性控制系统的一种图解方法。它便于工程上使用，特别是在对多回路系统的研究中，应用根轨迹法比其他方法更为简便、直观。根轨迹分析包括一般根轨迹、零度根轨迹、参量根轨迹和带迟延系统的根轨迹的绘制以及用根轨迹法分析系统。

但是要绘制出系统精确的根轨迹是件很烦琐困难的事，因此在教科书中经常以简单的系统图示解法得到。而在现代计算机技术和软件平台的支持下，绘制系统的根轨迹变得轻松自如了。在 MATLAB 中，专门提供了绘制根轨迹的有关函数，如 rlocus 、rlocfind、pzmap、sgrid 等。

【例 10 - 16】 负反馈系统开环传递函数为

$$G(s) = \frac{k(s+4)(s+8)}{s^2(s+12)^2}$$

试绘制 k 由 $0\rightarrow+\infty$ 变化时，其闭环系统的根轨迹。

解：num＝conv([1 4]，[1 8])；den1＝conv([1 12]，[1 12])；den2＝conv([1 0]，[1 0])；
den＝conv(den1，den2)；rlocus(num，den)

得到闭环系统的根轨迹图如图 10 - 25 所示。

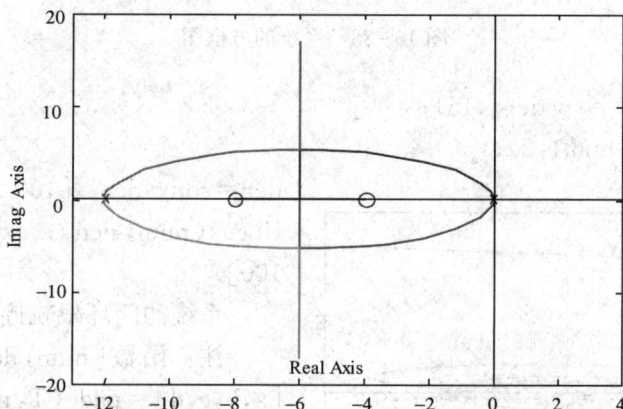

图 10 - 25　闭环系统的根轨迹图

还可以求出关键点，如分离点。

利用 rlocfind 函数。

Rlocfind（num，den）

出现如图 10 - 26 所示的十字光标根轨迹图，当用户选择其中的分离点时，可以得到其相应的增益及与增益有关的所有极点。当用户选择其中的分离点后，其根轨迹图如图 10 - 27 所示。

Select a point in the graphics window

selected_point＝

　－6. 0276＋5. 2632i

ans＝128. 0001

其中，－6. 0276＋5. 2632i 是分离点，相应的另一个分离点是－6. 0276－5. 2632i。此时，k＝128. 0001。

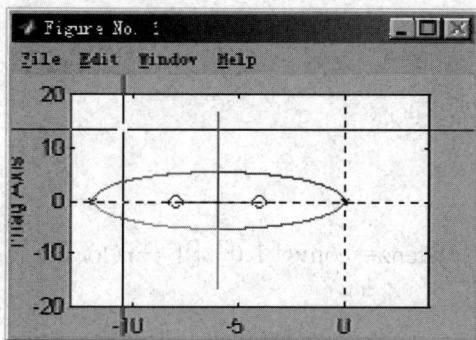

图 10 - 26　显示出十字光标的根轨迹图

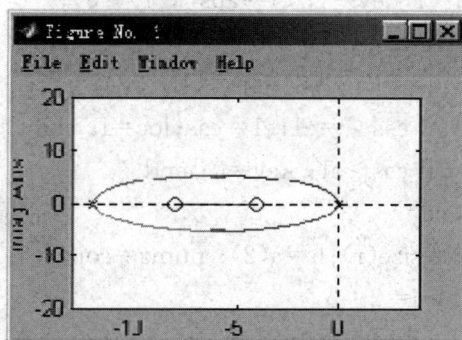

图 10 - 27　选中某点后的根轨迹图

【**例 10 - 17**】　试绘制如图 10 - 28 所示的系统的根轨迹（K 由 $0 \rightarrow +\infty$ 变化）。

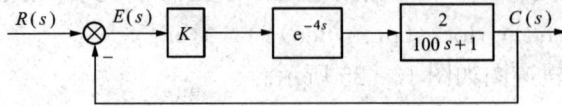

$$R(s) \xrightarrow{\hspace{1cm}} \otimes \xrightarrow{\;E(s)\;} \boxed{K} \longrightarrow \boxed{e^{-4s}} \longrightarrow \boxed{\dfrac{2}{100\,s+1}} \xrightarrow{\;C(s)\;}$$

图 10 - 28　系统的方框图

解： [num1,den1]＝pade(4,15);

　　　num＝conv(num1,2);

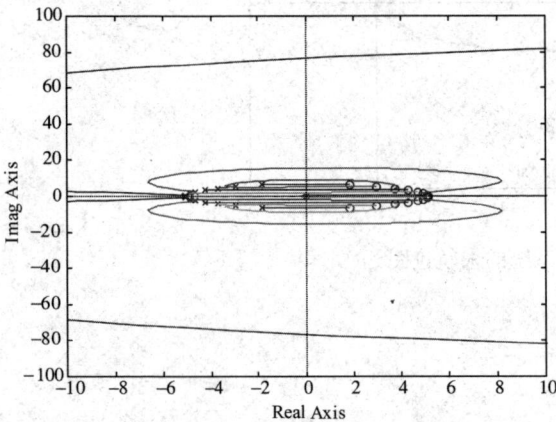

图 10 - 29　系统的闭环根轨迹

den＝conv(den1,[100 1]);

rlocus(num,den); axis([$-$10 10 $-$100 100])

系统的闭环根轨迹如图 10 - 29 所示。

注：函数 [num,den]＝pade(T,n) 或 [a,b,c,d]＝pade(T,n)，可将纯延迟环节 e^{-TS} 化成有理函数的形式（即传递函数类的分子分母多项式形式）。其中，T 为延迟时间常数，n 为要求拟合的阶数，调用该函数后将返回 $Pade'$（此方法是由法国数学家 $Pade'$ 于 1892 年提出的）近似的传递函数模型 num、den 或等效的状态空间模型（a, b, c, d）。

【**例 10 - 18**】　设双回路反馈系统框图如图 10 - 30 所示，绘制 K_c 由 $0 \rightarrow +\infty$ 变化的根轨迹。

解： 绘制多回路反馈控制系统的根轨迹的方法是，从内环开始，由内回路的闭环极点确定外层回路的开环极点，分层绘制，逐步扩展到整个系统。

num＝[1]; den＝conv([1 0],conv([1 2],[1 3])); figure(1); rlocus(num,den); [r,k]＝rlocus(num,den); l＝length(k);

i＝1;key＝1; e1＝abs(k(1)$-$3);

while key

　　i＝i+1; ess＝abs(k(i)$-$3);

　　if ess$\leq$e1;e1＝ess;loc＝i; end

　　if ess$>$e1; key＝0; end

end

a＝size(r);b＝a(2); numz＝conv([1 1],[1 3]);denz＝conv([1 0],[1 $-$r(loc,1)]);

for i＝2：b

　　denz＝conv(denz,[1 $-$r(loc,i)]);

end

figure(2);

rlocus(numz,denz);

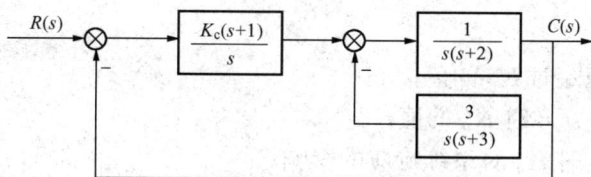

图 10 - 30　双回路反馈系统框图

内回路和外回路的根轨迹分别如图 10 - 31（a）和图 10 - 31（b）所示。这种由内到外绘制根轨迹的方法是工程上常用的，读者可以利用 feedback 命令直接求出系统的开环传递函数，再绘制根轨迹，程序会更简洁。

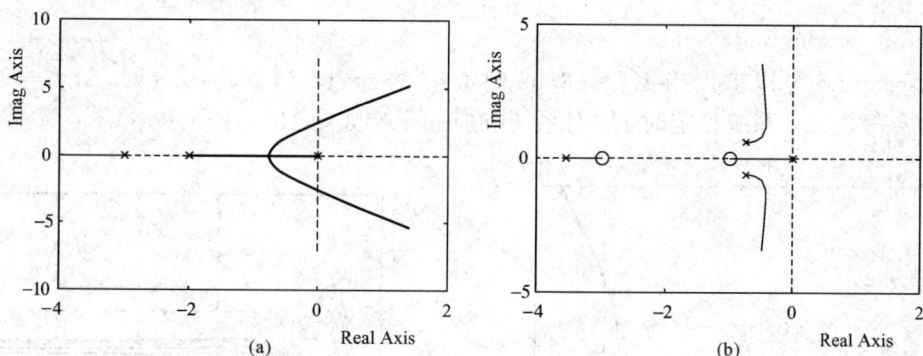

图 10 - 31　根轨迹
（a）内回路根轨迹；（b）外回路根轨迹

【例 10 - 19】　单位负反馈系统开环传递函数为 $G(s) = \dfrac{1}{(s+a)(s+1)}$，试绘制 a 从 $0 \to +\infty$ 变化时的根轨迹，并求出单位脉冲响应为衰减、等幅振荡、增幅振荡、单调增幅时的 a 值。

解：首先求出其等效的开环传递函数为

$$G(s) = \frac{a(s+1)}{s^2 + s + 1}$$

然后画根轨迹图。

num＝［1　1］; den＝［1　1　1］; rlocus(num,den); ［k,p］＝rlocfind(num,den);

得到系统的根轨迹如图 10 - 32 所示，找到根轨迹与实轴的交点为 －2，$a＝3$，与虚轴无交点。所以当 $a＞3$ 时响应是单调减幅，$0＜a＜3$ 时响应是衰减振荡，没有等幅振荡和增幅振荡。

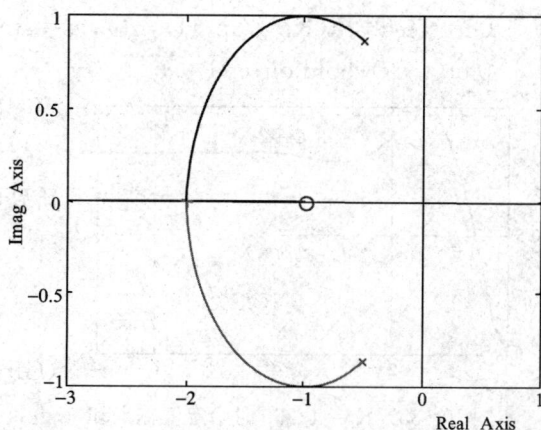

【例 10 - 20】　负反馈控制系统的被控对象

图 10 - 32　系统的根轨迹

和传感器模型分别为 $G_o(s)=\dfrac{4}{(2s+1)(0.5s+1)}$ 和 $H(s)=\dfrac{1}{0.05s+1}$，控制器为比例控制器 $G_c(s)=K_p$。

（1）求系统临界稳定时 K_p 的值；

（2）求阻尼比 $\xi=0.8$ 时 K_p 的值；

（3）观察系统稳定时 K_p 对系统响应的影响；

（4）$K_p=1.255$ 时观察给定值输入和扰动输入（扰动输入加在比例控制器和被控对象之间）的单位阶跃响应。

解：系统的根轨迹图如图 10-33 所示。

T1=2;T2=0.5;Tse=0.05;Kproc=4;denG=conv([T1 1],[T2 1]);Gp=tf(Kproc,denG);

H=tf(1,[Tse 1]);GpH=Gp*H;rlocus(GpH);sgrid(0.8,[]);axis equal;axis([−25 5 −15 15]);

[k,poles]=rlocfind(GpH)

利用 rlocfind 可以求出当 $K_p=13.95$ 时，$s_{1,2}\approx\pm7\mathrm{j}$，当 $K_p=0.3$ 时，$s_{1,2}=-1.22\pm 0.83\mathrm{j}$，$s_3=-20.1$。系统稳定时 K_p 对系统响应的影响如图 10-34 所示。

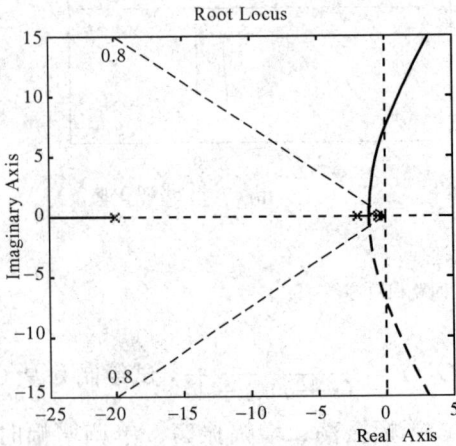

图 10-33　系统的根轨迹图

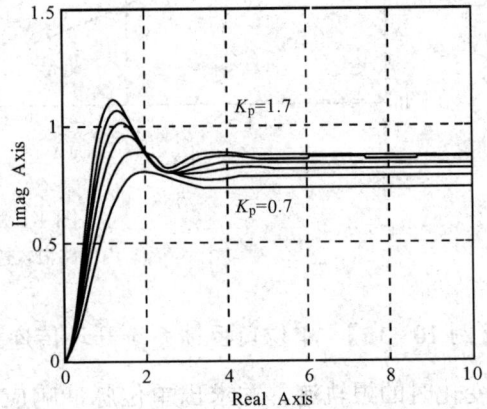

图 10-34　系统稳定时 K_p 对系统响应的影响

t=[0:0.02:10]';for Kp=0.7:0.2:1.7

GF=feedback(Kp*Gp,H,−1);ys=step(GF,t);

plot(t,ys);hold on;end

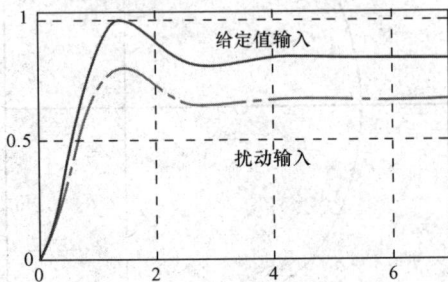

图 10-35　$K_p=1.255$ 时给定值输入和
扰动输入的单位阶跃响应

grid on

$K_p=1.255$ 时，给定值输入和扰动输入的单位阶跃响应如图 10-35 所示。

Kp=1.255;

t=[0:0.02:7]';GF=feedback(Kp*Gp,H,−1);

NF=feedback(Gp,−Kp*H,+1);YR=step(GF,t);

YN=step(NF,t);plot(t,YR,t,YN,'r');

grid on;axis([0 7 0 1.03])

【例 10-21】 单位负反馈系统开环传递函数为 $G_1(s) = \dfrac{k}{s(s+4)}$、$G_2(s) = \dfrac{k(s+2)}{s(s+4)}$、$G_3(s) = \dfrac{k(s+6)}{s(s+4)}$、$G_4(s) = \dfrac{k(s+6)}{s(s+4)(s+8)}$，试利用根轨迹法研究开环零点对系统根轨迹的影响，并绘制 $k=1$ 时它们的单位阶跃响应。

解： num=1;den=poly([0 -4]); subplot(2,2,1),rlocus(num,den);num1=[1 2];den1=den; subplot(2,2,2),rlocus(num1,den1);num2=[1 6];den2=den; subplot(2,2,3),rlocus(num2,den2)

num3=num2;den3=conv(den2,[1 8]); subplot(2,2,4),rlocus(num3,den3)figure(2); [num,den]=cloop(num,den); [num1,den1]=cloop(num1,den1); [num2,den2]=cloop(num2,den2);

[num3,den3]=cloop(num3,den3); t=0:0.1:25; step(num,den,t);hold on step(num1,den1,t);step(num2,den2,t);step(num3,den3,t)

增加开环零点对系统根轨迹的影响如图 10-36 所示。

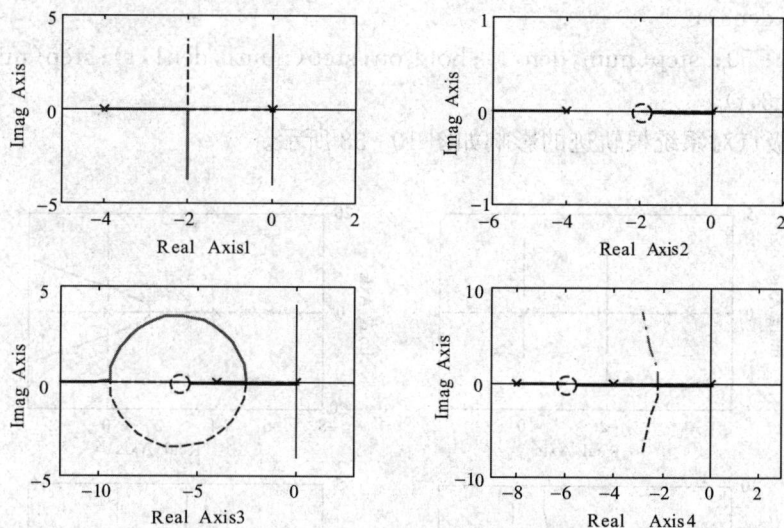

图 10-36 开环零点对系统根轨迹的影响

系统的阶跃响应分别为图 10-37 中的 1、2、3、4 曲线。由此可以看出，增加左半平面

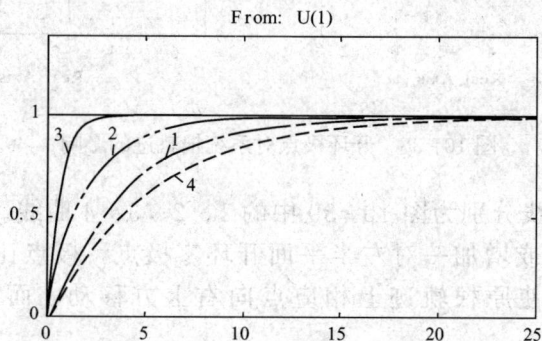

图 10-37 [例 10-21] 的系统的阶跃响应曲线

的开环零点，或增加一对左半平面开环零极点，零点比极点靠近虚轴（即零点比极点作用强），会使原根轨迹上相应点向左下方移动，而系统的动态响应时间减少。

【例 10 - 22】 单位负反馈系统开环传递函数为 $G_1(s) = \dfrac{k}{s(s+4)}$，$G_2(s) = \dfrac{k}{s(s+4)(s+6)}$，$G_3(s) = \dfrac{k(s+8)}{s(s+4)(s+6)}$，$G_4(s) = \dfrac{k(s+5)}{s(s+4)(s+6)}$，试利用根轨迹法研究开环极点对系统根轨迹的影响，并绘制它们的单位阶跃响应。

解： num＝1;den＝poly([0 −4]); subplot(2,2,1),rlocus(num,den);num1＝num; den1＝conv(den,[1 6]);

subplot(2,2,2),rlocus(num1,den1);num2＝[1 8];den2＝den1; subplot(2,2,3),rlocus(num2,den2)

num3＝[1 5];den3＝den2; subplot(2,2,4),rlocus(num3,den3);figure(2); [num,den]＝cloop(num,den);

[num1,den1]＝cloop(num1,den1); [num2,den2]＝cloop(num2,den2); [num3,den3]＝cloop(num3,den3);

t＝0：0.1：50; step(num,den,t);hold on;step(num1,den1,t);step(num2,den2,t); step(num3,den3,t)

增加开环极点对系统根轨迹的影响如图 10 - 38 所示。

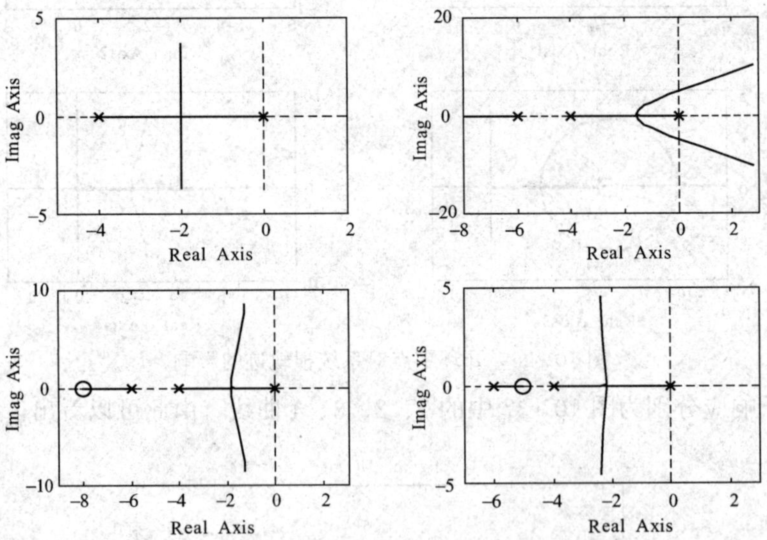

图 10 - 38　开环极点对系统根轨迹的影响

系统的阶跃响应曲线分别为图 10 - 39 中的 1、2、3、4 曲线。由此可以看出，增加左半平面的开环极点，或增加一对左半平面开环零极点，极点比零点靠近虚轴（即极点比零点作用强），会使原根轨迹上相应点向右上方移动，而系统的动态响应时间延长。

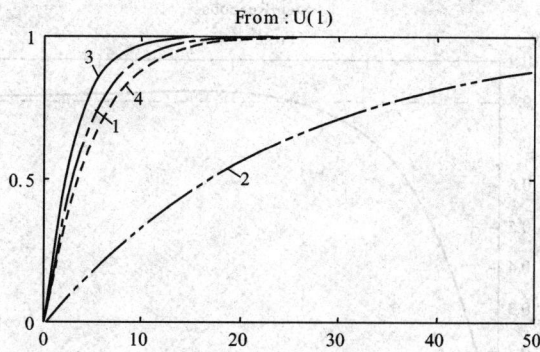

图 10-39　［例 10-22］的系统的阶跃响应曲线

【例 10-23】　已知系统开环传递函数为 $G(s) = \dfrac{k(s+3)}{(s+1)(s+2)}$，试画 $\xi = 0.1$、0.3、0.5、0.7、0.9 时的等 ξ 线，$\omega_n = 1$、2、3、$\cdots$、10 时的等 ω_n 线及系统的根轨迹图，并找到 $\xi = 0.9$ 时系统的主导极点，并绘制此时系统的阶跃响应。

解：num＝[1 3]；den＝conv([1 1]，[1 2])；rlocus(num，den)；axis([-6 0 -1.5 1.5])；

z＝[0.1 0.3 0.5 0.7 0.9]；wn＝[1：10]；sgrid(z，wn)；[k，p]＝rlocfind(num，den)；％根轨迹图如图 10-40 所示

num1＝k＊num；den1＝den；W＝tf(num1，den1)；W1＝feedback(W，1)；figure(2)

step(W1，'k')；％系统的阶跃响应曲线如图 10-41 所示

Select a point in the graphics window

selected_point＝-2.9171＋1.4035i

k＝2.8332

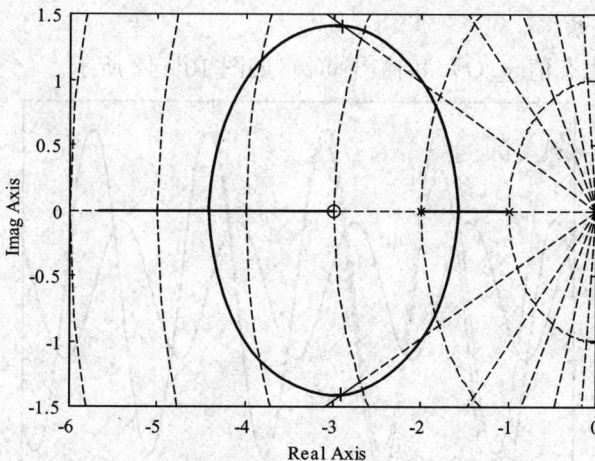

图 10-40　系统的根轨迹及等 ω_n 线和等 ξ 线

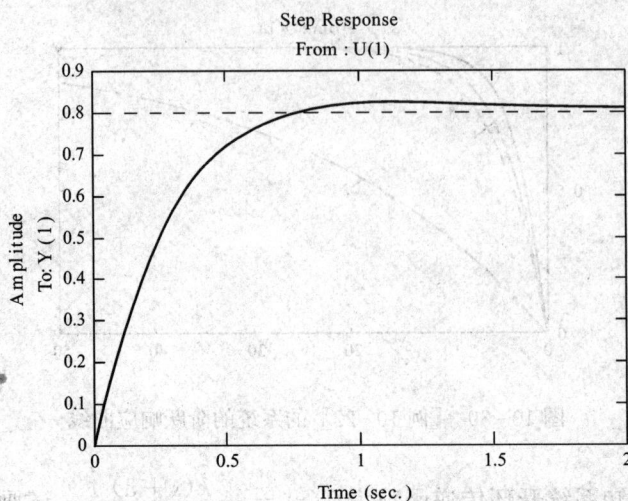

图 10 - 41　［例 10 - 23］的系统的阶跃响应曲线

第六节　控制系统的频域分析

频域分析法是应用频率特性研究控制系统的一种经典方法。采用这种方法可直观地表达出系统的频率特性，其分析方法比较简单，物理概念比较明确，对于诸如防止结构谐振、抑制噪声、改善系统稳定性和暂态性能等问题，都可以从系统的频率特性上明确地看出其物理实质和解决途径。

在 MATLAB 中，专门提供了频域分析的有关函数，如 bode、nyquist、margin 等。

【例 10 - 24】　系统的传递函数为 $G(s) = \dfrac{10s + 50}{s^2 + 4s + 3}$，余弦输入信号为 $u(t) = 2\cos(5t + 30°)$，仿真区间为 $0 \leqslant t \leqslant 6s$（假设初始条件为零），画出系统输出的稳态值 $y_{ss}(t)$ 和输出 $y(t)$，并讨论它们的联系。

解：系统输出的稳态值 $y_{ss}(t)$ 和输出 $y(t)$ 如图 10 - 42 所示。

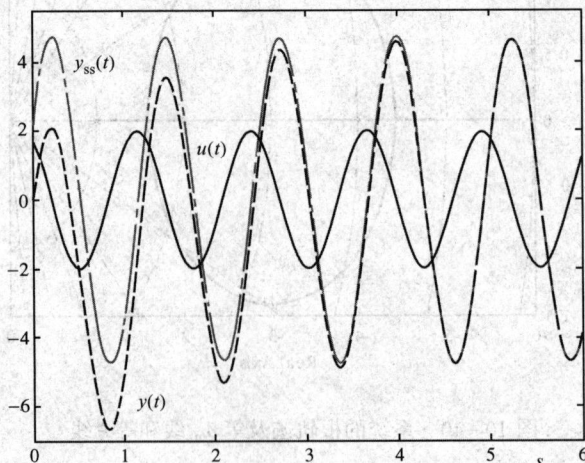

图 10 - 42　系统输出的稳态值 $y_{ss}(t)$ 和输出 $y(t)$

G＝tf([10 50],[1 4 3]);t＝[0:0.06:6]';u＝2＊cos(5＊t＋30＊pi/180);y＝lsim(G,u,t);
[mag,phase]＝bode(G,5);yss＝2＊mag＊cos(5＊t＋(30＋phase)＊pi/180);
plot(t,u,'－',t,y,'－－',t,yss,'－.');axis([0 6 －7 5.5])

若对象的极点为－1和－3，则系统是渐进稳定的。由 $y_{ss}(t)$ 和 $y(t)$ 的曲线可知，它们在 4s 后几乎完全相同，$y_{ss}(t)$ 和 $u(t)$ 之比正是系统的频率特性。

使用余弦输入信号 $u(t) = 2\cos(t + 30°)$ 和余弦输入信号 $u(t) = 2\cos(20t + 30°)$ 重复上例，不同的频率，会有不同的幅值和相移。

【例 10 - 25】 已知负反馈系统的开环传递函数为 $G(s) = \dfrac{10(s^2 - 2s + 5)}{(s + 2)(s - 0.5)}$，试绘制幅相频率特性曲线，并判断闭环根的分布及闭环稳定性。

解：系统开环传递函数的分子、分母均含有不稳定环节，因此在手绘时很容易出错。

num＝[10 －20 50];den＝conv([1 2],[1 －0.5]);nyquist(num,den)

系统的 Nyquist 曲线如图 10 - 43 所示。因为右半平面的开环极点数 $p＝1$，根据奈氏判据，右半平面的闭环极点数 $z = p - (a - b) = 1 - (1 - 2) = 2$，所以闭环系统不稳定。

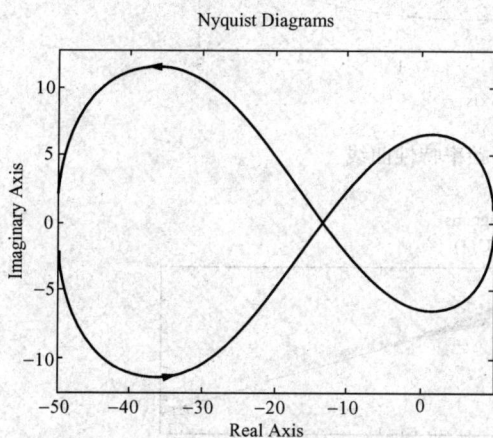

图 10 - 43　[例 10 - 25] 的系统的 Nyquist 曲线　　图 10 - 44　[例 10 - 26] 的系统的 Nyquist 曲线

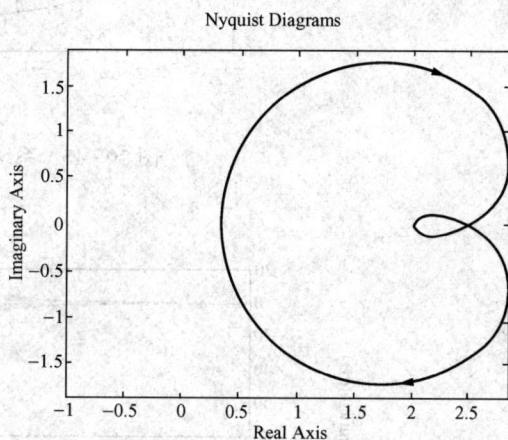

【例 10 - 26】 二阶系统开环传递函数为 $G(s) = \dfrac{2s^2 + 5s + 1}{s^2 + 2s + 3}$，利用 Nyquist 曲线求单位负反馈构成的闭环系统的稳定性。

解：num＝[2 5 1]；den＝[1 2 3]；nyquist(num,den)

Nyquist 曲线如图 10 - 44 所示，由于曲线没有包围（－1，j0）点，且 $p＝0$，因此闭环系统稳定。

【例 10 - 27】 已知一振荡环节的传递函数为 $G(s) = \dfrac{1}{T^2 s^2 + 2\xi Ts + 1}$，求当 $T = 5$，$\xi = 0.1$、0.2、0.3、…、1.2 时的幅相频率特性曲线和对数幅频相频特性曲线。

解：T＝5；a＝T＊T；num＝1；
for ks＝0.1：0.1：1.2
　den＝[a 2＊T＊ks 1]；figure(1)；

```
nyquist(num,den); hold on
figure(2); bode(num,den);
hold on
```
end

得到其曲线分别如图 10-45 和图 10-46 所示。

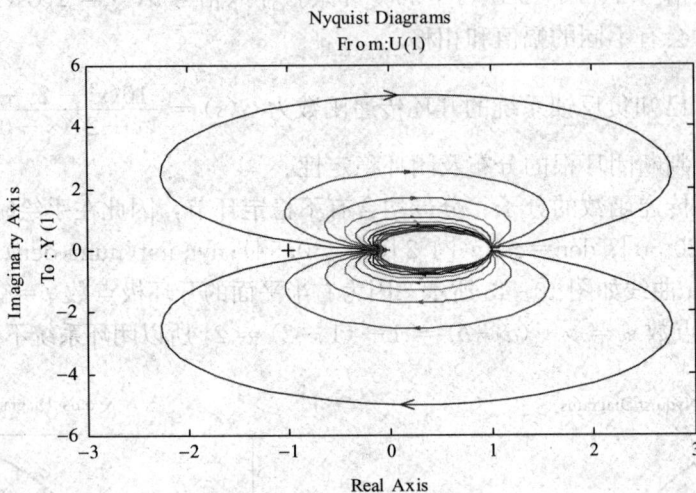

图 10-45 系统的幅相频率特性曲线

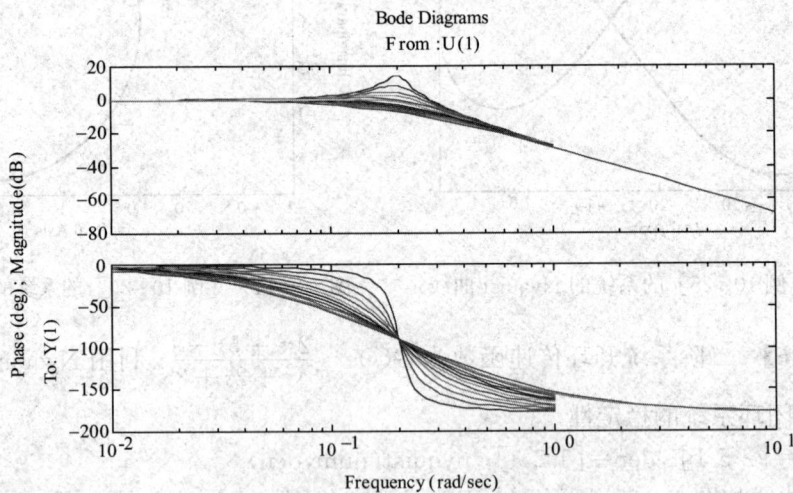

图 10-46 系统的对数幅频相频特性曲线

【例 10-28】 系统的开环传递函数为 $G(s) = \dfrac{k}{s(s+1)(0.2s+1)}$，求 $k=1$、1.5、2、$\cdots$、6 时系统的相位裕量，观察开环增益对系统相位稳定性的影响，并绘制 $k=1、3、5$ 时的 Bode 图。

解： den=conv([1 0],conv([1 1],[0.2 1]));

i=1;

for k=1：0.5：6

[Gm,Pm,Wcg,Wcp]= margin(k,den);r(i)=Pm;i=i+1;

end

for k=1:2:6

    bode(k,den);s=num2str(k);gtext(s);pause;hold on

end

$k=1$、1.5、2、$\cdots$、6 时系统的相位裕量为 $r=43.2098$、32.6788、25.3898、19.9079、15.5527、11.9586、8.9095、6.2683、3.9431、1.8692、0，相位裕量逐渐减小，稳定裕度降低，其 Bode 图如图 10 - 47 所示。

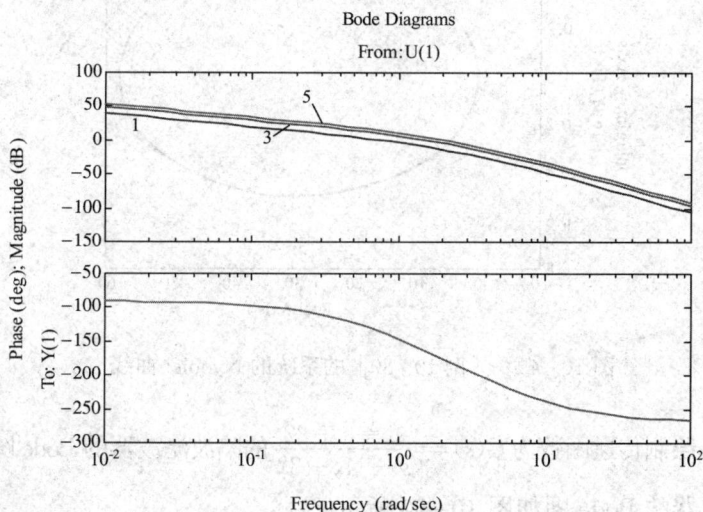

图 10 - 47 系统的 Bode 图

【例 10 - 29】 负反馈系统开环传递函数为 $G(s) = \dfrac{k}{(3s+1)(5s+1)}$，当 $k=1$、3、5、$\cdots$、15 时，系统的 Nyquist 曲线形状如何变化，对系统的稳定性有什么影响。

解：den=conv([3 1],[5 1]);

for k=1:2:15

nyquist(k,den);s=num2str(k);

gtext(s);pause;hold on;

    end

可以看出随着 k 的增大，该系统的 Nyquist 曲线向外扩展，但不影响稳定性，如图 10 - 48 所示。这一点和 routh 判据一致，$k>-1$ 时系统总是稳定的。

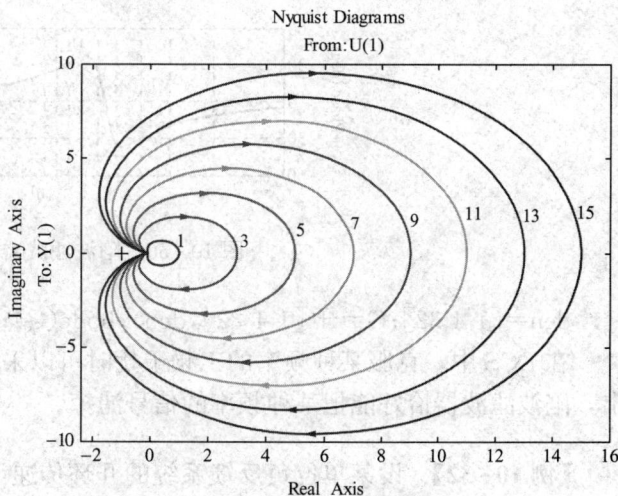

【例 10 - 30】 已知一单位负反馈系统，其开环传递函数为 $G(s) = \dfrac{s+58}{1-s^2}$，用 Nyquist 判据判断其稳

图 10 - 48 k 取不同值时系统的奈氏曲线

定性。

解： num＝[1 58]；den＝[－1 0 1]；nyquist(num,den)

系统 Nyquist 曲线如图 10-49 所示，它不包围（－1，j0）点，但右半平面开环极点 $p=1$，根据奈氏判据，右半平面的闭环极点数 $z=p-(a-b)=1-(0-0)=1$，所以闭环系统不稳定。

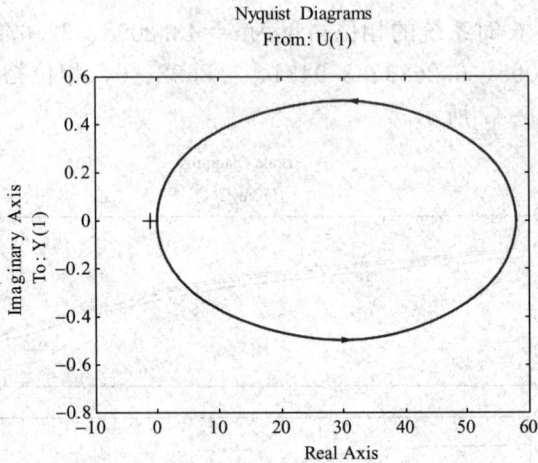

图 10-49 　[例 10-30] 的系统的 Nyquist 曲线

【例 10-31】 绘制传递函数为 $G(s)=\dfrac{s^2+s+32}{s^2+4s+32}$ 的陷波滤波器的 Bode 图并说明其特性。

解： 陷波滤波器的 Bode 图如图 10-50 所示。

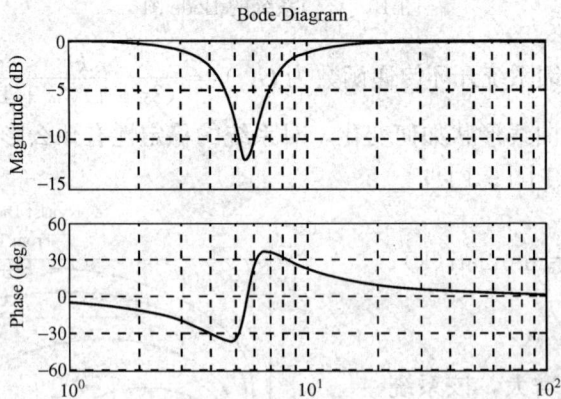

图 10-50 陷波滤波器的 Bode 图

den＝[1 4 32]；G＝tf([1 1 32],den)；bode(G)；grid on

在 DCS 中，克服某种频率的工频干扰时可以采用这种陷波滤波器，从其 Bode 图可以看出，陷波滤波器恰好能把某种频率的信号滤掉。

【例 10-32】 设某单位负反馈系统的开环传递函数为 $G(s)=\dfrac{1.5}{s(s+1)(s+2)}$，试绘制系统的闭环幅频特性曲线，求谐振峰值 M_r、谐振频率 ω_r 和闭环截止频率 ω_b 以及 ω_0。

解：num=1.5；den=poly([0 -1 -2])；[n,d]=cloop(num,den)；syms s j w；t=[s^3 s^2 s 1]；n1=n.*t；d1=d.*t；

n2=subs(n1,'s',j*w)；d2=subs(d1,'s',j*w)；n3=subs(n2,'w',0)；d3=subs(d2,'w',0)；m0=n3/d3；

[mag,phase,w]=bode(n,d)；bode(n,d)；m=max(mag)；l=length(mag)；i=1；key=1；

```
while key
        if mag(i)==m
            loc=i；key=0；
        else
            i=i+1；
        end
        if i>l
            key=0；
        end
end
mr=20*log10(m)；wr=w(loc)；key=1；i=2；e1=abs(mag(1)-m0)；
while key
        m22=mag(i)；ess=abs(m22-m0)；
        if ess<=e1
            e1=ess；loc=i；
        end
        i=i+1；
        if i>l
            key=0；
        end
end
w0=w(loc)；key=1；i=2；
e1=abs(mag(1)-0.707*m0)；
while key
        m22=mag(i)；ess=abs(m22-0.707*m0)；
        if ess<=e1
            e1=ess；loc=i；
        end
        i=i+1；if i>l；key=0；
    end
end
wb=w(loc)；
mr=3.0907
wr=0.6747
```

w0＝0.9246

wb＝1.1012

ω_0 还可以用 margin 函数求得。

[Gm,Pm,Wcg,Wcp]= margin(n,d);

Wcp＝0.9242。系统的闭环幅频特性曲线如图 10 - 51 所示。

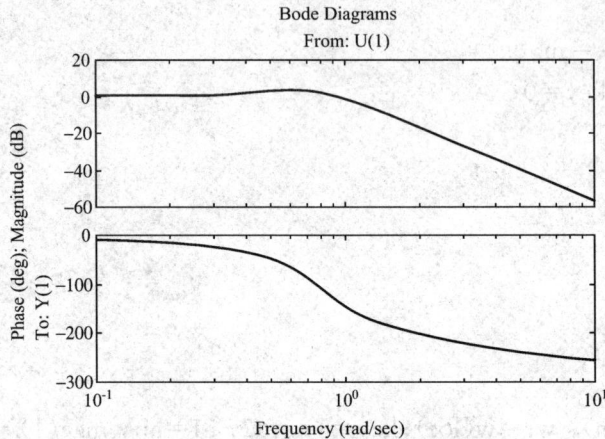

图 10 - 51 系统的闭环幅频特性曲线

第七节 控制系统的校正

一个完整的自动控制系统设计包括静态设计和动态设计两个部分，也称为系统的综合。静态设计包括选择执行元件、测量元件、比较元件和放大元件等，即把系统的不可变部分确定下来，而由不可变部分组成的控制系统往往不能满足性能指标的要求，甚至不能正常工作。动态设计则是根据性能指标的要求选择校正装置的形式和参数，使校正后系统的性能指标完全满足给定的性能指标要求，即控制系统的校正。

校正方式有串联校正、反馈校正、前馈校正、复合校正等。常用的校正方法有频率法校正和根轨迹法校正。

由于计算机的存在，使得校正设计变得更加简单精确，下面就举例加以说明。

【**例 10 - 33**】 已知单位负反馈系统的开环传递函数为 $G(s) = \dfrac{10}{(0.1s+1)(0.001s+1)}$，试设计串联超前校正装置，使系统指标满足单位斜坡输入信号时稳态误差 $e_{ss} \leqslant 0.1\%$、相位裕度 $\gamma \geqslant 45°$、穿越频率 $\omega_c \geqslant 150 \text{rad/s}$。

解：根据稳态误差的要求做静态校正，则系统传递函数为 $G(s) = \dfrac{1000}{s(0.1s+1)(0.001s+1)}$，绘制 Bode 图，求性能指标。

num＝1000; den＝conv([0.1 1 0],[0.001 1]); margin(num,den)

从图 10 - 52 (a) 可以看出，相位裕度为 0.0584，穿越频率为 99.5，都不满足要求，于是设计串联超前校正。

串联超前校正的补偿角为

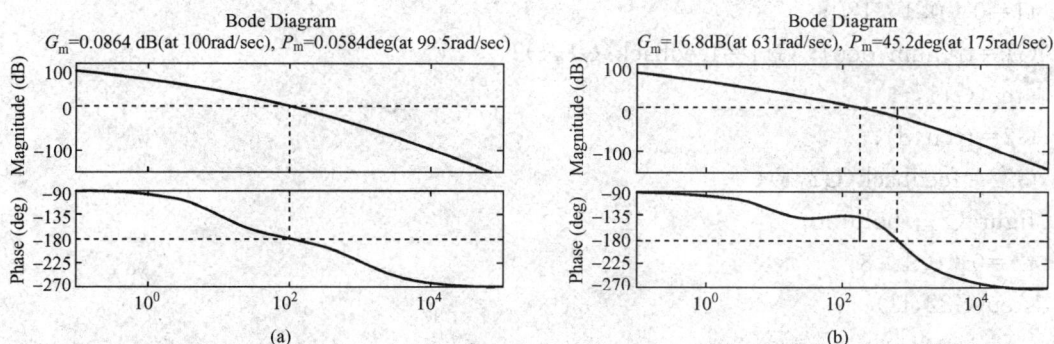

图 10 - 52　系统的 Bode 图
(a) 动态校正前的系统 Bode 图；(b) 动态校正后的系统 Bode 图

Φ＝45－0＋7＝52；

校正参数 a 由超前网络最大超前角计算公式得

a＝(1＋sin(Φ＊pi/180))/(1－sin(Φ＊pi/180))＝8.43；

超前校正装置应该在系统的中频段，并给予一定的裕度，所以取校正后的穿越频率，即超前校正网络最大超前角频率为 160。

令

ωm＝160；

可以计算出超前校正装置时间常数，即

T＝1/(sqrt(a)＊ωm)

T＝0.0022

则可以得到校正后新系统的性能指标为

nc＝[a＊T 1]；dc＝[T 1]；n＝conv(num,nc)；d＝conv(den,dc)；Margin(n,d)

从图 10 - 52 (b) 可以看出，相位裕度为 45.2，穿越频率为 175，都满足要求。当然最大超前角频率第一次取的可能不满足要求，此时可以重新设计，用原程序再做，直到满足性能指标要求为止。

动态校正前后系统的阶跃响应曲线如图 10 - 53 所示。

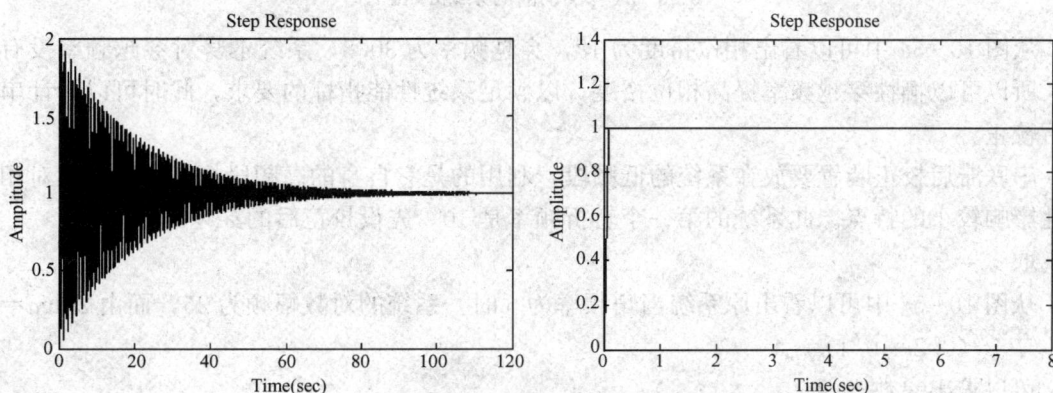

图 10 - 53　[例 10 - 33] 的动态校正前后系统的阶跃响应曲线

```
t1＝0：0.1：120;
G1＝tf(num,den); G11＝feedback(G1,1);
step(G11,t1);
G2＝tf(n,d);
G22＝feedback(G2,1);
figure(2); hold on;
t2＝0：0.1：8;
step(G22,t2)
```

【例 10 - 34】 已知单位负反馈系统的开环传递函数为 $G(s) = \dfrac{100}{s(0.1s+1)}$，试设计串联校正装置，使系统性能指标满足单位阶跃输入信号时无稳态误差，相位裕度 $\gamma \geqslant 50°$。

解：根据静态指标，系统本身已满足要求。下面绘制校正前系统的 Bode 图，如图 10 - 54 所示。

num＝100; den＝conv([1 0],[0.1 1]); figure(1);margin(num,den);grid on

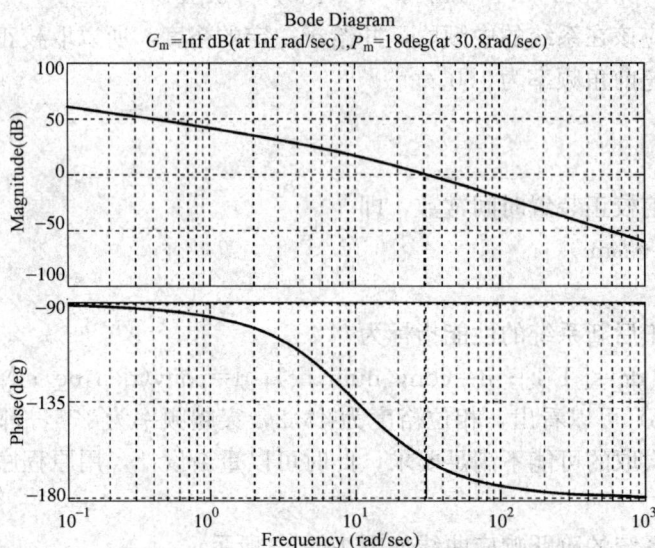

图 10 - 54　校正前的系统 Bode 图

从图 10 - 54 中可以看出相位裕度为 18，穿越频率为 30.8，系统本身对穿越频率没有要求，所以可以牺牲穿越频率提高相位裕度，以满足系统性能指标的要求，此时可以设计串联滞后校正。

串联滞后校正装置要放在系统的低频段，利用的是它自身的高频段幅值下降，但对相频特性影响较小的特点。此系统的第一个转折频率是 10，先设校正后的穿越频率为 5。

取 $\omega_c = 5$。

从图 10 - 54 中可以看出原系统当角频率为 5 时，系统的对数幅频为 25，而由 $20\lg a = 25$ 和 $1/T = (0.2 - 0.1)\omega_c$。

可以求出参数，即

a＝10.^(25/20); wc＝5; T＝1/(0.1＊wc); nc＝[T 1]; dc＝[a＊T 1]; n＝conv(num,nc);

d＝conv(den,dc)；figure(2)；margin(n,d)；grid on

校正后系统的 Bode 图如图 10 - 55 所示。

Bode Diagram
G_m=Inf dB(at Inf rad/sec),P_m=57.9deg(at 5.05 rad/sec)

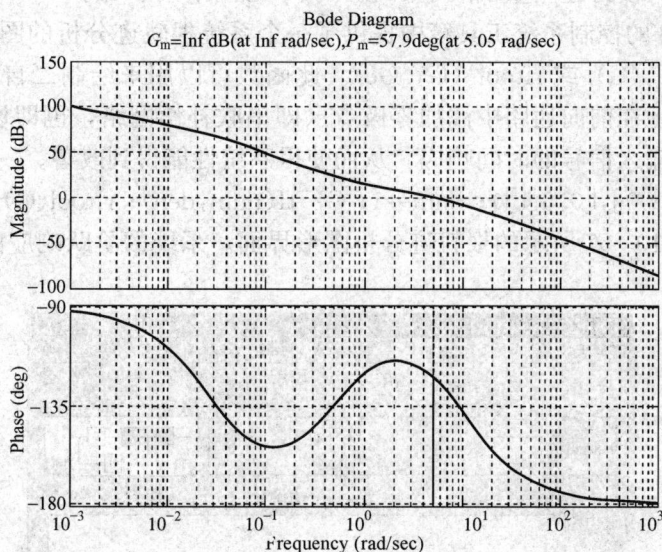

图 10 - 55　校正后的系统 Bode 图

从图 10 - 55 中可以看出相位裕度为 57.9，穿越频率为 5.05，满足系统相位裕度 $\gamma \geqslant 50°$ 的要求。同样，校正后的穿越频率第一次取的可能不满足要求，此时可以重新设计，用原程序再做，直到满足性能指标的要求为止。

动态校正前后系统的阶跃响应曲线如图 10 - 56 所示。

t1＝0：0.1：5；G1＝tf(num,den)；G11＝feedback(G1,1)；
step(G11,t1)；
G2＝tf(n,d)；G22＝feedback(G2,1)
figure(2)；hold on；t2＝0：0.1：20；step(G22,t2)

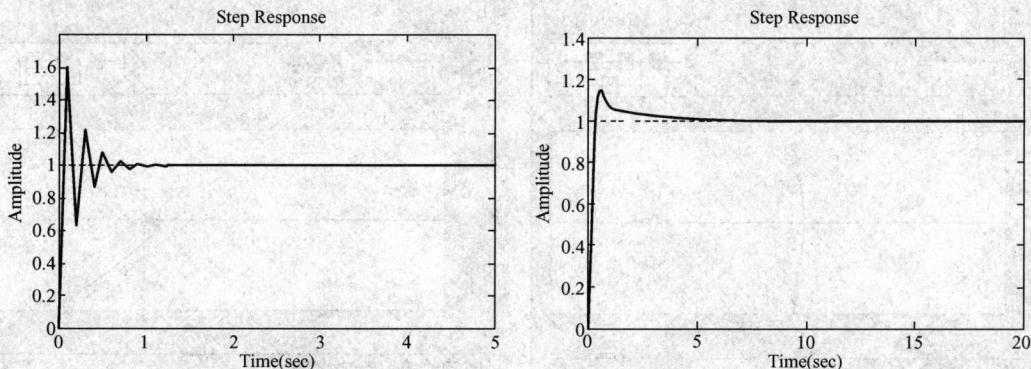

图 10 - 56　[例 10 - 34] 的动态校正前后系统的阶跃响应曲线

由图 10 - 56 可以看出系统牺牲了响应速度，获得了更好的平稳性指标。

【例 10-35】　已知系统的开环传递函数为 $G_0(s) = \dfrac{1}{s(2s+1)(0.5s+1)}$,用根轨迹法确定一串联校正装置,使得超调量不大于 30%,调节时间不大于 8s。

解：MATLAB 的控制系统工具箱中提供了一个系统根轨迹分析的图形界面,其调用格式为 rltool 或 rltool (G) 或 rltool (G,Gc)。此函数可以用来绘制二自由度系统的根轨迹图形,并且能可视地在前向通路中添加零极点(即串联补偿网络,也即设计控制器),同时还可以看出对典型输入信号的时间响应,从而使得系统性能得到改善。

den＝conv([2 1 0],[0.5 1]); num＝1; G＝tf(num,den); rltool(G);

可以得到如图 10-57 所示的根轨迹分析图形界面。系统的阶跃响应曲线为图 10-59 中的曲线 1。

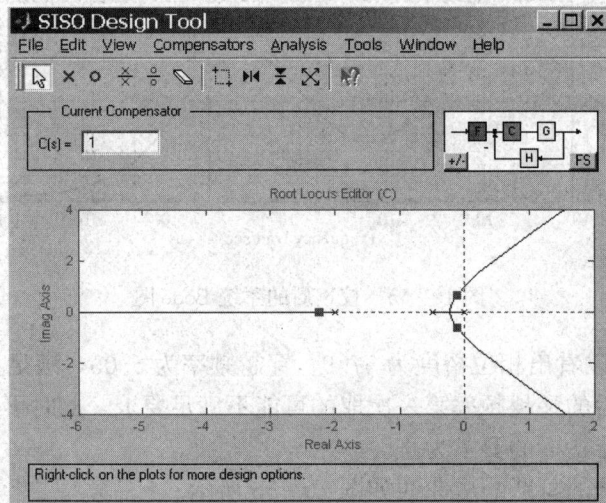

图 10-57　根轨迹分析的图形界面

选择工具栏加入零点,可以得到如图 10-58 (a) 所示的系统的根轨迹分析图形界面。而此时系统的阶跃响应曲线为图 10-59 中的曲线 2。

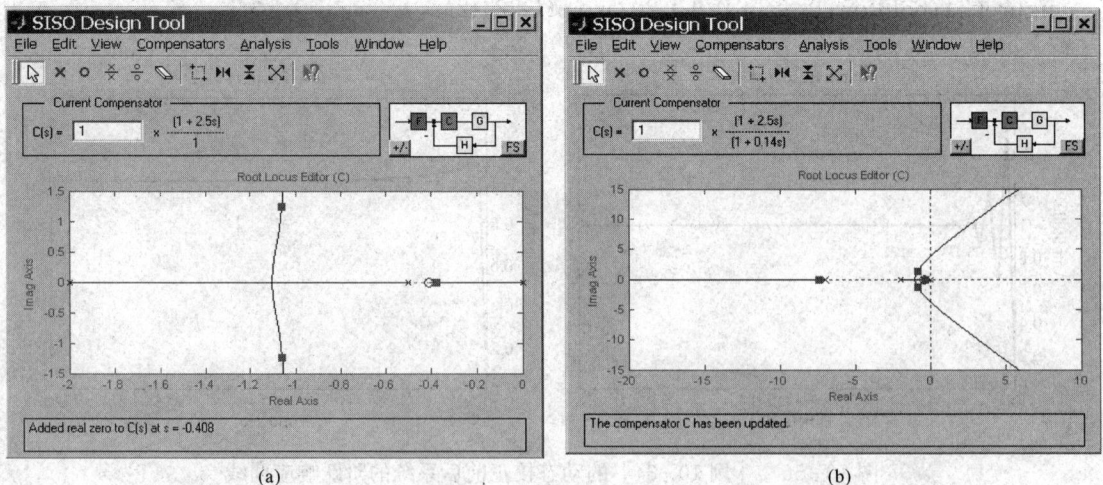

(a)　　　　　　　　　　　　　　　　　　(b)

图 10-58　加入零极点后的根轨迹分析的图形界面
(a) 加入零点后根轨迹分析的图形界面；(b) 再加入极点后根轨迹分析的图形界面

在现实中是不能采用单零点校正的，所以加入极点，如图 10 - 58（b）所示，此时系统的阶跃响应曲线为图 10 - 59 中的曲线 3。此时，系统满足超调量不大于 30％，调节时间不大于 8s 的要求。

由于根轨迹分析的图形界面所见即所得，因此可以按照校正原理，随意加入零极点，并观察其时域响应，如果不满意可以用工具栏上的橡皮擦掉，分析十分方便。

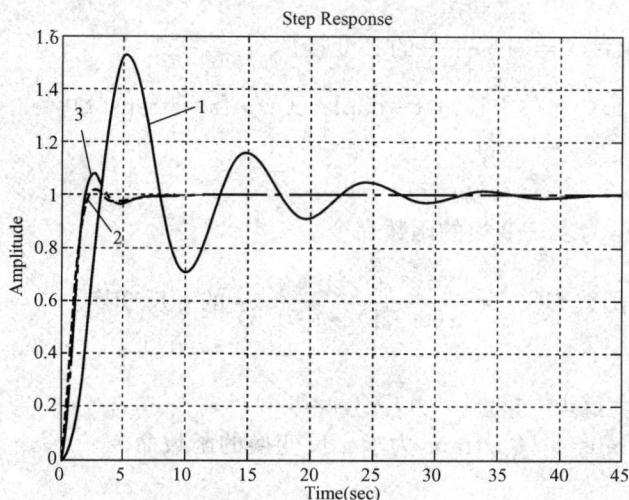

图 10 - 59　［例 10 - 35］的系统的阶跃响应曲线

【例 10 - 36】 被控对象的传递函数为 $G_0(s) = \dfrac{2.66}{s(s+1)(s+4)}$，采用单位负反馈，系统的动态性能已经满足要求，现要求系统的速度误差系数不小于 5。

解： 设计思想为：根轨迹校正中的滞后网络用于改善系统的稳态性能，但不改变系统的动态性能，在设计滞后网络时，为使校正后系统的根轨迹主要分支通过闭环主导极点，同时能大幅度提高系统的开环增益，通常把滞后网络的零极点配置在离虚轴较近的地方，并互相靠近。

利用系统根轨迹分析的图形界面加入滞后校正网络得

$$G_c(s) = \frac{s+0.01}{s+0.001}$$

校正前后系统的阶跃响应曲线如图 10 - 60 所示，动态过程基本不受影响，曲线 1 为校正前的响应，曲线 2 为校正后的响应，但校正后速度误差系数为原来的 10 倍，满足静态要求。

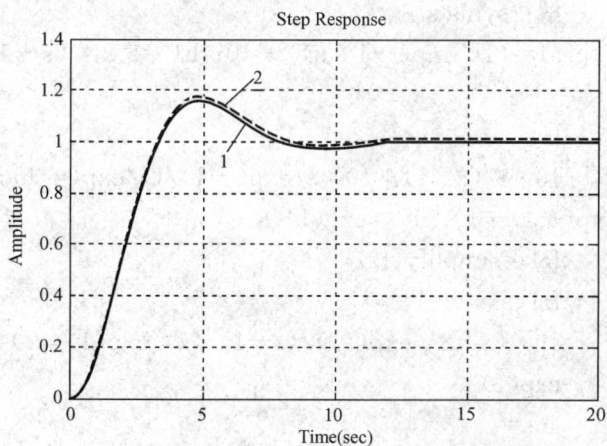

图 10 - 60　［例 10 - 36］的校正前后系统的阶跃响应曲线

第八节　离散控制系统分析

这一节主要包括建立离散控制系统的模型，进行稳定性、稳态性能和动态性能的分析，以及系统的综合与设计，包括最少拍系统的设计。

相关的 MATLAB 命令包括 ztrans、iztrans、step、impulse、bode、rlocus、rlocfind 等。

【例 10 - 37】 求 $G(s) = \dfrac{1}{s(s+1)}$ 的 Z 变换。

解： syms s；a＝1/(s * (s＋1))；t＝ilaplace(a)；fz＝ztrans(t)；

fz＝

z/(z－1)－z/exp(－1)/(z/exp(－1)－1)

这里 $t=1$。ztrans 为求 z 变换的函数命令。

【例 10 - 38】 求函数 $E(z) = \dfrac{z^3 + 2z^2 + 1}{z(z-1)(z-0.5)}$ 的 z 反变换。

解： syms z

a1＝z^3＋2 * z^2＋1；b1＝z * (z－1) * (z－0.5)；

f＝a1/b1；t＝iztrans(f)％ iztrans 为求 z 反变换的函数命令

t＝

2 * charfcn[1](n)＋6 * charfcn[0](n)＋8－13 * (1/2)^n

【例 10 - 39】 设闭环采样系统的结构图如图 10 - 61 所示，设采样周期 $T=1s$、$K=10$，试求该闭环采样系统的稳定性。

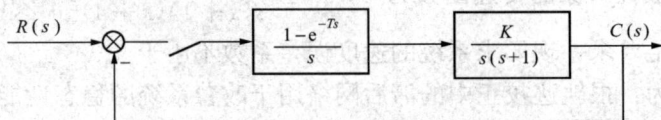

图10 - 61　　［例 10 - 39］、［例 10 - 40］的闭环采样系统的结构图

解： syms s

a1＝(1－exp(－1 * s)) * 10；b1＝s^2 * (s＋1)；f＝a1/b1；t＝ilaplace(f)；fz＝ztrans(t)；

fz＝

10 * z/(z－1)＋10 * z/exp(－1)/(z/exp(－1)－1)－20－10 * exp(1) * z/exp(－1)/(z/exp(－1)－1)＋10 * exp(1)

fz1＝simplify(fz)

fz1＝

10 * (z－2＋exp(1))/(z－1)/(z * exp(1)－1)

exp(1)

ans＝

　　2. 7183

subs(fz1,'exp(1)',2.7183)

ans＝

10 * (z+7183/10000)/(z−1)/(27183/10000 * z−1)

所以有

$$G(z) = \frac{10(z + 0.7183)}{(z - 1)(2.7183z - 1)}$$

对应的闭环脉冲传递函数为

num=[10 7.183]；den=conv([1 −1]，[2.7183 −1])；[num,den]=cloop(num,den, −1)；roots(den)

ans=

−1.1554+1.2943i

−1.1554−1.2943i

可以看出，根在单位圆外，因此系统是不稳定的。

【例 10-40】　设闭环采样系统的结构图如图 10-61 所示，设采样周期 T=1s、K=1，试求该系统的动态性能指标。

解：num=[1 0.7183]；den=conv([1 −1]，[2.7183 −1])；[num,den]=cloop(num, den，−1)；[y,x]=dstep(num,den,50)；

dstep(num,den,50)

t=0:50；

由时域分析法的［例 10-13］或直接从图 10-62 上读取可得

tp=

3T

ts2=

15T

pos=

39.9596

所以，系统的 t_p=3s，t_s=15s，$\sigma\%$=39.9596%，其阶跃响应曲线如图 10-62 所示。

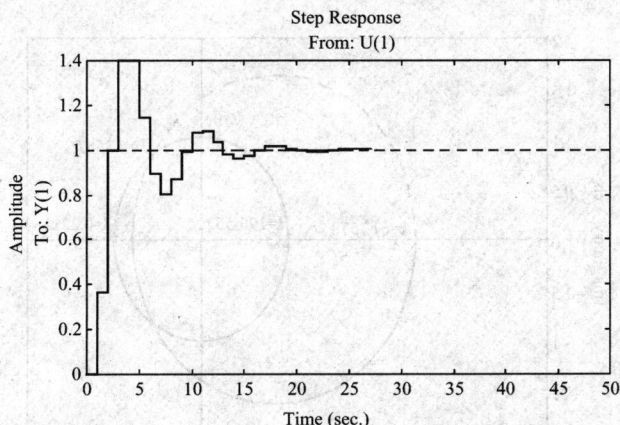

图 10-62　闭环采样系统的阶跃响应曲线

【例 10-41】　已知闭环系统方框图如图 10-63 所示，且 $G_0(s) = \frac{1}{s(s+1)}$，采样周期 T=1s。试设计系统，使其对 $r(t) = 1(t)$ 的响应稳态偏差为 0，并且在有限拍内结束过渡过程。

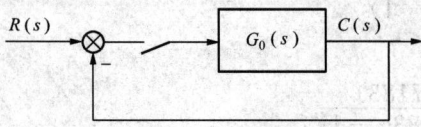

图 10-63   ［例 10-41］的离散系统的方框图

解： syms s
f=1/（s＊（s+1））;
ft=ilaplace（f）;
fz=ztrans（ft）
fz=

z/(z−1)−z/exp(−1)/(z/exp(−1)−1)

g0=subs（fz, 'exp（−1）', 0.3679）

g0=

z/(z−1)−10000/3679*z/(10000/3679*z−1)

所以有

$$G_0(z) = \frac{0.632z}{(z-1)(z-0.368)}$$

要求系统无差度，则有

$$\Phi(z) = 1-(1-z^{-1})^N$$

因 $r(t)=1(t)$，$N=1$
所以有

$$\Phi(z) = z^{-1}$$

$$D(z) = \frac{\Phi(z)}{G_0(z)(1-\Phi(z))}$$

syms z; d=1/(z−1); go=0.632＊z/((z−1)＊(z−0.368));dz=d/go

dz=

125/79/z＊(z−46/125)=1.58−0.58z^{-1}

【例 10-42】 已知系统的开环传递函数为 $G(z) = K\dfrac{(0.1065z+0.0902)}{(z-1)(z-0.6065)}$，试用根轨迹法确定 K 的稳定范围，并确定分离点的 K 值。

解： 系统的根轨迹如图 10-64 所示。

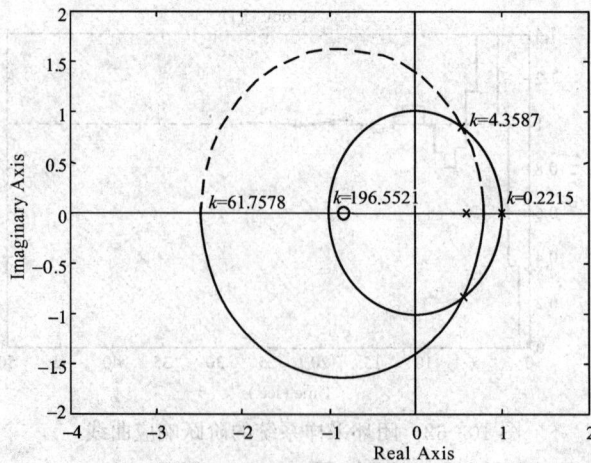

图 10-64   系统的根轨迹

```
num=[0.1065 0.0902];den=conv([1 -1],[1 -0.6065]);
rlocus(num,den);t=0:0.01:4 * pi;
x=cos(t);
y=sin(t);
hold on
plot(x,y) %画单位圆
rlocfind(num,den)
Select a point in the graphics window
selected_point=
   -2.4931-0.0117i
ans=
    61.7578
rlocfind(num,den)
Select a point in the graphics window
selected_point=
    0.7834-0.0017i
ans=
    0.2215
rlocfind(num,den)
Select a point in the graphics window
selected_point=
    0.5484+0.8070i
ans=
    4.3587
rlocfind(num,den)
Select a point in the graphics window
selected_point=
   -1.0000-0.0017i
ans=
    196.5521
```

由系统的根轨迹图可以看出：当 $K<4.3587$ 时，系统稳定。

【例 10 - 43】 系统的开环脉冲传递函数为 $G(z)=\dfrac{10(z+0.7183)}{(z-1)(2.7183z-1)}$，当输入为 $r(t)=1(t)+t$ 时，求系统的静态误差系数及稳态误差。

解：syms z

```
f=10 * (z+0.7183)/((z-1) * (2.7183 * z-1));
f1=1+f;
kp=limit(f1,z,1)
kp=
```

```
NaN
%NaN 非数
kp=limit(f1,z,1,'left')%求极限命令
kp=
-inf
kp=limit(f1,z,1,'right')
kp=
inf
f2=(z-1)*f;
kv=limit(f2,z,1)
kv=
10
f3=(z-1)*(z-1)*f;
ka=limit(f3,z,1)
ka=
0
```

所以得到

$$e_{ss}=0+T/k_v=1/10$$
$$=0.1$$

【例 10 - 44】 硬盘读写磁头控制器的设计。硬盘读写磁头的运动模型可用下面微分方程表示为

$$J\ddot{\theta}+C\dot{\theta}+K\theta=K_i i$$

式中　J——磁头转动惯量；

　　　C——支承的黏滞阻尼系数；

　　　K——回复力常数；

　　　K_i——电动机力矩常数。

其中，$J=0.01 \text{kgm}^2$，$C=0.004 \text{nm}/(\text{rad}/\text{s})$，$K=10 \text{nm}/\text{rad}$，$K_i=0.05 \text{nm}/\text{rad}$；$\ddot{\theta}$、$\dot{\theta}$ 和 θ 分别是角加速度、角速度和角位移；i 是电动机电流。

解：由微分方程得到传递函数为

$$H(s)=\frac{K_i}{Js^2+Cs+K}$$

设计一个数字控制器，能对读写磁头的位置进行精确的控制。先对连续系统离散化。

```
Ki=0.05;J=0.01;C=0.004;K=10;num=Ki;den=[J C K];
H=tf(num,den);Ts=0.005;Hd=c2d(H,Ts,'zoh');
```

比较连续和离散系统的 Bode 图（见图 10 - 65）。

```
bode(H,'-',Hd,'--');pause
```

画出系统的阶跃响应图（见图 10 - 66）。

```
step(Hd);pause
```

可以看出系统振荡得很厉害。

pzmap(Hd),hold off;pause

画系统的零极点图（见图 10 - 67），可以看出图 10 - 67 中的极点离单位圆非常近，所以需要设计一个补偿器，使系统的极点在单位圆内，且离原点较近。

画系统的根轨迹图（见图 10 - 68）。

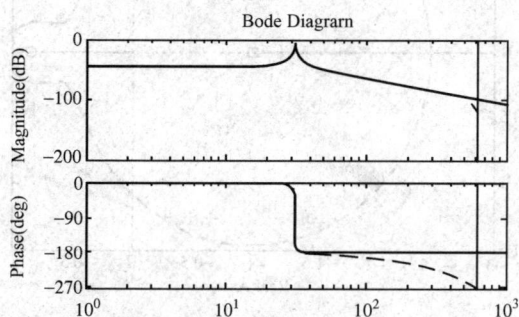

图 10 - 65　连续和离散系统的 Bode 图

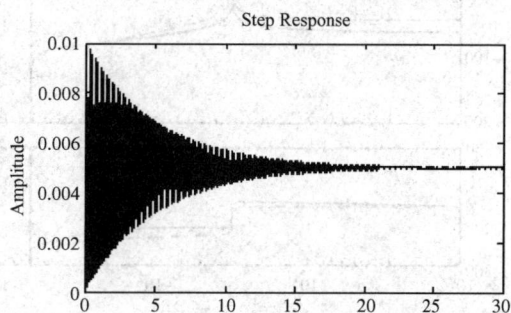

图 10 - 66　［例 10 - 44］的系统的阶跃响应图（1）

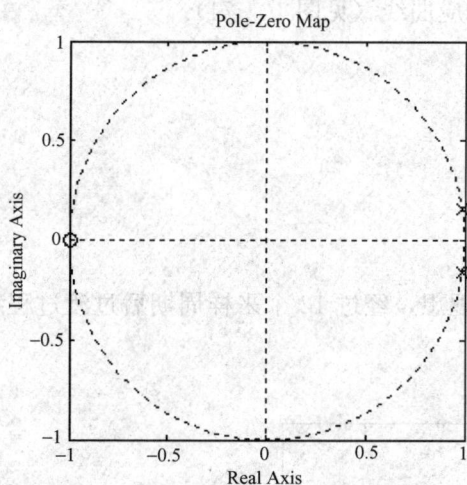

图 10 - 67　系统的零极点图

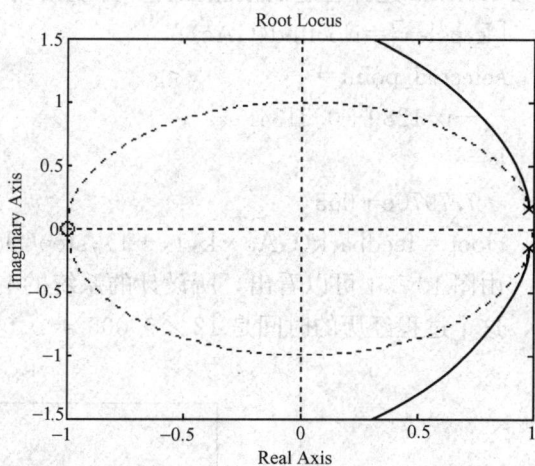

图 10 - 68　［例 10 - 44］的系统的根轨迹图（1）

rlocus(Hd);

set(gca,'xlim',[−1 1],'ylim',[−1.5 1.5]);pause

可以看出调节 K 值无法使系统的极点进入单位圆并远离边界，所以设计补偿器 $\dfrac{z-0.85}{z}$，并画出系统的 Bode 图和根轨迹图（见图 10 - 69、图 10 - 70）。

D=zpk(0.85,0,1,Ts);

GAc=Hd * D;bode(Hd,'− −',GAc,'−');

pause;

rlocus(GAc);

pause

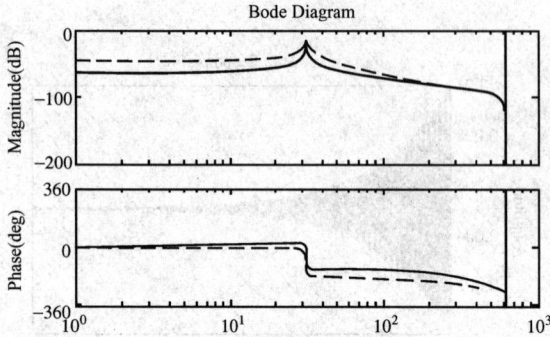

图 10-69　系统的 Bode 图

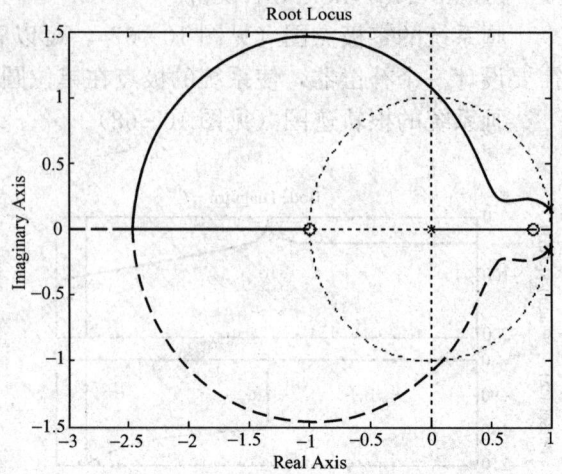

图 10-70　〔例 10-44〕的系统的根轨迹图（2）

可以看出选择适当的 K 值可以使闭环系统的极点在单位圆内离边界较远的位置。利用函数 rlocfind 选择合适的极点位置，并观察其阶跃响应曲线（见图 10-71）。

〔k，poles〕＝rlocfind(GAc)；

selected_point＝

　　－0.1289＋0.3134i

k＝

　　7.7970e＋003

cloop＝feedback(GAc * k,1,－1)；step(cloop)

由图 10-71 可以看出，所设计的系统的响应很理想，经过 12 个采样周期后过渡过程结束，这个过程经历的时间是 $12 \times 0.005 = 0.06s$。

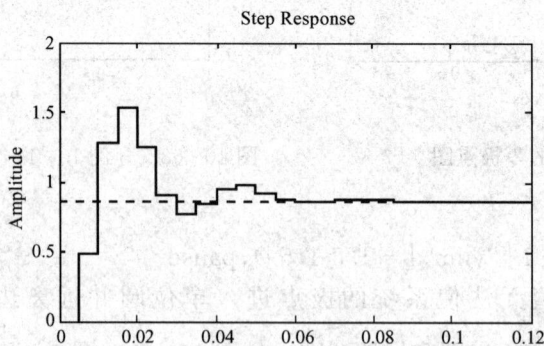

图 10-71　〔例 10-44〕的系统的阶跃响应曲线（2）仿真图

第九节　非线性系统分析

用 MATLAB 不仅可以对非线性系统进行相平面法分析，还可以对非线性系统进行仿真研究，一般不受阶次的限制，本节主要介绍非线性系统的计算机仿真研究。

【例 10-45】 非线性系统仿真模型如图 10-72 所示，若输出为零初始条件，分别输入 $r(t) = 0.8$、$r(t) = t$ 时，非线性环节为间隙环节，间隙非线性环节的滞环宽度为 0.2，求系统的阶跃响应。要求画出 $e - \dot{e}$ 的相轨迹图。

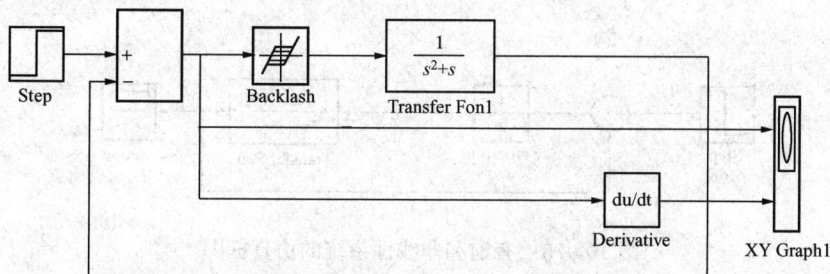

图 10-72 非线性系统的仿真模型

解： 系统的相轨迹图如图 10-73 所示。

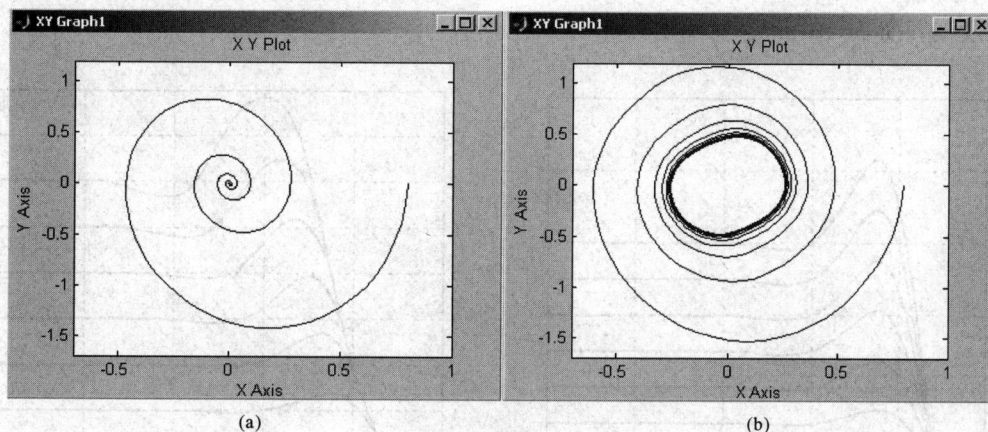

图 10-73 系统的相轨迹图

（a）$r(t) = 0.8$ 时系统的相轨迹图；（b）$r(t) = t$ 时系统的相轨迹图

系统的阶跃响应曲线如图 10-74 所示。

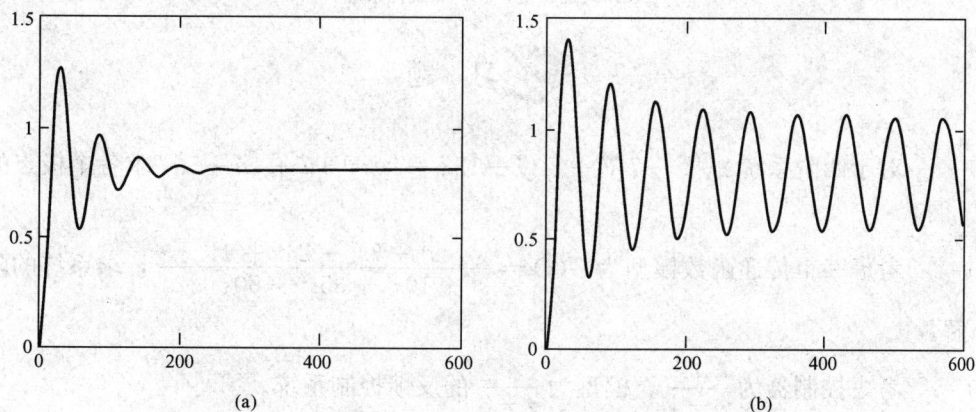

图 10-74 系统的阶跃响应曲线

（a）$r(t) = 0.8$ 时系统的阶跃响应曲线；（b）$r(t) = t$ 时系统的阶跃响应曲线

【例 10 - 46】 有饱和非线性的仿真系统框图如图 10 - 75 所示。其中，饱和非线性的输

入输出满足 $x = \begin{cases} ke, |e| < 1, \\ k, e \geqslant 1 \\ -k, e \leqslant -1 \end{cases}$ 分析饱和非线性对系统动态响应的影响。

解：

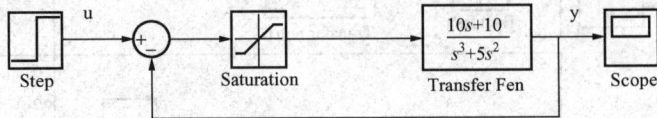

图 10 - 75　有饱和非线性系统的仿真框图

对于线性系统，当给定输入阶跃信号的幅值改变时，超调量和调节时间是不变的，如图 10 - 76（a）所示；对于非线性系统，当给定输入阶跃信号的幅值改变时，超调量和调节时间是改变的，如图 10 - 76（b）所示。

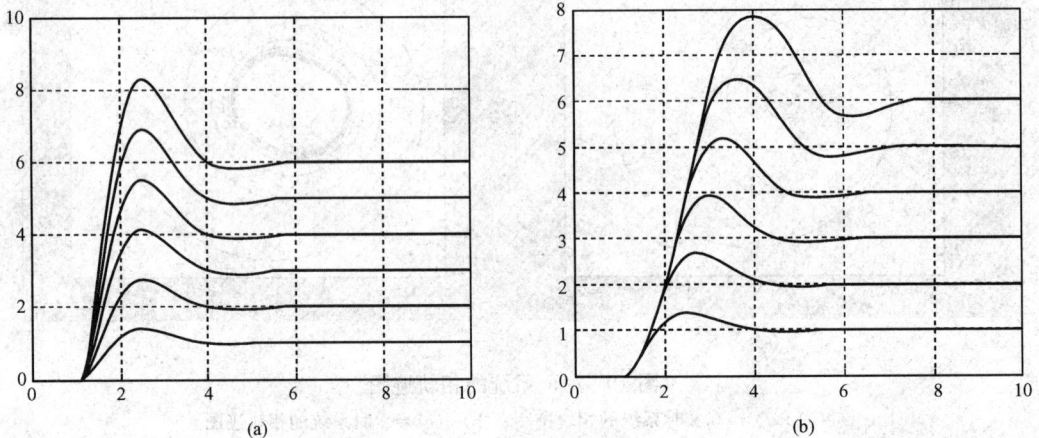

图 10 - 76　系统的阶跃响应曲线
（a）线性系统；（b）非线性系统

习　题

10 - 1　对于四阶系统 $2y^{(4)} + 7\dddot{y} + 11\ddot{y} + 12\dot{y} + 4y = 3\ddot{u} + 4\dot{u} + 5u$，求各个极点的响应曲线。

10 - 2　考虑一个传递函数模型为 $G(s) = \dfrac{s^3 + 7s^2 + 24s + 24}{s^4 + 10s^3 + 35s^2 + 50s + 24}$，求系统的阶跃响应解析解。

10 - 3　考虑控制器为 $\dfrac{1}{s+1}$，模型为 $\dfrac{s+2}{s+3}$ 的反馈控制系统。

（1）利用 series 函数和 feedback 函数，计算闭环传递函数，并用 printsys 函数显示结果；

（2）用 step 函数求取闭环系统的单位阶跃响应，并验证输出终值是否为 2/5。

10-4　对于典型二阶系统 $G(s) = \dfrac{\omega_n^2}{s^2 + 2\xi\omega_n s + \omega_n^2}$，考虑 $\omega_n = 1$ 时，ξ 分别为 0.1、0.3、0.5、0.7、0.9、1.0。试用 MATLAB 求出系统单位阶跃响应，并在求出的单位阶跃响应图中标出性能指标 t_s、t_r、t_p 和 $\sigma\%$。

10-5　激光打印机利用激光束为计算机实现快速打印。通常人们用控制输入 $r(t)$ 来对激光束进行定位，因此会有 $Y(s) = \dfrac{5(s+100)}{s^2 + 60s + 500} R(s)$，其中，输入 $r(t)$ 代表了激光束的期望位置。

（1）若 $r(t)$ 是单位阶跃输入，试计算输出 $y(t)$；

（2）求 $y(t)$ 的终值。

10-6　为了保持飞机的航向和飞行高度，人们设计了如下飞机自动驾驶仪：控制器为 $G_c(s)$，升降舵伺服机构为 $\dfrac{-10}{s+10}$，飞机模型为 $\dfrac{-(s+5)}{s^2 + 3.5s + 6}$。

（1）若采用固定增益的比例控制器 $G_c(s) = 2$，输入为斜坡信号 $\theta_d(t) = at$，其中，$a = 0.5°/s$，试用 lsim 函数求取该输入下的输出响应，并画出输出响应曲线，求出 10s 后的航向角误差。

（2）为了减小稳态跟踪误差，可以采用较复杂的比例积分控制器（PI），即

$$G_c(s) = K_1 + \frac{K_2}{s} = 2 + \frac{1}{s}$$

试重复（1）中的仿真计算，并比较这两种情况下的稳态跟踪误差。

10-7　导弹自动驾驶仪速度控制回路中，控制器为 $0.1 + \dfrac{5}{s}$，导弹动力学模型为 $\dfrac{100(s+1)}{s^2 + 2s + 100}$。请先用二阶系统的近似估计方法，估计该系统对单位阶跃响应的 $\sigma\%$、t_p 和 t_s，然后用 MATLAB 计算系统的实际单位阶跃响应。比较这两个结果，并解释产生差异的原因。

10-8　系统开环传递函数为 $\dfrac{k\mathrm{e}^{-4s}}{100s + 1}$，试画出系统的根轨迹图，并证明当 k 值较大时，系统可能变得不稳定。

10-9　已知闭环系统的传递函数为 $G(s) = \dfrac{1301(s+4.9)}{(s^2 + 5s + 25)(s + 5.1)(s + 50)}$，近似分析系统的动态响应性能指标，用 SIMULINK 验证简化后的系统响应是否合理。

10-10　已知闭环系统的传递函数为 $G(s) = \dfrac{2}{(s^2 + 2s + 2)}$，试用 SIMULINK 验证附加零极点对系统动态性能的影响。

10-11　已知系统的开环传递函数为 $G(s) = \dfrac{(s+1)\mathrm{e}^{-\tau s}}{s(s+2)(s+3)}$，请画出 $\tau = 0$、0.9、2、3、5 时系统的 Bode 图和 Nyquist 曲线。

10-12　某一非最小相位系统 $\dfrac{k(-s+1)}{s(s+2)(s+3)(s+4)}$，当 $k = 5$ 时，绘制系统的 Bode 图，分析系统的稳定性，求临界稳定的 k 值。

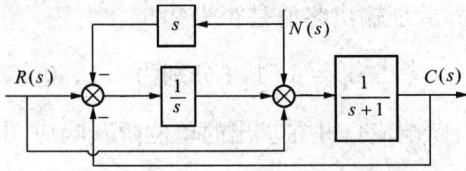

图 10-77　习题 10-13 图

10-13　已知系统方框图如图 10-77 所示。利用 SIMULINK 仿真，当 $r(t) = 1 + t$ 时，$n(t) = 0.1 \times \sin(100t)$，$n(t) = 10 \times \cos(t)$，$n(t) = t^2 + t + 8$ 的情况下系统的输出，观察稳态误差，并解释误差产生的原因。

10-14　已知被控对象为 $\dfrac{1}{s(5s+1)}$，利用 SIMULINK 证明调节器分别为 $G_c(s) = \dfrac{2}{s}$ 和 $G_c(s) = \dfrac{2(10s+1)}{s}$ 时系统的稳定性。

10-15　已知系统闭环传递函数为 $\dfrac{0.59s+1}{(0.67s+1)(0.01s^2+0.08s+1)}$，先用主导极点和偶极子的概念估算系统的性能指标，再用 MATLAB 绘制阶跃响应曲线获得性能指标，验证结论。

10-16　建立起如图 10-78 所示的各个框图给定的控制系统的 SIMULINK 模型，并在适当的时间范围内对它们进行仿真分析，绘制出在不同阶跃输入幅值下的输出曲线。试分析如果不采用时钟环节，则用 plot（）函数绘制系统响应时会出现什么问题，并对所遇到的问题给出必要的解释。

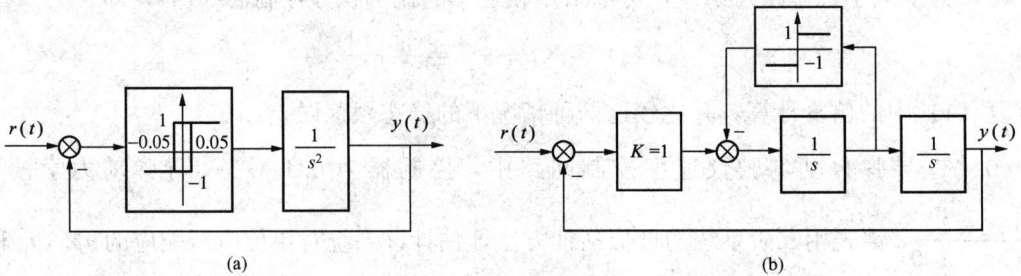

图 10-78　习题 10-16 图

10-17　考虑某非线性系统，其输出 $y(t)$ 与输入 $x(t)$ 的关系为 $y(t) = x^2 + x\sin x$，若输入-输出关系的线性近似式为 $\tilde{y} = ax$，其中，a 为待定参数。请以 a 为可调参数，编程计算并作图显示 y 与 $\tilde{y}$ 的差异。反复运行之后，确定 a 的取值，使得 x 为 [0，10] 中的任意值时，y 与 $\tilde{y}$ 间的最大差值小于 20，并在同一张图上，作图显示 $y(t)$ 与 $\tilde{y}(t)$。

10-18　考虑一个控制器为 $G_c(s)$，被控对象为 $\dfrac{10}{s+10}$ 的简单负反馈控制系统，其中，控制器 $G_c(s)$ 的设计目标是使闭环系统对单位阶跃输入的稳态跟踪误差为零。

（1）首先，考虑一个简单的比例控制器 $G_c(s) = K$，其中，K 为增益常数。取 $K = 2$，试利用 MATLAB 画出闭环系统的单位阶跃响应曲线，并由此求出系统的稳态误差。

（2）再考虑较为复杂的控制器，即比例-积分控制器（PI）$G_c(s) = K_0 + \dfrac{K_1}{s}$，其中，$K_0 = 2$，$K_1 = 20$。试画出系统的单位阶跃响应曲线，并由此求出系统的稳态误差。

（3）比较（1）和（2）的结果，并说明应如何在控制器的复杂性和系统的稳态跟踪误差之间进行折中处理。

10-19 已知系统的仿真图如图 10-79 所示，系统输出为零初始条件，输入为单位阶跃信号，在 $e-\dot{e}$ 平面上画出相轨迹图。

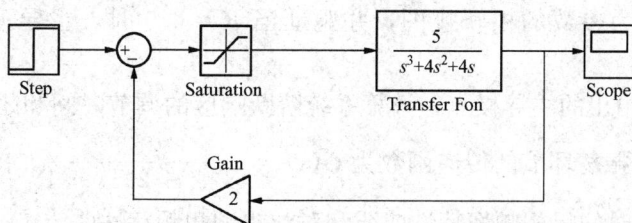

图 10-79 习题 10-19 图

10-20 某二阶系统传递函数为 $G(s)=\dfrac{2}{s^2+3s+2}$，初始条件为 $c(0)=-1$，$c(\dot{0})=0$。试用两种方法求当输入 $r(t)=1(t)$ 时，系统的输出响应 $c(t)$。

10-21 某二阶系统的传递函数为 $G(s)=\dfrac{750}{s^3+36s^2+205s+750}$。试根据其主导极点给出其低阶近似的频率特性函数，并比较原系统与低阶系统的阶跃响应和频率响应。

10-22 控制系统的开环传递函数为 $G(s)=\dfrac{0.86}{s(0.36s+1)(0.3906s^2+0.75s+1)}$。试绘制其 Bode 图，求增益裕量以及相角裕量，并与系统的闭环阶跃响应曲线分析比较。

10-23 设单位负反馈控制系统的开环传递函数为 $\dfrac{k}{(s+2)(s+4)(s^2+6s+25)}$，要求确定引起闭环系统持续振荡时的 k 值和相应的振荡频率。

10-24 已知二阶系统的传递函数为 $G(s)=\dfrac{\omega_n^2}{s^2+2\xi\omega_n s+\omega_n^2}$，求当 $\xi=0.3$，$\omega_n=1$、2、3、4、5、$\cdots$、10 时的阶跃响应和脉冲响应曲线。求当 $\omega_n=2$，$\xi=0$、0.5、0.7、1、2、3、10 时的阶跃响应和脉冲响应曲线。

10-25 单位负反馈系统的开环传递函数分别为 $G(s)=\dfrac{0.5s+1}{s(s+0.8)}$ 和 $G(s)=\dfrac{-1.15}{(15.8s+1)^5}$，试求：

(1) 系统单位阶跃响应和单位脉冲响应；

(2) 它的动态性能指标峰值时间 t_p、上升时间 t_r、过渡时间 t_s、超调量 $\sigma\%$。

10-26 负反馈系统开环传递函数如下：

(1) $G(s)=\dfrac{K(s+4)(s+8)}{s^2(s+12)^2}$

(2) $G(s)=\dfrac{K(s^2+10s+50)^2}{s(s+10)}$

(3) $G(s)=\dfrac{Ke^{-5s}}{s(s+4)}$

试绘制 K 从 $0\rightarrow+\infty$ 变化时的根轨迹并求出单位阶跃响应为衰减、等幅振荡、增幅振荡、单调增幅时的 K 值。

10-27　考虑某磁带录音机的速度控制系统，其负反馈回路的传递函数为 $H(s)=1$，前向传递函数为 $G(s)=\dfrac{K}{s(s+2)(s^2+4s+5)}$

（1）画出以 K 为参数的根轨迹图，并验证当 $K=6.5$ 时，主导极点为 $s=-0.35\pm j0.80$；

（2）对于（1）给出的主导极点，计算系统阶跃响应的调节时间和超调量。

10-28　已知一振荡环节的传递函数为 $G(s)=\dfrac{1}{T^2s^2+2\xi Ts+1}$，求当 $T=10$，$\xi=0.1$、0.2、0.3、…、1.2 时的幅相频率特性曲线和对数幅频相频特性曲线。

10-29　系统的开环传递函数分别为

（1）$G(s)=\dfrac{20(3s+1)}{s^2(s^2+4s+25)(6s+1)(10s+1)}$

（2）$G(s)=\dfrac{8(s+0.1)}{s(s^2+4s+25)(s^2+s+1)}$

（3）$G(s)=\dfrac{50}{s^2(s^2+s+1)(6s+1)}$

绘制 Nyquist 图，并判断根的位置及稳定性。

10-30　设有单位负反馈系统的被控对象为 $\dfrac{5}{s^3+5s^2+4s}$，绘制在系统中附加一个零点，一个极点后系统的频率特性曲线。附加零极点的传递函数为 $\dfrac{5.94(s+1.2)}{(s+4.95)}$。

10-31　已知一负反馈系统，其开环传递函数为 $G(s)=\dfrac{s-20}{(1-s^2)(s+5)}$，用 Nyquist 判据判断其稳定性。

10-32　已知一单位负反馈系统，其开环传递函数为 $G(s)=\dfrac{k}{(2s+1)(5s+1)(7s+1)(10s+1)}$，试绘制 $k=1$、2、4、…、10 时的奈氏曲线，并观察 k 对于系统稳定性的影响。

10-33　单位负反馈系统开环传递函数分别为

（1）$G(s)=\dfrac{100}{s(0.2s+1)}$

（2）$G(s)=\dfrac{100}{s(0.8s+1)(0.25s+1)}$

（3）$G(s)=\dfrac{100(s+1)}{s(0.1s+1)(0.5s+1)(0.8s+1)}$

试确定系统的稳定裕量 k_g 和 γ，并判定闭环稳定性。

10-34　单位负反馈系统开环传递函数为 $G(s)=\dfrac{1}{s(0.05s+1)(0.1s+1)(0.25s+1)}$，若采用串联滞后校正，系统开环增益不小于 $121/s$，超调量 $\sigma\%<30\%$，调节时间 $t_s<3s$，试确定滞后校正装置的传递函数。

10-35　单位负反馈系统开环传递函数为 $G(s)=\dfrac{200}{s(0.1s+1)}$，试设计串联超前校正装置，使校正后系统的放大系数保持不变，相角裕量不小于 $45°$，幅值穿越角频率不低于

50rad/s。

10-36 已知系统的开环传递函数为 $\dfrac{16}{s(s+8)}$，设计串联校正装置，要求系统的性能指标：$\sigma\%\leqslant5\%$，调节时间 $t_s\leqslant0.1s$，$e_{ss}\leqslant0.02$（$r=t$）。

10-37 系统的开环传递函数为 $G(s)=\dfrac{1}{s(0.5s+1)(0.167s+1)}$，试设计串联校正装置，使系统满足 $K_v\geqslant180s^{-1}$，$\gamma\geqslant40°$，$3\leqslant\omega_c\leqslant5$rad/s。

10-38 闭环采样系统的结构图如图10-80所示，设采样周期 $T=1s$，$K=10$，试用三种方法求该闭环采样系统的稳定性。

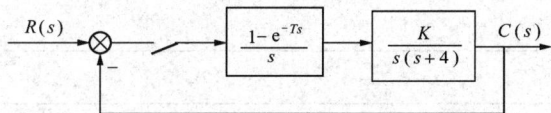

图10-80 习题10-38图

10-39 设单位负反馈系统的开环传递函数为 $\dfrac{9}{(10s+1)}$，试计算当输入信号分别为 $r(t)=1(t)$ 和 $r(t)=2\sin2t$ 时，系统的稳态误差。

10-40 试用解析法求下列方程的相轨迹方程，并画出相平面图。
(1) $\ddot{x}=A$
(2) $\ddot{e}+\dot{e}=0$
(3) $\dot{x}+x=0$

10-41 某系统开环传递函数为 $G(z)=K\dfrac{0.1065(z+0.0902)}{(z-1)(z-0.6065)}$，试用根轨迹法确定 K 的稳定范围。

10-42 采样系统的闭环脉冲传递函数为 $\Phi(z)=\dfrac{1.7(z+0.46)}{z^2+z+0.5}$，绘制系统的单位阶跃响应曲线。若采样周期为0.1s，确定与其等价的连续系统，并绘制连续系统的单位阶跃响应曲线。

10-43 给定系统 $G(z)=\dfrac{0.2145z+0.1609}{z^2-0.75z+0.125}$，绘制系统的单位阶跃响应曲线，并验证响应输出的稳态误差是否为1。

10-44 采样系统的闭环脉冲传递函数为 $\dfrac{0.632}{z^2-1.368z+0.568}$，求当输入为幅值等于 ±1 的方波信号时，系统的输出响应，并分析系统的动态性能。

10-45 已知采样系统的开环脉冲传递函数为 $\dfrac{2z^2-3.4z+1.5}{z^2-1.6z+0.8}$，绘制系统的根轨迹。

10-46 采样系统的框图如图10-80所示，采样周期为1s，求采样系统的单位阶跃响应。

附录 A 常用函数的拉普拉斯变换

$f(t)$	$F(s)$
$\delta(t)$	1
$1(t)$	$\dfrac{1}{s}$
t	$\dfrac{1}{s^2}$
e^{-at}	$\dfrac{1}{s+a}$
$t\mathrm{e}^{-at}$	$\dfrac{1}{(s+a)^2}$
$\sin\omega t$	$\dfrac{\omega}{s^2+\omega^2}$
$\cos\omega t$	$\dfrac{s}{s^2+\omega^2}$
t^n	$\dfrac{n!}{s^{n+1}}$
$t^n\,\mathrm{e}^{-at}$	$\dfrac{n!}{(s+a)^{n+1}}$
$\mathrm{e}^{-at}\sin\omega t$	$\dfrac{\omega}{(s+a)^2+\omega^2}$
$\mathrm{e}^{-at}\cos\omega t$	$\dfrac{s+a}{(s+a)^2+\omega^2}$
$\dfrac{\omega_n}{\sqrt{1-\xi^2}}\mathrm{e}^{-\xi\omega_n t}\sin\omega_n\sqrt{1-\xi^2}\,t \quad (0<\xi<1)$	$\dfrac{\omega_n^2}{s^2+2\xi\omega_n s+\omega_n^2}$
$-\dfrac{1}{\sqrt{1-\xi^2}}\mathrm{e}^{-\xi\omega_n t}\sin(\omega_n\sqrt{1-\xi^2}\,t+\varphi) \quad (0<\xi<1)$ $\varphi=\arctan\dfrac{\sqrt{1-\xi^2}}{\xi} \quad (0<\xi<1)$	$\dfrac{s}{s^2+2\xi\omega_n s+\omega_n^2}$
$1-\dfrac{1}{\sqrt{1-\xi^2}}\mathrm{e}^{-\xi\omega_n t}\sin(\omega_n\sqrt{1-\xi^2}\,t+\varphi) \quad (0<\xi<1)$ $\varphi=\arctan\dfrac{\sqrt{1-\xi^2}}{\xi} \quad (0<\xi<1)$	$\dfrac{\omega_n^2}{s(s^2+2\xi\omega_n s+\omega_n^2)}$

附录 B　常用拉普拉斯变换的性质和定理

性质或定理	表达式
线性性质	$L[af_1(t) \pm bf_2(t)] = aF_1(s) \pm bF_2(s)$
微分定理	$L\left[\dfrac{\mathrm{d}}{\mathrm{d}t}f(t)\right] = sF(s) - f(0)$ $L\left[\dfrac{\mathrm{d}^2}{\mathrm{d}t^2}f(t)\right] = s^2F(s) - sf(0) - \dot{f}(0)$ $L\left[\dfrac{\mathrm{d}^n}{\mathrm{d}t^n}f(t)\right] = s^nF(s) - \sum_{k=1}^{n} s^{n-k}f^{(k-1)}(0)$ 其中，$f^{(k-1)} = \dfrac{\mathrm{d}^{k-1}}{\mathrm{d}^{k-1}t}f(t)$
积分定理	$L\left[\displaystyle\int f(t)\,\mathrm{d}t\right] = \dfrac{F(s)}{s} + \dfrac{\left[\int f(t)\,\mathrm{d}t\right]_{t=0}}{s}$ $L\left[\displaystyle\iint f(t)\,\mathrm{d}t\right] = \dfrac{F(s)}{s^2} + \dfrac{\left[\int f(t)\,\mathrm{d}t\right]_{t=0}}{s^2} + \dfrac{\left[\iint f(t)\,\mathrm{d}t\right]_{t=0}}{s}$ $L\left[\displaystyle\int\cdots\int f(t)\,(\mathrm{d}t)^n\right] = \dfrac{F(s)}{s^n} + \sum_{k=1}^{n}\dfrac{1}{s^{n-k+1}}\left[\int\cdots\int f(t)\,(\mathrm{d}t)^n\right]_{t=0}$
实平移	$L[f(t-\tau)l(t-\tau)] = \mathrm{e}^{-\tau s}F(s)$
复平移	$L[\mathrm{e}^{-at}f(t)] = F(s+a)$
时标变换	$L\left[f\left(\dfrac{t}{a}\right)\right] = aF(as)$
初值定理	$\lim\limits_{t\to 0^+} f(t) = \lim\limits_{s\to\infty} sF(s)$
终值定理	$\lim\limits_{t\to\infty} f(t) = \lim\limits_{s\to 0} sF(s)$ 注意条件是，$sF(s)$ 的极点都必须位于 s 平面的左半面

附录 C　拉 氏 反 变 换

由拉氏变换的象函数 $F(s)$ 求原函数 $f(t)$ 的运算，称为拉氏反变换，以符号 L^{-1} 表示，即

$$f(t) = L^{-1}[F(s)]$$

拉氏反变换的计算公式为

$$f(t) = L^{-1}[F(s)] = \frac{1}{2\pi j}\int_{c-j\infty}^{c+j\infty} F(s)e^{st}\,dt \qquad (C\text{-}1)$$

式中　c——实常数，且 $c > \sigma_i$，$i=1,2,\cdots\sigma_i$ 为 $F(s)$ 各个奇点的实部。

式（C-1）不便于工程上应用。自动控制理论中遇到的象函数 $F(s)$ 为 s 的有理分式，即

$$F(s) = \frac{B(s)}{A(s)} = \frac{K\prod_{j=1}^{m}(s+z_j)}{\prod_{i=1}^{n}(s+p_i)}(n \geqslant m) \qquad (C\text{-}2)$$

可将 $F(s)$ 展开成部分分式之和，根据上述拉氏变换表，逐项求出原函数，一般分以下几种情况：

1. $F(s)$ 中只含有单重实极点

可将 $F(s)$ 展开成以下部分分式之和，即

$$F(s) = \sum_{i=1}^{n}\frac{a_i}{s+p_i}$$

式中　a_i——$F(s)$ 在极点 $-p_i$ 处的留数，$a_i = [F(s)(s+pi)]_{s=-pi}$。

部分分式的原函数为

$$f_i(t) = L^{-1}\left(\frac{a_i}{s+p_i}\right) = a_i e^{-p_i t} \quad (i=1,2,\cdots,n)$$

$F(s)$ 的原函数为

$$f(t) = L^{-1}[F(s)] = L^{-1}\left(\sum_{i=1}^{n}\frac{a_i}{s+p_i}\right) = \sum_{i=1}^{n}a_i e^{-p_i t} \quad (i=1,2,\cdots,n;\ t\geqslant 0)$$

2. $F(s)$ 中含有共轭复极点

可将 $F(s)$ 展开为

$$F(s) = \frac{a_1 s + a_2}{(s+p_1)(s+p_2)} + \frac{a_3}{s+p_3} + \cdots + \frac{a_n}{s+p_n} \qquad (C\text{-}3)$$

式中　$-p_1,-p_2$——共轭复极点，即 $-p_1 = \sigma+j\omega$，$-p_2 = \sigma-j\omega$。

令 $s = -p_1$，有

$$\left[\frac{B(s)}{A(s)}(s+p_1)(s+p_2)\right]_{s=-p_1} = (a_1 s + a_2 s)|_{s=-p_1}$$

上述等式两端均为复数，令等式两端的实部、虚部分别相等，可求得 a_1,a_2。

由于

$$\frac{a_1 s + a_2}{(s + p_1)(s + p_2)} = \frac{a_1 (s + \sigma) + (a_2 - a_1 \sigma)}{(s + \sigma)^2 + \omega^2}$$

因此

$$L^{-1}\left[\frac{a_1 s + a_2}{(s + p_1)(s + p_2)}\right] = a_1 \mathrm{e}^{-\sigma t} \cos\omega t + \frac{a_2 - a_1 \sigma}{\omega} \mathrm{e}^{-\sigma t} \sin\omega t$$

其余各项的原函数可按第一种情况求得。

3. $F(s)$ 中含有多重复极点

设 $F(s)$ 中包含有 r 重极点 p_1，即

$$A(s) = (s + p_1)^r (s + p_{r+1}) \cdots (s + p_n)$$

可将 $F(s)$ 展开为

$$F(s) = \frac{b_r}{(s + p_1)^r} + \frac{b_{r-1}}{(s + p_1)^{r-1}} + \cdots + \frac{b_1}{s + p_1} + \frac{a_{r+1}}{s + p_{r+1}} + \frac{a_{r+2}}{s + p_{r+2}} + \cdots + \frac{a_n}{s + p_n}$$

其中

$$b_i = \frac{1}{(r-i)!}\left\{\frac{d^{r-i}}{ds^{r-i}}\left[\frac{B(s)}{A(s)}(s + p_1)^r\right]\right\}\Big|_{s=-p_i} \quad (i = 1, 2, \cdots, r)$$

$$a_k = \left[\frac{B(s)}{A(s)}(s + p_k)\right]\Big|_{s=-p_k} \quad (k = r+1, r+2, \cdots, n)$$

由于

$$L^{-1}\left[\frac{1}{(s + p_1)^n}\right] = \frac{t^{n-1}}{(n-1)!}\mathrm{e}^{-p_1 t}$$

因此 $f(t) = L^{-1}[F(s)] = \left[\frac{b_r}{(r-1)!}t^{r-1} + \frac{b_{r-1}}{(r-2)!}t^{r-2} + \cdots + b_2 t + b_1\right]\mathrm{e}^{-p_1 t}$

$$+ a_{r+1}\mathrm{e}^{-p_{r+1}t} + a_{r+2}\mathrm{e}^{-p_{r+2}t} + \cdots + a_n \mathrm{e}^{-p_n t} \quad (t \geqslant 0)$$

附录 D　模拟计算机简介

当两个系统具有相同的数学模型时，其运动性能也相同，这就是可以用模拟计算机来模拟其他物理系统的依据。它可用于线性与非线性系统的分析和设计工作。

一、模拟计算机的基本部件

模拟计算机的基本部件，根据其输入输出关系可分为两大类，一类是线性运算器，另一类是非线性运算器。这里仅讨论线性运算器。

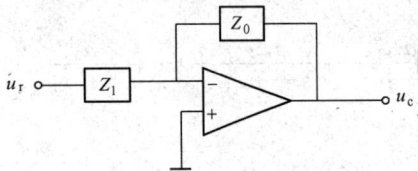

附图 D-1　运算放大器原理图

线性运算器主要有比例器、积分器、常系数器等，除常系数器外，其他均由运算放大器构成。运算放大器是一种直流放大器，它具有很高的增益，且内部阻抗很高，输入电流可以忽略，所以对于附图 D-1 所示的运算放大器则有

$$U_c(s) = -\frac{Z_0}{Z_1}U_r(s) \tag{D-1}$$

式（D-1）是运算放大器的基本方程。

1. 比例器（反相器、加法器）

用电阻元件作为输入阻抗和反馈阻抗，即当 $Z_1=R_1$、$Z_0=R_0$ 时，如附图 D-2（a）所示，式（D-1）变成 $U_c(s) = -\dfrac{R_0}{R_1}U_r(s) = -KU_r(s)$，为比例器，$K$ 为比例系数。当 $R_0=R_1$ 时，$K=1$，$u_c(t) = -u_r(t)$，输出电压正好与输入电压反相，所以也称之为反相器，在模拟机排题图中常用附图 D-2（b）所示的符号表示。

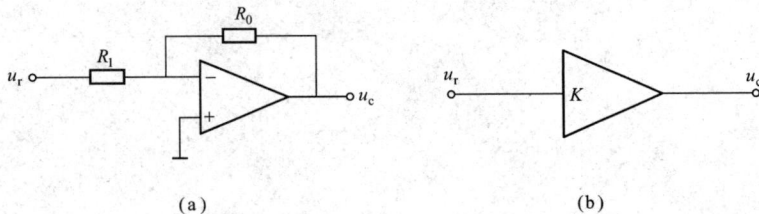

(a)　　　　　　　　　　　　　　　　　　(b)

附图 D-2　比例器

(a) 比例器原理图；(b) 比例器表示符号

当运算放大器有 n 个输入时，如附图 D-3（a）所示，则其输出为

$$u_c(t) = -\left[\frac{R_0}{R_1}u_{r1}(t) + \frac{R_0}{R_2}u_{r2}(t) + \cdots + \frac{R_0}{R_n}u_{rn}(t)\right]$$

即

$$u_c(t) = -\left[K_1 u_{r1}(t) + K_2 u_{r2}(t) + \cdots + K_n u_{rn}(t)\right]$$

所以，也可称之为加法器。比例系数 K_1，K_2，…，K_n 可直接附注在加法器的符号图上，如附图 D-3（b）所示。

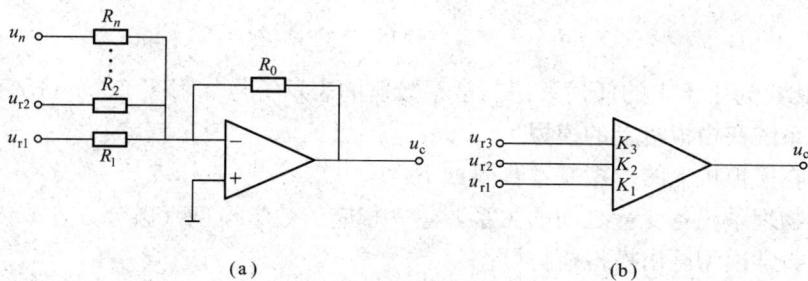

附图 D-3　加法器

(a) 加法器原理图；(b) 加法器表示符号

2. 积分器

用电容作为反馈阻抗，即 $Z_0 = \dfrac{1}{Cs}$，便成为积分器，如附图 D-4（a）所示，其输出为

$$u_c(t) = -\left[\int \frac{1}{R_1 C} u_{r1}(t)\,\mathrm{d}t + \int \frac{1}{R_2 C} u_{r2}(t)\,\mathrm{d}t + \cdots + \int \frac{1}{R_n C} u_{rn}(t)\,\mathrm{d}t\right]$$

即

$$u_c(t) = -\left[K_1 \int u_{r1}(t)\,\mathrm{d}t + K_2 \int u_{r2}(t)\,\mathrm{d}t + \cdots + K_n \int u_{rn}(t)\,\mathrm{d}t\right]$$

$K_i = \dfrac{1}{R_i C}$　$(i = 1, 2, \cdots, n)$ 为各相比例系数，$R_i C$ 为积分时间常数，积分器的表示符号如附图 D-4（b）所示。

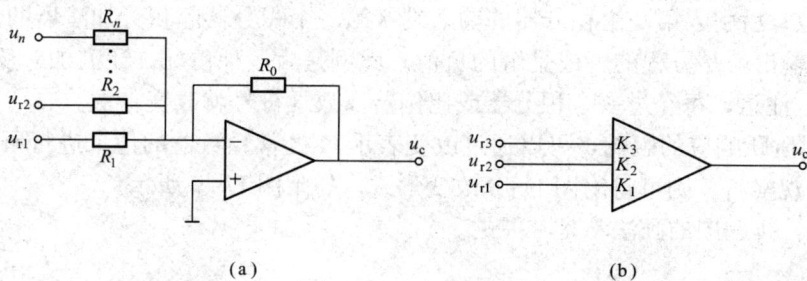

附图 D-4　积分器

(a) 积分器原理图；(b) 积分器表示符号

3. 常系数器

常系数器是一个分压电位器，如附图 D-5（a）所示，其运算式为

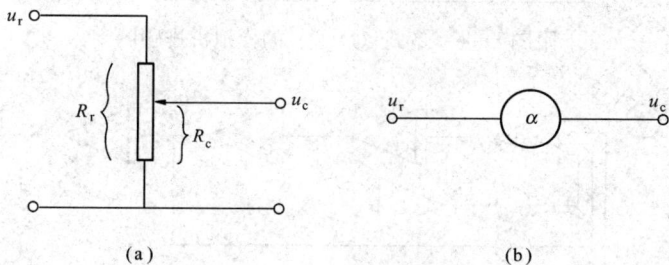

附图 D-5　常系数器

(a) 常系数器原理图；(b) 常系数器表示符号

$$u_c(t) = \frac{R_c}{R_r}u_r(t) = \alpha u_r(t)$$

α 即分压比，为小于 1 的任何数值。常系数器的表示符号如附图 D-5（b）所示。

二、物理系统在模拟机上的模拟

物理系统在模拟机上的模拟基本步骤如下：

（1）根据物理系统各变量之间的关系，建立相应的数学模型（微分方程或传递函数）。

（2）按照数学模型画出模拟机排题图。

（3）在模拟机上按照排题图连接线路。

（4）加入阶跃信号，用测量仪器仪表或记录设备观察输出电压（即运算结果）。

例如，一已知系统传递函数为

$$G(s) = \frac{K}{s^3 + 2s^2 + 3s + 1}$$

式中，各变量初始值为 0。用模拟机模拟这一系统，并且研究 K 变化响应的影响。

与传递函数相应的微分方程为

$$\dddot{y} + 2\ddot{y} + 3\dot{y} + y = Kx$$

首先，分离最高阶导数项得

$$\dddot{y} = Kx - 2\ddot{y} - 3\dot{y} - y \tag{D-2}$$

然后按式（D-2）画出模拟机排题图：通过一连串积分器（积分器个数与最高阶导数阶次相同）逐次积分，并将等号右边各变量从排题图中相应位置引出，分别经过相应常系数器（乘以相应系数）后引入第一个积分器的输入端（第一个积分器起积分加法器的作用）。最后一个积分器的输出就是方程的解或是解的负值。此例是后一种情况，还需加一反相器，如附图 D-6 所示。注意，每经过一个积分器或比例器，数学符号就改变一次。

常数 K 对阶跃响应的影响，可以通过改变表示 K 的常系数器的值来进行研究。

如果需要观察 $\ddot{y}$，则可将附图 D-6 改变形式，如附图 D-7 所示。

由此可见，排题图的画法不是唯一的。

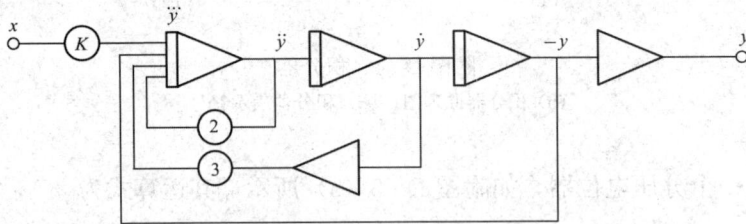

附图 D-6　解式（D-2）的模拟机排题图

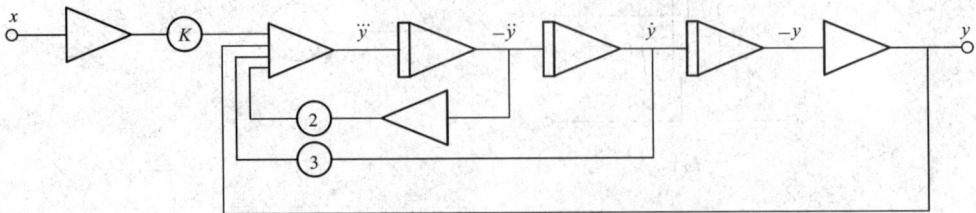

附图 D-7　解式（D-2）的另一模拟机排题图

参 考 文 献

［1］绪方胜彦. 现代控制工程. 卢伯英译. 北京：科学出版社，1976.

［2］李友善. 自动控制原理. 北京：国防工业出版社，1981.

［3］南京航空学院，西北工业大学，北京航空学院，等. 自动控制原理. 北京：国防工业出版社，1984.

［4］翁思义，杨平. 自动控制原理. 北京：中国电力出版社，2001.

［5］于希宁. 自动控制原理. 北京：中国电力出版社，2006.

［6］金慰刚. 自动控制原理. 天津：天津科学技术出版社，1995.

［7］John J. D'azzo. Linear Control System Analysis and Design. 北京：清华大学出版社，2000.

［8］Morris Driels. Linear Control System Engieering. 北京：清华大学出版社，2000.

［9］金以慧. 过程控制. 北京：清华大学出版社，1993.

［10］夏德钤，翁贻方. 自动控制理论. 2版. 北京：机械工业出版社，2004.

［11］张爱民，黄永宣. 自动控制原理. 北京：清华大学出版社，2006.

［12］梅晓榕，庄显义. 自动控制原理. 北京：科学出版社，2002.

［13］文锋，贾光辉. 自动控制理论. 2版. 北京：中国电力出版社，2002.

［14］谢克明，王柏林，李友善. 自动控制原理. 北京：电子工业出版社，2004.

［15］Richard C. Dorf，Robert H. Bishop. 现代控制系统. 北京：高等教育出版社，2001.

［16］孟庆明. 自动控制原理. 北京：高等教育出版社，2003.